“十三五”国家重点出版物出版规划项目

面向可持续发展的土建类工程教育丛书

画法几何与土木建筑制图

主　编　谢美芝　王晓燕　陈倩华

副主编　周金娥　韦永恒

参　编　孟勇军　罗慧中　廖丽萍

孙桂凯　严利娥

机械工业出版社

本书作为“十三五”国家重点出版物，主要参考普通高等教育土木工程专业、水利水电工程专业、建筑学专业、城乡规划专业、交通工程专业、给排水科学与工程专业工程制图课程的教学大纲，结合全国工程教育土木工程、水利水电工程、建筑学与城乡规划等专业的专业论证，并且按照广西大学“双一流”建设目标的要求编写。

全书共19章，主要内容包括：制图的基本知识与技能，投影的基本知识，点、直线的投影及两直线的相对位置，平面的投影，直线与平面、平面与平面的相对位置，投影变换，立体，两立体表面的交线，曲线与曲面的画法，组合体的投影，工程形体的常用表达方法，轴测图的画法，标高投影，房屋建筑施工图，结构施工图，道路路线工程图，桥、隧、涵工程图，水利工程图和建筑给水排水工程施工图。在重点、难点处增加了授课视频，读者可直接扫描二维码进入学习。

本书可作为普通高等院校土木工程专业、水利水电工程专业、建筑学专业、城乡规划专业、交通工程专业、给排水科学与工程专业的工程制图课程教材，也可供其他工程技术人员阅读参考。与本书配套出版的有《画法几何与土木建筑制图习题集》（附有参考答案），可供选用。

本书配有授课PPT等资源，免费提供给选用本书的授课教师，需要者请登录机械工业出版社教育服务网（www.cmpedu.com）注册下载。

图书在版编目（CIP）数据

画法几何与土木建筑制图/谢美芝，王晓燕，陈倩华主编. —北京：机械工业出版社，2019.8（2024.6重印）

“十三五”国家重点出版物出版规划项目　面向可持续发展的土建类工程教育丛书

ISBN 978-7-111-62918-4

Ⅰ.①画…　Ⅱ.①谢…②王…③陈…　Ⅲ.①画法几何-高等学校-教材②土木工程-建筑制图-高等学校-教材　Ⅳ.①TU204

中国版本图书馆CIP数据核字（2019）第142921号

机械工业出版社（北京市百万庄大街22号　邮政编码100037）
策划编辑：李　帅　责任编辑：李　帅　臧程程　马军平
责任校对：杜雨霏　封面设计：张　静
责任印制：单爱军
保定市中画美凯印刷有限公司印刷
2024年6月第1版第7次印刷
184mm×260mm·20印张·491千字
标准书号：ISBN 978-7-111-62918-4
定价：53.90元

电话服务	网络服务
客服电话：010-88361066	机　工　官　网：www.cmpbook.com
010-88379833	机　工　官　博：weibo.com/cmp1952
010-68326294	金　书　网：www.golden-book.com
封底无防伪标均为盗版	机工教育服务网：www.cmpedu.com

前　言

在土木工程中，每一个项目都是通过图样来表达设计思想，并根据图样指导施工和进行技术交流的。因此，土木工程、水利水电工程、建筑学、城乡规划等相关专业学生必须具有绘制和阅读工程图样的能力。党的二十大报告指出："教育、科技、人才是全面建设社会主义现代化国家的基础性、战略性支撑。"《画法几何与土木建筑制图》作为土木工程、水利水电工程、建筑学、城乡规划、交通工程、给排水科学与工程等专业的专业基础必修课的教材，以"培养造就大批德才兼备的高素质人才"为目标，立足于理论与实践综合能力的培养，其理论知识点紧紧围绕实践能力的需要，将不同类型的知识综合起来，以提升学生的综合应用能力。本书以实际工程中典型的施工图为案例，通过图物对照对读图和绘图进行学习，培养学生的实践能力。

本书采用了现行的国家标准和行业标准，突出以形体为主线，以图示法为重点的学习原则。通过基本几何体—组合体—工程形体—实际工程实例，让学生直观地学会形体分析的读图和画图方法；通过学习点、线、面的投影规律，掌握正投影的基本理论，让学生掌握形体分析的方法，学会线面分析的读图和画图方法。为了使教材联系实际，本书结合土木工程、水利水电工程、交通工程、给排水科学与工程等专业已完工的工程实例介绍相关专业图的读图方法和图示特点，使理论与实践相结合，更好地提高学习效果。本书注重从工程制图的国家标准要求出发，由精通工程制图标准以及相关专业知识的教师编写，使重点内容更加突出，图形表达更符合标准。

本书大部分作者从事工程制图教学与研究已经20多年，具有丰富的工程实践经验。本书由广西大学土木建筑工程学院谢美芝、王晓燕、陈倩华担任主编，周金娥、韦永恒（广西交通设计集团有限公司）担任副主编，孟勇军、罗慧中、廖丽萍、孙桂凯、严利娥担任参编。

在此，对编写过程中给予多方面支持的谢开仲、蓝才武及参考文献中的作者表示衷心的感谢！同时感谢"2018—2020年广西本科高校特色专业及实验实训教学基地（中心）建设项目"对本书的资助。

限于编者水平，书中难免有疏漏之处，恳请广大读者批评指正。作者邮箱为 meizhi.xie@163.com。

编　者

目　录

绪　论

土木工程制图的历史与发展

1. 本课程的功能和性质

画法几何与土木建筑制图是专门研究工程图样阅读原理与绘制方法的学科，作为学科基础课，旨在培养学生空间逻辑思维，提高学生分析和图解空间几何问题的能力。在土木建筑工程中，建造房屋或者架桥修路都是先设计，绘制图样，然后按图样施工。工程图样被称为“工程界的语言”，是用来表达设计意图、交流技术思想的重要工具，也是生产建设部门和施工单位进行管理和施工等工作的技术文件与法律依据。

2. 课程目标及学生应达到的能力

通过本课程的学习，学生可以较系统地获得制图与识图的基本知识，掌握阅读和绘制工程图样的理论和方法，具备尺规绘制土木工程图的基本知识和技能，培养严谨细致的工作作风，形成执行和遵守国家标准及工程规范的专业意识，为后续的课程设计、毕业设计，以及从事工程设计、施工、管理等工作打下良好的基础。课程目标及能力要求具体如下：

1）掌握有关制图标准的基本规定；掌握绘图工具、仪器的正确使用方法；掌握阅读和绘制工程图样的方法，通过实地观察和测绘建筑物加深对工程形体与其图样之间表达关系的理解；掌握土木工程学科坚实的制图理论知识和扎实的专业技能。

2）培养执行和遵守国家标准及工程规范的专业意识；培养尺规绘制工程图的技能；培养和训练空间想象能力和分析能力；培养创造和审美能力；培养学生分析问题和解决问题的能力；培养学生严谨细致的工作作风和工作态度。

3. 本课程的学习方法

1）本课程是一门理论与实践结合的课程，与专业实践有着广泛而又密切的联系，既要重视理论的学习，又要注重实践环节的训练，课程除需要掌握一定的理论外，还要掌握一定的绘图技能和技巧，技能的掌握更多是依靠实践，而多画多练才会熟能生巧。

2）画法几何是本课程的理论基础，在学习过程中要扎实掌握正投影的原理和方法，把投影分析和空间想象结合起来，把空间形体和平面的投影图联系起来思考，从立体到投影再从投影到立体的相互对应关系进行反复思考，训练空间想象能力。总之，要把基本概念和基本原理理解透彻，并在具体的应用中融会贯通。

3）制图基础的学习要了解、熟悉和严格遵守国家标准的有关规定，正确使用制图工具、仪器，遵循正确的作图步骤和方法，养成自觉遵守制图国家标准的良好习惯，提高绘图效率。

4）专业图的学习要熟记国家制图标准中各种代号和图例的含义，熟悉图样的画法，培养分析问题和解决问题的能力，以及认真负责的工作态度和严谨细致的工作作风。

第 1 章　制图的基本知识与技能
(Basic Knowledge and Skills of Drafting)

【学习目标】

1. 掌握图幅、比例、斜度（坡度）的概念；理解图线、尺寸标注及字体的正确运用。

2. 了解绘图工具的用法、几何作图、平面图形的尺寸分析及徒手作草图的技巧。

1.1　国家制图标准的有关规定（Relevant Regulations of National Drawing Standards）

规范制图意识的培养

工程图样是工程界的技术语言，是设计、施工管理部门的技术文件，具有严格的规范性。为了保证规范性，适应现代化生产、管理的需要和便于交流，国家制订并颁布了一系列相关的国家标准，简称“国标”，它包括了强制性国家标准（代号为“GB”）、推荐性国家标准（代号为“GB/T”）和国家标准化指导性技术文件（代号为“GB/Z”）。本节摘录了有关现行《技术制图标准》和《房屋建筑制图统一标准》（GB/T 50001—2017）（注：GB—国家标准，T—推荐使用，50001—编号，2017—2017 年发布，2018 年实施）中关于“图纸幅面和格式”“图线”“字体”“比例”“尺寸标注”的基本规定。

1.1.1　图纸幅面和格式（Format of Drawings）

图纸幅面是指图纸的大小规格。为了使图纸幅面大小统一，便于存档，“国标”对图幅大小做出了规定，其幅面代号及尺寸代号见表 1-1 和图 1-1。

表 1-1　图幅及图框尺寸　（单位：mm）

尺寸代号 \ 幅面代号	A0	A1	A2	A3	A4
$b \times l$	841×1189	594×841	420×594	297×420	210×297
c	10			5	
a	25				

从表中可以看出，A1 图幅是 A0 的对折，A2 是 A1 的对折，其余类推。当基本幅面不能满足视图的布置时，可加长幅面，加长幅面是由基本幅面的长边成整数倍增长。图纸的短边一般不应加长，长边加长后的尺寸可查阅《房屋建筑制图统一标准》。

图纸分为横式和立式两种，图纸以短边作为垂直边，称为横式，如图 1-1a 所示，以短边作为水平边的称为立式，如图 1-1b、c 所示。一般 A0～A3 图纸宜用横式。

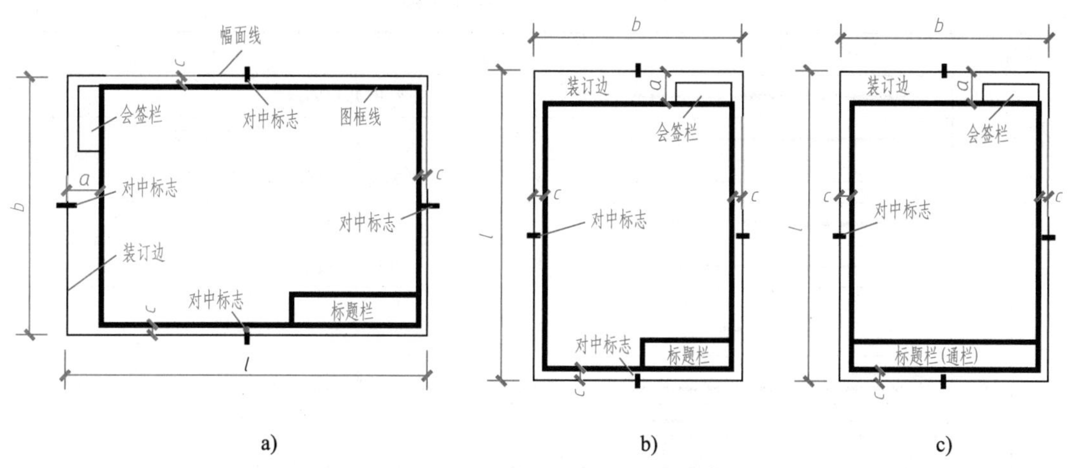

图 1-1　图纸幅面格式

a）A0～A3 横式幅面　b）A0～A3 立式幅面　c）A4 立式幅面

图框是指图纸上限定绘图区域的边线，用粗实线画出图框线。每张图纸上都必须在其右下角画出标题栏，简称图标，用来填写工程名称、设计单位、设计人、校核人、审定人、图名、图纸编号等内容，其格式按《房屋建筑制图统一标准》中有关规定执行。会签栏位于图纸的左上角图框线处，用来填写会签人员所代表的专业、姓名、日期等。不需要会签的图纸，可不设会签栏。对于学生在学习阶段的制图作业，建议采用图 1-2 所示的标题栏（图线要求：外框用粗实线，分格线用细实线）。

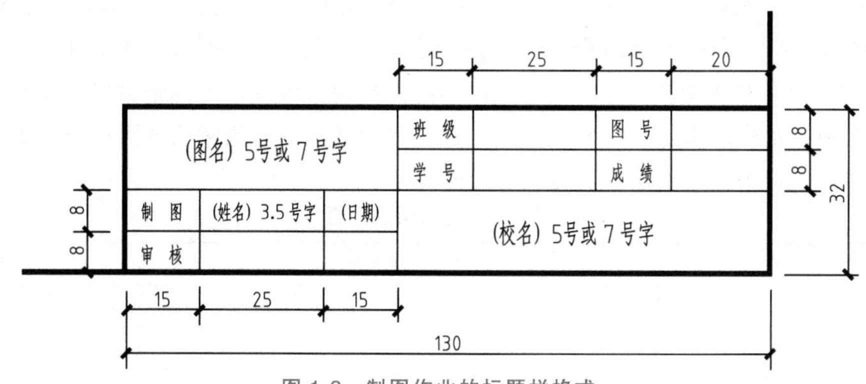

图 1-2　制图作业的标题栏格式

1.1.2　图线（Lines）

画在图上的线条统称图线，工程图样需要用不同的线型及不同粗细的图线来区分图中不同的内容和层次。

1. 图线的线型和宽度

在绘制工程图时，采用不同线型和不同粗细的图线来表示图样的意义和用途。在土木建筑工程中常用的线型有粗实线、中实线、细实线、虚线、单点长画线、双点长画线、折断线和波浪线等，各种线型和用途见表1-2。现行《房屋建筑制图统一标准》增加了中粗线，线宽为0.7*b*，具体用途可查阅该标准。

表1-2　常用的线型和用途

名称		线型	线宽	一般用途
实线	粗		*b*	主要可见轮廓线
	中		0.5*b*	可见轮廓线、尺寸起止符号等
	细		0.25*b*	图例线、尺寸线、尺寸界线等
虚线	粗		*b*	见有关制图标准
	中		0.5*b*	不可见轮廓线
	细	线段长约3～6mm　间隔约1mm	0.25*b*	不可见轮廓线、图例线等
单点长画线	粗		*b*	见有关制图标准
	中		0.5*b*	见有关制图标准
	细	线段长约15mm　间隔约3mm	0.25*b*	中心线、对称线、定位轴线
双点长画线	粗		*b*	见有关制图标准
	中		0.5*b*	见有关制图标准
	细		0.25*b*	假想轮廓线、成型前原始轮廓线
折断线		30°	0.25*b*	不需画全的断开界线
波浪线			0.25*b*	不需画全的断开界线 构造层次的断开界线

"国标"规定图线宽度（*b*）有粗线、中粗线和细线之分，它们的比例关系是1∶0.5∶0.25。绘图时要根据图样的繁简程度和比例大小，先确定粗线线宽*b*，见表1-3（表中系数的公比为$\sqrt{2}$∶1），优先采用*b*=0.5mm或0.7mm。当粗线的宽度*b*确定以后，则和*b*相关联的中粗线、细线也随之确定。一般情况下，同一张图纸内相同比例的各图样应选用相同线宽组合；在同一图样中，同类图线的宽度也应一致。

表1-3　常用的线宽组

线宽比	线宽组/mm					
b	2.0	1.4	1.0	0.7	0.5	0.35
0.5*b*	1.0	0.7	0.5	0.35	0.25	0.18
0.25*b*	0.5	0.35	0.25	0.18	0.13	0.09

2. 图线的画法和要求

1）图线要清晰整齐、均匀一致、粗细分明、交接正确。

2）考虑缩微制图的需要，两条平行线的最小间隙一般不宜小于0.7mm。

3）虚线、单点长画线或双点长画线的线段长度和间距，宜各自相等。虚线的线段长度

约为 3~6mm，间隔约为 1~2mm。单点长画线或双点长画线的线段长度约为 15~20mm。

4）单点长画线或双点长画线的两端不应是点，点画线与点画线交接或点画线与其他图线交接时应是线段交接，如图 1-3 所示。

5）虚线与虚线交接或虚线与其他图线交接时应是线段交接，虚线位于实线的延长线时不得与实线连接，如图 1-3 所示。

6）图线不得与文字、数字或符号重叠、相交。不可避免时，应首先保证文字等的清晰。

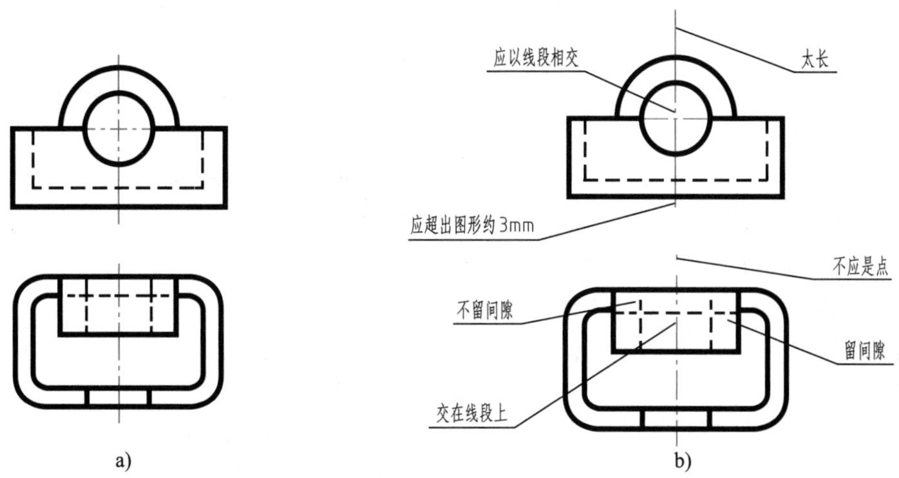

图 1-3　点画线、虚线交接的画法

a）正确画法　b）错误画法

1.1.3　字体（Fonts）

字体指的是图中的汉字、字母、数字的书写形式。图样中的字体必须做到：字体工整、笔画清楚、间隔均匀、排列整齐。

1. 汉字

汉字应采用长仿宋体字型（注：房屋建筑制图可用 True type 字体中的宋体），并采用国家正式公布的简化字，汉字的字高 h 不应小于 3.5mm，其字宽一般为 $h/\sqrt{2}$（约 0.7h）。文字的字高以$\sqrt{2}$倍递增减，宽度与高度的关系应符合表 1-4 的规定。

表 1-4　长仿宋字的字高和字宽　（单位：mm）

字高	20	14	10	7	5	3.5
字宽	14	10	7	5	3.5	2.6

2. 拉丁字母和阿拉伯数字

拉丁字母和阿拉伯数字的字体有正体和斜体，如需写斜体字，其斜度应是从字的底线逆时针向上倾斜 75°，斜体字的高度与宽度应与相应的直体字相等。另：房屋建筑制图可用 True type 字体中的 Roman 字型。

图 1-4 为长仿宋体汉字、字母及数字示例。长仿宋体汉字、拉丁字母、阿拉伯数字与罗马数字示例见《技术制图—字体》（GB/T 14691—1993）。

画法几何与土木建筑制图

ABCDEFG 1234567890

abcdefg 1234567890

图 1-4 长仿宋体汉字、字母及数字示例

1.1.4 比例（Scale）

图样的比例，应为图形与实物相对应的线性尺寸之比。比例应以阿拉伯数字表示，如 1∶1、1∶2、1∶100 等。比例宜注写在图名的右侧，字的基准线应取平；比例的字高宜比图名的字高小 1 号或小 2 号，如图 1-5 所示。绘图所用的比例，应根据图样的用途与被绘对象的复杂程度，从表 1-5 中选用，并优先选择表中常用比例。一般情况下，一个图样应选用一种比例。

图 1-5 比例的注写

表 1-5 绘图所用的比例

常用比例	1∶1、1∶2、1∶5、1∶10、1∶20、1∶50、1∶100、1∶150、1∶200、1∶500、1∶1000、1∶2000、1∶5000、1∶10000、1∶20000、1∶50000、∶100000、1∶200000
可用比例	1∶3、1∶4、1∶6、1∶15、1∶25、1∶30、1∶40、1∶60、1∶80、1∶250、1∶300、1∶400、1∶600

1.1.5 尺寸标注（Dimensioning）

图形只能表达物体的形状，其大小和各部分相对位置必须由标注尺寸确定。在工程图中，尺寸是施工的依据。

1. 尺寸的组成

图样上的尺寸由尺寸界线、尺寸线、尺寸起止符号和尺寸数字组成，如图 1-6 所示。

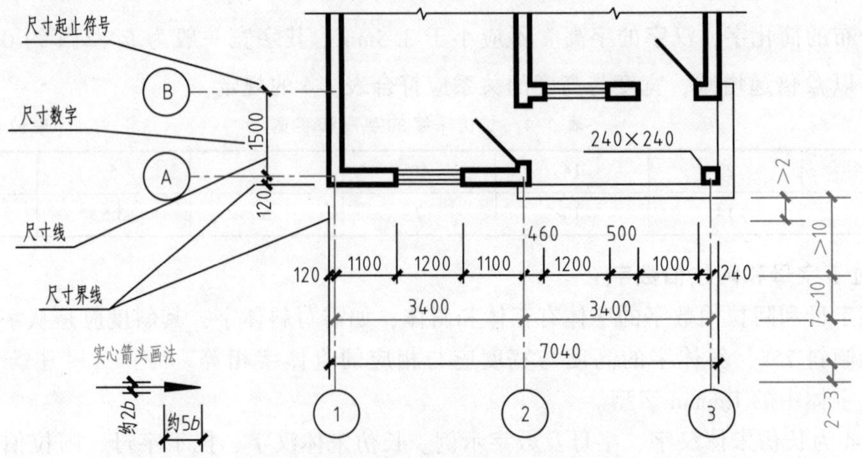

图 1-6 尺寸的组成及标注规范

1）尺寸界线应用细实线绘制，一般应与被注长度垂直，其一端应离开图样轮廓线不小于 2mm，另一端宜超出尺寸线 2～3mm。图样轮廓线、点画线等可用作尺寸界线。

2）尺寸线应用细实线绘制，应与被注长度平行，不能用其他图线代替或与其他图线重合。

3）尺寸起止符号一般用中粗斜短线绘制，其倾斜方向应与尺寸界线成顺时针 45°，长度宜为 2～3mm。半径、直径、角度与弧长的尺寸起止符号，宜用实心箭头表示。

4）尺寸数字一般应写在尺寸线中间上方，水平尺寸数字字头向上，垂直尺寸数字字头朝左，其他尺寸数字注写要求参阅表 1-6 所示图例。

2. 尺寸的排列与布置

1）互相平行的尺寸线，应从被注写的图样轮廓线由近向远整齐排列，较小尺寸应离轮廓线较近，较大尺寸应离轮廓线较远。图样轮廓线以外的尺寸线，距图样最外轮廓的距离不宜小于 10mm。平行排列的尺寸线的间距宜为 7～10mm，并应保持一致，如图 1-6 所示。

2）尺寸宜标注在图样轮廓以外，不宜与图线、文字及符号等相交。必要时也可标注在图样轮廓线以内，见表 1-6。

3. 尺寸标注的其他规定

尺寸标注的其他规定，可参阅表 1-6。

表 1-6　尺寸标注

标注内容	示例	说明
尺寸数字的注写	6060 120 120 6060 120 120 120 40 361 38 80 75 50	尺寸宜注写在图形轮廓线以外，不宜与图线、文字及符号相交。必要时，也可标注在图形内。两尺寸界线较窄时，数字可注写在尺寸界线外侧，上下错开，或用引线引出再标注
尺寸数字的注写方向	100 100 100 100 100 100 100 100 100 100 100 100 100 30°	尺寸线倾斜时数字的方向应便于阅读，若尺寸数字在 30°斜线区内，宜按右侧两图示例形式注写
小圆与小圆弧注写	ϕ115 ϕ30 R57 R30	直径数字前加注符号“ϕ”半径加“*R*”，箭头可画在外面，尺寸数字也可以写在外面或引出标注
大圆与大圆弧注写	ϕ153 R276 R331	在圆内标的直径尺寸线应通过圆心，两端画箭头指至圆弧 标注大圆弧半径时，由于无法标出圆心位置，可按右侧图例标注

（续）

标注内容	示例	说明
坡度标注	2%　1:2　2.5　1　2%	标注坡度时，应画指向下坡方向的箭头并注写坡度数字
角度、弧长与弦长标注	59°53′14″　21°1′12″　5°　7°　172　161	角度的尺寸线是圆弧，起止符号用箭头，如果没有足够位置画箭头，可用圆点代替 标注弧长的尺寸线为同心圆弧，弧长数字上方加圆弧符号 弦长的尺寸线平行于弦，尺寸界线垂直于弦
等长尺寸及相同要素标注	180　100×5=500　60　6×ϕ24　ϕ90　ϕ140	等长尺寸可用“等长尺寸×个数=总长”标注；相同要素可仅标其中一个要素的尺寸，在该尺寸前标出个数即可

1.2 常用手工绘图工具及用法（Commonly Used Manual Drawing Tools and the Usage）

常用手工绘图工具和仪器有铅笔、图板、丁字尺、三角板、比例尺、圆规、分规、曲线板等。正确使用绘图工具和仪器，才能保证绘图质量和加快绘图速度。下面介绍常用绘图工具及仪器的使用方法。

1.2.1 铅笔（Pencil）

绘图所用铅笔以铅芯的软硬程度来分，用 B 和 H 标志表示其软、硬程度。B 前的数字越大，表示铅芯越软，H 前的数字越大表示铅芯越硬，HB 表示铅芯软硬适中。常用 H、2H 铅笔画底线，B、2B 铅笔加深图线，HB 铅笔常用来写字。

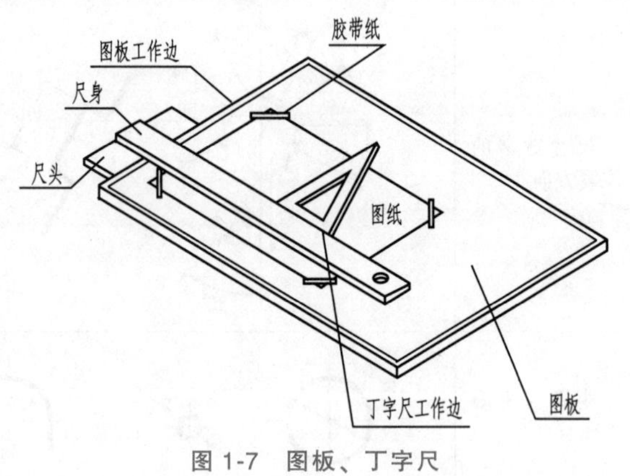

图 1-7　图板、丁字尺

1.2.2 图板（Drawing Board）

图板是用来固定图纸的，是画图时铺放图纸的垫板，板面要求平整光滑，图板的左边是丁字尺上下移动的导边，必须保持垂直。在图板上固定图纸时，要用胶带纸贴在图纸的四角上。画图时为方便起见，图板面宜略向上倾斜，如图 1-7 所示。

1.2.3 丁字尺、三角板（Tee Square, Set Square）

丁字尺由尺身和尺头两部分组成。尺头与尺身垂直。使用时需将尺头紧靠图板左边，然

后利用尺上边自左向右画水平线。三角板由两块组成一副（45°和60°），三角板可配合丁字尺自下而上画垂直线及与水平线成30°、45°、60°、75°及15°的斜线。这些斜线都是按自左向右的方向画出的。

1.2.4　比例尺（Scale）

比例尺是直接用来放大或缩小图形的绘图工具，常用的三棱比例尺及其三个棱面上刻有6种不同的比例刻度。绘图时不需通过计算，可以直接用它在图纸上量得实际尺寸，如图1-8所示。

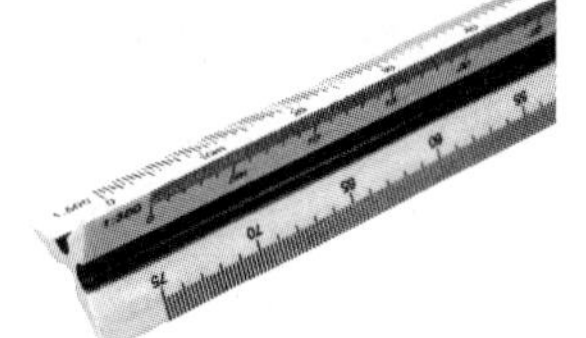

图1-8　三棱比例尺

1.2.5　圆规和分规（Compasses and Dividers）

圆规是画圆和圆弧的工具。圆规有两个支脚，一个是固定针脚，另一个一般附有铅芯插腿、钢针插腿、直线笔插腿和延伸杆等。画圆时，针脚位于圆心固定不动，另一支插脚随圆规顺时针转动画出圆弧线。

分规通常用来等分线段或量取尺寸。分规的形状与圆规相似，但两脚都装有钢针。使用时两针尖应调整到平齐，当两腿合拢时，两针尖应合成一点。

1.2.6　制图模板（Drawing Template）

制图时为了提高质量和速度，通常使用各种模板，模板上刻有各种不同图形、符号、比例等，如图1-9所示。

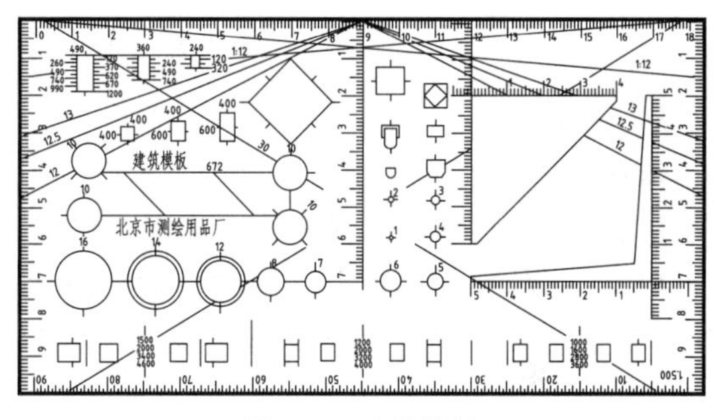

图1-9　建筑模板

1.2.7　曲线板（French Curve）

曲线板是用来画非圆曲线的工具，作图时应先求出曲线上的若干控制点，用铅笔徒手依次连成曲线，然后找出曲线板与曲线吻合的部位，从起点到终点依次分段画出。当画下一段曲线时，注意应有一段与上段曲线重合，如图1-10所示。

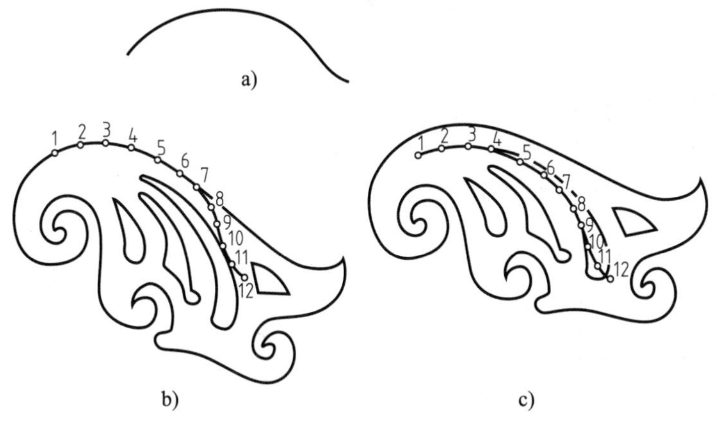

图1-10　曲线板

a）已知非圆曲线　b）步骤一　c）步骤二

■ 1.3 几何作图（Geometric Drawing）

任何工程图样都是由各种几何图形组合而成的。常用的几何作图方法有：等分线段、圆弧连接及绘制椭圆等。

1.3.1 等分线段（Dividing a Line）

1. 等分已知线段

作图步骤：

过点 A 作任意直线 AC，用尺子或圆规在 AC 上从点 A 起截取任意长度的六等分，得 1、2、3、4、5、6 点，连接 B、6 两点，分别过等分点 1、2、3、4、5 作线段 $B6$ 的平行线，这些平行线与线段 AB 的交点即为所求的等分点，如图 1-11 所示。

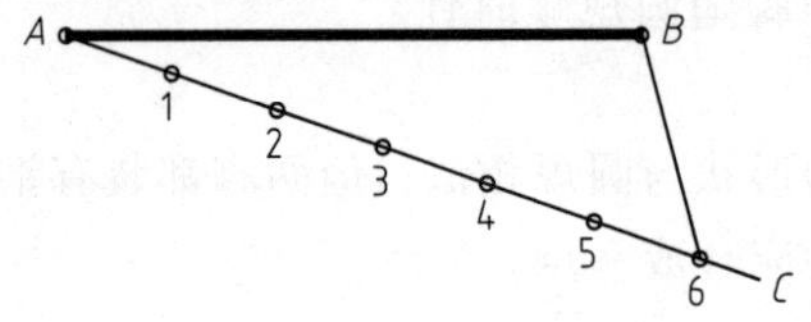

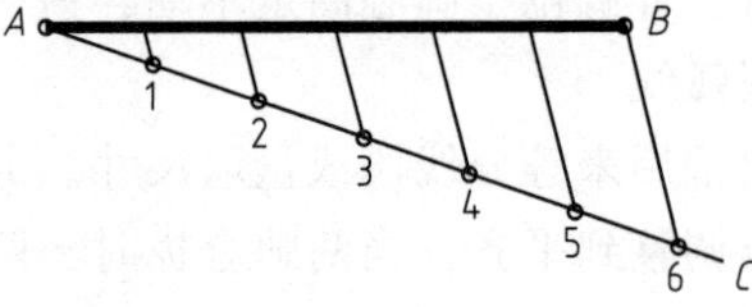

图 1-11 等分已知线段

2. 等分角

作图步骤：

1）以点 O 为圆心，任意长 R 为半径作弧，交直线 OA 于点 C，交直线 OB 于点 D。

2）各以点 C、D 为圆心，以相同半径 R 作弧，两弧交于点 E。

3）连接点 O、E，即求得分角线，如图 1-12 所示。

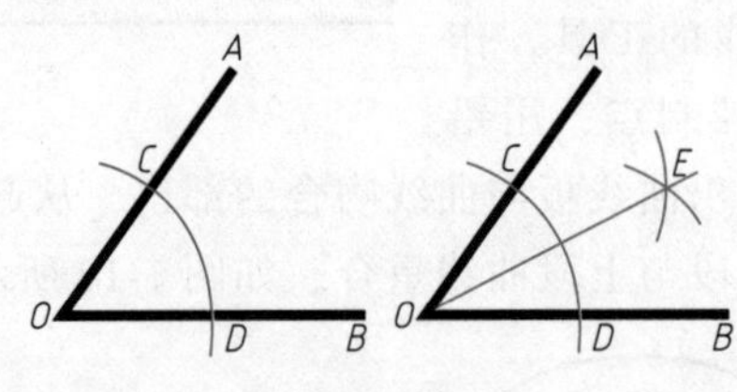

图 1-12 等分角

3. 等分圆周作正多边形

（1）作圆内接正三边形

1）以点 D 为圆心，R 为半径作弧得 BC，如图 1-13a 所示。

2）连接点 A、B，点 A、C，点 B、C 即得圆内接正三角形，如图 1-13b 所示。

（2）作圆内接正五边形

1）作出半径 OA 的中点 B，以点 B 为圆心，BC 为半径画弧，交水平中心线于点 E，如图 1-14a 所示。

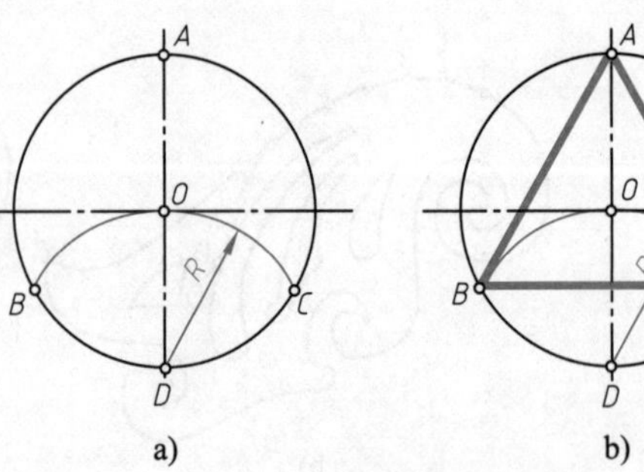

图 1-13 圆内接正三边形

a）步骤一 b）步骤二

2）以 CE 为半径，分圆周为五等分。依次连接各五等分点，即得所求五边形，如图 1-14b所示。

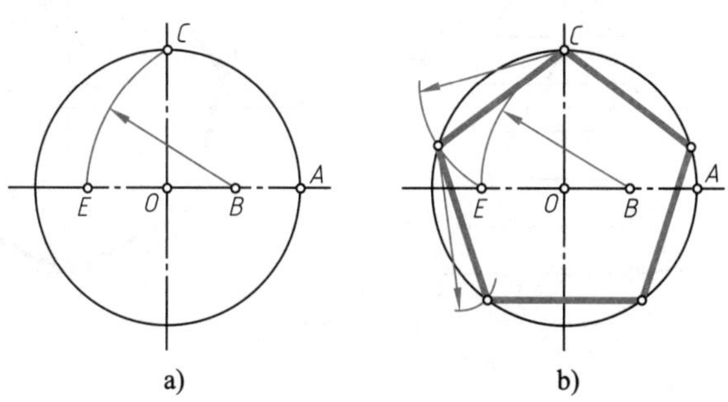

图 1-14　圆内接正五边形

a）步骤一　b）步骤二

（3）作圆的内接正六边形

1）作法 1：分别以点 A、D 为圆心，AO、DO 为半径画圆弧，如图 1-15a 所示。在圆周上作出除点 A、D 之外的另四个点，依次相连，得正六边形，如图 1-15b 所示。

2）作法 2：用 60°三角板作圆内接六边形。

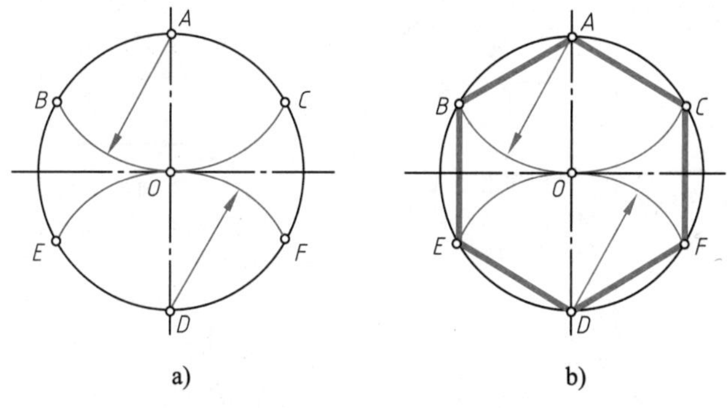

图 1-15　圆内接正六边形

a）步骤一　b）步骤二

（4）作圆内接正 N 边形　以作圆内接正七边形为例。

1）将直径 AH 七等分，以点 H 为圆心，AH 为半径画圆弧，交水平中心线于 M、N 两点，如图 1-16a 所示。

2）过 N、M 两点分别向 AH 上各奇数点（或偶数点）作连线并延长相交于圆周上的 B、C、D、E、F、G 各点，依次连接各点，即得正七边形，如图 1-16b 所示。

1.3.2　圆弧连接（Arc Connections）

绘制平面图形时，经常需要用圆弧将两条直线、一个圆弧与一条直线或两个圆弧光滑地连接起来，这种连接作图称为圆弧连接。圆弧连接的作图过程是：先找连接圆弧的圆心，再找连接点（切点），最后作出连接圆弧。当两圆弧相连接（相切）时，其连接点肯定在该两圆弧的连心线上。若两圆弧的圆心分别位于连接点的两侧，此时称为外连接（外切）；若位于连接点的同一侧，则称为内连接（内切）。表 1-7 是圆弧连接的几种典型作图。

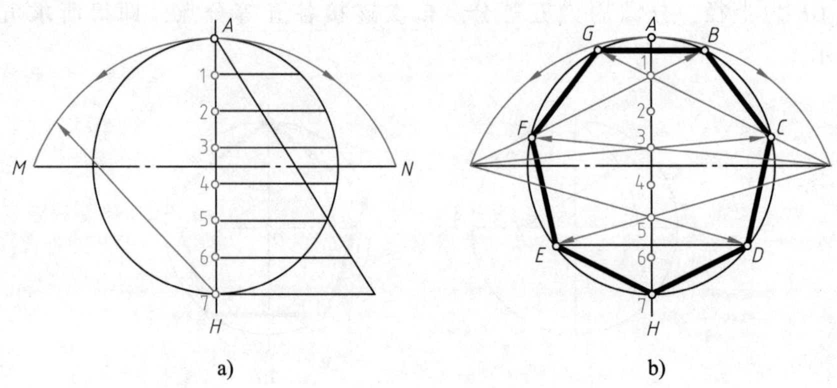

图 1-16　圆内接正七边形

a）步骤一　b）步骤二

表 1-7　圆弧连接

种类	已知条件	作图步骤		
		求连接圆弧圆心 O	求切点 A 和 B	画连接圆弧
作圆弧与两直线连接	已知半径 R 和相交两直线 K、L	分别作出与 K、L 平行且相距为 R 的两直线，交点 O 即所求圆弧圆心	过点 O 分别作 K 和 L 的垂线，垂足 A 和 B 即所求的切点	以点 O 为圆心，R 为半径，作圆弧 AB，即为所求
作圆弧连接直线和内切连接圆弧	已知半径 R 和半径为 R_1 的圆、直线 L	作出与 L 平行且相距为 R 的直线，以点 O_1 为圆心，$R-R_1$ 为半径画圆，交点 O 即所求圆弧圆心	过点 O 分别作 L 的垂线，连 OO_1 交圆于 B，垂足 A、交点 B 即所求的切点	以点 O 为圆心，R 为半径，作圆弧 AB，即为所求
圆弧外切连接两圆弧	已知外切圆弧的半径 R 和半径为 R_1、R_2 的两圆	以点 O_1 为圆心，$R+R_1$ 为半径画圆弧，又以点 O_2 为圆心，$R+R_2$ 为半径画圆弧，两圆弧的交点 O 即为连接圆弧圆心	连点 O、O_1，点 O、O_2，交圆于点 A、B，即所求的切点	以点 O 为圆心，R 为半径，作圆弧 AB，即为所求

（续）

种类	已知条件	作图步骤		
		求连接圆弧圆心 O	求切点 A 和 B	画连接圆弧
圆弧内切连接两圆弧	已知内切圆弧的半径 R 和半径为 R_1、R_2 的两圆	以点 O_1 为圆心，$R-R_1$ 为半径画圆弧，又以点 O_2 为圆心，$R-R_2$ 为半径画圆弧，两圆弧的交点 O 即为连接圆弧圆心	连点 O、O_1，点 O、O_2，其延长线交圆于点 A、B，即所求的切点	以 O 为圆心，R 为半径，作圆弧 AB，即为所求
圆弧内外切连接两圆弧	已知连接圆弧的半径 R 和半径为 R_1、R_2 的两圆	以点 O_1 为圆心，$R-R_1$ 为半径画圆弧，又以点 O_2 为圆心，$R+R_2$ 为半径画圆弧，两圆弧的交点 O 即为连接圆弧圆心	连点 O、O_1，点 O、O_2，OO_1 延长线交圆于点 A，OO_2 交圆于点 B，即所求的切点	以点 O 为圆心，R 为半径，作圆弧 AB，即为所求

1.3.3 绘制椭圆（Drawing Ellipse）

1. 四心圆弧法

1）画出互相垂直的长短轴 AB、CD。连接点 A、C，并作 $OE=OA$。以点 C 为圆心，CE 为半径画弧，交 AC 于点 F，如图 1-17a 所示。

2）作 AF 的中垂线，在轴上得点 O_1、O_2及与之对称的点 O_3、O_4，如图 1-17b 所示。

3）分别以点 O_1、O_2、O_3、O_4为圆心，以 O_1A、O_2C、O_3B、O_4D 为半径画圆弧，分别相接于 O_1O_2、O_2O_3、O_1O_4及 O_3O_4上的点 T_1、T_2、T_3、T_4，即得近似椭圆，如图 1-17c 所示。

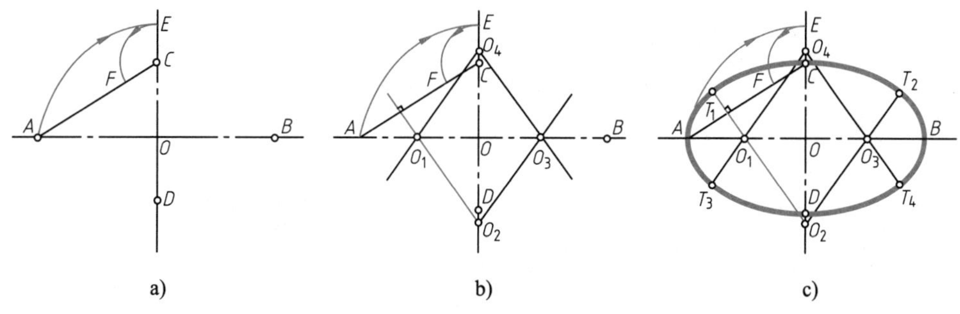

图 1-17 四心圆弧法

a）步骤一 b）步骤二 c）步骤三

2. 同心圆法

1）画出互相垂直的长短轴 AB、CD。以点 O 为圆心，以 OA 和 OC 为半径，作出两个同心圆，如图 1-18a 所示。

2）过中心点 O 作等分圆周的直径线。

3）过直径线与大圆的交点向内画竖直线，过直径线与小圆的交点向外画水平线，则竖直线与水平线的相应交点即为椭圆上的点，如图 1-18b 所示。

4）用曲线板将上述各点依次光滑地连接起来，即得所求作的椭圆，如图 1-18c 所示。

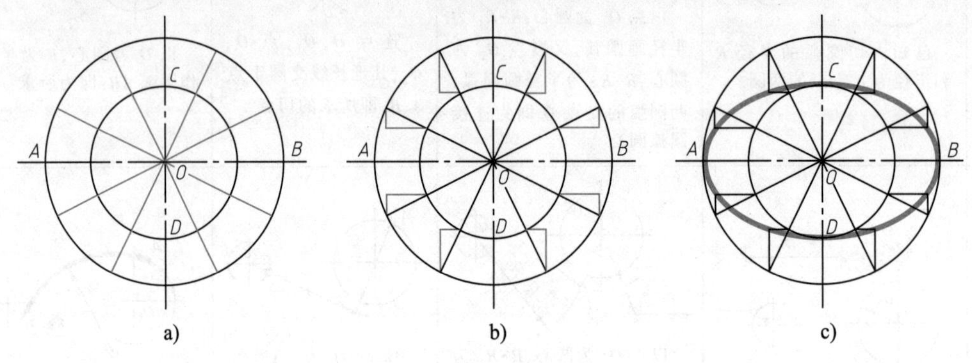

图 1-18　同心圆法

a）步骤一　b）步骤二　c）步骤三

第2章 投影的基本知识
(Basic Knowledge of Projection)

【学习目标】

1. 理解中心投影和平行投影（正投影和斜投影）的概念。
2. 理解正投影特性；理解投影图的形成以及三面投影的对应关系。
3. 掌握三面投影图的作图方法。

2.1 投影的概念（Conception of Projection）

2.1.1 投影的概念和分类（Conception and Classification of Projection）

物体在阳光的照射下，会在墙面或地面投下影子，这就是投影现象。投影原理是将这一现象加以科学抽象而总结出来的一些规律，作为制图方法的理论依据。在制图中，表示光线的线称为投射线，把落影平面称为投影面，把产生的影子称为投影图。投射线通过物体向投影面投射，并在该面上得到图形的方法，称为投影法。

投影法分为中心投影法和平行投影法两种。

1. 中心投影法

如图2-1所示，平面 H 为投影面，点 S 为投射中心，由投射中心 S 发出的经过三角形 ABC 上任何一点的直线为投射线。过三角形 ABC 上各点的投射线与投影面的交点即为点在平面上的投影。这种由投射中心把形体投射到投影面上而得出其投影的方法称为中心投影法。中心投影法常用来绘制建筑物或物品的立体图。

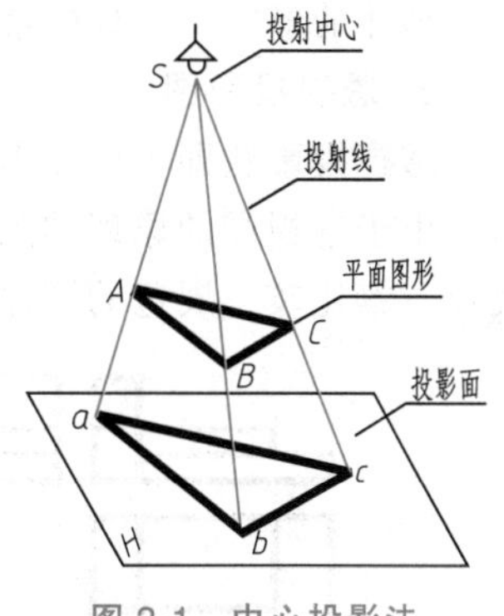

图2-1 中心投影法

2. 平行投影法

如果投射中心 S 在无限远，所有的投射线将相互平行，这种投影法称为平行投影法。平行投影法又可分为正投影法和斜投影法。

1）投射线垂直于投影面的投影法，叫正投影法，如图2-2a所示。

2）投射线倾斜于投影面的投影法，叫斜投影法，如图2-2b所示。

生产实践中工程图样主要采用正投影法。在一般情况下将“正投影”简称为“投影”。

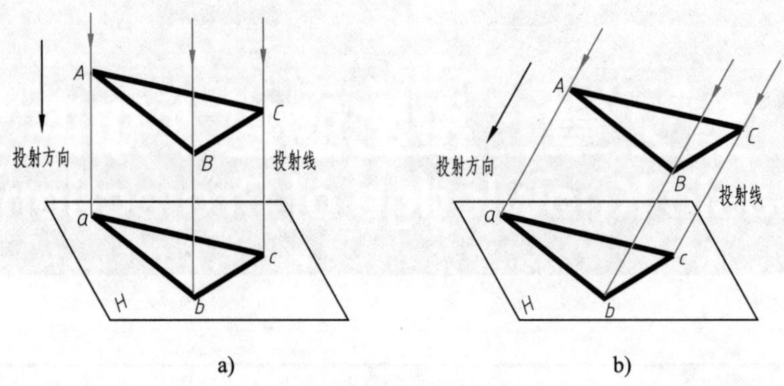

图 2-2 平行投影法

a）正投影法 b）斜投影法

2.1.2 工程上常用的投影图（Projection Drawings Commonly Used in Engineering）

工程上常用的投影法有正投影法、轴测投影法、透视投影法和标高投影法。与上述投影法相对应的有下列投影图。

1. 正投影图

用正投影法把形体向两个或三个互相垂直的面投影，然后将这些带有形体投影图的投影面展开在一个平面上，从而得到形体多面正投影图。

正投影图的优点是能准确地反映形体的形状和构造，作图方便，度量性好，工程上应用最广，其缺点是立体感差，如图 2-3 所示。

2. 轴测投影图

轴测投影是平行投影之一，简称轴测图，它是把形体按平行投影法投影到单一投影面上所得到的投影图，如图 2-4 所示。这种图的优点是立体感强，但形状不够自然，也不能完整表达形体的形状，工程中常用作辅助图样。

3. 透视投影图

透视投影法即中心投影法。透视投影图简称透视图，如图 2-5 所示。透视图属于单面投影。由于透视图的原理和照相相似，它符合人们的视觉，形象逼真、直观，常用作大型工程设计方案比较、展览的图样。其缺点是作图复杂，不便度量。

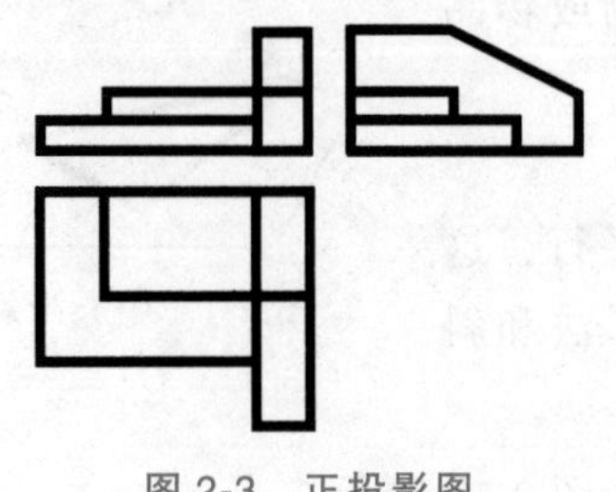

图 2-3 正投影图

图 2-4 轴测图

4. 标高投影图

标高投影图是一种带有数字标记的单面正投影。如图 2-6 所示，某一山丘被一系列带有标高的假想水平面所截切，用标有标高数字的截交线（等高线）来表示起伏的地形面，这就是标高投影。它具有一般正投影的优缺点。标高投影在工程上被广泛采用，常用来表示不规则的曲面，如船舶、飞行器、汽车曲面以及地形面等。

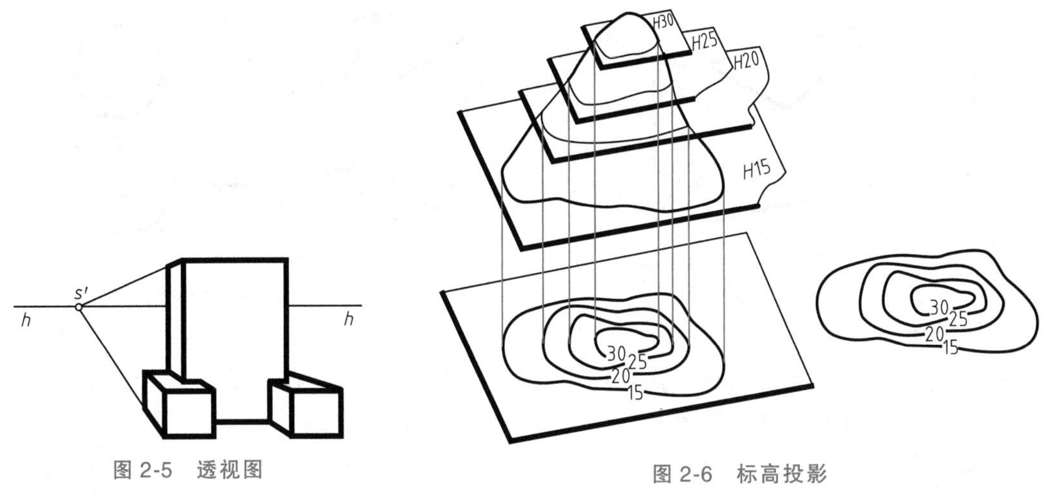

图 2-5　透视图　　图 2-6　标高投影

2.2　正投影的特性（Characteristics of Orthographic Projection）

投射方向垂直于投影面时所作出的平行投影，称为正投影。正投影具有如下的特性：

1. 实形性

当直线段平行于投影面时，直线段与它的投影及过两端点的投影线组成矩形，因此，直线的投影反映直线的实长。当平面图形平行于投影面时，平面图形与它的投影为全等图形，即反映平面图形的实形。由此可得出：平行于投影面的直线或平面图形，在该投影面上的投影反映线段的实长或平面图形的实形，这种投影特性称为实形性。如图 2-7 所示，直线 *AB* 和平面 *CDE* 平行于投影面，其投影反映实形，具有实形性。

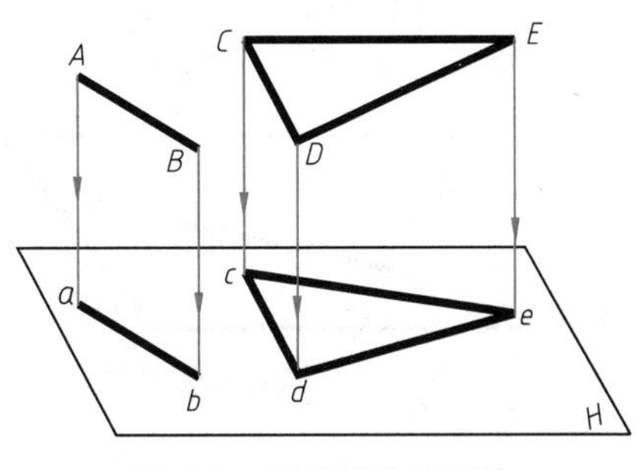

图 2-7　正投影的实形性

2. 积聚性

当直线垂直于投影面时，过直线上所有点的投影线都与直线本身重合，因此与投影面只有一个交点，即直线的投影积聚成一个点。当平面图形垂直于投影面时，过平面上所有点的投影线均与平面本身重合，平面图形与投影面交于一条直线，即投影为直线。由此可得出：当直线或平面图形垂直于投影面时，它们在该投影面上的投影积聚成一个点或一条直线，这种投影特性称为积聚性。如图 2-8 所示，直线 *AB* 和平面 *CDE* 垂直于投影面，其投影分别积聚成了一个点和一条直线。

3. 类似性

当直线倾斜于投影面时，直线的投影仍为直线，不反映实长；当平面图形倾斜于投影面时，在该投影面上的投影为原图形的类似形。注意：类似形并不是相似形，它和原图形只是边数相同、形状类似。如图 2-9 所示，当直线和平面倾斜于投影面时，其投影为类似形，圆的投影为椭圆。

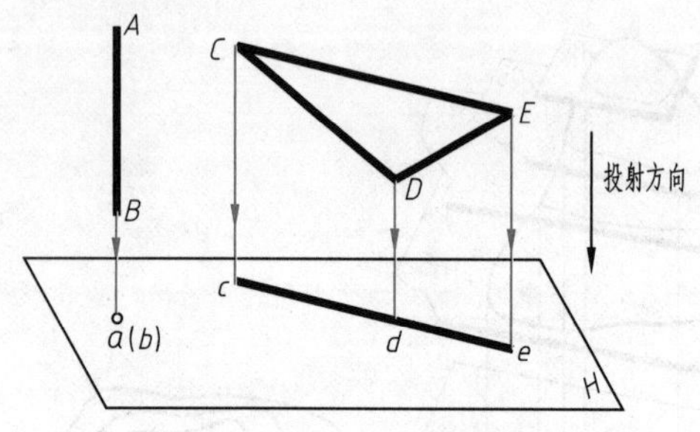

图 2-8 投影的积聚性

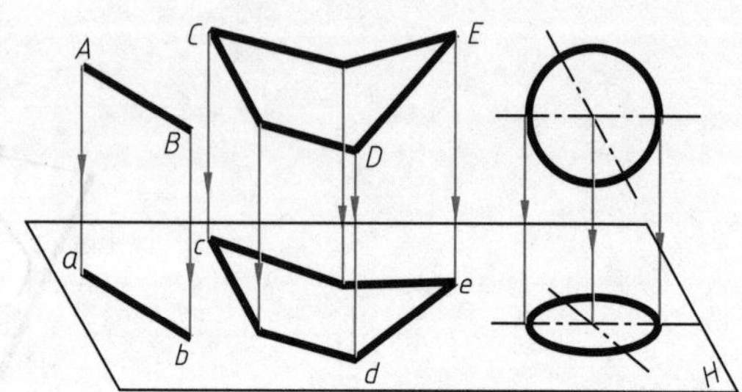

图 2-9 投影的类似性

4. 从属性

如果点在直线上，则点的投影必在该直线的投影上；如果点在直线上，直线又在平面上，则点的投影必在该平面的投影上。

5. 定比性

直线上一点把直线分成两段，该两段长度之比，等于其投影长度之比。如图 2-10 所示，$AK/KB=ak/kb$。

6. 平行性

两平行直线在同一投影面上的投影仍互相平行，如图 2-11 所示，直线 $AB /\!/ CD$，两者的投影 $ab /\!/ cd$。

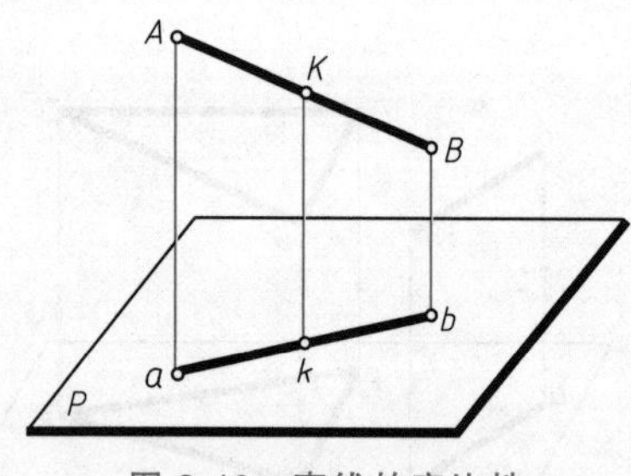

图 2-10 直线的定比性

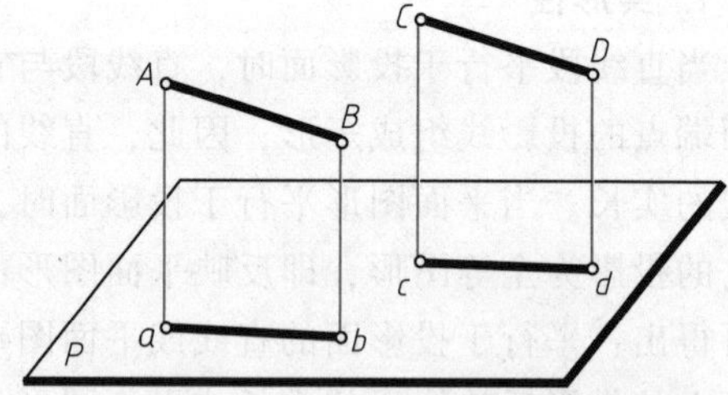

图 2-11 两平行直线的投影

2.3 三面投影（Three-plane Projection）

三面投影图的形成

如图 2-12 所示，将两个物体向投影面作正投影，所得到的投影完全相同。如果单纯由这个投影图来想象物体的话，既可想象为物体Ⅰ，也可想象为物体Ⅱ，还可以想象为其他物体。这说明仅由物体的一个投影不能确定物体的形状。为什么呢？这是因为物体有长、宽、高三个方向的尺寸，而一个投影仅反映两个向度。

1. 三面投影体系

为确定物体的空间形状，通常需要设置三个投影面。图 2-13 所示的三个互相垂直的投

影面，称为三面投影体系，其中：水平放置的称为水平投影面，简称水平面，用 *H* 标记，简称 *H* 面；正对观察者的投影面，称为正立投影面，简称正立面，用 *V* 标记，简称 *V* 面；在观察者右侧的投影面，称为侧立投影面，简称侧立面，用 *W* 标记，简称 *W* 面。

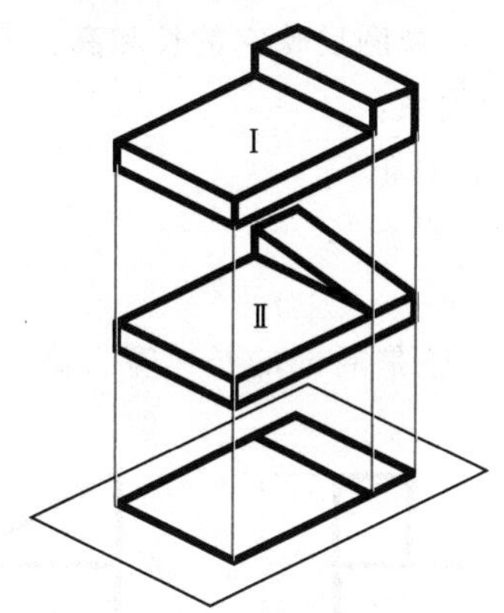

图 2-12　两个不同形体的水平投影

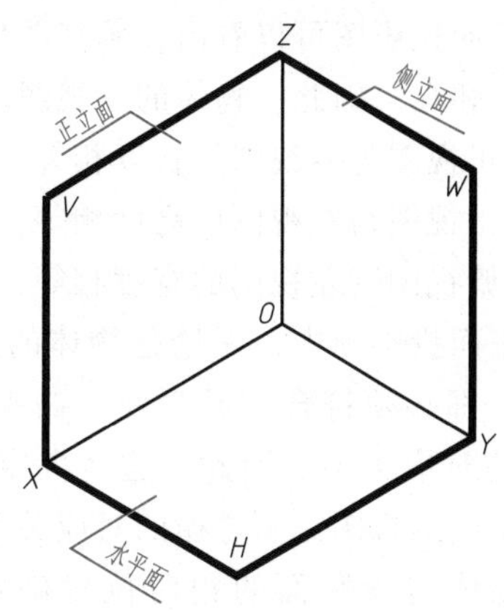

图 2-13　三面投影体系

三个投影面两两相交构成三条投影轴 *OX*、*OY*、*OZ*。三轴的交点 *O* 称为原点。这就是所建立的三面投影体系，采用这个体系可以比较充分地表示出形体的空间形状。

2. 三面投影图的形成

现将物体放在三面投影体系中，并尽可能使物体的各主要表面平行或垂直于其中的一个投影面，保持物体不动，将物体分别向三个投影面作投影，就得到物体的三视图。三面投影图是以正投影法为依据的，但在具体绘制时，是用人的视线代替投影线的，将物体向三个投影面作投影，即从三个方向去观看。从前向后看，即得 *V* 面上的投影，称为正视图；从左向右看，即得 *W* 面上的投影，称为侧视图或左视图；从上向下看，即得 *H* 面上的投影，称为俯视图，如图 2-14 所示。

为使三视图位于同一平面内，需将三个互相垂直的投影面摊平。方法是：*V* 面不动，将 *H* 面绕 *OX* 轴向下旋转 90°，*W* 面绕 *OZ* 轴向右旋转 90°。

由于投影面的边框及投影轴与表示物体的形状无关，所以不必画出，如图 2-15 所示。

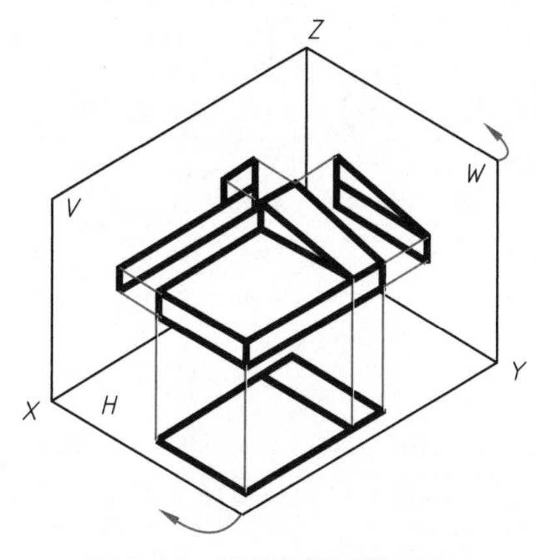

图 2-14　三面投影图的展开

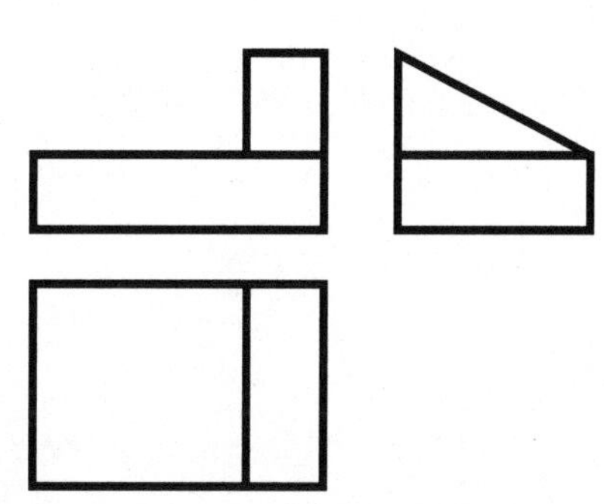
图 2-15　无边框的三面投影图

虽然用这种方法绘制的工程图样直观性差，但作图方便且便于度量，因此它是工程中应用最广的一种图示方法，也是本课程的研究重点。

3. 三面投影图的投影关系

由三面投影图可以看出，俯视图反映物体的长和宽，正视图反映它的长和高，左视图反映它的宽和高。因此，物体的三视图之间具有如下的对应关系：

1）正视图与俯视图的长度相等，且相互对正，即“长对正”。

2）正视图与左视图的高度相等，且相互平齐，即“高平齐”。

3）俯视图与左视图的宽度相等，即“宽相等”。

在三面投影图中，无论是物体的总长、总宽、总高，还是局部的长、宽、高（如上面的棱柱）都必须符合“长对正、高平齐、宽相等”的对应关系。因此，这“九字令”是绘制和阅读三视图必须遵循的对应关系。

当物体与投影面的相对位置确定之后，就有上下、左右和前后六个确定的方向。由图 2-16 可看出，物体的三面投影图与六个方向的关系如下：

1）正视图反映物体的左右、上下关系。

2）俯视图反映物体的左右、前后关系。

3）左视图反映物体的上下、前后关系。

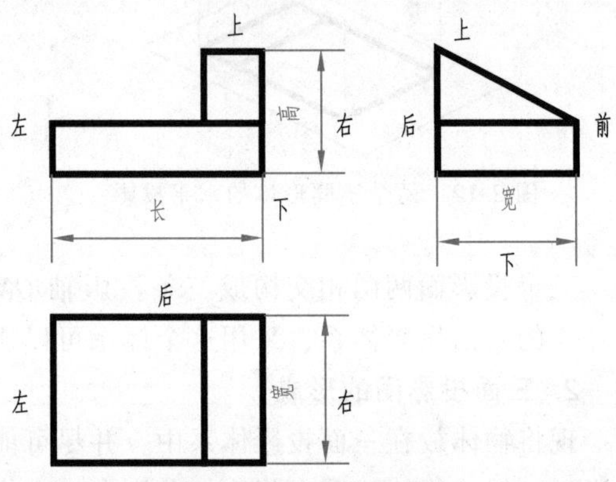

图 2-16　投影图的位置关系

为了便于按投影关系画图和读图，三个投影图一般应按图 2-15 所示位置来配置，不应随意改变。

第3章 点、直线的投影及两直线的相对位置 (Projections of Points and Straight Lines, Relative Position of Two Straight Lines)

【学习目标】

1. 掌握点、直线在第一分角中各种位置的投影特性和作图方法。

2. 熟悉两点的相对位置及重影点；熟悉用直角三角形法求一般直线的倾角和实长。

3. 了解平行、相交、交叉直线以及一边平行于投影面的直角的投影特性。

3.1 点的投影（Projection of Points）

3.1.1 点的三面投影（Three-plane Projection of Points）

1. 符号规定

1）空间点：用大写字母表示，如 A、B、C 等。

2）水平投影：用小写字母表示，如 a、b、c 等。

3）正面投影：用带撇的小写字母表示，如 a'、b'、c'等。

4）侧面投影：用带两撇的小写字母表示，如 a''、b''、c''等。

2. 点的投射过程

图 3-1a 为点 A 在第一分角投射的情形。在 V、H、W 三面投影体系中，由空间点 A 作垂直于 H 面的投射线，交点 a 即为其水平投影（H 投影）。由 A 点作垂直于 V 面的投射线，交点 a'即为其正面投影（V 投影）。由 A 点作垂直于 W 面的投射线，交点 a''即为侧面投影（W 投影）。按前述规定将投影面展开，就得到 A 点的三面投影，如图 3-1b 所示。在点的投影图中一般只画出投影轴，不画投影面的边框，如图 3-1c 所示。

3. 点的三面投影的投影规律

分析点的三面投影过程可知，由投射线 Aa 和 Aa'所构成的矩形平面 Aaa_Xa'与 H 面和 V 面垂直，它们的三条交线必互相垂直且交于同一点 a_X，当 H 面旋转至与 V 面重合时，a'、a_X、a 三点共线。同理，a'、a_Z、a''三点共线，由于三个投影面是两两互相垂直的。于是可总结出点的三面投影规律如下：

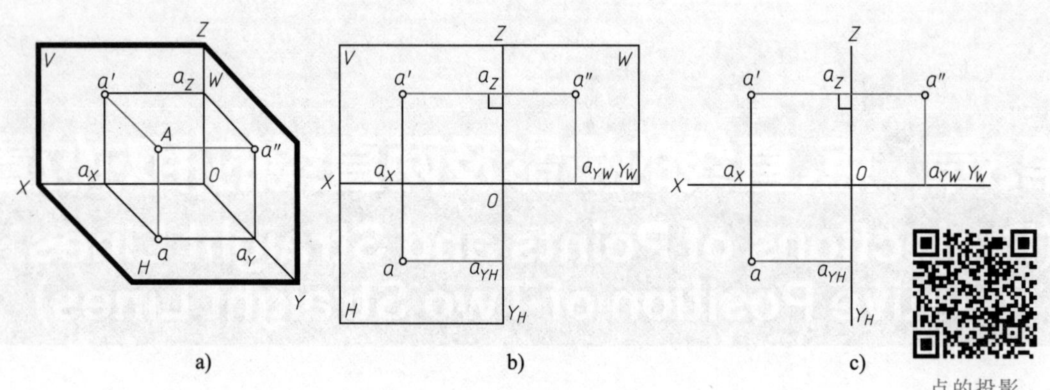

图 3-1　点的三面投影

a）立体图　b）有边框的投影图　c）无边框的投影图

1）$a'a \perp OX$，A 点的 V 面和 H 面投影连线垂直于 X 轴；$a'a'' \perp OZ$，A 点的 V 面和 W 面投影连线垂直于 Z 轴；由于 H 面和 W 面展开后不相连，因而有 $aa_{YH} \perp OY_H$，$a''a_{YW} \perp OY_W$。

2）$a'a_Z = aa_{YH} = Aa''$，反映 A 点到 W 面的距离。$aa_X = a''a_Z = Aa'$，反映 A 点到 V 面的距离。$a'a_X = a''a_{YW} = Aa$，反映 A 点到 H 面的距离。

以上点的三面投影特征，正是形体投影图中"长对正、高平齐、宽相等"的理论依据。

因为点的两个投影已能确定该点在空间的位置，故只要已知点的任意两个投影，就可以运用投影规律来作图，求出该点的第三投影。

【例 3-1】　如图 3-2a 所示，已知 B 点的 V 面投影 b'和 W 面投影 b''，求其 H 面投影 b。

作图步骤：

1）由第一条规律，过点 b'作投影连线垂直于 OX，点 b 必在此线上，如图 3-2b 所示。

2）由第二条规律，截取 $bb_X = b''b_Z$，得点 b，或借助于过 O 点的 45°斜线来确定点 b，如图 3-2c 中箭头所示。

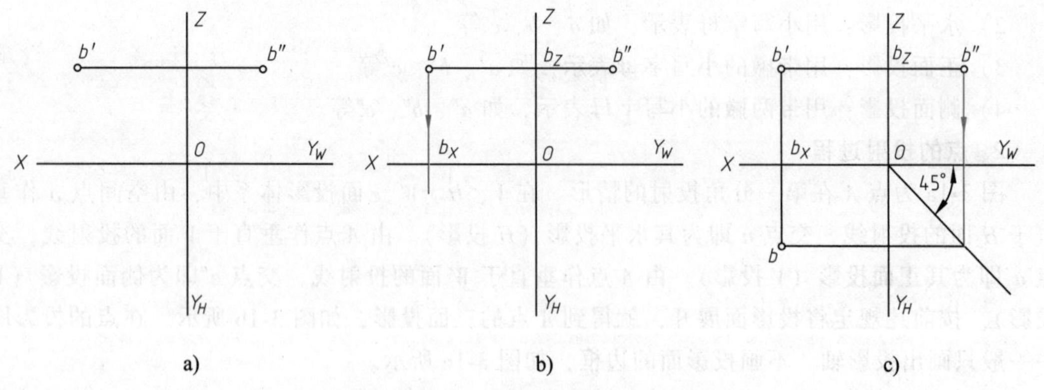

图 3-2　已知点的两面投影作第三投影

a）已知　b）步骤一　c）步骤二

4. 点的投影与坐标

如图 3-3 所示，将三面投影体系中的三个投影面看作直角坐标系中的坐标面，三个投影轴看作坐标轴，于是点与投影面的相对位置就可以用坐标表示。

A 点到 W 面的距离为 x，即 $Aa''=a'a_Z=aa_Y=a_XO=x$。

A 点到 V 面的距离为 y，即 $Aa'=aa_X=a''a_Z=a_YO=y$。

A 点到 H 面的距离为 z，即 $Aa=a'a_X=a''a_Y=a_ZO=z$。

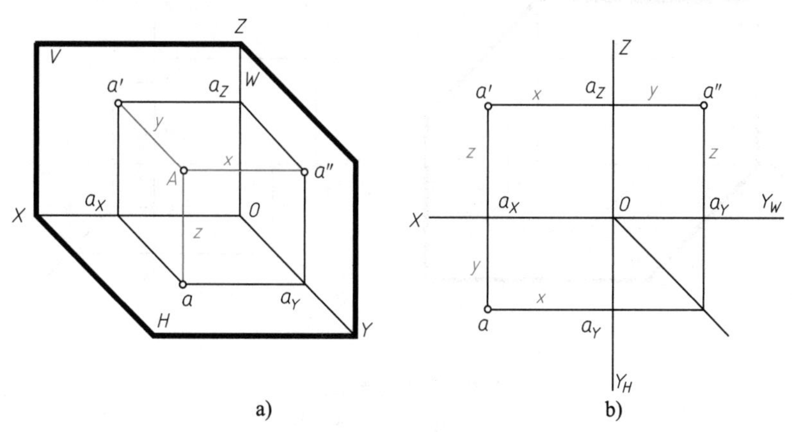

图 3-3　点的投影与坐标

a）立体图　b）投影图

点的一个投影能反映两个坐标，反之点的两个坐标可确定一个投影，即 $a(x,\ y)$、$a'(x,\ z)$、$a''(y,\ z)$。

【例 3-2】　已知点 D（20，10，15），作 D 点的三面投影（本书中凡未注明的尺寸单位均为 mm）。

作图步骤：

1）先画出投影轴，然后自 O 点起，分别在 X、Y、Z 轴上量取 20mm、10mm、15mm 得到点 d_X、d_Y、d_Z，如图 3-4a 所示。

2）过点 d_X、d_Y、d_Z分别作 X、Y、Z 轴的垂线，它们相交得点 d 和 d'，再作出点 d''，即得 D 点的三面投影，如图 3-4b 所示。

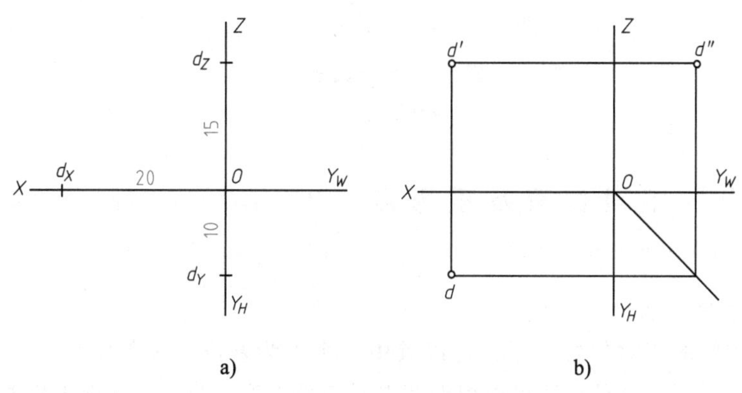

图 3-4　已知点的坐标作投影

a）度量尺寸　b）投影图

5. 特殊位置点的三面投影

若点的三个坐标中有一个坐标为零，则该点在某一投影面内。如图 3-5 所示，A 点在 H

面内，*B* 点在 *V* 面内，*C* 点在 *W* 面内。投影面内的点，其一个投影与自身重合，另两个投影在相应的投影轴上。

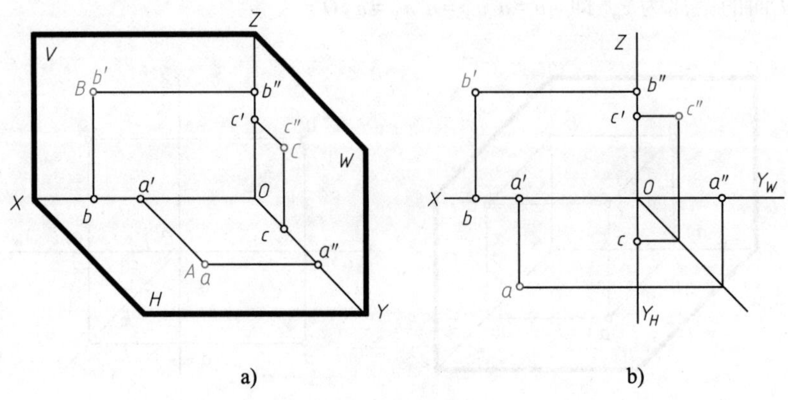

图 3-5 投影面内的点

a）立体图 b）投影图

若点的三个坐标中有两个坐标为零，则该点在某一投影轴上。如图 3-6 所示，*D* 点在 *X* 轴上，*E* 点在 *Y* 轴上，*F* 点在 *Z* 轴上。

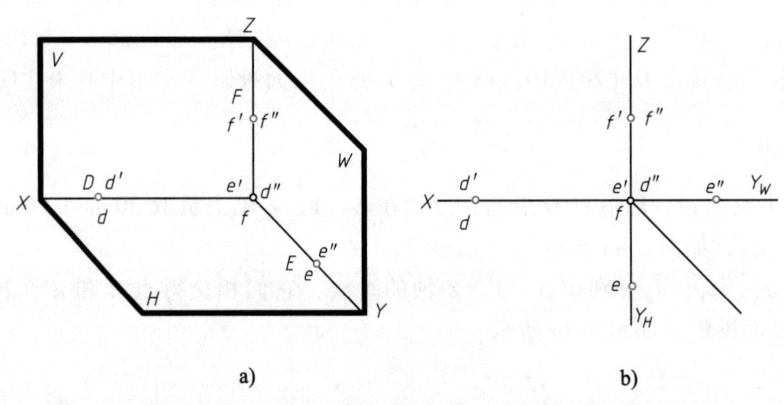

图 3-6 坐标轴上的点

a）立体图 b）投影图

3.1.2 两点的相对位置及重影点（Relative Position of Two Points and Overlapping Points）

1. 两点的相对位置

两个点在空间的相对位置关系，是以其中一个点为基准，来判定另一点在该点的左或右、前或后、上或下。这种位置可以根据两点对于投影面的距离差，即坐标差来确定。如图 3-7 所示，若以 *B* 点为基准，由于 $x_a<x_b$，$y_a<y_b$，$z_a>z_b$，故 *A* 点在 *B* 点的右、后、上方，并可从投影图中量出坐标差为：$\Delta x=10$，$\Delta y=7$，$\Delta z=8$，说明 *A* 点在 *B* 点右方 10mm，后方 7mm，上方 8mm。反之如果已知两点的相对位置，以及其中一点的投影，也可以作出另一点的投影。

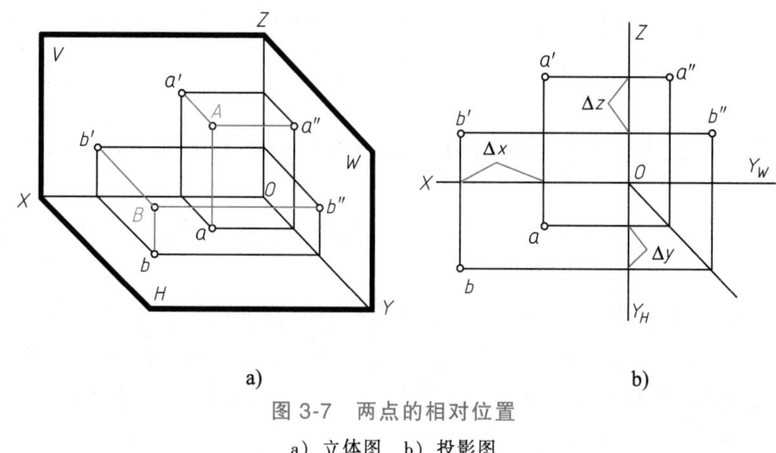

图 3-7　两点的相对位置

a）立体图　b）投影图

2. 重影点

当空间两个点位于某一投影面的同一条投射线上时，则此两点在该投影面上的投影重合，重合的投影称为重影点。

如图 3-8a 所示，*A* 点和 *B* 点在同一条垂直于 *H* 面的投射线上，它们的 *H* 面投影点 *a* 和 *b* 重合。由于 *A* 点在 *B* 点的正上方，投射线自上而下先穿过 *A* 点再遇 *B* 点，所以 *A* 点的 *H* 面投影点 *a* 可见，而 *B* 点的 *H* 面投影点 *b* 不可见。为了区别重影点的可见性，将不可见的点的投影字母加括号表示，如重影点 *a*（*b*）。

同理图 3-8b 中 *C* 点在 *D* 点的正前方，它们在 *V* 面上的重影点为 *c′*（*d′*）。图 3-8c 中 *E* 点在 *F* 点的正左方，它们在 *W* 面上的重影点为 *e″*（*f″*）。

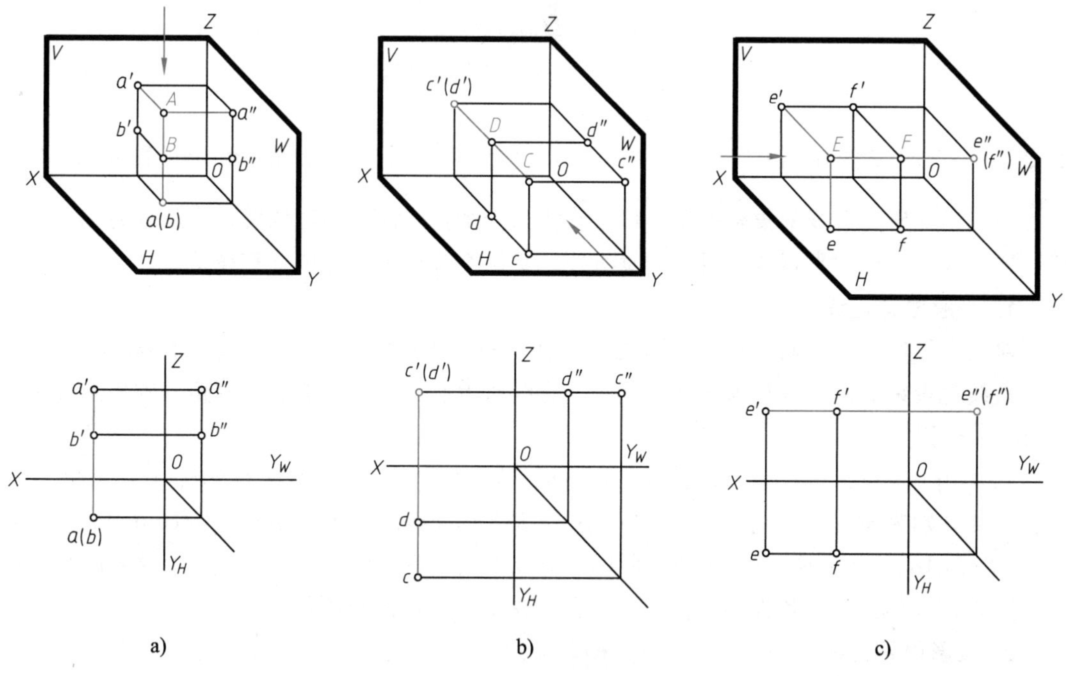

图 3-8　重影点及其可见性

a）*H* 面上的重影点　b）*V* 面上的重影点　c）*W* 面上的重影点

根据上述三种情况的分析，可以总结出 H、V、W 面上重影点的可见性判别规则为：上遮下，前遮后，左遮右。

■ 3.2 直线的投影（Projection of Straight Lines）

两点决定一直线，只要作出直线两端点的三面投影，然后同面投影相连，即得直线的三面投影图。

直线的空间位置由直线上任意两点或直线上一点及指向确定。直线的指向指直线按字母顺序所指的方向，即由点 $A \to B$ 所指的方向。如图 3-9 所示的直线 AB，点 B 在点 A 的右、后、上方，直线 AB 的指向可描述成：AB 由左前下方指向右后上方或 AB 向右后上方倾斜。线段的投影应描粗，以区别于细实线表示的投影轴及投影连线。

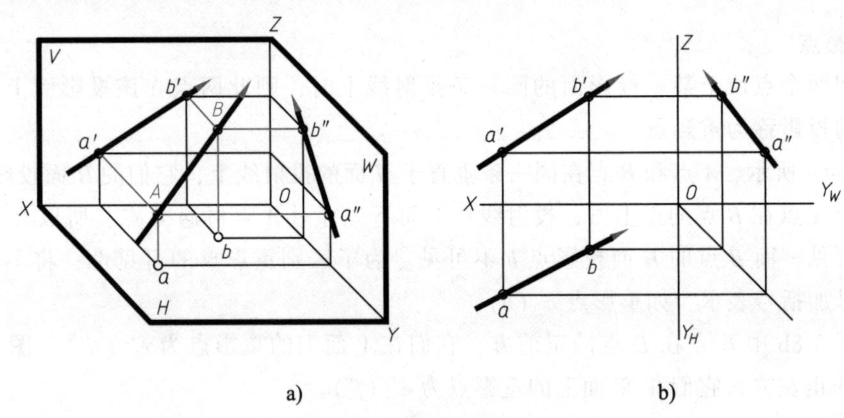

图 3-9 直线的投影与指向

a）立体图 b）直线的投影与指向

3.2.1 各种位置直线的投影（Projections of Various Position Straight Lines）

为了详细研究直线的投影性质，可按直线与三个投影面的相对位置，将其分为三类：一般位置直线、投影面平行线、投影面垂直线。后两类统称为特殊位置直线。

1. 一般位置直线

对三个投影面都倾斜（既不平行也不垂直）的直线称为一般位置直线，简称一般线。

直线对投影面的夹角称为直线的倾角。直线对 H 面、V 面、W 面的倾角分别用希腊字母 α、β、γ 标记。

图 3-10 中的 AB 是一般位置直线，其倾角分别为 $0° < \alpha < 90°$，$0° < \beta < 90°$，$0° < \gamma < 90°$，其投影长度分别为 $ab = AB\cos\alpha$，$a'b' = AB\cos\beta$，$a''b'' = AB\cos\gamma$，因 $0 < \cos\alpha < 1$，$0 < \cos\beta < 1$，$0 < \cos\gamma < 1$，故 $ab < AB$，$a'b' < AB$，$a''b'' < AB$。所以一般位置直线有如下投影特性：三个投影的长度都小于实长，且都倾斜于各投影轴，都不能反映直线对投影面的倾角。

2. 投影面平行线

只平行于一个投影面，而倾斜于另外两个投影面的直线，称为投影面平行线。它分为三种：

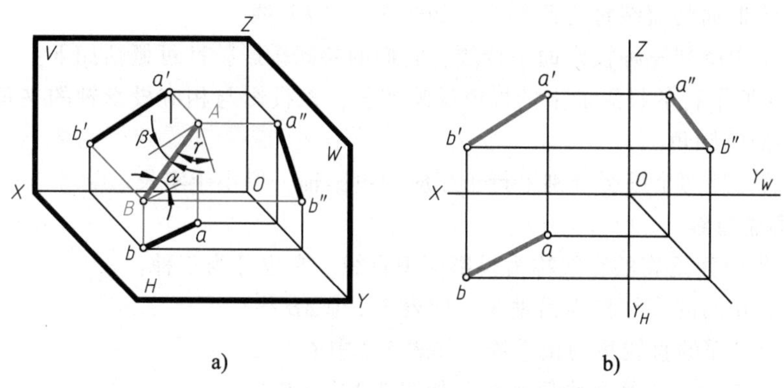

图 3-10　一般位置直线

a）立体图　b）投影图

1）平行于 H 面的直线称为水平线，如表 3-1 中 AB 线。

表 3-1　投影面平行线

名称	立体图	投影图	投影特性
水平线			1. $a'b' /\!/ OX, a''b'' /\!/ OY_W$ 2. $ab = AB$ 3. ab 与投影轴的夹角反映 β、γ
正平线			1. $cd /\!/ OX, c''d'' /\!/ OZ$ 2. $c'd' = CD$ 3. $c'd'$ 与投影轴的夹角反映 α、γ
侧平线			1. $ef /\!/ OY_H, e'f' /\!/ OZ$ 2. $e''f'' = EF$ 3. $e''f''$ 与投影轴的夹角反映 α、β

2）平行于 V 面的直线称为正平线，如表 3-1 中 CD 线。

3）平行于 W 面的直线称为侧平线，如表 3-1 中 EF 线。

根据表 3-1 中所列三种投影面平行线，它们的共同投影特性可概括如下：

1）直线在所平行的投影面上的投影反映实长，该投影与相应投影轴的夹角，反映直线与另两个投影面的倾角。

2）直线的另外两个投影分别平行于相应的投影轴，但小于实长。

3. 投影面垂直线

与某一个投影面垂直的直线称为投影面垂直线。它也分为三种：

1）垂直于 H 面的直线称为铅垂线，如表 3-2 中 AB 线。

2）垂直于 V 面的直线称为正垂线，如表 3-2 中 CD 线。

3）垂直于 W 面的直线称为侧垂线，如表 3-2 中 EF 线。

根据表 3-2 中所列三种投影面垂直线，它们的共同投影特性可概括如下：

1）直线在所垂直的投影面上的投影积聚为一点。

2）直线的另外两个投影平行于相应的投影轴，且反映实长。

表 3-2　投影面垂直线

名称	立体图	投影图	投影特性
铅垂线	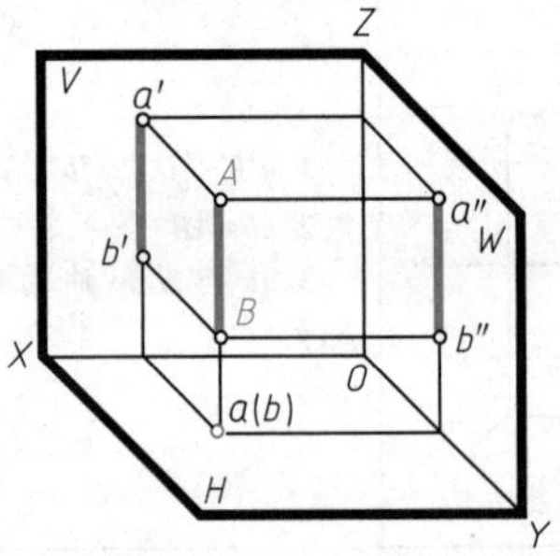	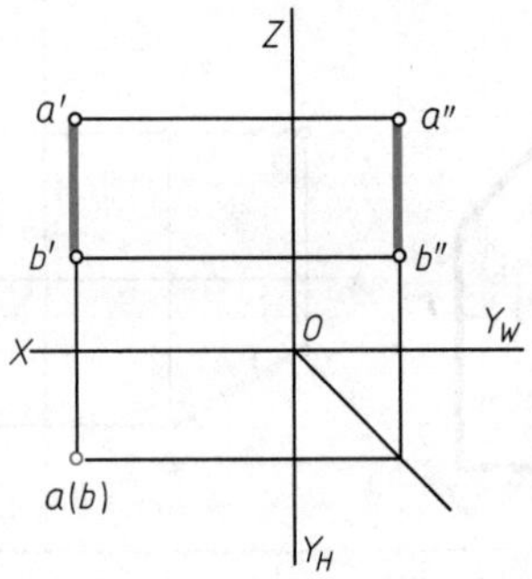	1. ab 积聚为一点 2. $a'b' // a''b'' // OZ$ 3. $a'b' = a''b'' = AB$
正垂线	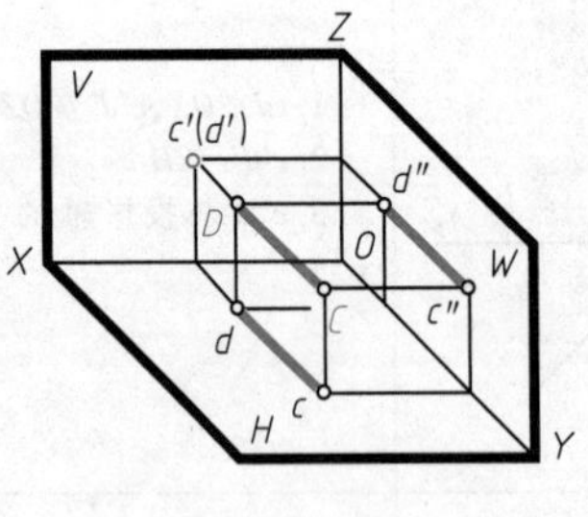	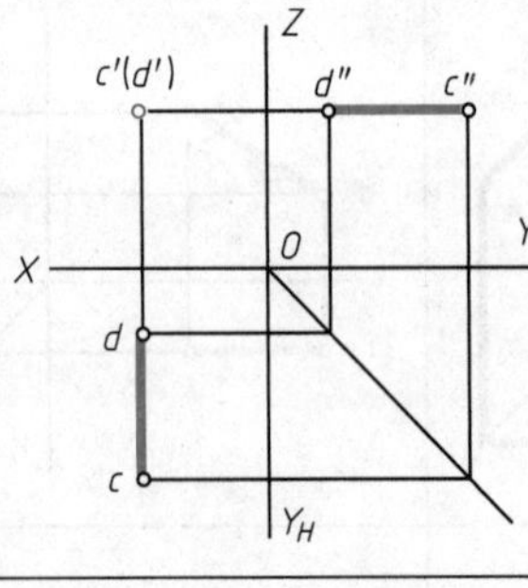	1. $c'd'$ 积聚为一点 2. $cd // OY_H, c''d'' // OY_W$ 3. $cd = c''d'' = CD$
侧垂线	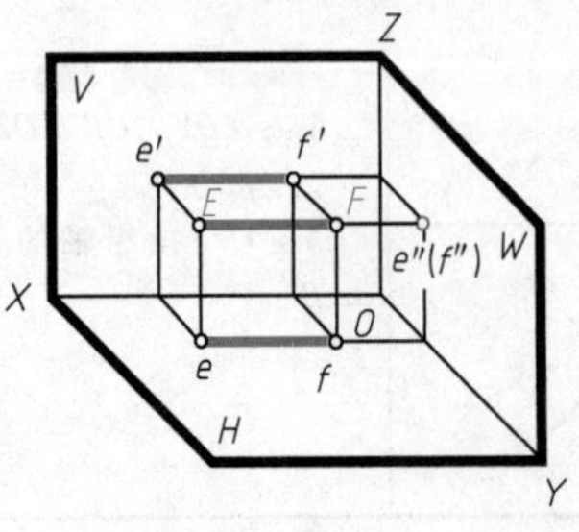	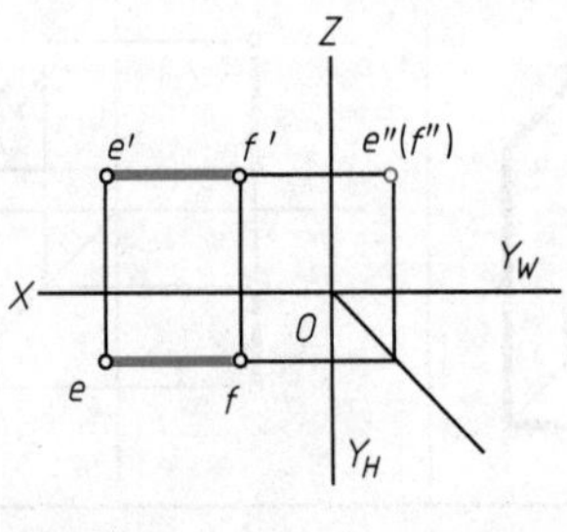	1. $e''f''$ 积聚为一点 2. $ef // e'f' // OX$ 3. $ef = e'f' = EF$

【例 3-3】 如图 3-11a 所示，已知 A 点的两面投影，正平线 $AB=20$，且 $\alpha=30°$，作出直线 AB 的三面投影图。

作图步骤：根据正平线的投影特性来作图，如图 3-11b 所示。

1）过点 a'作 $a'b'$与 OX 成 30°，且量取 $a'b'=20$。

2）过点 a 作 $ab/\!/OX$，由点 b'作投影连线，确定点 b。

3）由 ab 和 $a'b'$作出 $a''b''$。

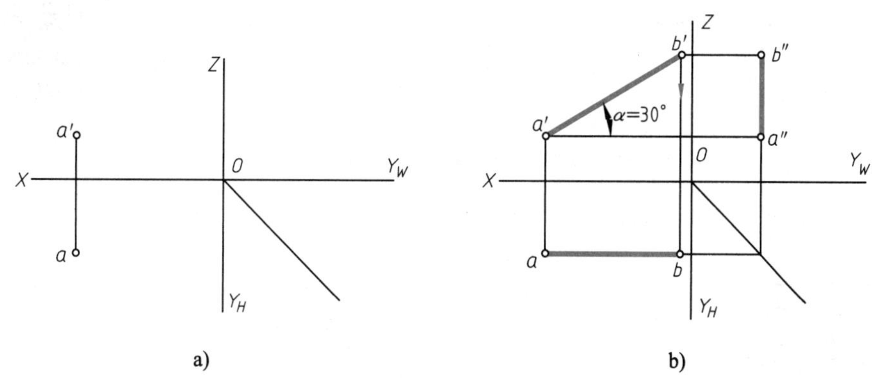

图 3-11　作正平线 AB 的投影

a）已知　b）投影图

讨论：B 点可以在 A 点的上、下、左、右四种位置，故本题有四解，图中只作出了其中一解。

3.2.2　用直角三角形法求一般位置直线的实长和倾角（Calculating Substantial Length and Inclination Angle of Average Position Lines by Right Triangle Method）

一般线对三个投影面都是倾斜的，因而三个投影均不能直接反映直线的实长和倾角，但可根据直线的投影用作图的方法求出其实长和倾角。

1. 求一般线的实长及 α 角

如图 3-12a 所示，AB 为一般线，在投影平面 $ABba$ 内，由 B 点作 $BA_1/\!/ab$，与 Aa 交于 A_1，因 $Aa\perp ab$，故 $AA_1\perp BA_1$，$\triangle AA_1B$ 是直角三角形。该直角三角形的斜边为实长 AB，$\angle ABA_1=\alpha$，底边 $BA_1=ab$，另一直角边 AA_1为 A 与 B 点的高度差，即 Z 坐标差 ΔZ。可见，已知线段的两面投影，就相当于给定了直角三角形的两直角边，便能作出该直角三角形 AA_1B，从而可以求得直线 AB 的实长和 α 角。方法如图 3-12c 所示：

1）过点 a 作 $aA_0\perp ab$，且令 $aA_0=Z_A-Z_B=\Delta Z$。

2）连点 b、A_0，则 $bA_0=AB$，$\angle A_0ba=\alpha$。

图 3-12d 表示在同样条件下用正面的 Z 坐标差的作图方法。因直角三角形作图方便而为人所乐用。

2. 求一般线的实长及 β 角

如图 3-13 所示，若求作直线 AB 的 β 角，则应以 $a'b'$为一直角边，以 ΔY 为另一直角边，所作出的直角三角形可确定 AB 的实长和 β 角。图中实长用 TL 标记（TL 是 True Length 的缩写）。同理，若求 AB 的 γ 角，是以 $a''b''$为一直角边，以 ΔX 为另一直角边，作出的直角三角

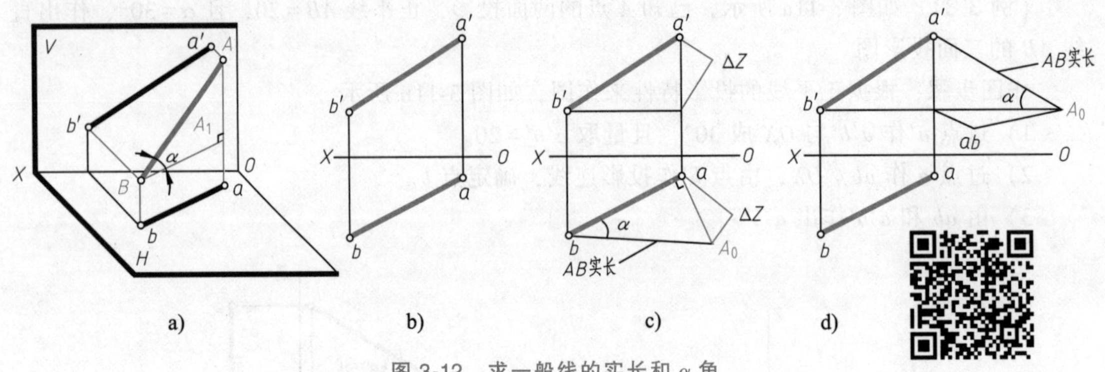

图 3-12　求一般线的实长和 α 角

a）立体图　b）已知投影图　c）方法一　d）方法二

用直角三角形法求一般线实长和 α 角

形反映实长和 γ 角（此作图省略）。

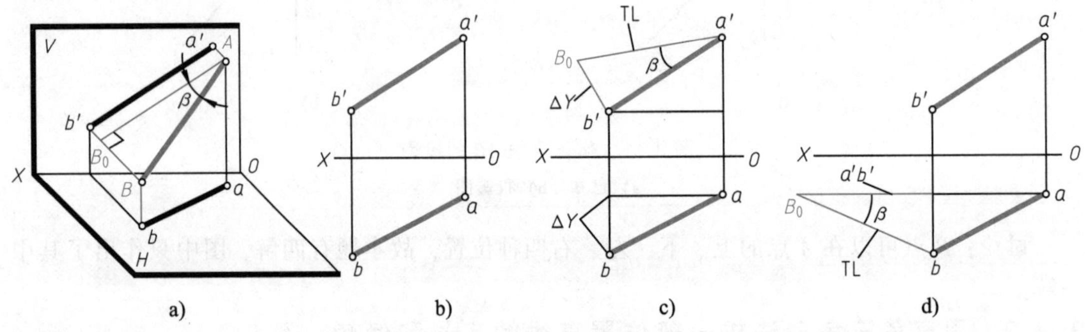

图 3-13　求一般线的实长和 β 角

a）立体图　b）已知投影图　c）方法一　d）方法二

利用直角三角形求一般线的实长和倾角的方法，称为直角三角形法，上面所述的两个直角三角形是不同的，虽然它们的斜边均为直线的实长，但反映的倾角却不一样。若已知直角三角形的四个要素（两直角边、斜边、夹角）中的任意两个，就可以利用直角三角形法来解题。它们的关系见表 3-3。

表 3-3　线段的投影、实长、倾角和直角三角形

已知		可求	
水平投影	Z 坐标差（或正面投影）	线段实长	α（或 β）
水平投影	线段实长	Z 坐标差（正面投影）	α（或 β）
水平投影	α	Z 坐标差（正面投影）	线段实长
右图是直角三角形法的四个要素关系的示意图	TL　ΔZ　α　H面投影长；TL　ΔY　β　V面投影长；TL　ΔX　γ　W面投影长 H 面投影长表示水平投影长，其他类推；ΔZ、ΔY、ΔX 表示坐标差		

【例 3-4】　如图 3-14a 所示，已知 $EF=20$，试完成图中的 $e'f'$。

分析：本例是确定点 f' 的问题。求点 f' 只要知道 E、F 两点的 Z 坐标差或 $e'f'$ 的长度即可，这可用直角三角形法求得。图 3-14b 是利用 ef、实长及直角三角形的条件求 Z 坐标差以确定 $e'f'$；图 3-14c 是利用两点的 Y 坐标差、实长及直角三角形的条件求 $e'f'$ 长的作图（F 点可在 E 点的上或下两个位置，故本题有两解，图上只画了一解）。

讨论：在用直角三角形法解题时，本例是已知斜边和一直角边，求作另一直角边。已知条件中实长如改为 α 或 β，则直角三角形同样可以作出，得到相同的结果。

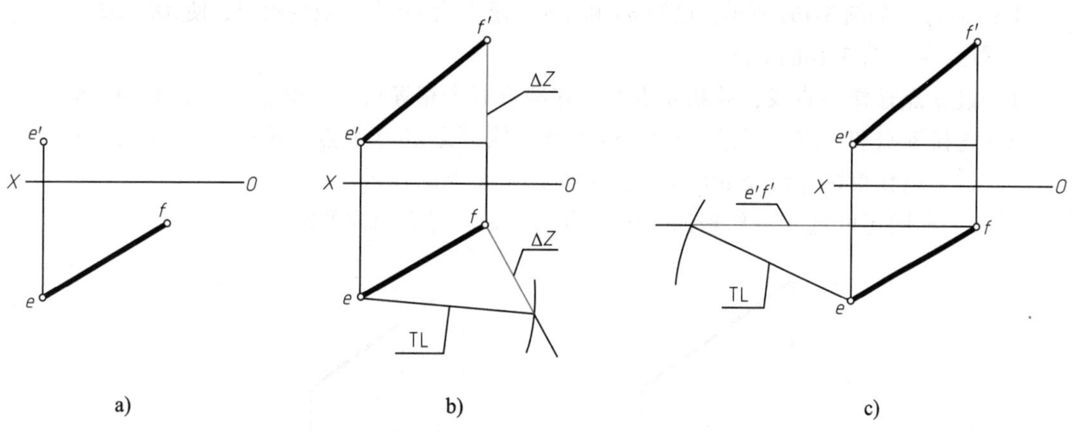

图 3-14　用直角三角形法求 $e'f'$

a）已知　b）方法一　c）方法二

3.2.3　直线上的点（Points on Straight Line）

直线上的点和直线本身有如下两种投影关系：

（1）从属性关系　若点在直线上，则点的投影必在该直线的同面投影上。如图 3-15 中直线 AB 上有一点 K，通过 K 点作垂直于 H 面的投影线 Kk，它必在通过 AB 的投影平面 $ABba$ 内，故 K 点的 H 面投影 k 必在 AB 的投影 ab 上。同理可知点 k' 在 $a'b'$ 上，点 k'' 在 $a''b''$ 上。反之，若点的三面投影均在直线的同面投影点上，则此点在该直线上。

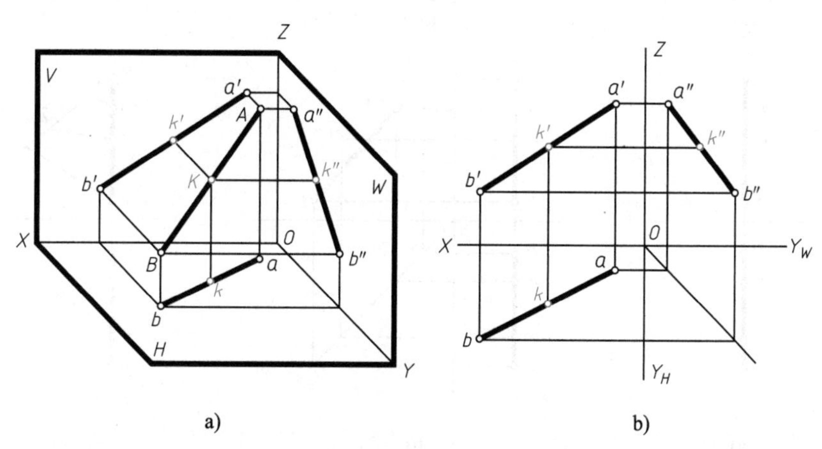

图 3-15　直线上点的投影

a）立体图　b）投影图

（2）定比性关系　直线上的点将直线分为几段，各线段长度之比等于它们的同面投影长度之比。如图 3-15 所示，AB 和 ab 被一组投射线 Aa、Kk、Bb 所截，因 $Aa /\!/ Kk /\!/ Bb$，故 $AK:KB=ak:kb$。同理有：$AK:KB=a'k':k'b'$，$AK:KB=a''k'':k''b''$。反之，若点的各投影分线段的同面投影长度之比相等，则此点在该直线上。

利用直线上点的投影从属性和定比性关系，可以作直线上点的投影，也可以判断点是否在直线上。

【例 3-5】　如图 3-16a 所示，已知 ab 和 $a'b'$，求直线 AB 上 K 点的投影，使 $AK:KB=2:3$。

作图步骤（图 3-16b）：

1）过 a 点任作一直线，并从 a 点开始连续取五个相等长度，得点 1，2，3，4，5。

2）连接 b 点和 5 点，再过 2 点作 $5b$ 的平行线，交 ab 于 k 点，于是 $ak:kb=2:3$。

3）过 k 点作投影连线交 $a'b'$ 于 k' 点，即完成 K 点的投影。

讨论：本题还可过 a' 点作辅助线求 K 点的投影，得到相同的结果。

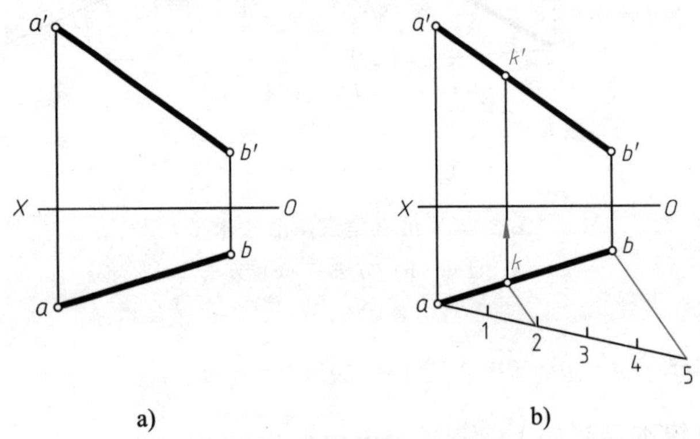

图 3-16　求直线上定比的点

a）已知　b）投影图

【例 3-6】　如图 3-17a 所示，已知侧平线 AB 和 M、N 两点的 H 面和 V 面投影，判断 M 点和 N 点是否在 AB 上。

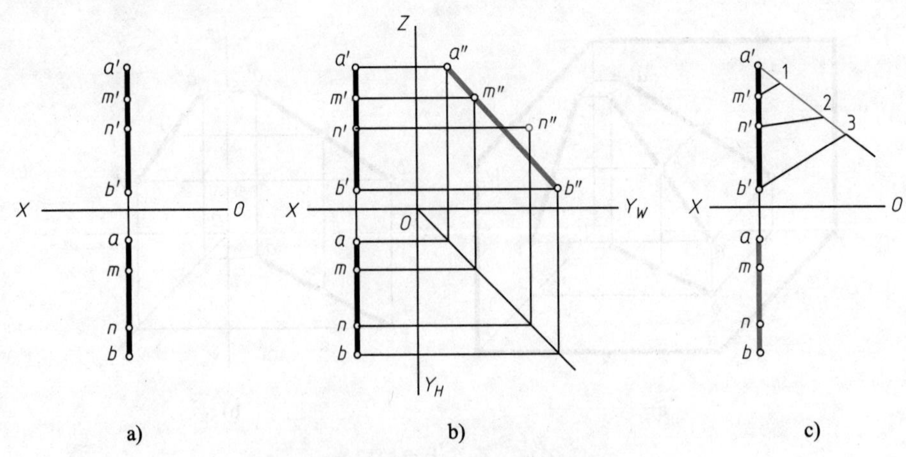

图 3-17　判断点是否在直线上

a）已知　b）用从属性关系判断　c）用定比性判断

解：可用如下两种方法判断。

1）根据从属性关系判断。如图 3-17b 所示，作出直线和点的 *W* 投影，即可知 *M* 点在 *AB* 上，*N* 点不在 *AB* 上。

2）根据定比性关系判断。如图 3-17c 所示，过 a'点任作一直线，在其上量取：$a'1=am$，$a'2=an$，$a'3=ab$。连点 b'、3，点 m'、1，点 n'、2，因 $m'1 /\!/ b'3$，故 *M* 点在 *AB* 上，又因 $n'2$ 不平行于 $b'3$，故 *N* 点不在 *AB* 上。

3.2.4　两直线的相对位置（Relative Position of Two Lines）

两直线之间的相对位置有三种：平行、相交、交叉。垂直是相交和交叉位置中的特殊情况。

1. 两直线平行

1）若两直线互相平行，则它们的同面投影必互相平行（平行性）。如图 3-18 所示，直线 $AB /\!/ CD$，通过 *AB* 和 *CD* 所作垂直于 *H* 面的两个投影平面互相平行，因此它们与 *H* 面的交线必互相平行，即 $ab /\!/ cd$。同理，$a'b' /\!/ c'd'$，$a''b'' /\!/ c''d''$。反之，若两直线的三组同面投影均互相平行，则在空间两直线必平行。

2）若两直线互相平行，则它们的长度之比等于它们的同面投影长度之比（定比性）。

如图 3-18 所示，由于 $AB /\!/ CD$，它们对 *H* 面的倾角 α 相等，而 $ab=AB\cos\alpha$，$cd=CD\cos\alpha$，于是 $ab:cd=AB:CD$。同理 $a'b':c'd'=AB:CD$，$a''b'':c''d''=AB:CD$。

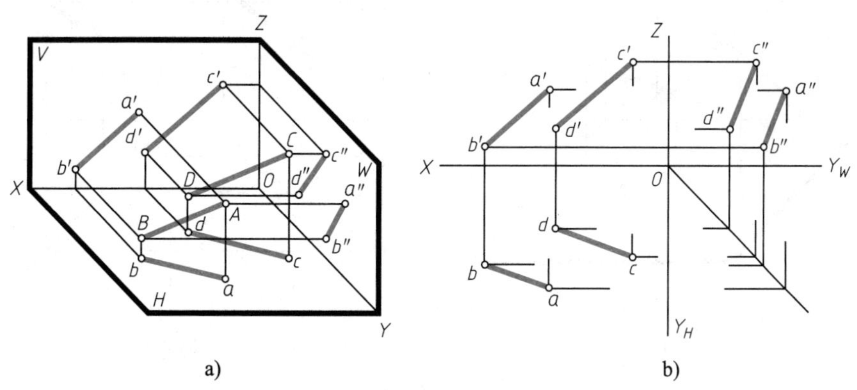

图 3-18　两直线平行
a）立体图　b）投影图

【例 3-7】　如图 3-19 所示，判断两侧平线 *AB* 和 *CD* 是否平行。

解：一般情况下可根据直线的 *H* 面和 *V* 面投影直接判断，但如果是侧平线，虽然 $ab /\!/ cd$，$a'b' /\!/ c'd'$，还不能断定 *AB* 和 *CD* 是否平行，这时可作出它们的 *W* 面投影，若 $a''b'' /\!/ c''d''$，则 $AB /\!/ CD$，如图 3-19a 所示；若 $a''b'' \not\parallel c''d''$，则 $AB \not\parallel CD$，如图 3-19b 所示。

此题还可用定比性及分析直线的方向来判断，读者自行思考。

2. 两直线相交

若两直线相交，则它们的同面投影必相交，且两直线投影交点符合点的投影规律。

如图 3-20 所示，两直线 *AB* 和 *CD* 相交于 *K* 点，*K* 点是两直线的共有点，它的 *H* 面投影 *k* 点既在 *ab* 上又在 *cd* 上，则一定是 *ab* 与 *cd* 的交点，同理，$a'b'$与 $c'd'$相交于 k'点，$a''b''$与

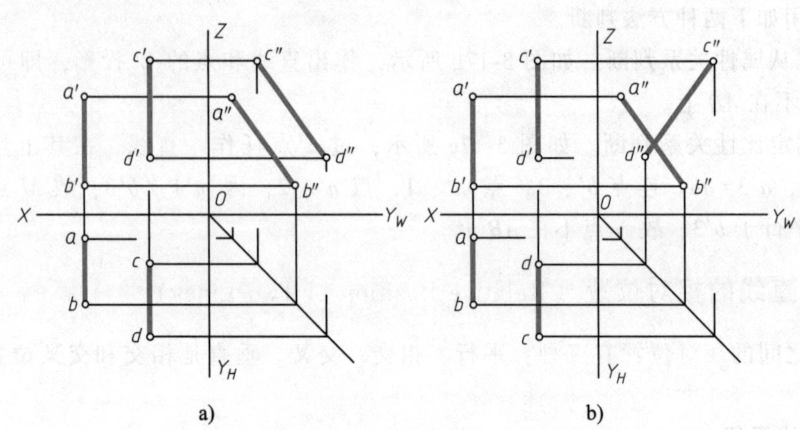

图 3-19　判断两侧平线是否平行

a）平行　b）不平行

$c''d''$相交于 k''点，因 k、k'、k''点是 K 点的三个投影，所以 $kk' \perp OX$，$k'k'' \perp OZ$。

反之，若两直线的三组同面投影均相交，且交点符合点的投影规律，则空间两直线必相交。

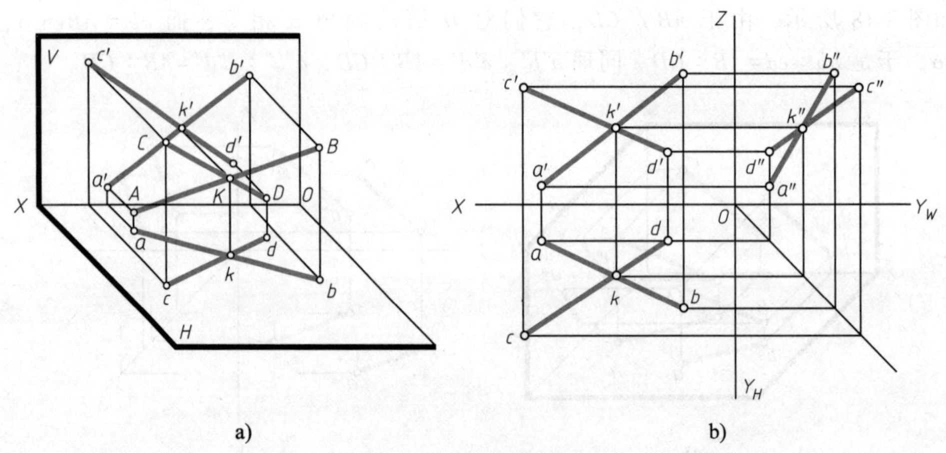

图 3-20　两直线相交

a）立体图　b）投影图

【例 3-8】　如图 3-21 所示，判断 AB 和 CD 是否相交。

解：一般情况下，根据 V 面和 H 面两投影就可判定是否相交，但若两直线中有一条是侧平线，则需要作出 W 面投影。如图 3-21a 所示，$a''b''$与 $c''d''$相交于 k''点，且 $k'k'' \perp OZ$，则 AB 和 CD 相交；若 $a''b''$与 $c''d''$不相交，或交点不在过 k'点且垂直于 OZ 的投影连线上，则 AB 和 CD 不相交，如图 3-21b 所示。

此题还可用定比性判断，读者自行思考。

3. 两直线交叉

在空间，两直线既不平行，也不相交，称为两直线交叉（或交错、异面）。

若两直线交叉，它们的投影既不符合两直线平行的投影特性，也不符合两直线相交的投影特性。也就是说，交叉两直线可能有一对或两对投影平行，但绝不可能有三对投影都平

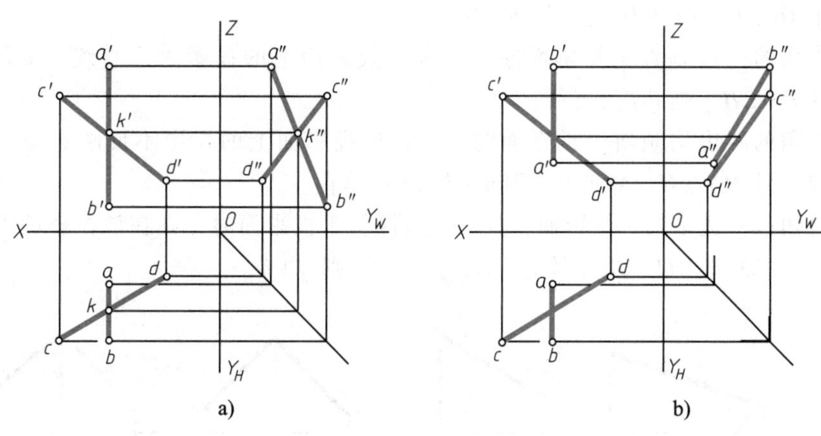

图 3-21　判别直线是否相交

a）相交　b）不相交

行。它们也可能表现为一对、两对或三对投影相交，但这只是假象，在空间它们并无真正的交点，故同面投影交点的连线与投影轴不垂直。

如图 3-22 所示，*AB* 和 *CD* 是交叉两直线，虽然 *ab* 与 *cd* 相交，*a′b′*与 *c′d′*也相交，但交点的投影连线不垂直于 *X* 轴，不符合点的投影规律。*ab* 与 *cd* 的交点实际上是 *AB* 上 *M* 点和 *CD* 上 *N* 点在 *H* 面的重影点。根据重影点可见性的判别规则，*M* 点在上，*N* 点在下，故用 *m*（*n*）表示。同理，*a′b′*与 *c′d′*的交点是 *CD* 上 *E* 点和 *AB* 上 *F* 点在 *V* 面的重影点，*E* 点在前，*F* 点在后，故用 *e′*（*f′*）表示。

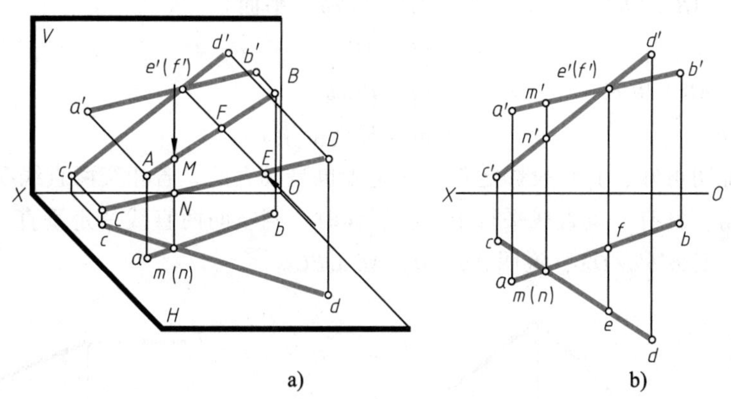

图 3-22　两直线交叉

a）立体图　b）投影图

4. 两直线垂直

两直线互相垂直时有两种情况：垂直相交和垂直交叉。

交叉两直线的夹角是这样确定的：过其中一直线上任一点作另一直线的平行线，于是相交两直线的夹角就反映了原交叉两直线的夹角。所以在这里仅讨论两直线垂直相交时的投影特性，所得结论对于两直线垂直交叉同样适用。

两直线垂直相交时，它们的夹角为直角。直角的投影有如下几种情况：

1）当直角的两边均平行于投影面时，则在该投影面上的投影反映直角。如图 3-23 中，

$AB \perp BC$，且 $AB /\!/ H$，$BC /\!/ H$，于是 $ab \perp bc$。

2）当直角的一边垂直于投影面时，则在该投影面上的投影为一直线。如图 3-23 中，$DE \perp EF$，且 $EF \perp H$，则 def 为直线。

3）当直角的两边均倾斜于投影面时，则在该投影面上的投影不反映直角。如图 3-23 中，$MN \perp NL$，且 $MN \not\parallel H$，$NL \not\parallel H$，则 mn 与 nl 不垂直。

4）当直角的一边平行于投影面，且另一边倾斜于投影面时，则在该投影面上的投影反映直角。如图 3-23 中，$IJ \perp JK$，且 $IJ /\!/ H$，$JK \not\parallel H$，则 $ij \perp jk$。

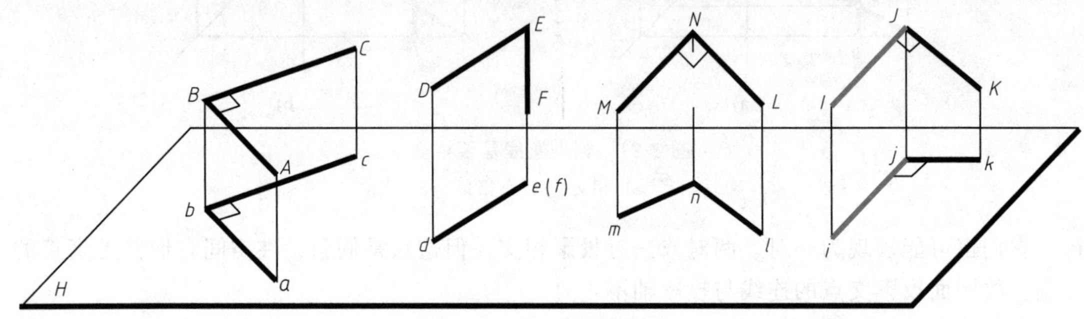

图 3-23　直角的投影

在上述四种投影情况中，第 4 种投影特性应用最多，通常称为直角投影定理。简要证明如下：

如图 3-24a 所示，已知 $AB \perp BC$，$AB /\!/ H$，$BC \not\parallel H$。

$\because AB /\!/ H$，$Bb \perp H$　　　　$\therefore AB \perp Bb$

$\because AB \perp BC$，$AB \perp Bb$　　　　$\therefore AB \perp BCcb$（平面）

$\because AB /\!/ H$　　　　$\therefore ab /\!/ AB$

$\because ab /\!/ AB$，$AB \perp BCcb$　　　　$\therefore ab \perp BCcb$

$\because ab \perp BCcb$　　　　$\therefore ab \perp bc$（证毕）

根据以上证明可知，直角投影定理的逆定理也是成立的。若相交两直线在同一投影面上的投影反映直角，且有一条直线平行于该投影面时，则空间两直线一定垂直。如图 3-24b 所示，若 $ab \perp bc$，且 $a'b' /\!/ OX$，说明 $AB /\!/ H$，$AB \perp BC$。

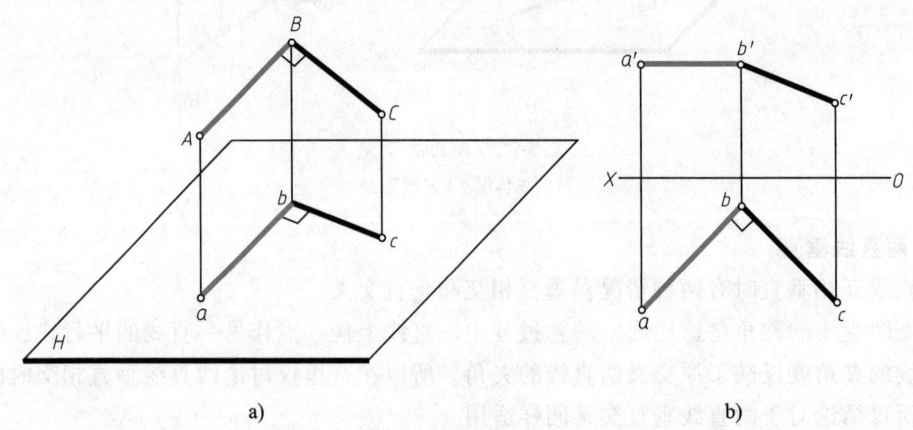

图 3-24　直角投影定理

a）立体图　b）投影图

【例 3-9】　如图 3-25a 所示，已知直线 *AB*（*ab*，*a′b′*）和 *C*（*c*，*c′*），求 *C* 点到 *AB* 的距离。

分析：

过 *C* 点作 *CD*⊥*AB*，*D* 点为垂足，则 *CD* 的实长即为所求距离。由于 *AB* 为正平线，根据直角投影定理可知 *AB* 和 *CD* 的 *V* 面投影反映垂直关系。

作图步骤（图 3-25b）：

1）过点 *c′*作 *a′b′*的垂线，交 *a′b′*于点 *d′*；再过点 *d′*作投影连线交 *ab* 于点 *d*，于是得 *AB* 的垂线 *CD*（*cd*，*c′d′*）的投影。

2）用直角三角形法求出 *CD* 的实长，即为所求距离。

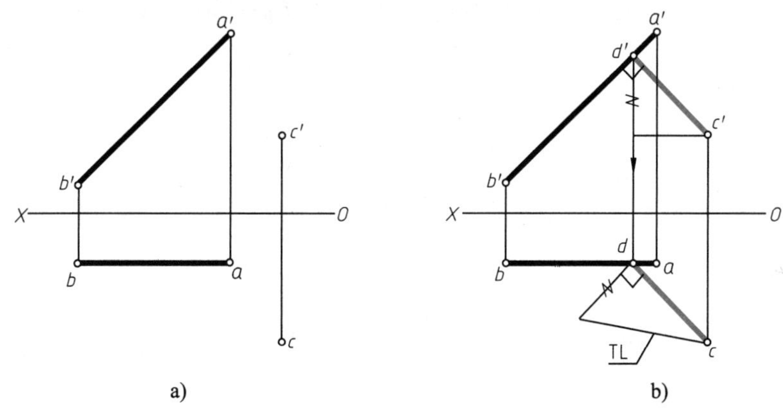

图 3-25　求点到直线的距离

a）已知　b）作图方法

【例 3-10】　如图 3-26a 所示，已知交叉两直线 *AB*（*ab*，*a′b′*）和 *CD*（*cd*，*c′d′*），求它们的公垂线 *MN* 的实长。

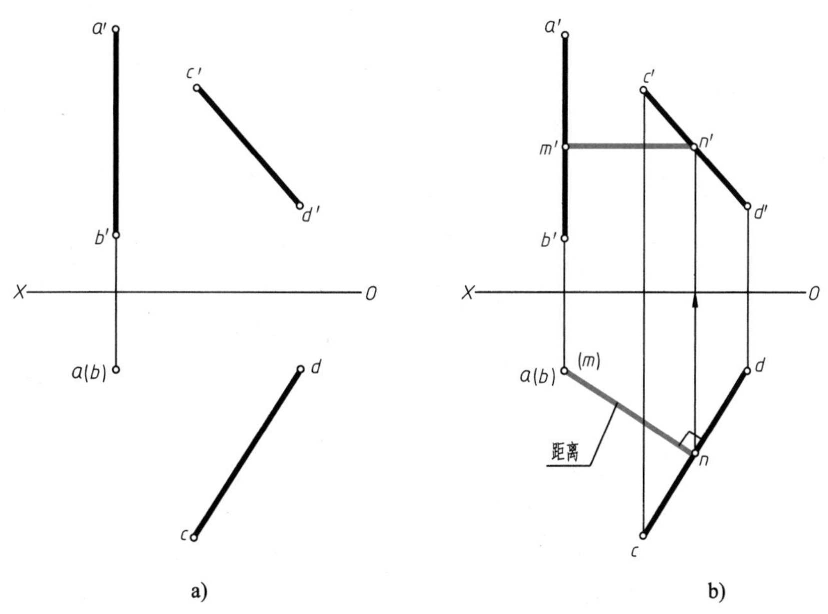

图 3-26　求交叉两直线上的公垂线

a）已知　b）作图方法

分析：

由于 AB 是铅垂线，$MN \perp AB$，故 MN 是水平线，根据直角投影定理，MN 与 CD 的 H 面投影能反映直角。

作图步骤（图 3-26b）：

1）直线 AB 的 H 面投影积聚为一点 a（b），点 m 也应与点 a（b）重合，于是过点 a（b）作 cd 的垂线，交 cd 于点 n。

2）过点 n 作投影连线，交 $c'd'$ 于点 n'，由于 MN 是水平线，于是过点 n' 作 OX 的平行线，交 $a'b'$ 于点 m'。

3）MN（mn，$m'n'$）即为所求公垂线。公垂线的 H 面投影 mn 能反映 AB 和 CD 的距离。

第 4 章　平面的投影
(Projection of Plane)

【学习目标】

1. 掌握平面在第一分角中各种位置的投影特性和作图方法。
2. 熟悉一般平面最大坡度线的作图方法及意义。
3. 了解用平面上最大坡度线求一般平面倾角的方法。

4.1　平面的表示（Representation of Plane）

1. 几何元素表示平面

由几何定理可知，在空间不属于同一直线上的三点确定一平面。因此，在投影图中可用下列任何一组几何元素来表示平面，如图 4-1 所示：

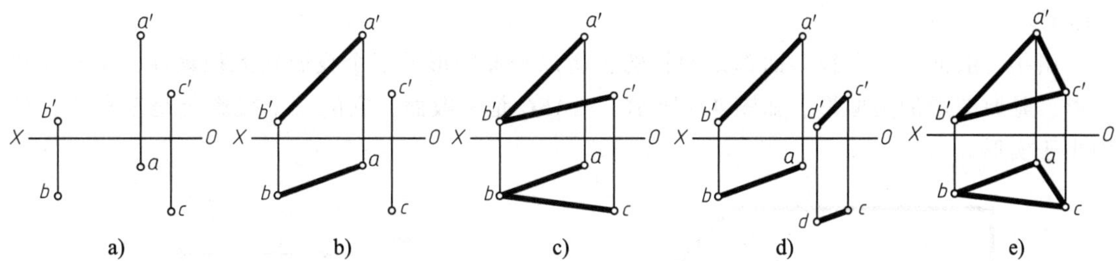

图 4-1　几何元素表示平面

a）不在同一直线的三点　b）直线和直线外一点　c）相交两直线

d）平行两直线　e）任意平面多边形

图 4-1 中的五种表示平面的方法仅是形式不同而已，实质上是相同的，它们可以互相转化。前四种方法只确定平面的位置，第五种方法不但能确定平面的位置，而且能表示平面的形状和大小，所以一般常用平面图形来表示平面。

2. 迹线表示平面

平面与投影面的交线称为迹线。如图 4-2 所示，P 平面与 H 面、V 面、W 面的交线分别称为水平迹线 P_H、正面迹线 P_V、侧面迹线 P_W。迹线是投影面内的直线，它的一个投影就是其本身，另两个投影与投影轴重合，用迹线表示平面时，是用迹线本身的投影来表示的。

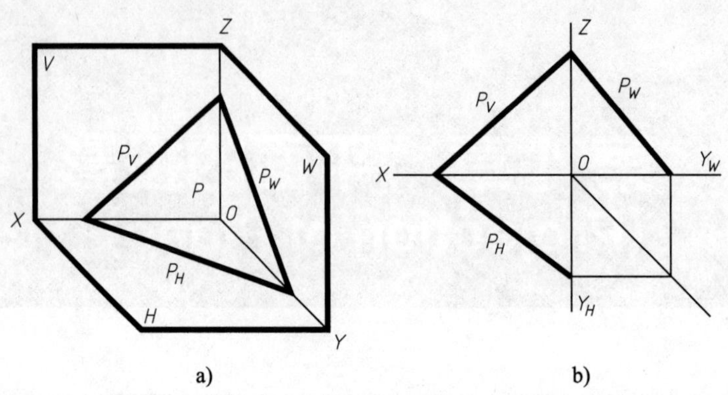

图 4-2 迹线表示平面

a）立体图 b）投影图

4.2 各种位置平面的投影特性（Projection Characteristic of Various Position Planes）

按平面与三个投影面的相对位置，平面可分为三类：一般位置平面、投影面垂直面、投影面平行面。后两类统称为特殊位置平面。

1. 一般位置平面

对三个投影面都倾斜（既不平行又不垂直）的平面称为一般位置平面，简称一般面。

平面与投影面的夹角称为平面的倾角。平面对 H 面、V 面、W 面的倾角仍分别用 α、β、γ 标记。

由于一般面对三个投影面都是倾斜的，所以平面图形的三个投影均无积聚性，也不反映实形，是原图形的类似形。如图 4-3 所示，$\triangle ABC$ 是一般面，它的三个投影仍是三角形，但均小于实形。

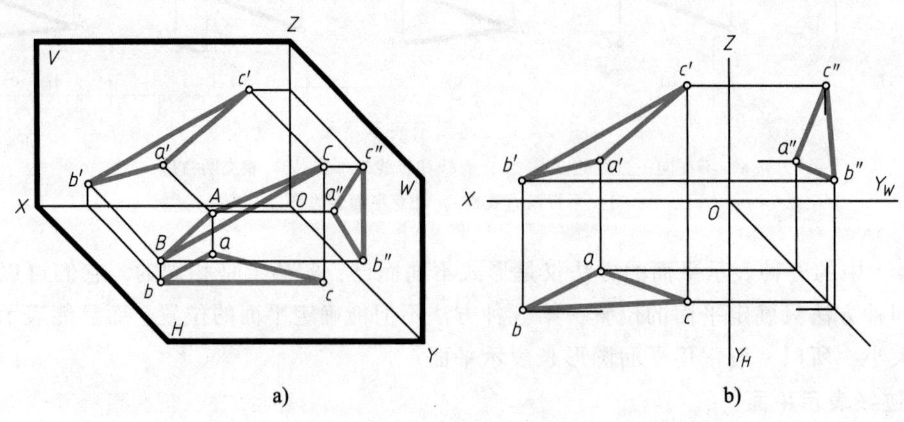

图 4-3 一般位置平面

a）立体图 b）投影图

2. 投影面垂直面

垂直于一个投影面，而倾斜于另外两个投影面的平面，称为投影面垂直面。它分为三种情况：

1）垂直于 H 面的平面称为铅垂面，如表 4-1 中的 $ABCD$ 平面。

2）垂直于 V 面的平面称为正垂面，如表 4-1 中的 ABC 平面。

3）垂直于 W 面的平面称为侧垂面，如表 4-1 中的 $ABCD$ 平面。

根据表 4-1 中所列三种投影面垂直面，它们共同的投影特性概括如下：

1）平面在所垂直的投影面上的投影积聚成一直线，它与相应投影轴的夹角分别反映该平面对另外两投影面的倾角。

2）平面图形的另外两投影是其类似图形，且小于实形。

表 4-1　投影面垂直面的投影特性

名称	铅垂面	正垂面	侧垂面
空间位置	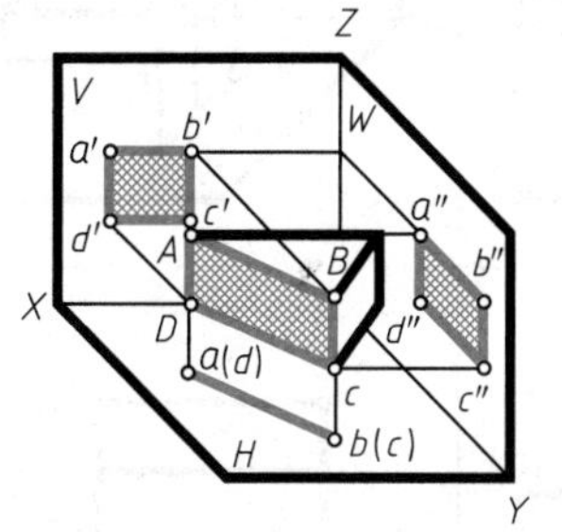	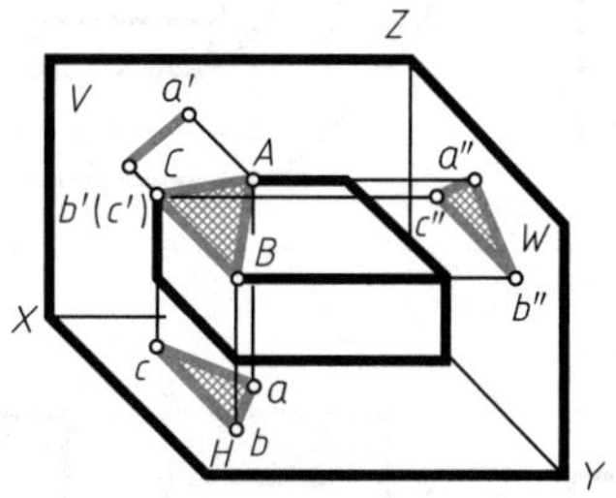	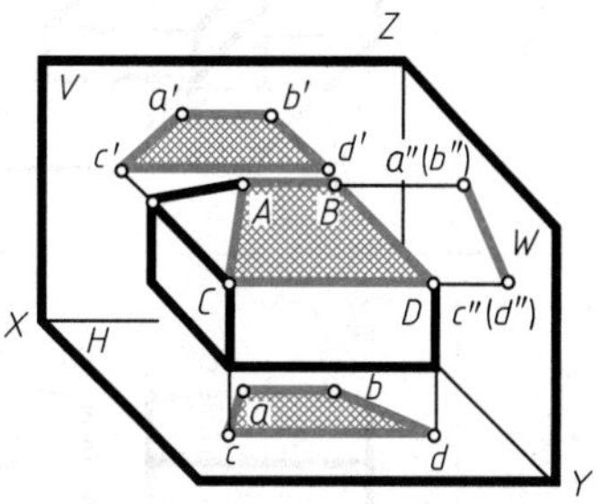
在形体投影图中的位置	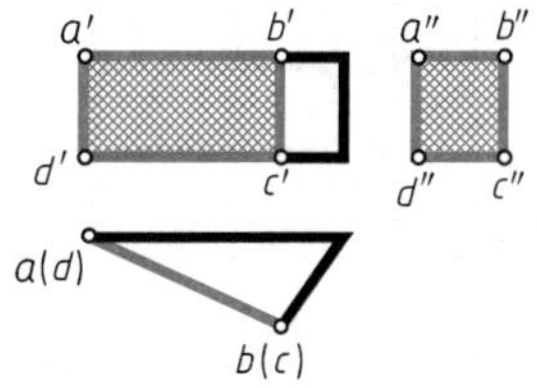	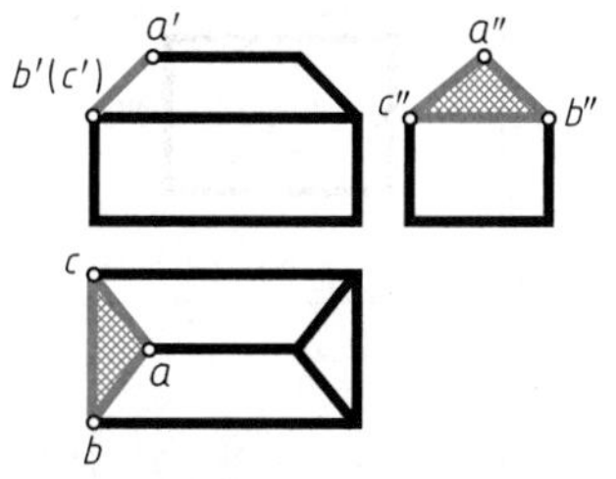	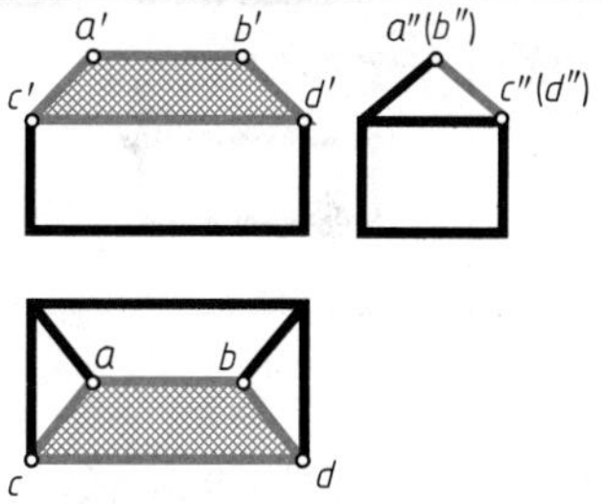
投影图	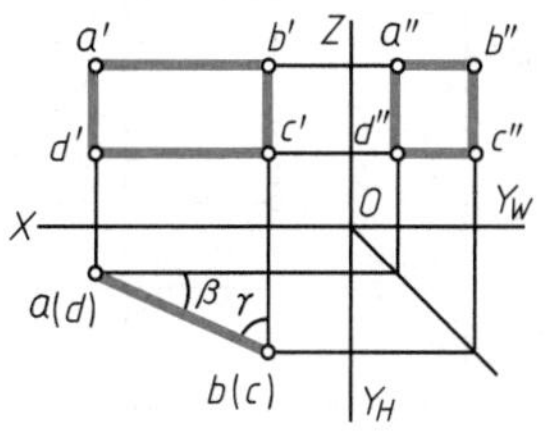	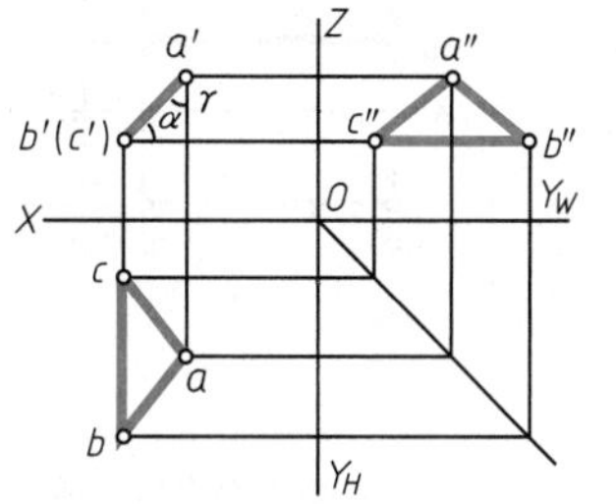	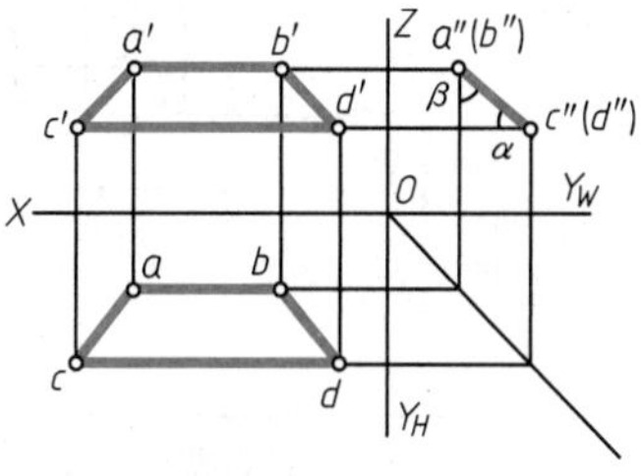
投影特性	1. 水平投影为倾斜于 X 轴的直线，有积聚性；它与 OX、OY_H 的夹角即为 β、γ 2. 正面投影和侧面投影均为与原图形边数相同的类似形	1. 正面投影为倾斜于 X 轴的直线，有积聚性；它与 OX、OZ 的夹角即为 α、γ 2. 水平面投影和侧面投影均为与原图形边数相同的类似形	1. 侧面投影为倾斜于 Z 轴的直线，有积聚性；它与 OY_W、OZ 的夹角即为 α、β 2. 水平面投影和正面投影均为与原图形边数相同的类似形

3. 投影面平行面

平行于某一投影面的平面称为投影面平行面。它也有三种：

1）平行于 H 面的平面称为水平面，如表 4-2 中的 $ABCD$ 平面。

2）平行于 V 面的平面称为正平面，如表 4-2 中的 $ABCD$ 平面。

3）平行于 W 面的平面称为侧平面，如表 4-2 中的 $ABCDEF$ 平面。

根据表 4-2 中所列三种投影面平行面，它们共同的投影特性概括如下：

1）平面图形在所平行的投影面上的投影反映其实形。

2）平面的另外两投影均积聚成直线，且平行于相应的投影轴。

表 4-2　投影面平行面的投影特性

名称	水 平 面	正 平 面	侧 平 面
空间位置	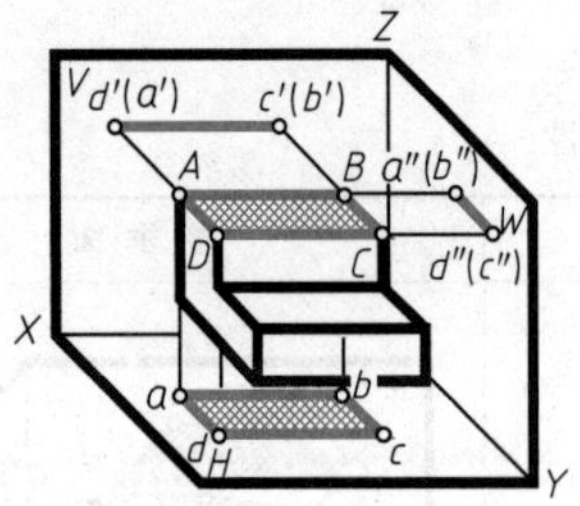	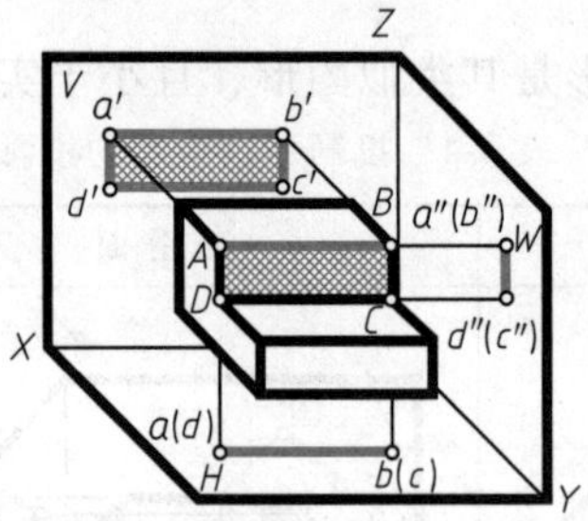	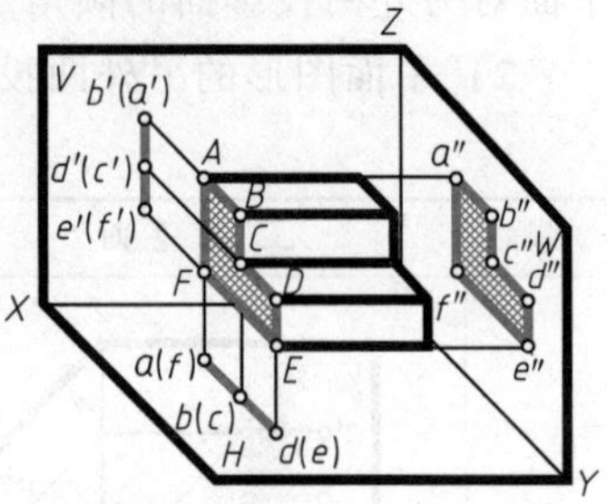
在形体投影图中的位置	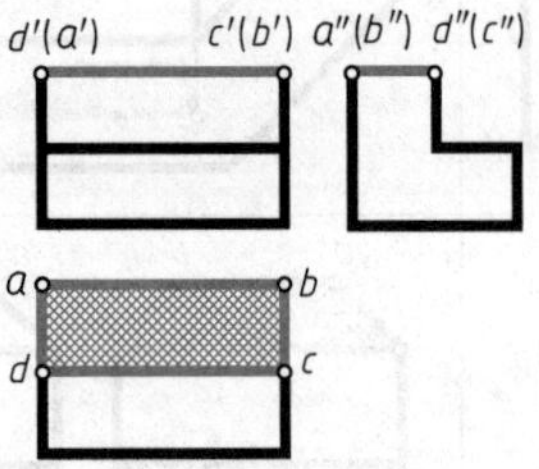	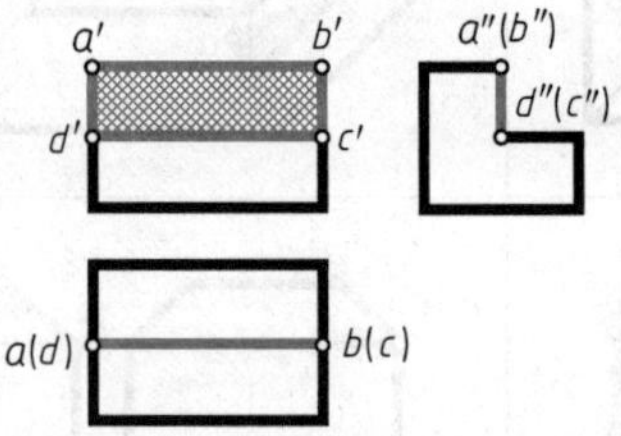	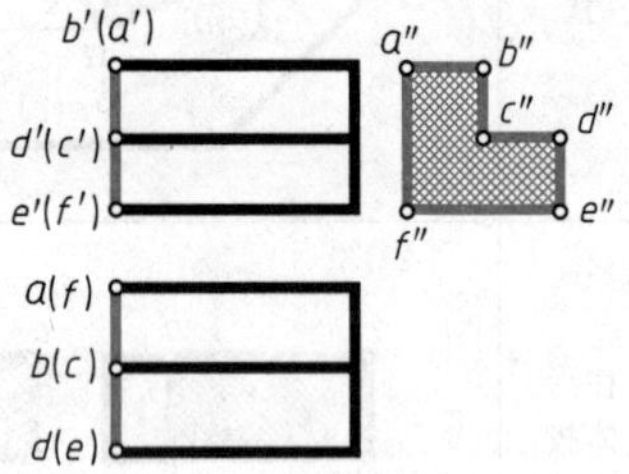
投影图	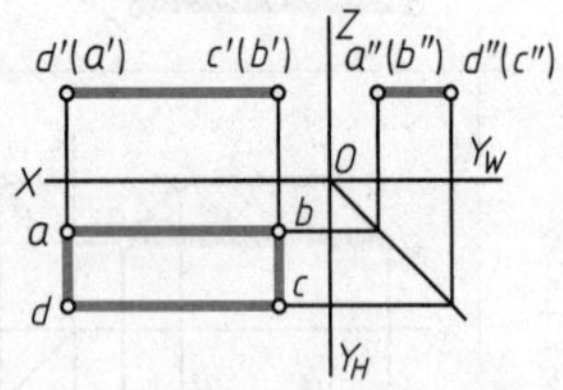	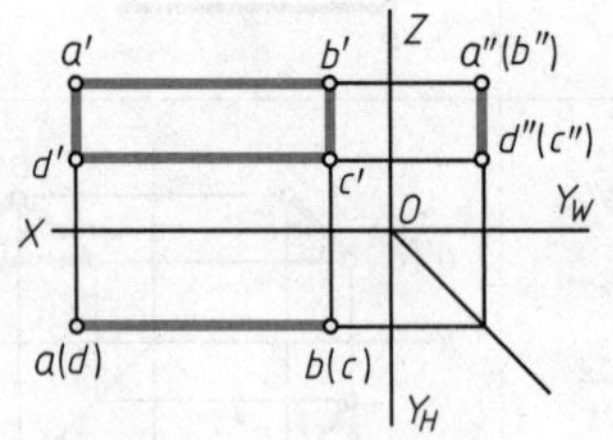	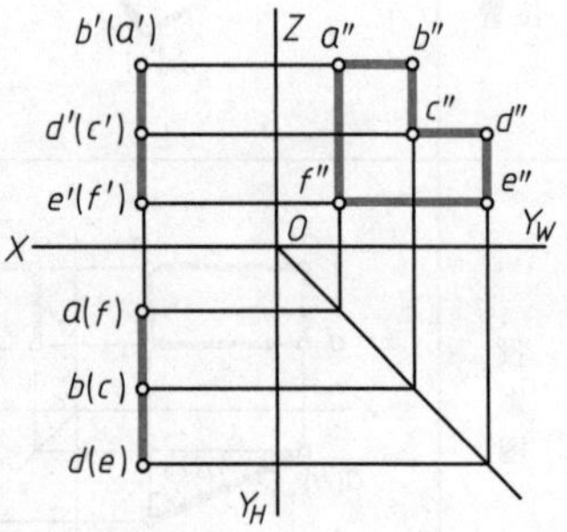
投影特性	1. 水平投影表达实形 2. 正面投影为直线，有积聚性，且平行于 OX 轴 3. 侧面投影为直线，有积聚性，且平行于 OY_W 轴	1. 正面投影表达实形 2. 水平投影为直线，有积聚性，且平行于 OX 轴 3. 侧面投影为直线，有积聚性，且平行于 OZ 轴	1. 侧面投影表达实形 2. 水平投影为直线，有积聚性，且平行于 OY_H 轴 3. 正面投影为直线，有积聚性，且平行于 OZ 轴

特殊位置平面，如果不需表示其形状大小，只需确定其位置，可用迹线来表示，而且常常只用平面有积聚性的投影（迹线）来表示。如图 4-4 所示为铅垂面 P，只需画出 P_H 就能确定其位置，如图 4-4c 所示。

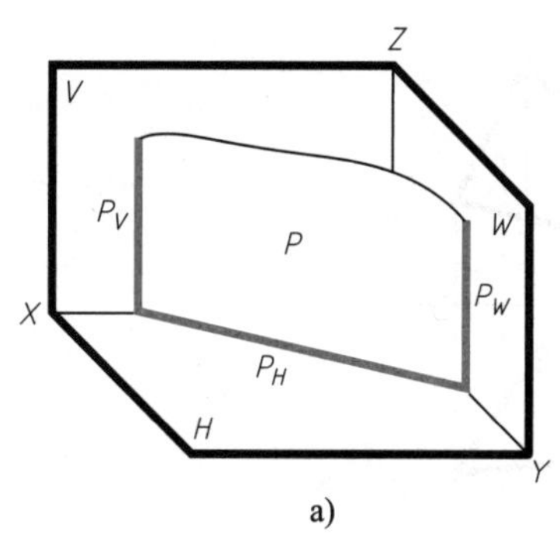

a)

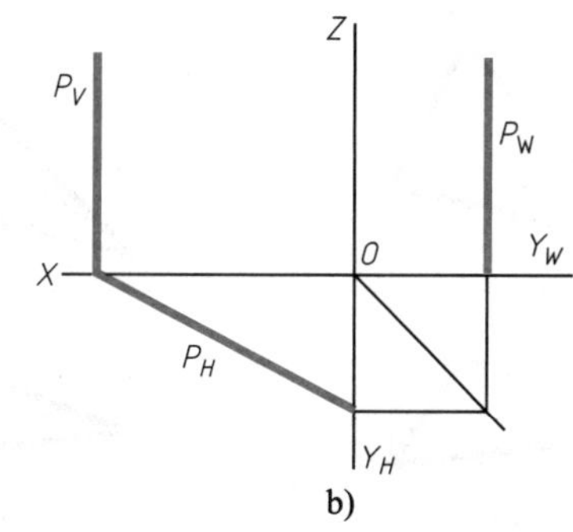

b)

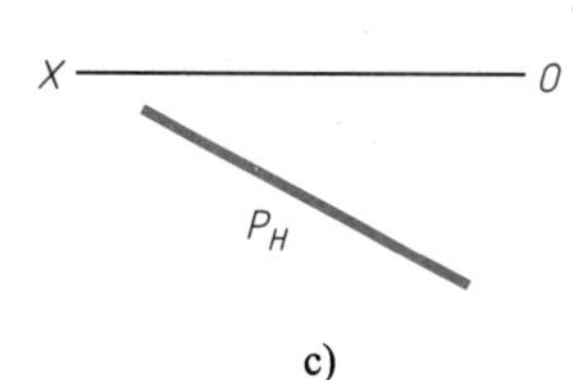

c)

图 4-4　特殊位置平面的迹线表示

a）立体图　b）投影图　c）简化图

■ 4.3　平面内的点和直线（Points and Straight Lines in the Plane）

1. 点和直线在平面内的几何条件

1）若点在平面内的一条已知直线上，则该点在平面内。

2）若直线通过平面内的两个已知点，或通过平面内的一个已知点，且平行于平面内的另一条已知直线，则该直线在平面内。

如图 4-5 所示，*K* 点在已知直线 *BC* 上，故 *K* 点在平面 *ABC* 内；*M*、*N* 点是平面 *ABC* 内的两个已知点，因此直线 *MN* 在平面 *ABC* 内；由于 *C* 点是平面内的已知点，且 *CD*//*AB*，所以直线 *CD* 在平面 *ABC* 内。

根据以上几何条件，不仅可以在平面内取点和直线，而且可以判断点和直线是否在平面内。

【例 4-1】　如图 4-6a 所示，判断 *D* 点是否在平面 *ABC* 内。

分析：

如果 *D* 点在平面 *ABC* 内一直线上，则 *D* 点在平面内，否则就不在。

作图步骤（图 4-6b）：

1）在 *H* 面投影中，过 *d* 点任作辅助直线，如 *be* 交 *ac* 于 *e* 点。

2）作出平面 *ABC* 内的辅助直线 *BE* 的 *V* 面投影 *b′e′*。

3）由于 *d′*点不在该辅助直线 *b′e′*上，故 *D* 点不在平面 *ABC* 内。

图 4-5　平面内的点和直线

2. 平面内的投影面平行线

平面内的投影面平行线有三种，即平面内的水平线、正平线、侧平线。如图 4-7 所示，在平面 *P* 内画出了这三种直线。平面内的投影面平行线均互相平行，且与相应的迹线平行，如水平线与 P_H平行，正平线与 P_V平行，侧平线与 P_W平行。

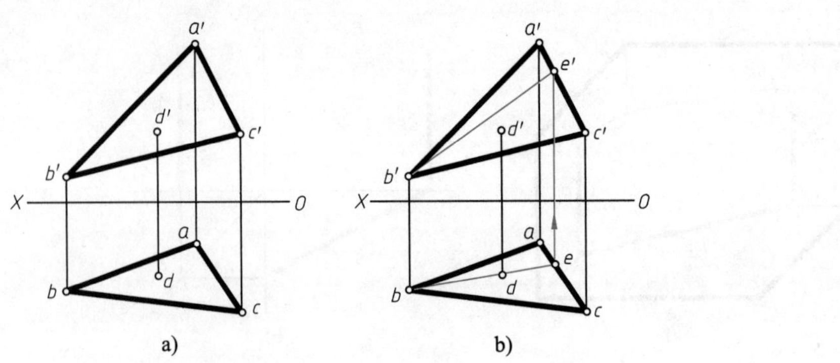

图 4-6 判断点是否在平面内

a）已知 b）作辅助线 *BE*

平面内的投影面平行线既应符合平面内直线的几何条件，又要符合投影面平行线的投影特性。

如图 4-8 所示，在△*ABC* 平面内分别作出了水平线 *AD*、正平线 *CE*、侧平线 *BF*。

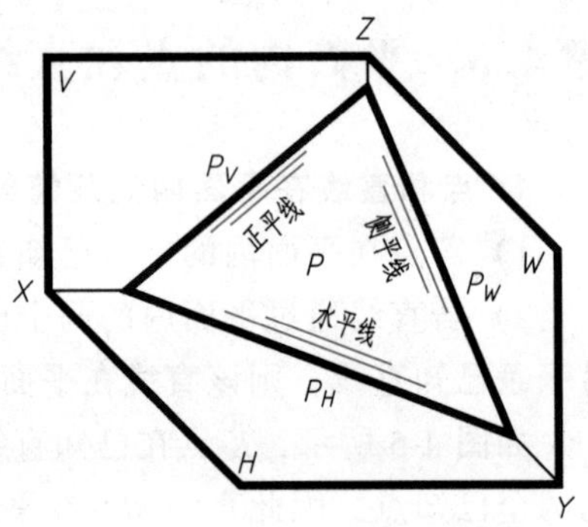

图 4-7 平面内的投影面平行线

【例 4-2】 在△*ABC* 平面内求作 *M* 点，使 *M* 点距 *H* 面为 10，距 *V* 面为 13（图 4-9）。

分析：

在△*ABC* 平面内作出距 *H* 面为 10mm 的水平线 *DE*，再作出距 *V* 面为 13mm 的正平线 *FG*，两条线的交点 *M* 必满足要求。

作图步骤：

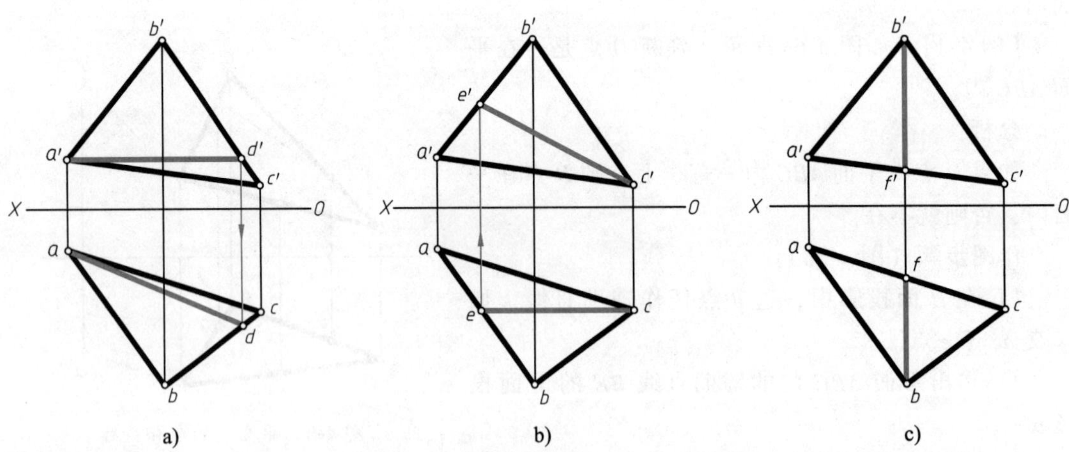

图 4-8 作平面内的水平线、正平线、侧平线

a）平面内的水平线 b）平面内的正平线 c）平面内的侧平线

1）先作 $d'e' /\!/ OX$，且距 *OX* 为 10mm，再作出 *de*。

2）作 $fg /\!/ OX$，且距 *OX* 为 13mm，*fg* 与 *de* 相交于点 *m*。

3）由点 *m* 作出 *d'e'* 上的点 *m'*，点 *M*(*m*, *m'*) 即为所求。

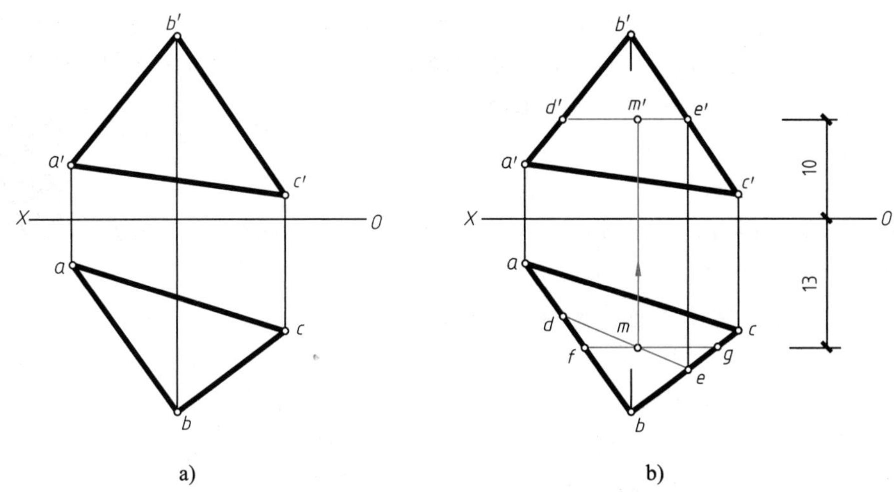

图 4-9　求△*ABC* 内的 *M* 点

a）已知　b）作图方法

3. 平面的最大斜度线

平面内对投影面倾角为最大的直线，称为平面的最大斜度线，它垂直于平面内相应的投影面平行线。平面内垂直于水平线的直线，称为对 *H* 面的最大斜度线（又叫坡度线）；平面内垂直于正平线的直线，称为对 *V* 面的最大斜度线；平面内垂直于侧平线的直线，称为对 *W* 面的最大斜度线。在图 4-10 中，画出了 *P* 平面的三种最大斜度线。

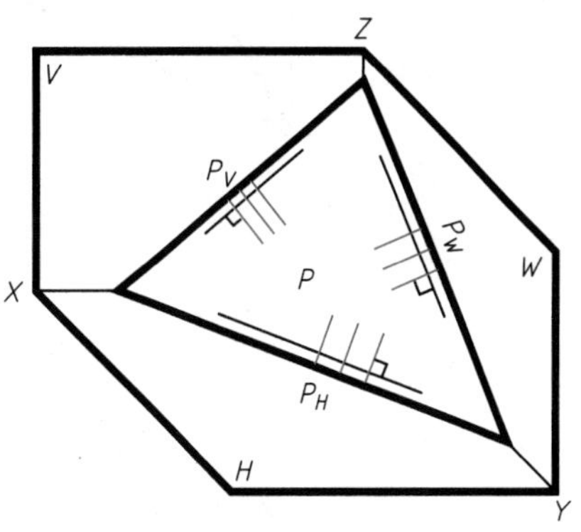

图 4-10　平面内的三种最大斜度线

图 4-11 中 *AD* 是 *P* 平面内对 *H* 面的最大坡度线，它垂直于迹线 P_H，P_H 可看作 *P* 平面内的一条水平线。现证明在 *P* 平面内的所有直线中，*AD* 的 α 角最大：在 *P* 平面内过 *A* 点任作一直线 *AE*，它对 *H* 面的倾角为 α_1，在直角△*AaD* 中有 $\sin\alpha=\dfrac{Aa}{AD}$，在直角△*AaE* 中有 $\sin\alpha_1=\dfrac{Aa}{AE}$，因 $AD<AE$（直角边小于斜边），故 $\alpha>\alpha_1$。

由图 4-11 还可以看出，平面 *P* 对 *H* 的最大坡度线 *AD* 的 α 角，就反映了该平面的 α 角。

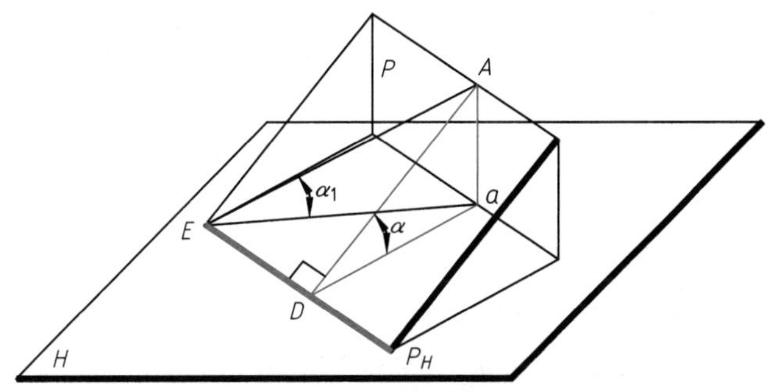

图 4-11　平面内对 *H* 面的最大坡度线

同理可知，对 V 面的最大斜度线的 β 角，反映该平面的 β 角；对 W 面的最大斜度线的 γ 角，反映该平面的 γ 角。因此欲求一般位置平面的倾角，可利用该平面的最大斜度线来作图。

【例 4-3】 求△ABC 的倾角 α（图 4-12）。

求一般平面的 α 角

作图步骤：

1）作平面内的水平线 AD（ad，$a'd'$）。

2）作平面内的直线 $BE \perp AD$，BE（be，$b'e'$）即为平面对 H 面的最大坡度线。

3）用直角三角形法求出 BE 的 α 角，即为△ABC 的 α 角。

【例 4-4】 求△ABC 对 V 面的倾角 β（图 4-13）。

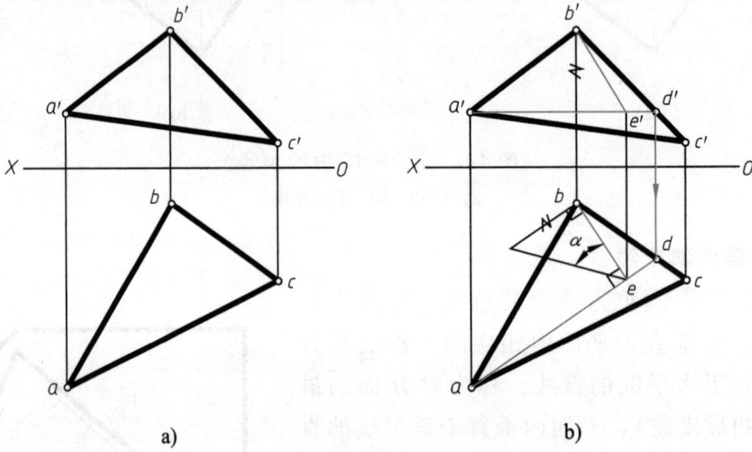

图 4-12 求一般面的 α 角

a）已知 b）作图方法

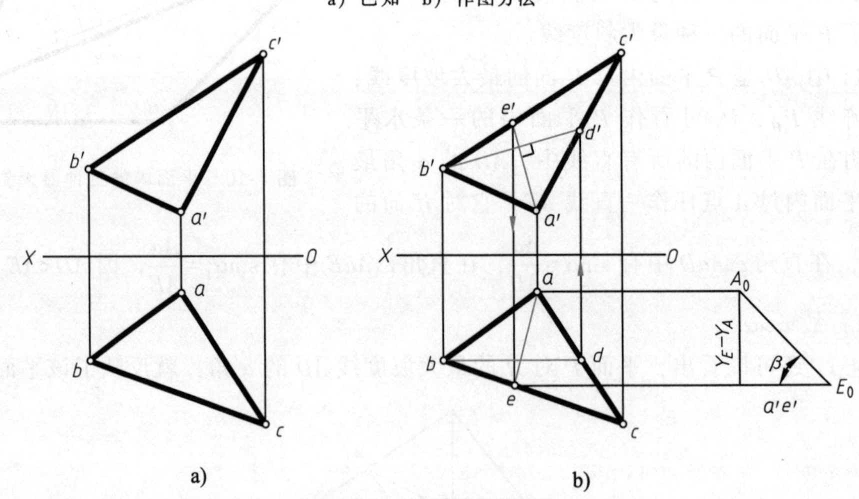

图 4-13 一般面的 β 角

a）已知 b）作图方法

作图步骤：

1）作平面内的正平线 BD（bd，$b'd'$）。

2）过点 A 作 $AE \perp BD$，即 $a'e' \perp b'd'$，AE 即为平面对 V 面的最大斜度线。

3）在水平投影中用直角三角形法求出 AE 的 β 角，即为△ABC 的 β 角。

第5章　直线与平面、平面与平面的相对位置
(Relative Positions Between a Straight Line and a Plane and Between Planes)

【学习目标】

1. 掌握求特殊平面与一般直线、一般平面与投影面垂直线交点的作图方法。
2. 掌握求特殊平面与一般平面交线的作图方法。
3. 了解直线与平面及两平面之间的平行及垂直投影特性和作图方法。

直线与平面以及两平面的相对位置关系有：平行、相交、垂直。

5.1　直线与平面、平面与平面的平行（Straight Line Parallel to Plane, Plane Parallel to Plane）

5.1.1　直线与平面平行（Straight Line Parallel to Plane）

几何关系：当平面外一直线与平面内一直线平行时，则该直线与平面平行（图 5-1）。

要判断直线与平面是否平行，只要看能否在平面内作出该直线的平行线即可。

【例 5-1】　已知△*ABC* 及相交两直线 *DE*、*DF* 的投影（其中 $d'e' /\!/ b'c'$）（图 5-2a），判断 *DE*、*DF* 是否平行于△*ABC*。

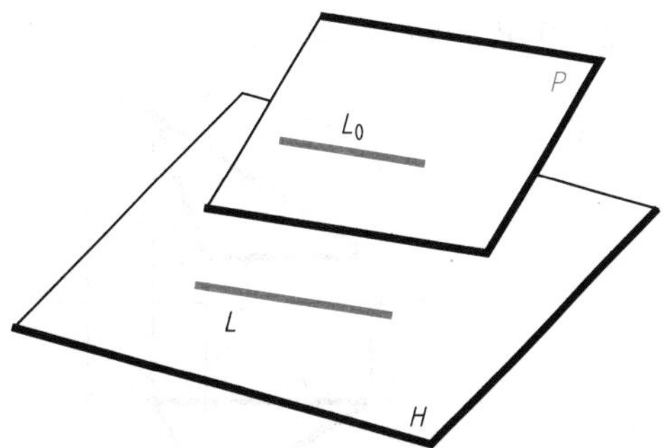

若 $L /\!/ L_0$，L_0在*P*面上，则 $L /\!/ P$

图 5-1　直线与平面平行

分析：

直线 *DE* 的 *V* 面投影平行于三角形一边 *BC* 的 *V* 面投影 $b'c'$，比较 *de* 与 *bc*，如 $de /\!/ bc$，则 $DE /\!/ BC$，$DE /\!/ \triangle ABC$；如果 $de \not\parallel bc$，结论就是否定的。如图 5-2a 所示，$d'e' /\!/ b'c'$而 $de \not\parallel bc$，故 $DE \not\parallel BC$，*DE* 不平行于△*ABC*。直线 *DF* 的投影与三角形各边的投影没有明显的平行关系，故需作图判断 *DF* 是否平行于△*ABC*。

作图步骤：

1）过点 b'作 $b'l' /\!/ d'f'$，交 $a'c'$于 l'。

2）求出点 L 的 H 面投影点 l 在 ac 上，连接点 b 与接点 l，BL 直线在 $\triangle ABC$ 上。比较 bl 线与 df，有 $bl /\!/ df$，故 $DF /\!/ BL$，所以 $DF /\!/ \triangle ABC$（图 5-2b）。

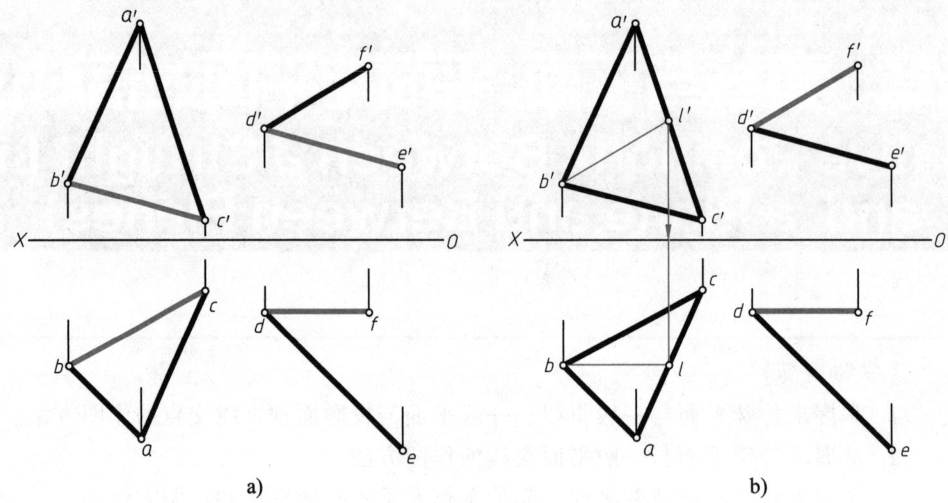

图 5-2 判断直线与平面是否平行

a）已知 b）作图方法

【例 5-2】 已知 $\triangle ABC$ 及平面外一点 D 的投影（图 5-3a），求过 D 点作直线 $DE /\!/ \triangle ABC$，同时平行于 H 面。

分析：

满足条件的直线 DE 是水平线。一个平面内有无数条直线，过点 D 可作无数条直线与已知平面平行。但平面内的水平线方向是唯一的，现只要过点 D 作 DE 平行于平面内的水平线即可。

作图步骤：

1）在 $\triangle ABC$ 内任作一条水平线。现由图知：三角形的边 BC 就是水平线，故从略。

2）作 $d'e' /\!/ b'c' /\!/ OX$ 轴，$de /\!/ bc$ 即可（图 5-3b 长度不限）。

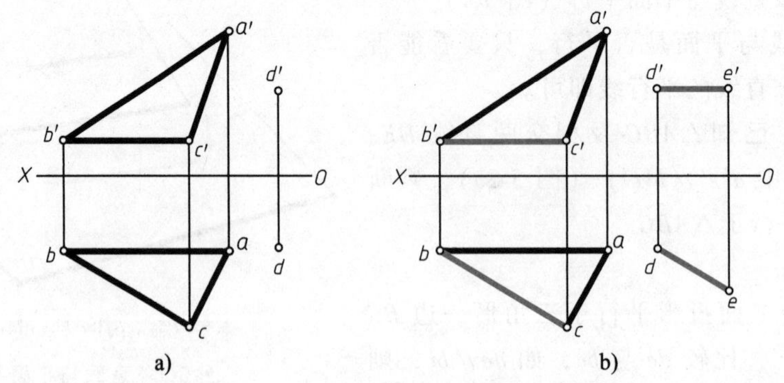

图 5-3 过定点 D 作水平线与已知平面平行

a）已知 b）作图方法

如图 5-4 所示，$\triangle ABC$ 各边均为一般位置线段，若过 D 点作 DE 平行于 $\triangle ABC$，而且 DE 又平行于 H 面，则先要在 $\triangle ABC$ 内作水平线 $B1$，再作 $DE /\!/ B1$，DE 既平行于 $\triangle ABC$，又平行于 H 面。

直线与平面平行，当平面处于特殊位置（平面是投影面垂直面或投影面平行面）时，平面的某投影有积聚性，在该投影面上，直线与平面的平行关系可明显地反映出来。如图 5-5a、b 所示，$\triangle ABC$ 是铅垂面，其 H 面投影有积聚性，一般位置直线 $L_1 /\!/ \triangle ABC$，$l_1 /\!/ abc$（P_H）；另有铅垂线 $L_2 /\!/ \triangle ABC$，两者的 H 面投影都有积聚性，平行关系是不言而喻的 。

图 5-5c、d 所示为正垂面 Q、水平面 R 及其平行直线的平行关系。

当平面垂直于某投影面时，只要平面的积聚投影与直线的同名投影平行，即可确定直线与平面平行。

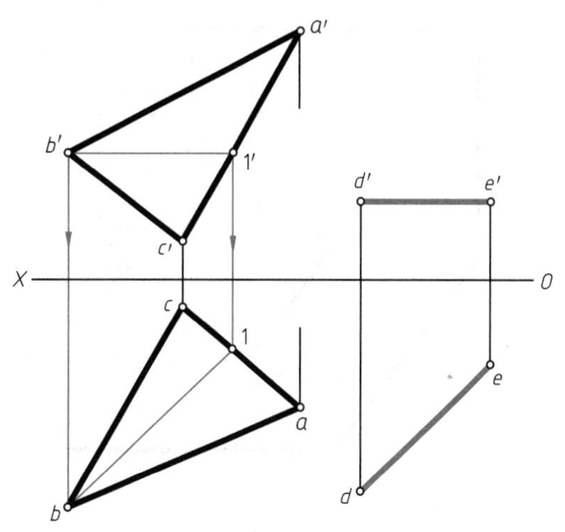

图 5-4　过 D 点作 $DE /\!/ \triangle ABC$，且平行于 H

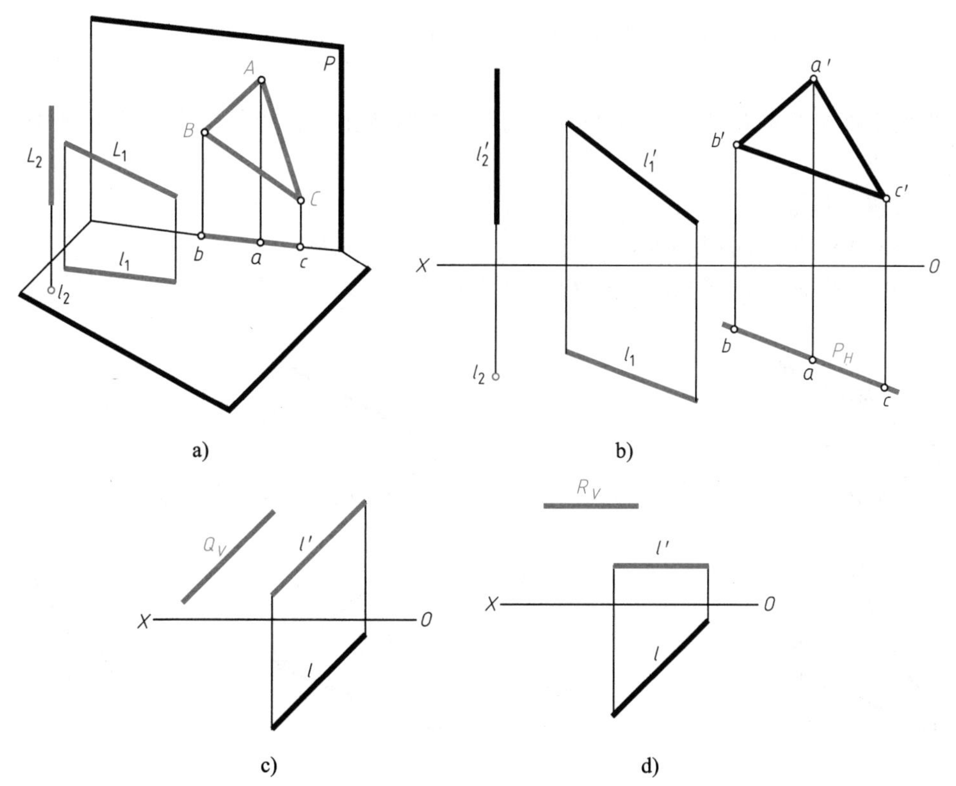

图 5-5　直线与特殊位置平面平行

a）立体图　b）铅垂面与直线平行　c）正垂面与直线平行　d）水平面与直线平行

5.1.2　平面与平面平行（Parallel Plane with Plane）

几何条件：当一平面内的一对相交直线对应地平行于另一平面内的一对相交直线时，则两平面平行。图 5-6 所示为两个一般位置平面平行的立体图（图 5-6a）和投影图（图 5-6b）。

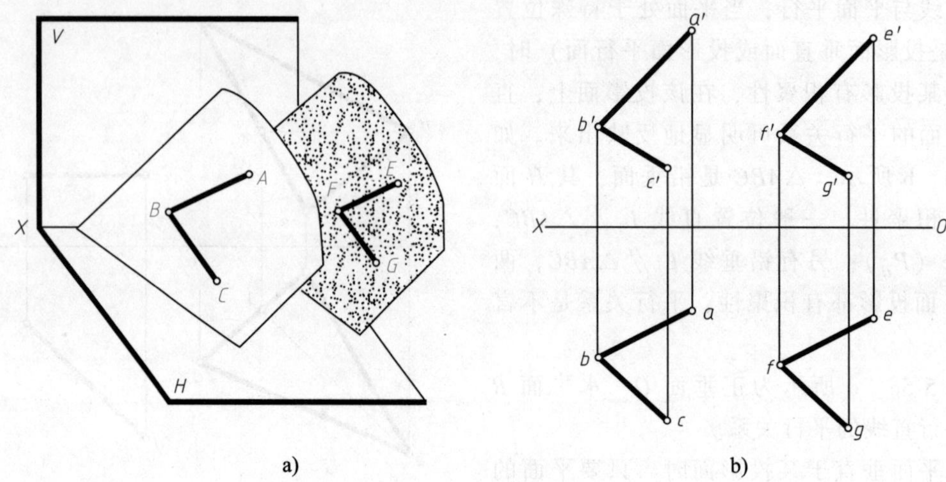

a) b)

图 5-6 两平面平行

a）立体图 b）投影图

【例 5-3】 过点 *D* 作平面与平面 *ABC* 平行（图 5-7a）。

分析：

根据两平面平行的几何条件，要过已知点 *D* 作两条相交直线分别平行于平面 *ABC* 上的两条边就可以了。

作图步骤（图 5-7b）：

1）过点 *D* 作直线 *DE* 与 *AB* 边平行（*de*∥*ab*、*d'e'*∥*a'b'*）。

2）过点 *D* 作直线 *DF* 与 *BC* 边平行（*df*∥*bc*、*d'f'*∥*b'c'*），平面 *EDF* 为所求。

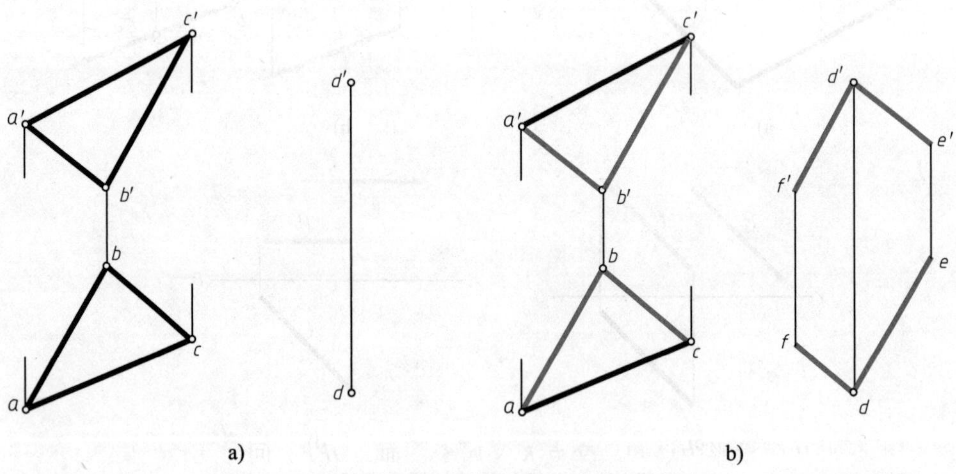

a) b)

图 5-7 过点作平面与已知平面平行

a）已知 b）作图方法

当两平行平面均垂直于某投影面时，两平面的积聚投影互相平行（图 5-8a、b）。反之，若两平面同时垂直于某投影面，而且它们的积聚投影平行，则两平面平行。图 5-8c 所示为两个水平面互相平行。

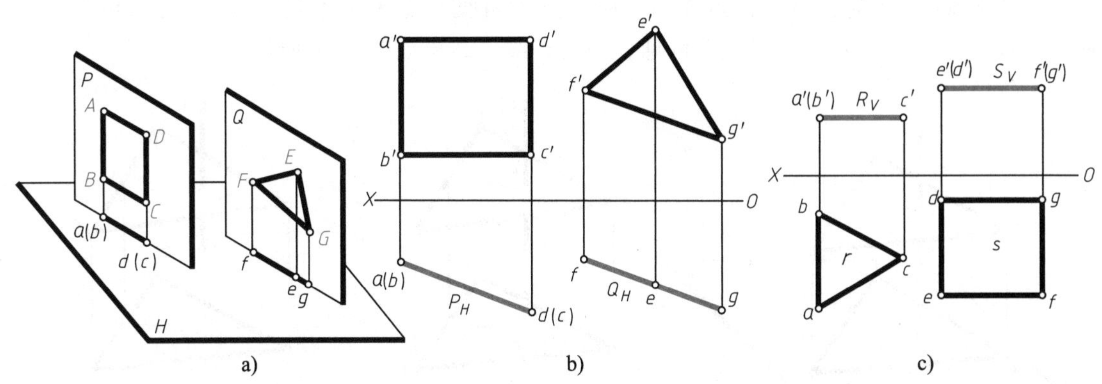

图 5-8　两特殊位置平面平行

a）立体图　b）两铅垂面平行（$\because P_H /\!/ Q_H$，$\therefore P /\!/ Q$）　c）两水平面平行（$\because R_V /\!/ S_V$，$\therefore R /\!/ S$）

5.2　直线与平面、平面与平面的相交（Intersection of Straight Line and Plane, of Plane and Plane）

直线与平面或两平面若不平行就会相交。在解决相交问题时，应求出直线与平面的交点（公有点）或两平面的交线（公有线），并考虑可见性问题，将被平面遮住的直线段（或另一平面的轮廓线）画成虚线，可见的直线段（或另一平面的轮廓线）画成粗实线。

应注意：在判断可见性时，线面交点及两面交线是同一直线或平面两边可见性的分界。

5.2.1　直线与平面相交（Intersection of Straight Line and Plane）

在投影作图中，如果给出的直线或平面的投影有积聚性，则先利用积聚性可以直接确定交点的一个投影，再利用线上定点或面上定点的方法求出交点的第二个投影。如果直线或平面的投影没有积聚性，则应用辅助平面（一般用特殊平面）求线面交点的方法作图。

直线与平面相交以后，直线便从平面的一侧到了平面的另一侧（以交点为界）。假定平面是不透明的，则沿投射方向观察直线时，位于平面两侧的直线势必一侧直线看得见，另一侧直线看不见（被平面遮住）。在作图时，要求把可见的直线画成粗实线，把不可见的直线画成虚线。

1. 投射线与一般面相交

（1）求交点 K　图 5-9a 所示为铅垂线 AB 与一般面$\triangle DEF$ 相交，求交点 K。根据交点的双重属性，K 点属于线 AB，K 点的 H 面投影必积聚在铅垂线 H 面投影的点上，即 a（k）（b），因此 K 点的 H 面投影为已知，交点 K 又属于平面$\triangle DEF$，问题变为平面$\triangle DEF$ 上一点 K，已知 H 面投影点 k 求点 k'，过点（k）作辅助线 $e1$，求出 $e'1'$，点 k'必在其上，如图 5-9b所示。

（2）判断可见性　H 面投影可见性无须判别。在 V 面投影上，用直观判断方法可知平面轮廓线 EF 在直线 AB 前面，因而，以点 k'（必可见）为界，点 k'之上直线可见，点 k'之下为不可见；按重影点可见性的判别方法，在 V 面投影上选一对分属直线和平面的重影点（如点Ⅱ、Ⅲ），令Ⅱ点在 AB 上，Ⅲ点在$\triangle EFD$ 的边 ED 上。过 $2'3'$作投影连线，交 ab 于点

2，交 ed 于点 3，此时，点 2 在点 3 前，所以点 2′可见，点 3′不可见。因此，$k'2'$可见，画成粗实线，相应地点 k'以下部分不可见，画成虚线，结果如图 5-9c 所示。

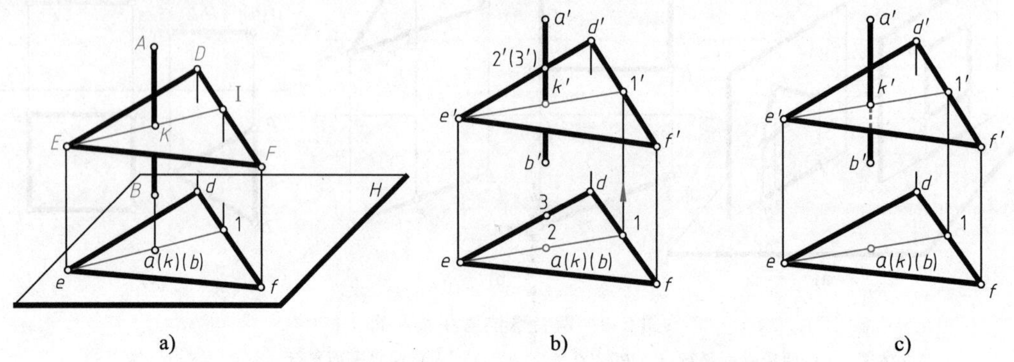

a）　　b）　　c）

图 5-9　铅垂线 AB 与一般面△DEF 相交

a）立体图　b）步骤一　c）步骤二

2. 投射面与一般线相交

（1）求交点 K　投射面包括所有与某一投影面垂直的平面，它们与一般线相交时，可利用平面在该投影面上的积聚性和交点的共有性直接求交点。如图 5-10a 所示，铅垂面△ABC 与一般线 DE 相交，交点 K 的 H 面投影 k 点必在平面的 H 面积聚投影线段$\overline{bac}$上，又必在直线 DE 的 H 面投影 de 上，因此 k 点必在此两线段$\overline{bac}$与 de 的交点上，定出 H 面的投影 k 点后，据交点公有性，k'点必在 $d'e'$上，即过 k 点作投影连线，与 $d'e'$交于 k'点，k、k'点即为 DE 与△ABC 交点的两投影（图 5-10b）。

（2）判断可见性　H 面投影无须判断。在 V 面投影上，$d'e'$有一部分在△$a'b'c'$范围内，应区分 $d'e'$这部分的可见性（k'点为分界，两边可见性不同，图 5-10c）。在 V 面投影上，几何元素的上下、左右关系很清楚，而前后关系需在 H 面（或 W 面）上判别。因此，要判断 V 面投影上的可见性，即判断谁前谁后、谁遮住谁的问题，必须要结合 H 面投影进行分析。基本方法是：

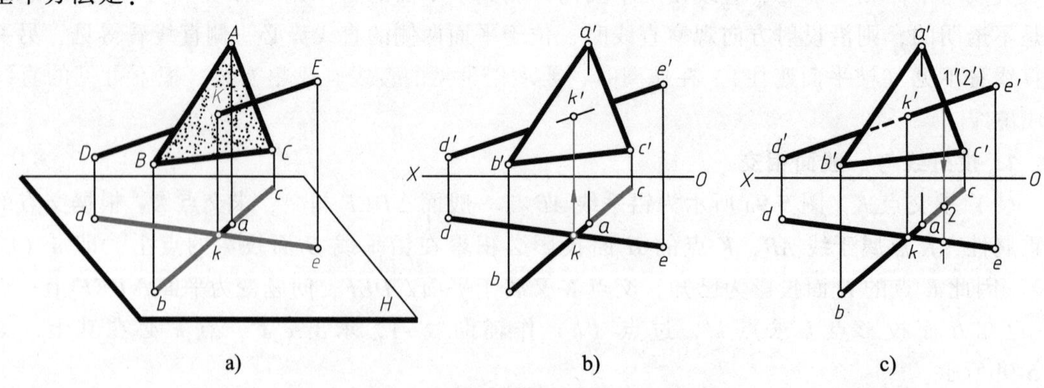

a）　　b）　　c）

图 5-10　直线与特殊位置平面相交

a）立体图　b）步骤一　c）步骤二

1）用重影点判断。在 V 面投影上选一对分属直线和平面的重影点如Ⅰ、Ⅱ，令Ⅰ点在 DE 上，Ⅱ点在△ABC 的边 AC 上。过 $1'2'$作投影连线，交 de 于 1 点，交 ac 于 2 点，此时，

1 点在 2 点前，所以 1′点可见，2′点不可见。因此，$k'1'$可见，画成粗实线，相应地 k'点以左部分不可见，画成虚线（k'点是分界点，图 5-10c）。

2）直观判断法判断。留意观察该例的 H 面投影，可判断直线与平面大致上的位置关系：平面（abc）自左前伸向右后，直线（de）自左后伸向右前，从交点 k 到 e 点的线段位于平面的前方。因此，判定在 V 面上 $k'e'$可见，k'点以左部分（$\triangle a'b'c'$以内）不可见。

图 5-11a 所示为用积聚投影 P_H表示的铅垂面 P 与一般位置直线 DE 相交，求交点的情况（因 P 面的 V 面投影未绘出，故不用判断可见性）。

图 5-11b 所示为水平面 $ABFC$ 与一般线 DE 相交，求交点 K 的作法。

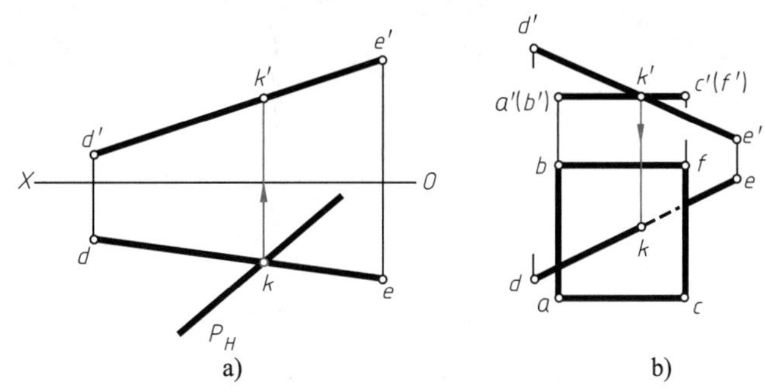

图 5-11　利用平面积聚投影求交点

a）一般线与铅垂面相交　b）一般线与水平面相交

5.2.2　平面与平面相交（Intersection of Two Planes）

平面与平面相交有一条交线，交线是两平面的共有线，即同时位于两个平面上的直线。

在投影作图中，如果给出的平面（至少有一个平面）的投影有积聚性，则利用积聚性可以直接确定交线的一个投影，然后再用面上画线的方法求出交线的第二个投影。如果给出的平面的投影没有积聚性，则可用线面交点法或辅助平面法作图。

两平面相交以后，假定两个平面都是不透明的，则它们必定互相遮挡，而且不管对哪个平面来说，都是以交线为分界，被遮挡的部分不可见，未被遮挡的部分为可见。

1. 投射面与一般面相交

投射面与一般面相交

（1）求交线 KL　图 5-12a 所示$\triangle ABC$ 为铅垂面，$\triangle DEF$ 为一般面，求它们的交线 KL 时，可用投射面与一般线相交求交点的方法，求得两交点 K、L 的投影，连接点 K 与 L 即得交线 KL。

求交线 KL 的方法：直接在 H 面投影上求出 de 与平面$\triangle ABC$ 的积聚投影$\overline{bac}$的交点 k，在 $d'e'$上求出 k'点；在 H 面投影上求出 df 与$\overline{bac}$的交点 l，在 $d'f'$上求出 l'点，连 k'点与 l'点，即得交线 KL 的 V 面投影 $k'l'$（图 5-12b）。

（2）判断可见性　直观判断 V 面投影上的可见性。从 H 面投影可知，$\triangle DEF$ 的 F 角自两面交线 KL 伸向铅垂面的前方，故 F 角的该部分的 V 面投影可见。$k'l'$的左方$\triangle DEF$ 与$\triangle ABC$ 的重影部分为不可见，如图 5-12b 所示。应注意可见性是相对的，有遮住就有被遮住，两平面图形投影重叠部分的可见性判断应完整，不要顾此失彼，而两平面图形投影不重叠的部分不需判断，都是可见的。

图 5-12c 所示为用积聚投影 P_H 表示的铅垂面 P 与一般位置平面△DEF 相交，求交线的情况。因 P 面的 V 面投影未绘出，所以可见性不必判断。

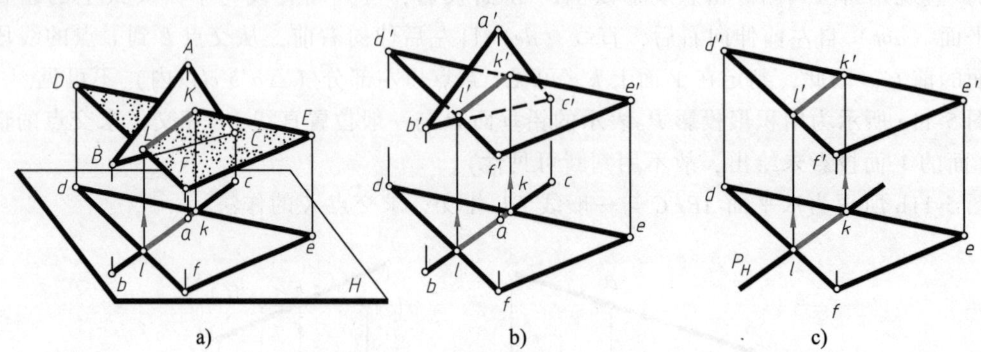

图 5-12　铅垂面与一般面相交

a）立体图　b）两平面交线的作图方法　c）平面与铅垂面 P_H 相交

当两铅垂面相交时，其交线为一条铅垂线。如图 5-13 所示，交线的 H 面投影是一个点，在两平面积聚投影 P_H、Q_H 的交点 l（k）处，交线的 V 面投影 $l'k' \perp OX$ 轴。

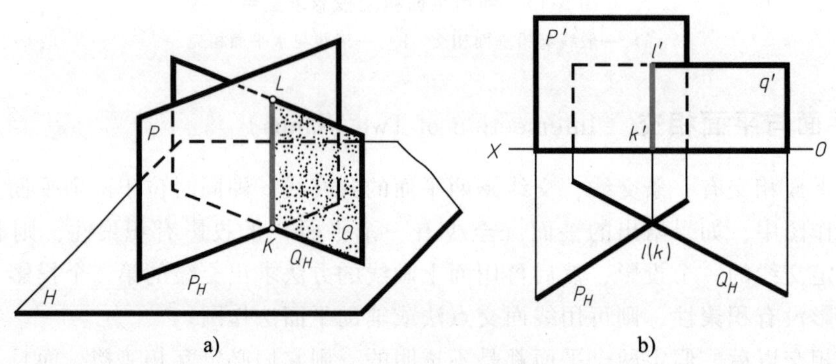

图 5-13　两铅垂面相交

a）立体图　b）作图方法

同理，两个正垂面的交线为一条正垂线，两个侧垂面的交线为一条侧垂线。

【例 5-4】　已知三棱锥 S-ABC 及正垂面 P 的投影（图 5-14a、b），求三棱锥 S-ABC 各表面与 P 面的交线。

分析：

如图 5-14a、b 所示，正垂面 P 与三棱锥的三个侧棱面均相交（△SAB、△SAC 为一般位置平面，△SBC 为正垂面）。只要分别求正垂面 P 与三个侧棱面的交线 DE、EF、FD 或分别求三条棱线与正垂面 P 的交点 D、E、F，并依次连接即可。因为 $P \perp V$，正垂面 P 的 V 面投影有积聚性，线面交点或两面交线都容易求出。

作图步骤：

1）在 V 面投影上求出 $s'a'$、$s'b'$、$s'c'$ 与正垂面 P 的积聚投影 P_V 的交点 d'、e'、f'（因 $s'b'$ 与 $s'c'$ 重合，故 e'（f'）重影）。分别在 sa、sb、sc 上求出点 d、e、f（因△$SBC \perp V$，故正垂面 P 与△SBC 的交线 EF 是正垂线，$ef \perp OX$）（图 5-14c）。

2）依次连接点 d'、e'、f' 及点 d、e、f，完成三条棱线实际存在部分的投影，并分别判断两投影上的可见性，描粗可见线段（V 面上 4 条线分别表示棱线 SA、底面△ABC、侧面△SBC 及切口，4 条线均可见；H 面投影上由于棱锥上小下大，表面上所有直线均可见）。实际不存在的部分棱线可画成细双点长画线（图 5-14c、d）。

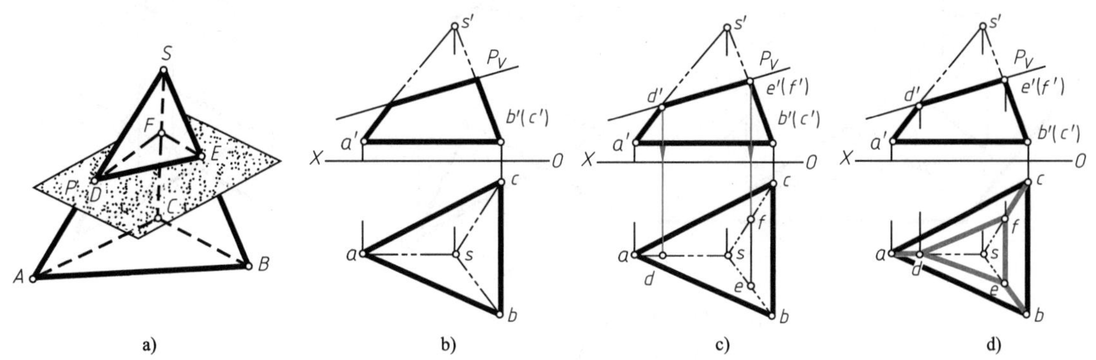

图 5-14　求正垂面与三棱锥表面的交线

a）立体图　b）已知　c）步骤一　d）步骤二

2. 一般位置直线与一般位置平面相交

（1）求交点 K　设一般线 L 与一般面△DEF 相交的交点 K 已求出，则过 K 点在△DEF 平面上可作无数条直线，每一条直线与 L 线组成一个平面，在这些平面中必有一个铅垂面或正垂面，如图 5-15a 所示△DEF 平面上所作的 Ⅰ Ⅱ 线与 L 线组成一个铅垂面 P，则 Ⅰ Ⅱ 线也就是铅垂面 P 与△DEF 平面的交线。由此分析，可得到求一般线 L 与一般面△DEF 交点 K 的方法，这种方法称线面交点法。

空间作图步骤与方法：① 包含一般线 L 作辅助平面 P；② 求辅助平面 P 与已知一般面的交线 Ⅰ Ⅱ；③ 求交线 Ⅰ Ⅱ 与已知一般线 L 的交点 K，此交点即为一般线与一般面的交点（图 5-15a）。

投影作图步骤如下：

1）过直线作辅助平面 P。包含直线 L 的 H 面投影 l 作铅垂面 P_H，只要在 l 上标注 P_H，铅垂面 P 即作出（或包含 l' 作 R_V 也可），平面 P 的 V 面投影不必求作。

2）求辅助平面 P 与已知平面△DEF 的交线 Ⅰ Ⅱ。求出 fd、ed 与 P_H 的交点 1、2，$1'$ 点在 $f'd'$ 上，$2'$ 点在 $e'd'$ 上，求出 $1'2'$ 线，Ⅰ Ⅱ 即是△DEF 与平面 P 的交线。

3）求交线 Ⅰ Ⅱ 与直线 L 的交点。线 l' 与线 $1'2'$ 的交点即为 k' 点，k 点必在线 l 上，求出 k 点，分别判断 V、H 面上的可见性（图 5-15b）。

图 5-15c 所示为采用过线 L 作正垂面 R 求一般线 L 与一般面△DEF 交点 K 的作图方法。

（2）判断可见性　方法与前面相同。

3. 一般面与一般面相交，求交线

求两个一般面的交线，也可用线面交点法，即分别求一平面内两条直线与另一平面的交点（将以上作图步骤重复两次），两个交点所决定的直线即是两平面的交线。求出交线后，还需判别可见性。也可用辅助平面法（即三面共点原理）求两一般面的交线。

方法一：按线面交点法求两一般面的交线。

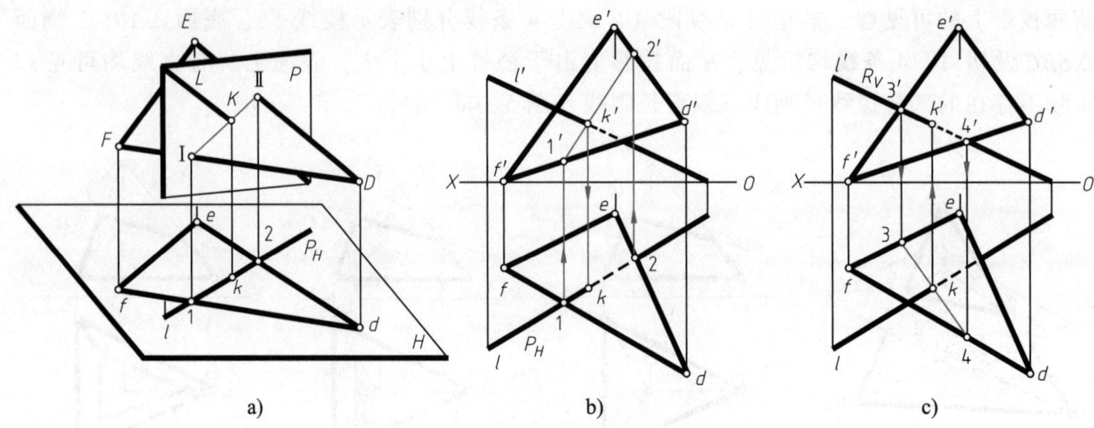

图 5-15　辅助平面法求一般位置线面交点

a）立体图　b）方法一　c）方法二

【例 5-5】　已知△ABC 和△DEF 的 V、H 面投影（图 5-16a），求两平面的交线。

分析：

如图 5-16a 所示，两平面均为一般面，同名投影互相重叠。可选择△DEF 的两边 DE、DF，分别求它们与△ABC 的交点 K、L，连点 K、L 的同名投影，并判别可见性即可。

作图步骤：

1）包含 DE 作正垂面 P（积聚投影 P_V），正垂面 P 与另一平面的两边 AC、BC 相交，求出正垂面 P 与△ABC 交线ⅠⅡ的 H 面投影 12，12 与 de 交于点 k，K 点是 DE 与△ABC 的交点，则 k'点必在 $d'e'$上，求出 k'点（图 5-16b）。

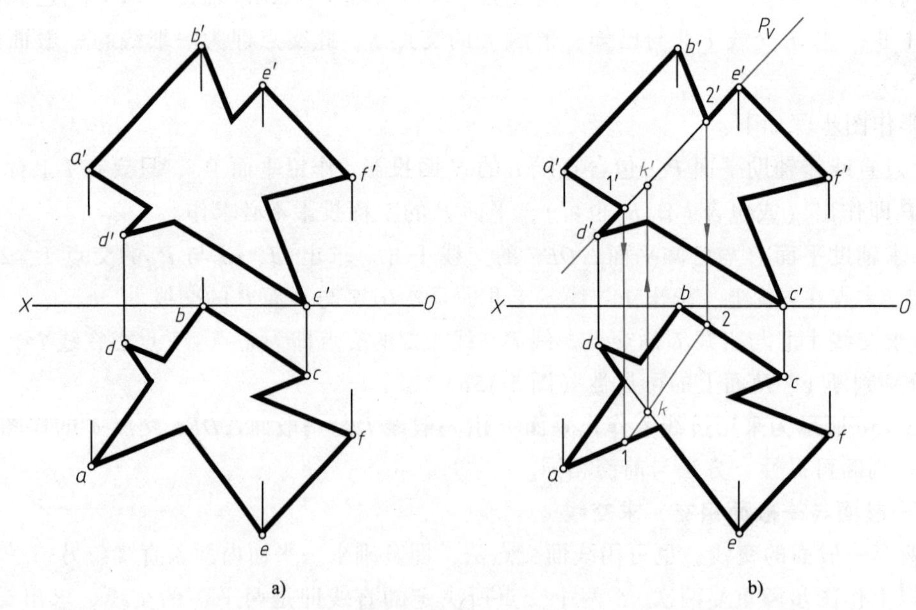

图 5-16　线面交点法求两个一般位置平面的交线

a）已知　b）步骤一

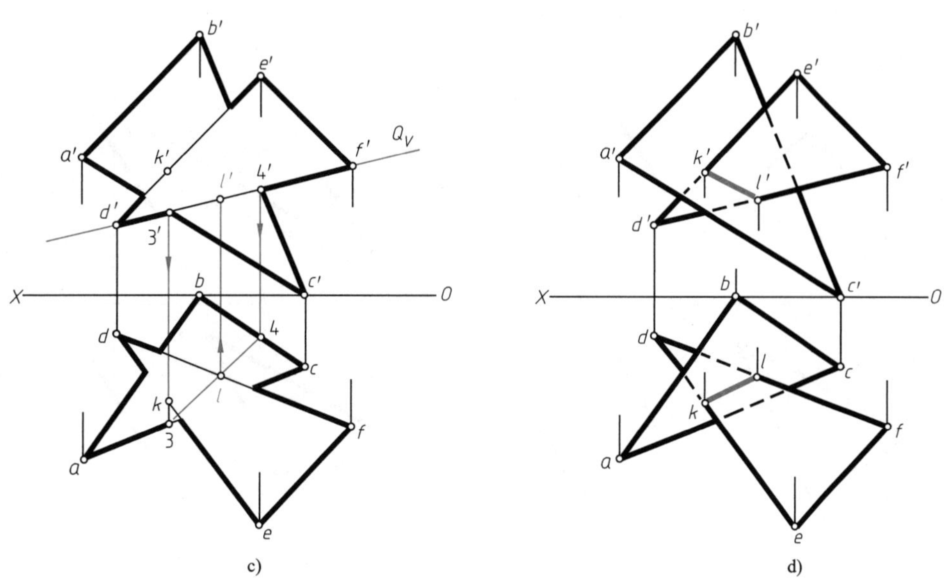

图 5-16　线面交点法求两个一般位置平面的交线（续）

c）步骤二　d）步骤三

2）包含 *DF* 作正垂面 *Q*，重复步骤 1），求出正垂面 *Q* 与△*ABC* 的交线Ⅲ Ⅳ，继而求出 *DF* 与△*ABC* 的交点 *L* 的两投影 *l*、*l'*（图 5-16c）。

3）连点 *k'*与 *l'*、点 *k* 与 *l* 得交线 *KL* 的投影 *k'l'*、*kl*，分别判断 *V*、*H* 面上的可见性（选重影点，比较上下或前后关系）（图 5-16d）。

方法二：辅助平面法求两一般面的交线。

如果参与相交的两平面的同名投影不重叠，则不宜用线面交点法，要用到三面共点原理（辅助平面法）求两面交线。如图 5-17 所示，欲求平面 *P*、*Q* 的交线，先作一特殊位置的辅助平面 S_1，分别求 S_1 与 *P* 和 *Q* 面的交线，两条交线的交点 *K* 即是三面的共点，也就是 *P*、*Q* 面交线上的一点；再作一辅助平面 S_2，将上述步骤重复一次，可求出 S_2、*P*、*Q* 三面共点 *L* 即为 *P*、*Q* 面交线上另一点。连点 *K* 与 *L*，*KL* 即为 *P*、*Q* 两平面的交线。

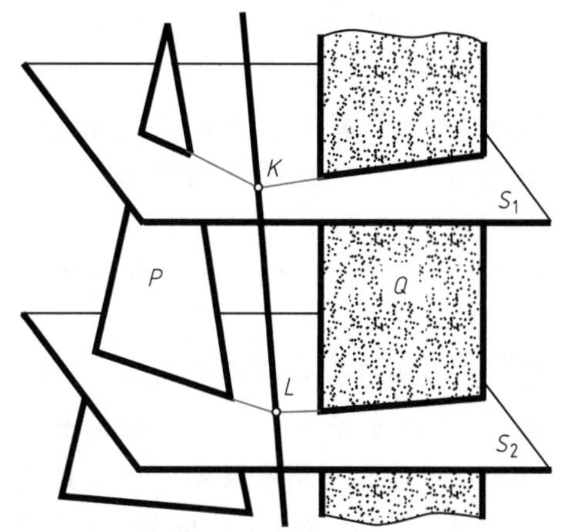

图 5-17　辅助平面法（三面共点）求两平面的交线 1

为使作图简便，一般选 $S_1 /\!/ S_2$ 面，而且均平行于某投影面。这样，P 面（Q 面）与两个平行平面的交线是互相平行的。作图过程如图 5-18 所示。

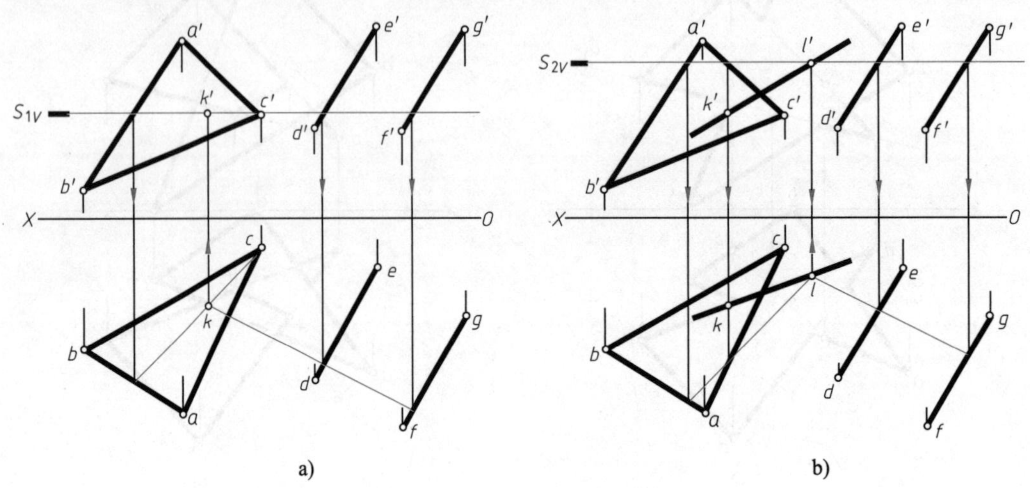

图 5-18　辅助平面法（三面共点）求两平面的交线 2

a）步骤一　b）步骤二

5.3　直线与平面、平面与平面垂直（Perpendicularity of Straight Line and Plane，Plane and Plane）

5.3.1　直线与平面垂直（Perpendicularity of Straight Line and Plane）

由初等几何知：当直线垂直于一平面内两条相交直线时，则该直线与该平面相互垂直。若直线垂直于一个平面，则该直线必垂直于该平面内所有直线（包括垂直相交和垂直交叉）。

1. 特殊位置直线与平面的垂直关系

当直线（或平面）处于特殊位置时，即垂直于或平行于某投影面时，其垂面（或垂线）必定也处于特殊位置。例如，H 面平行面的垂线必定是 H 面垂直线（铅垂线），反之，铅垂线的垂面必定是水平面。

如图 5-19a 所示，$\triangle DCE$ 所在的平面垂直于 H 面，AB 是该平面的一条垂线，故 $AB /\!/ H$ 面。此时，$\triangle DCE$ 的 H 面投影有积聚性，AB 的 H 面投影 $ab /\!/ AB$，$ab \perp dce$（P_H），即水平线 AB 的水平投影必垂直于铅垂面的积聚投影（图 5-19b、c）。

【例 5-6】　已知正垂面和平面外的一点 A 的投影（图 5-20a），求 A 点到平面的距离。

分析：

求点到平面的距离，就是过点作平面的垂线并求垂足。点到垂足的距离实长即为所求。

已知平面是正垂面，其垂线 AK 必定是平行于 V 面的正平线，AK 与平面的垂直关系可在 V 面投影上直接反映，即 $a'k' \perp$ 正垂面的积聚投影。垂足 K 就是垂线与正垂直面的交点，k' 在正垂面的积聚投影上。由于 $AK /\!/ V$ 面，故 $ak /\!/ OX$ 轴，$a'k'$ 就是 AK 实长，即为点 A 到平面的距离。作图方法如图 5-20b 所示。

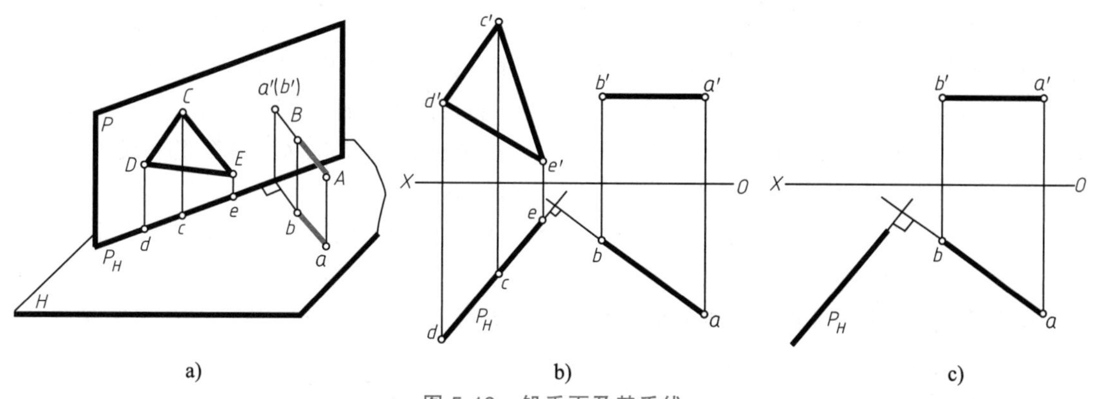

图 5-19　铅垂面及其垂线

a）立体图　b）作图方法一　c）作图方法二

2. 一般位置直线与平面的垂直关系

当直线（或平面）处于一般位置时，其垂面（或垂线）必定也处于一般位置。此时，线面的垂直关系不能在 V 面或 H 面上像特殊位置线面垂直那样明显地反映出来。

一般位置直线与平面的垂直关系

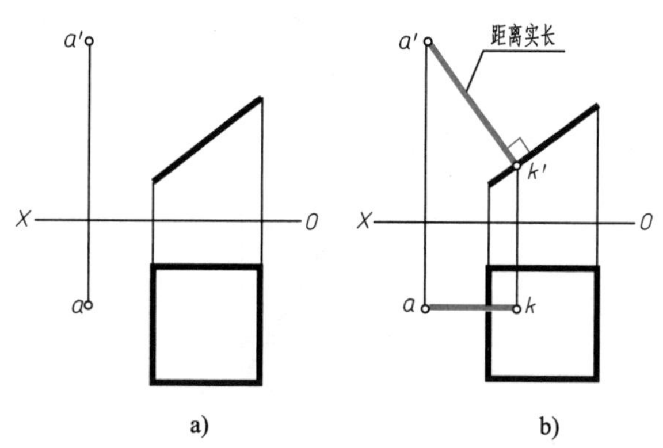

图 5-20　求点到正垂面的距离

a）已知　b）作图方法

根据立体几何知，如图 5-21a 所示，直线 AB 若垂直于平面 P 内的一对相交直线，则直线 AB 垂直于平面 P，AB 也必垂直于 P 面内所有直线，当然 AB 也垂直于平面内的正平线和水平线。由直角投影特性：AB 与正平线的垂直关系在 V 面投影上反映，即 $a'b'$垂直于正平线的 V 面投影；而 AB 与水平线的垂直关系在 H 面投影上反映，即

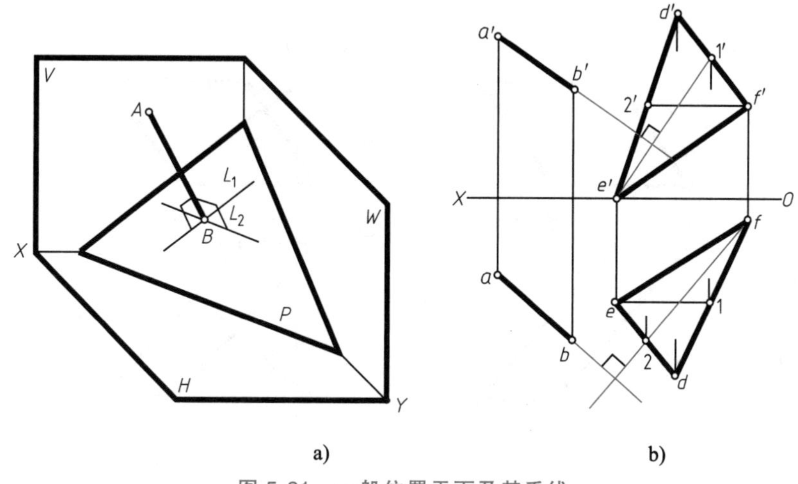

图 5-21　一般位置平面及其垂线

a）立体图　b）作图方法

ab 垂直于水平线的 H 面投影。由此得一般位置线面垂直的投影特性为：直线 $AB \perp$ 平面时，则直线 V 面投影 $a'b'$ 必垂直于平面上正平线的 V 面投影，直线的 H 面投影 ab 必垂直于平面上水平线的 H 面投影。反之，只要直线的两面投影满足上述条件，则直线垂直于平面。

如图 5-21b 所示，$\triangle DEF$ 及其垂线 AB 的两面投影已知。在 $\triangle DEF$ 中作正平线 EⅠ和水平线 FⅡ，由线面垂直的投影特性，必有 $a'b' \perp e'1'$，$ab \perp f2$。

如图 5-22a 所示，若已知 A 点及直线 L，要过 A 点作平面垂直于 L 直线，只需过 A 点分别作正平线 AⅠ和水平线 AⅡ均与 L 垂直，即作 $a'1' \perp l'$，$a1 /\!/ OX$，作 $a2 \perp l$，$a'2' /\!/ OX$，则由相交两直线（AⅠ和 AⅡ）构成的平面必垂直于 L 直线，如图 5-22b 所示（如果欲求垂足，可进一步求线面交点，参见本节相交部分内容）。

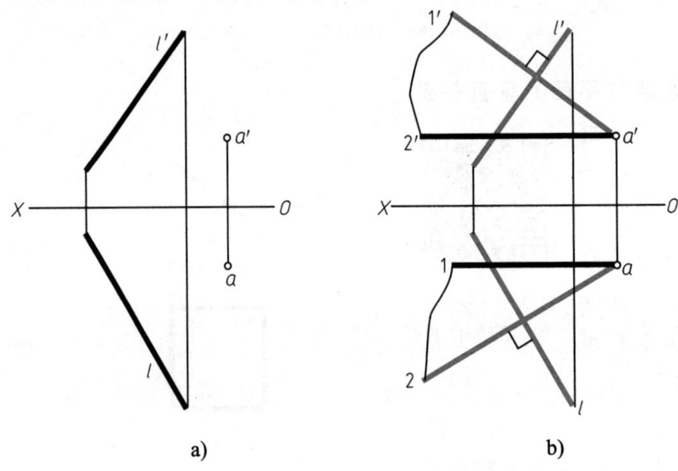

图 5-22　含点 A 作平面与一般位置直线垂直

a）已知　b）作图方法

【例 5-7】　已知点 A 及平行四边形 $CDEF$（其边 CD、EF 是正平线，DE、CF 是水平线）（图 5-23a），求点到平面的距离。

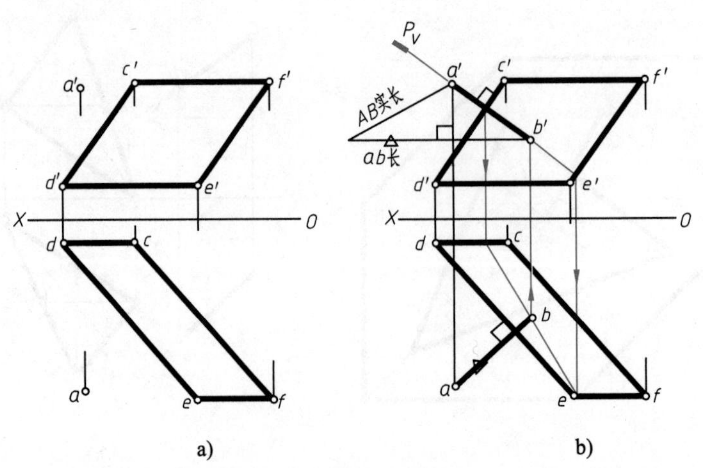

图 5-23　求点到平面的距离

a）已知　b）作图方法

分析：

求点到平面的距离，就是过点作平面的垂线，求出垂足，点到垂足的距离实长即为所求。平面 *CDEF* 为一般位置平面，可过点 *A* 作线垂直于平面 *CDEF*，按线面交点法求出垂足 *B*，再求 *AB* 实长。

作图步骤：

1）作平面的垂线：过点 *a′*作 *c′d′*的垂线，过点 *a* 作 *de* 的垂线，即得垂线的两面投影。

2）求垂足：包含垂线的 *V* 面投影作正垂面 P_V，求出 *P* 面与四边形的交线，与垂线交于 *B* 点，即垂足。

3）求垂线 *AB* 的实长：用直角三角形法求 *AB* 的实长即为所求（图 5-23b）。

5.3.2　两平面相互垂直（Perpendicularity of Two Planes）

由初等几何知：当一平面通过另一平面的一条垂线时，则两平面相互垂直。

如图 5-24 所示，直线 *AB* 与 *AC* 构成一个平面，另一平面△*DEF* 的边 *DF* 是正平线（*df*∥*OX*），*DE* 是水平线（*d′e′*∥*OX*），而且 *a′b′*⊥*d′f′*、*ab*⊥*de*，所以 *AB* 垂直于△*DEF*。因此，由相交直线 *AB* 和 *AC* 构成的平面与△*DEF* 相互垂直。

事实上，包含一条直线可作无数个平面。包含 *AB* 同样可作无数个平面，这些平面均与△*DEF* 垂直，即图 5-24 中如果仅要求两平面相互垂直，*AC* 可以是任意方向。

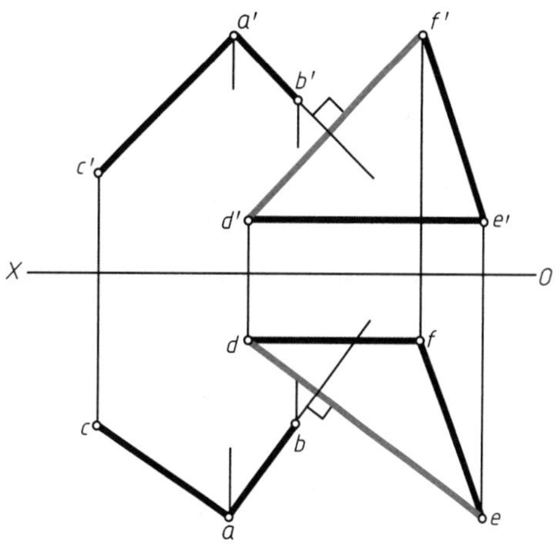

图 5-24　两平面相互垂直

【例 5-8】　已知△*DEF*、直线 *L* 与点 *A* 的投影（图 5-25a），求过点 *A* 作平面垂直于△*DEF* 并平行于直线 *L*。

分析：

根据（图 5-25a）条件，所求平面内必须包含一条△*DEF* 的垂直线及一条直线 *L* 的平行

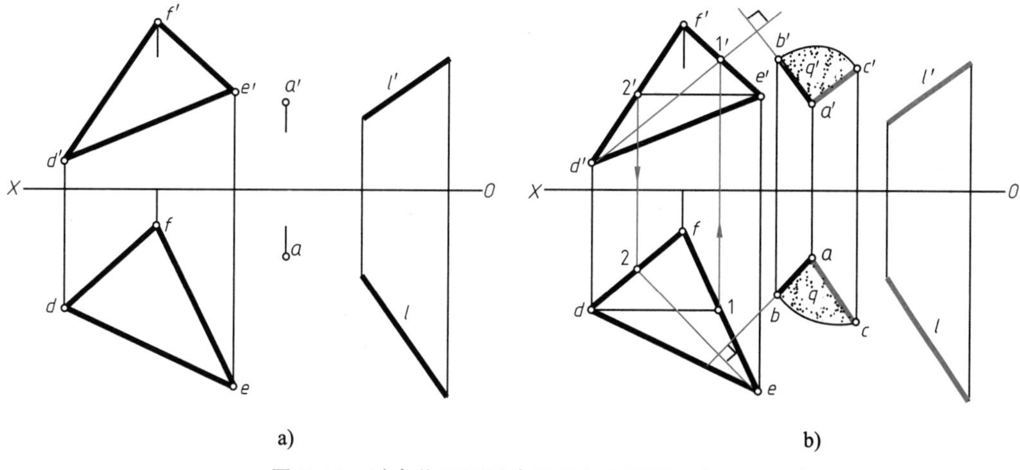

图 5-25　过点作平面垂直于已知平面并平行于已知直线

a）已知　b）作图方法

线。过 A 点作△DEF 的垂直线 AB，再过 A 点作直线 L 的平行线 AC，由相交直线 AB、AC 所确定的平面即为所求。

作图步骤（图 5-25b）：

1）在△DEF 内作正平线 DⅠ和水平线 EⅡ。

2）过 a'作 $a'b' \perp d'1'$，过 a 作 $ab \perp e2$，AB 即是△DEF 的垂线。

3）作 $a'c' /\!/ l'$，$ac /\!/ l$。由相交直线 AB、AC 所确定的平面即为所求。

当相互垂直的两个平面都垂直于某一投影面时，两平面的垂直关系在该投影面上将直接反映出来。如图 5-26 所示，P、Q 面均为铅垂面且相互垂直，在 H 投影上必有 $P_H \perp Q_H$。这是因为此时两平面的交线垂直于 H 面，两平面所成二面角的平面角平行于 H 面，角度反映实形（实际上，不仅是直角，无论两铅垂面夹角多大，在 H 投影上将如实反映出来）。

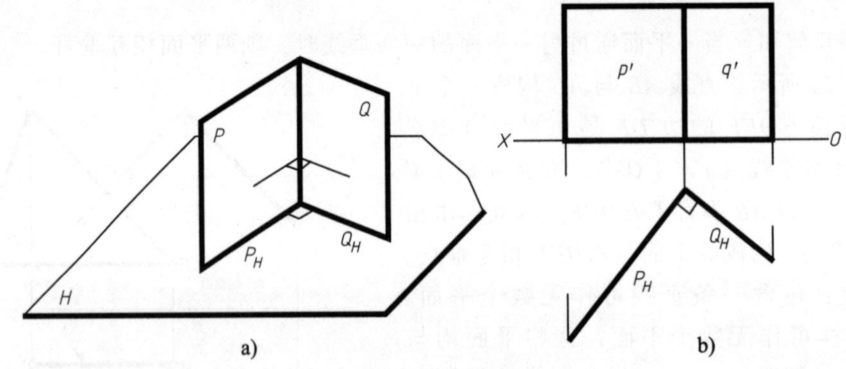

图 5-26　两个铅垂面相互垂直

a）立体图　b）投影图

第6章 投影变换 (Projection Transformation)

【学习目标】

1. 了解投影变换概念。
2. 了解用换面法求一般线的实长、倾角及垂直面的实形。
3. 了解用旋转法（绕垂直轴旋转）求一般线的实长、倾角及垂直面的实形。

6.1 概述（Introduction）

根据前面几章学过的投影原理和投影特性可知，当直线或平面与投影面处于特殊位置时，它们的投影具有所需要的度量性，如反映线段的实长、倾角的实形、平面图形的实形、点线距和点面距的距离实长、交叉线公垂线的位置和间距实长、线面夹角的实形等，如图6-1所示。为此，要将与投影面处于一般位置的几何元素，通过一定方法变换成与投影面处于特殊的位置，以利于解题，这时空间几何元素本身及其相互间的度量问题或定位问题的解决就会简化，这种变换称为投影变换。所以投影变换一般是将在原投影面体系中处于一般位置的空间几何元素改变为与投影面处于有利于解题的位置，以达到简化解题的目的。

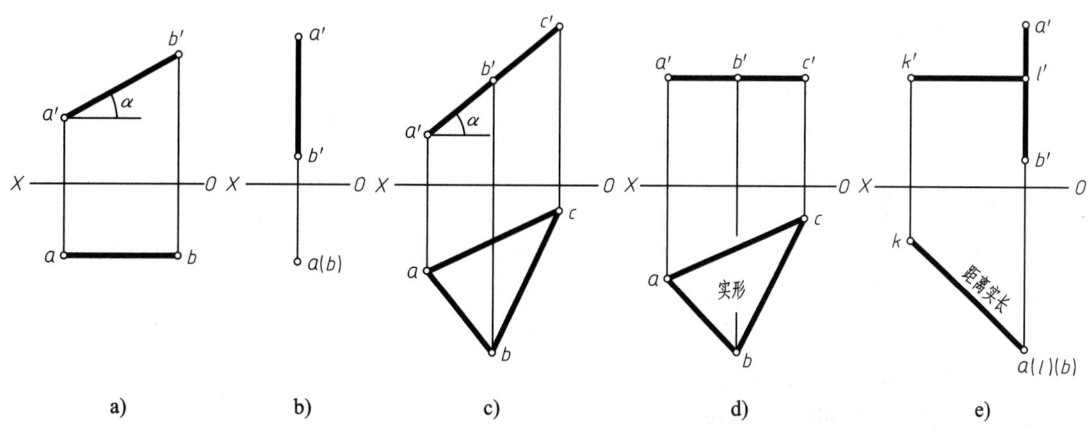

图6-1 几何元素与投影面处于特殊位置

a）正平线 b）铅垂线 c）正垂面 d）水平面 e）点线距

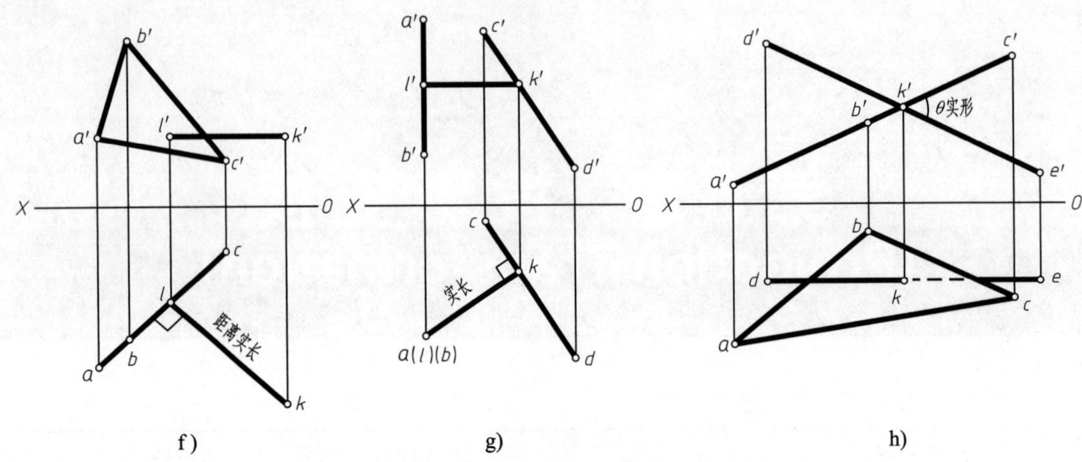

图 6-1 几何元素与投影面处于特殊位置（续）

f）点面距 g）交错线公垂线 h）线面夹角

进行投影变换的方法有多种，本章主要介绍两种方法：换面法和旋转法。

6.2 换面法（Conversion Surface Method）

换面法就是空间几何元素不动，设立新的投影面代替原有的（称旧的）投影面中的一个，使新投影面与几何元素处于有利于解题的位置。

6.2.1 换面法的基本规定（Basic Rules of Substitution Method）

1）每一次只能更换一个投影面，可按下列次序之一更换：

$$\frac{V}{H}\rightarrow\frac{V_1}{H}\rightarrow\frac{V_1}{H_2}\rightarrow\frac{V_3}{H_2}\cdots\text{或}\frac{V}{H}\rightarrow\frac{V}{H_1}\rightarrow\frac{V_2}{H_1}\rightarrow\frac{V_2}{H_3}\cdots$$

2）新的投影面必须垂直于留下的旧投影面，即仍用正投影方法求新投影。如用 V_1 面代替 V 面，留下原投影面 H 面，这时 V_1 面必须垂直于 H 面，即 $V_1 \perp H$（图 6-2a、b）。同理，如用 H_1 面代替 H 面，则留下 V 面，这时 H_1 面必须垂直于 V 面，即 $H_1 \perp V$（图 6-2d、e）。

6.2.2 换面法的投影规律和基本作法（Projection Laws and Basic Operation of Conversion Surface Method）

1. 换面法的投影规律

1）新投影点 a'_1(或 a_1）与留下的旧投影点 a（或 a'）连线垂直于新投影轴点 O_1X_1，即 $a'_1a \perp O_1X_1$（图 6-2b、c），$a_1a' \perp O_1X_1$（图 6-2e、f）。

2）新投影点 a'_1(或 a_1）到新投影轴 O_1X_1 的距离等于被代替的旧投影点 a'（或 a）到原轴的距离，即 $a'_1a_{X1}=a'a_X=Z$（图 6-3a）或 $a_1a_{X1}=aa_X=Y$（图 6-3b）。

2. 求点的新投影的基本作法

图 6-2、图 6-3 中新轴 O_1X_1 的方向可以任意选定，与留下的旧投影点 a'（或 a）的距离也是任意的。

若已知点 a'、a，求点 a'_1(或 a_1)，其作法和步骤如下：

1）在适宜位置作新轴 O_1X_1。

2）过点 a（或 a'）作线垂直于 O_1X_1。

3）在此垂线上并在 O_1X_1 的另一侧量取 $a'_1a_{X1}=a'a_X=Z$（或 $a_1a_{X1}=aa_X=Y$），即得点 a'_1（或 a_1）（图 6-3a、b）。

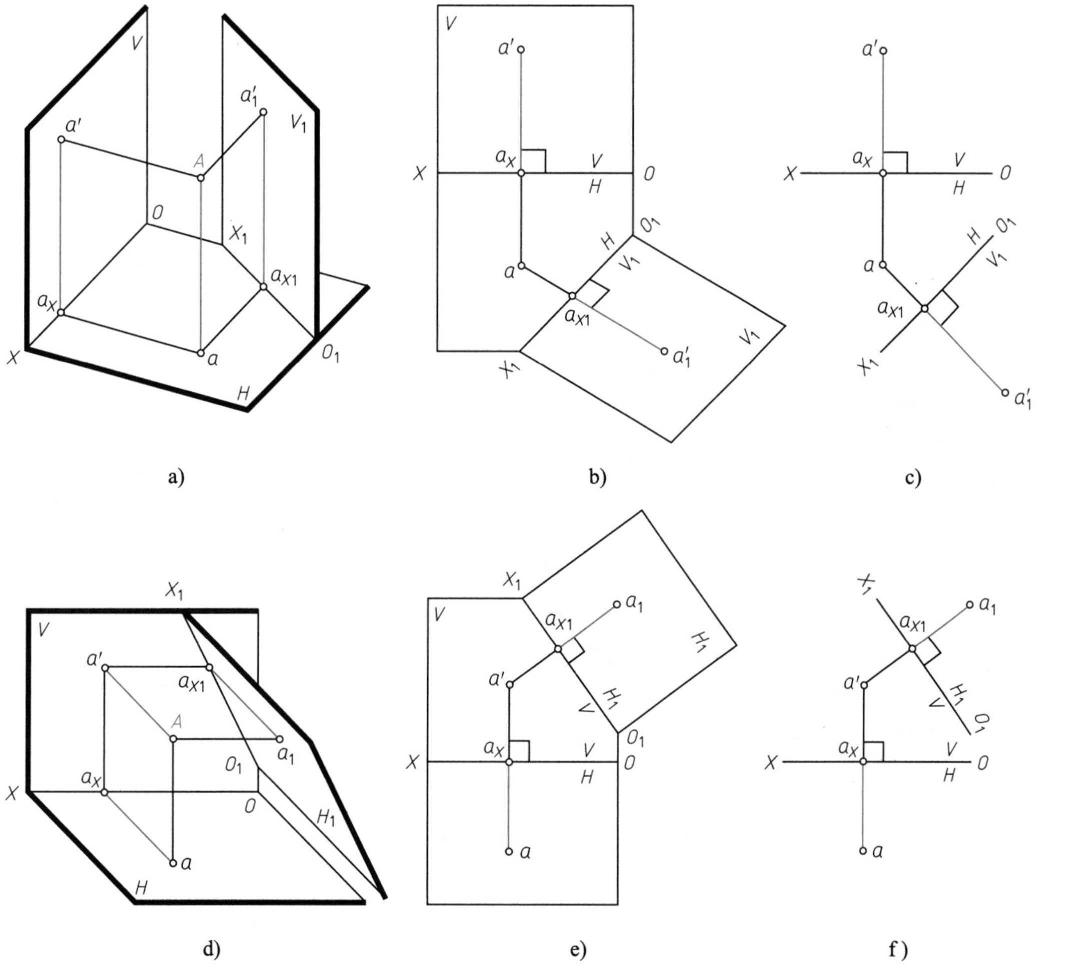

a)　b)　c)

d)　e)　f)

图 6-2　换面法投影规律（一）

a）用 V_1 换 V 面的立体图　b）V_1 展开与 H 面重合　c）去投影面边框线

d）H_1 换 H 面的立体图　e）H_1 展开与 V 面重合　f）去投影面边框线

3. 直线和平面的一次换面

（1）求一般线的实长及其与投影面 V 或 H 的倾角实形　由直线的投影特性知：当直线段平行于某一投影面时，它在该面上的投影反映实长和某些倾角的实形，其余投影则平行于相应的投影轴。如图 6-4a 所示，对于一般位置直线段 AB，可设立一新投影面 V_1，使 $V_1 \perp H$ 且 $/\!/ AB$，那么 AB 的新投影 $a'_1b'_1$ 可反映 AB 的实长和 α 角的实形。此时，V_1 面平行于梯形 $AabB$，$ab /\!/ O_1X_1$ 轴。展开后的投影图如图 6-4b 所示，其中：$ab /\!/ O_1X_1$，$a'_1b'_1=AB$ 实长，$a'_1b'_1$ 与 O_1X_1 轴的夹角即为 α 角的实形。图 6-4c 所示为用一次换面求一般线 CD 的 V 面倾角 β 实形。作图时，用 H_1 面代替 H 面，这时，$H_1 \perp V$，新轴 $O_1X_1 /\!/ c'd'$，求出 CD 在新投影面

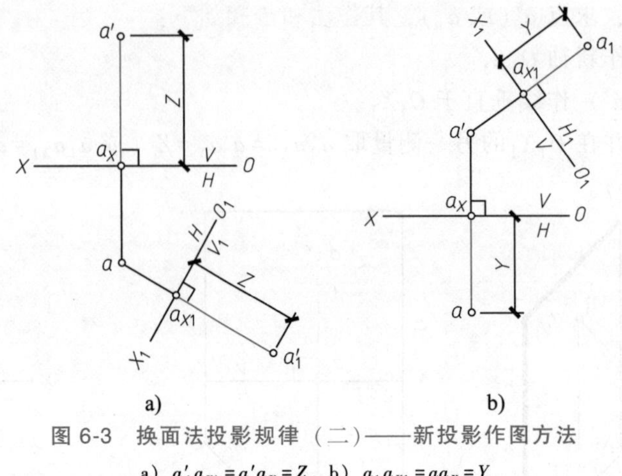

a) b)

图 6-3 换面法投影规律（二）——新投影作图方法

a) $a'_1a_{X1}=a'a_X=Z$ b) $a_1a_{X1}=aa_X=Y$

H_1上的新投影 c_1d_1，此时 c_1d_1即为 CD 实长，c_1d_1与 O_1X_1轴夹角 β 即为 CD 与 V 面倾角的实形。

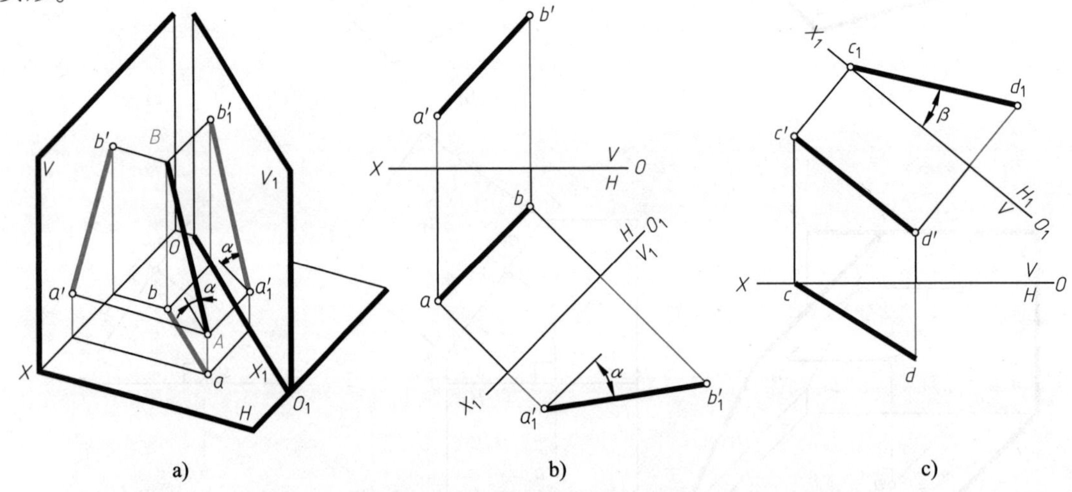

a) b) c)

图 6-4 一次换面求一般位置直线段的实长及倾角的实形

a）立体图 b）求 AB 实长及倾角 α c）求 CD 实长及倾角 β

（2）把投影面平行线变换成投影面垂直线

分析：

如图 6-5a 所示，为把正平线 AB 变换成投影面的垂直线，应该用 H_1面去替换 H 面，并让 $H_1 \perp V$、$H_1 \perp AB$（注意，新轴必须与直线的实长投影垂直，即 $O_1X_1 \perp a'b'$），直线 AB 在 V/H_1体系中即为 H_1面的垂直线。

作图步骤（图 6-5b）：

1）在适宜位置作新轴 O_1X_1，使 $O_1X_1 \perp a'b'$（距离可随意确定）。

2）作出 A、B 两点在 H_1面上的新投影 a_1和 b_1（应重合成一点），即为直线 AB 在 H_1面上的积聚投影。

图 6-5c 表明了把水平线 CD 变换成 V_1面的垂直线的作图方法。图中新轴 O_1X_1应垂直于实长投影 cd，新投影 $c'_1d'_1$积聚成一点。

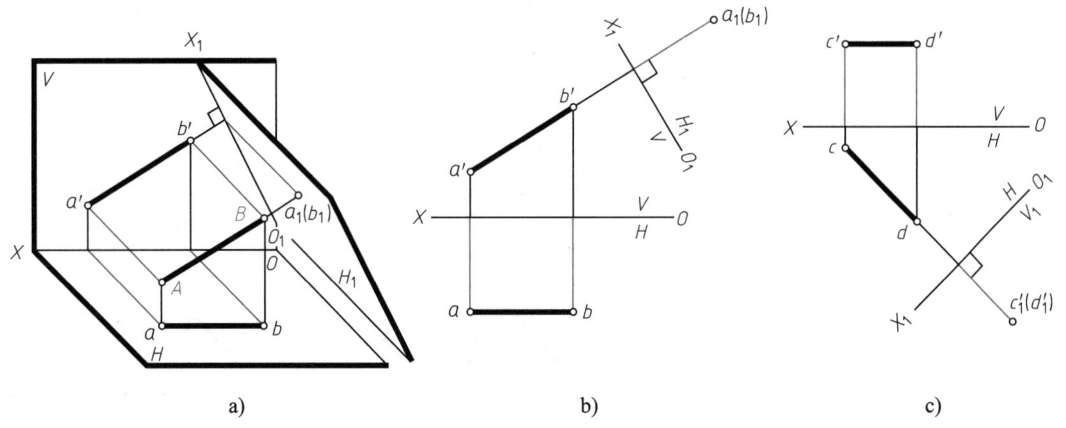

a)　　b)　　c)

图 6-5　投影面平行线变换成投影面垂直线

a）立体图　b）正平线变换成垂直线　c）水平线变换成垂直线

（3）求投影面的实形和一般面的倾角实形　图 6-6 所示为求投影面的实形，图 6-6a、b 给出了铅垂面$\triangle ABC$，为把它变换成投影面平行面，必须用 V_1 面去替换 V 面，只要 V_1 面平行于$\triangle ABC$ 也就必然垂直于 H 面（注意，新轴 $O_1X_1 /\!/ \overline{abc}$），求出$\triangle ABC$ 在 V_1 面的新投影$\triangle a_1'b_1'c_1'$，即为所求的$\triangle ABC$ 的实形。

图 6-6c 表明，为把正垂面$\triangle EFG$ 变换成投影面平行面，必须用 H_1 面去替换 H 面，只要 $H_1 /\!/ \triangle EFG$（$\perp V$）就可以把$\triangle EFG$ 变换成 V/H_1 体系中的 H_1 面的平行面。作图时新轴 $O_1X_1 /\!/ \overline{e'f'g'}$，求出新投影 $e_1f_1g_1$，即为$\triangle EFG$ 的实形。

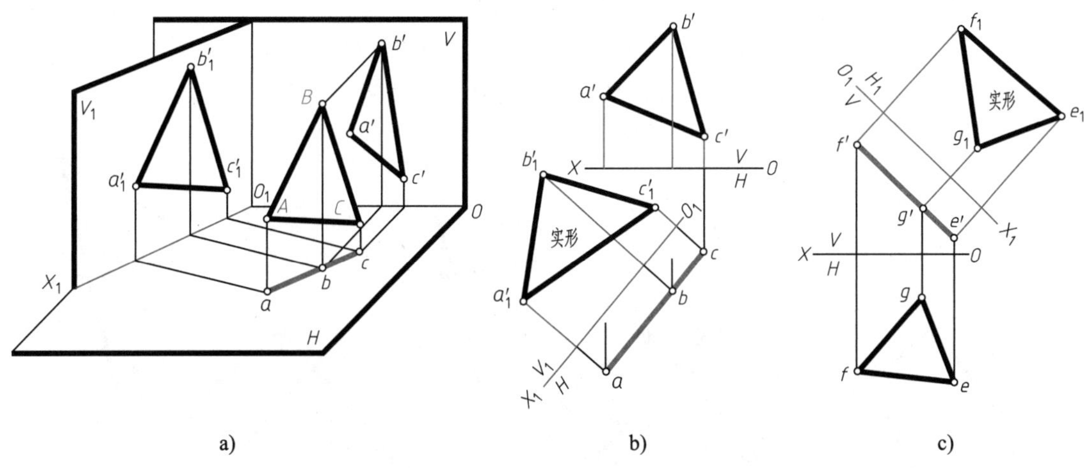

a)　　b)　　c)

图 6-6　用一次换面求投影面垂直面的实形

a）立体图　b）求铅垂面实形　c）求正垂面实形

图 6-7a、b 所示，将一般面变为投影面垂直面，并求倾角 α 的实形，根据两面垂直的几何关系，先在平面上作一水平线 AD，使新轴 O_1X_1 垂直于水平线 AD 的 H 面投影 ad，即 $ad \perp O_1X_1$，这时新投影面 V_1 既垂直于 H 面又垂直于$\triangle ABC$，求出$\triangle ABC$ 在 V_1 面上的新投影 $b_1'a_1'(d_1')c_1'$，积聚为一直线，说明$\triangle ABC \perp V_1$ 面并且反映倾角 α 实形（图 6-7a、b）。求 β 角时，先在$\triangle ABC$ 平面上作一条正平线 AE，使新轴 O_1X_1 垂直于 AE 的 V 面投影 $a'e'$（即 $a'e' \perp$

O_1X_1）并求出新投影 b_1a_1（e_1）c_1（积聚为直线段），即可得到直线对 V 投影面倾角 β 的实形（图 6-7c）。

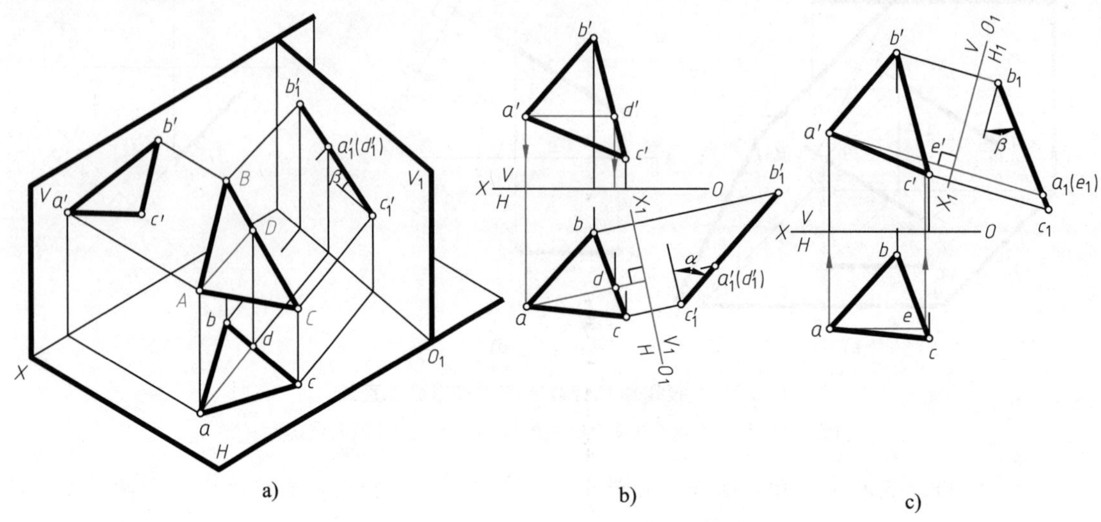

图 6-7　用一次换面求一般面倾角的实形

a）立体图　b）求平面 α 角　c）求平面 β 角

（4）求一般面与一般线的交点　如图 6-8a 所示，直线 DE 及 $\triangle ABC$ 均处于一般位置，现用一次换面求线面交点。设想保留 V 面（或保留 H 面也可），用 H_1 面换 H 面，使 $\triangle ABC$ 在 H_1 面上的投影有积聚性。如图 6-8b 所示，在 $\triangle ABC$ 内作正平线 BL（bl 线 $/\!/$ OX 轴），令 O_1X_1 轴 $\perp b'l'$，则平面的新投影积聚成一条直线段 $\overline{a_1b_1(l_1)c_1}$。求出 DE 的新投影 d_1e_1，它与 $\overline{a_1b_1(l_1)c_1}$ 的交点就是直线与平面交点 K 的新投影 k_1。如图 6-8c 所示，作 $k_1k' \perp O_1X_1$，k' 点必落在 $d'e'$ 上。再作 $k'k \perp OX$ 轴，k 点必在 de 上。最后，判断可见性。

以上作法，只更换一个投影面，称之为一次换面。

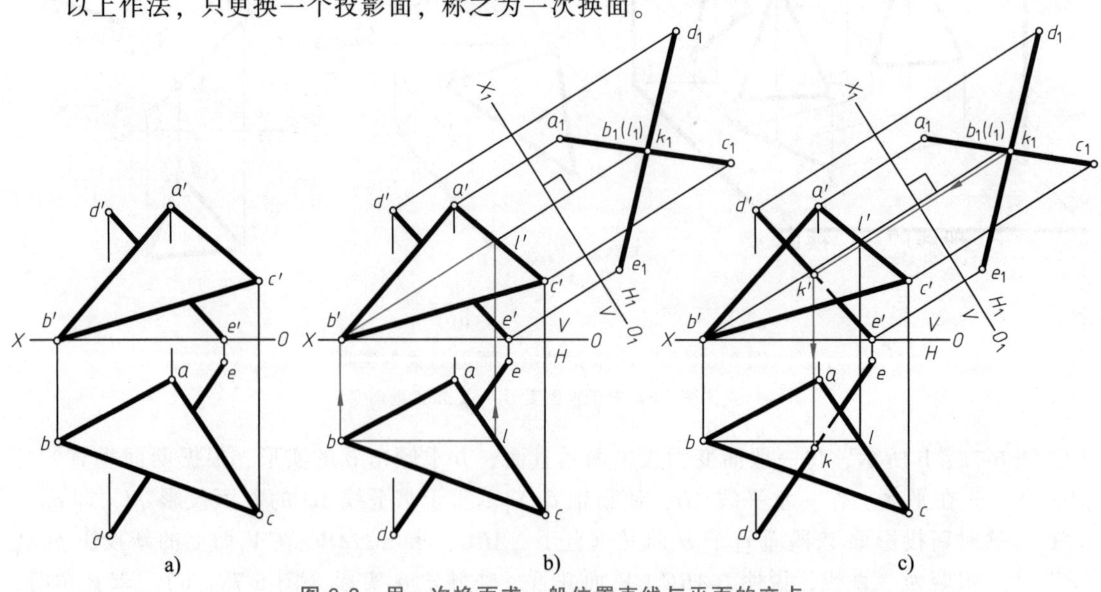

图 6-8　用一次换面求一般位置直线与平面的交点

a）已知　b）换平面垂直于 H_1 面　c）求交点投影

6.2.3　两次换面（Twice-change Conversion Surface）

以上换面法的两个规定和规律，可用来求作两次换面。

1. 点的两次换面

图 6-9a 所示为求点 A 的两次换面作图方法的立体图，其投影图作法如下（图 6-9b）：先作 O_1X_1轴，过 a 作线垂直于 O_1X_1 轴，在 O_1X_1轴的另一侧取 $a'_1a_{X1}=a'a_X$，求得点 A 的一次换面新投影 a'_1，即为 A 点在 V_1面上的新投影。在第二次换面时，把 V 面投影丢开不管，而把 H 面和 V_1面投影看作旧投影面体系，作新轴 O_2X_2，过 a'_1点作线垂直于新轴 O_2X_2，在新轴 O_2X_2的另一侧量取 $a_2a_{X2}=aa_{X1}$，于是求得 A 点两次换面后在 H_2面上的新投影 a_2（注：先用 V_1面换 V 面，留下 H 面，这时 $V_1\perp H$，再用 H_2面换 H 面，这时留下 V_1面，$V_1\perp H_2$）。

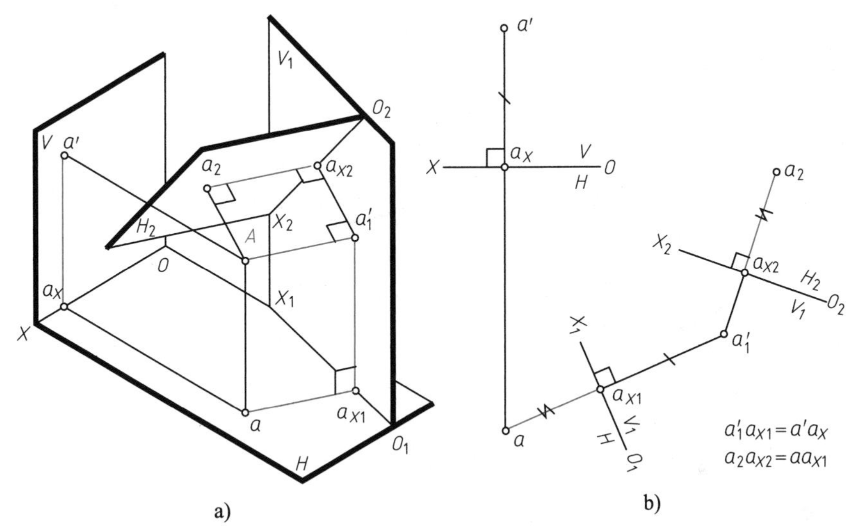

图 6-9　点 A 的两次换面

a）立体图　b）投影图

求 A 点的两次换面时，新投影轴 O_1X_1和 O_2X_2的方向都是任意选取的，但在求直线、平面和点线面空间几何元素的度量问题和定位问题时，新轴的方向不能任意选定，必须根据解题需要来选择。

2. 一般线的两次换面

【例 6-1】　已知一般线 AB 的投影（图 6-10a、b），试把它改造为投影面垂直线。

分析：

直线 AB 在 V/H 体系中处于一般位置，如果先建立一个与直线 AB 垂直的新投影面，则该新投影面在原体系中也处于一般位置，不符合换面法的规定，不能与 V 或 H 面组成正投影体系，因此，必须进行两次换面。首先，将一般线变换成投影面平行线，然后，将此平行线变换为垂直于投影面的直线。现在，先设立 $V_1/\!/AB$，在 V_1/H 体系中 AB 处于正平线的位置，求出 AB 在 V_1面上的新投影 $a'_1b'_1$，然后，设立一个垂直于 AB 和 V_1面的新投影面 H_2，在 V_1/H_2体系中 AB 处于投射线位置，新投影 $b_2(a_2)$ 积聚为点（图 6-10a）。

作图步骤（图 6-10b）：

换面的次序是$\frac{V}{H} \rightarrow \frac{V_1}{H} \rightarrow \frac{V_1}{H_2}$。

1）作 $O_1X_1 /\!/ ab$，根据规律求出新投影 $a'_1b'_1$，它反映 AB 的实长，并且反映 α 角的实形。

2）作 $O_2X_2 \perp a'_1b'_1$，求出 b_2（a_2）。

图 6-10c 所示换面的次序是$\frac{V}{H} \rightarrow \frac{V}{H_1} \rightarrow \frac{V_2}{H_1}$，可求出 AB 与 V 面倾角的实形 β 角。

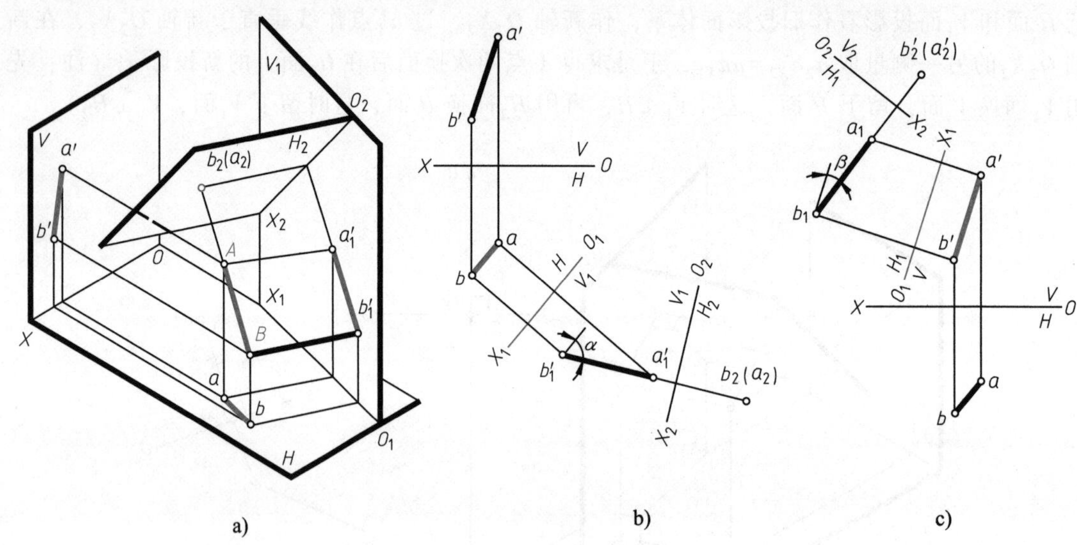

图 6-10　一般线的两次换面

a）立体图　b）方法一　c）方法二

3. 一般面的两次换面

【例 6-2】　已知△ABC 的两投影（图 6-11），求△ABC 实形。

分析：

△ABC 为一般位置平面，求实形时，若先使新投影面平行于△ABC，这个新的投影面在 V/H 体系中必为一般面，故需先使△ABC 变为投影面垂直面，然后才能变为平行面。换面的次序为$\frac{V}{H} \rightarrow \frac{V_1}{H} \rightarrow \frac{V_1}{H_2}$（图 6-11a）。

作图步骤（图 6-11b）：

1）在△ABC 内作水平线 AD 的两投影 ad、$a'd'$。

2）作 $O_1X_1 \perp ad$，求出$\overline{a'_1b'_1c'_1}$积聚为一直线，即图 6-11b 中的$\overline{b'_1a'_1(d'_1)c'_1}$。

3）作 $O_2X_2 /\!/ \overline{b'_1a'_1(d'_1)c'_1}$（两平行线的间距可以任意），求出△$a_2b_2c_2$，此三角形即为△$ABC$ 的实形。

6.2.4　应用换面法求解综合题（Applying Substitution Method to Solve Comprehensive Problem）

【例 6-3】　已知△ABC 及平面外一点 K 的两投影（图 6-12b），求 K 点到△ABC 平面的

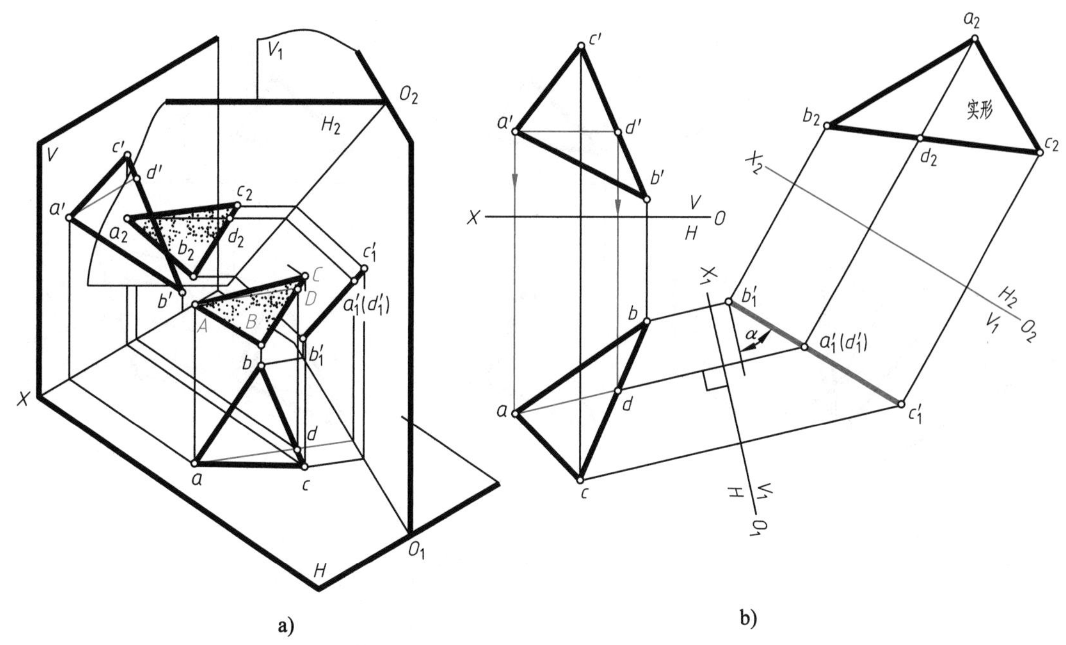

a) b)

图 6-11 一般面的两次换面

a）立体图 b）求一般面实形的投影图

距离及其投影。

分析：

从图得知△ABC 为一般面，求点到平面的距离，可自 K 点向△ABC 平面引垂线，求出垂足 L，再求 K 点与垂足 L 的距离（即 KL 实长）。利用换面法将一般面变为投影面的垂直面（即△$ABC\perp V_1$或△$ABC\perp H_1$），在平面积聚为线段的投影上，自点的新投影向平面的积聚线段作垂线 $k_1'l_1'$，此垂线即为点到平面的距离实长（$k_1'l_1'=KL$）。本题用一次换面即可求解（图 6-12a）。

作图步骤（图 6-12c）：

1）在 V、H 面投影中作△ABC 平面的水平线 CD 的投影 $c'd'$及 cd。

2）作 $O_1X_1\perp cd$，这时△ABC 垂直于 V_1面，在 V_1面上求出△ABC 的新投影$\overline{a_1'd_1'(c_1')\ b_1'}$（积聚为直线），并求出 k_1'点。

3）过 k_1'点向$\overline{a_1'd_1'(c_1')\ b_1'}$线作垂直线得垂足 l_1'，这时 $k_1'l_1'$即为点面距 KL 的实长。

4）过垂足的 V_1面投影 l_1'点引轴的垂线，根据投影面平行线的特性，在 H 面投影中过 k 点作 O_1X_1的平行线与所引的 O_1X_1垂线相交于 l 点。

5）过 l 点作 OX 轴的垂线，在 V_1面投影中量取 l_1'点到新轴 O_1X_1的距离 Z 等于 V 面投影中 l'点到 OX 轴的距离 Z，于是求得了 K 点到△ABC 距离的投影 $k'l'$、kl。

【例 6-4】 已知两交叉直线 AB、CD 的投影，求公垂线及垂足（或求最短距离）的投影（图 6-13b）。

分析：

两交叉直线的距离，它们的公垂线最短（又称间距），要作出此公垂线，并求出其实

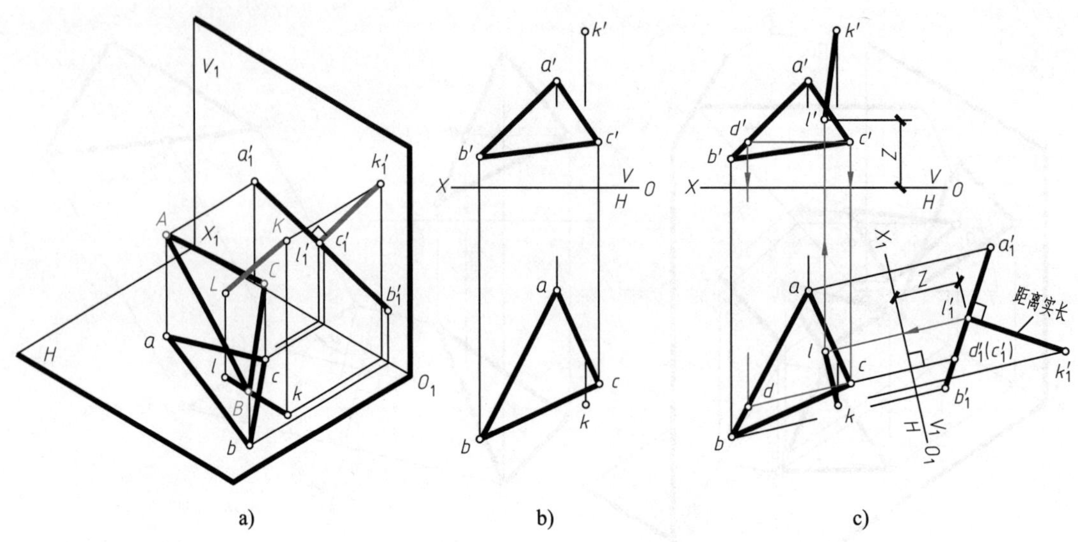

图 6-12　求点到平面距离

a）立体图　b）已知　c）作图方法

长，可利用两次换面，使其中一直线如 AB 线成为新投影面 H_2 的垂直线，此时，公垂线 KL 必平行于 H_2 面，KL 的新投影 k_2l_2 反映实长。如图 6-13a 所示，由于 KL 是 H_2 面的平行线，则 KL 与 CD 的垂直关系将在 H_2 面投影中得到反映，即 $k_2l_2 \perp c_2d_2$。由于 k_2l_2 为实长，则在 V_1 面投影中 $k_1'l_1'$ 必平行于 O_2X_2 轴，于是求得 $k_1'l_1'$，再反求 KL 的 H、V 面投影 kl 和 $k'l'$。

本题新轴的方向选择是以直线 AB 为依据，CD 则同步换面。

作图步骤（图 6-13c）：

1）在适当位置作 $O_1X_1 /\!/ ab$（用 V_1 面代 V 面，使 $V_1 \perp H$），并求出 $a_1'b_1'$（$a_1'b_1'$ 反映实长）和 $c_1'd_1'$（CD 在 V_1/H 体系中仍为一般线）。

2）作 $O_2X_2 \perp a_1'b_1'$（用 H_2 面代 H 面，使 $H_2 \perp V_1$），并求出 a_2（b_2）（积聚为一点）和

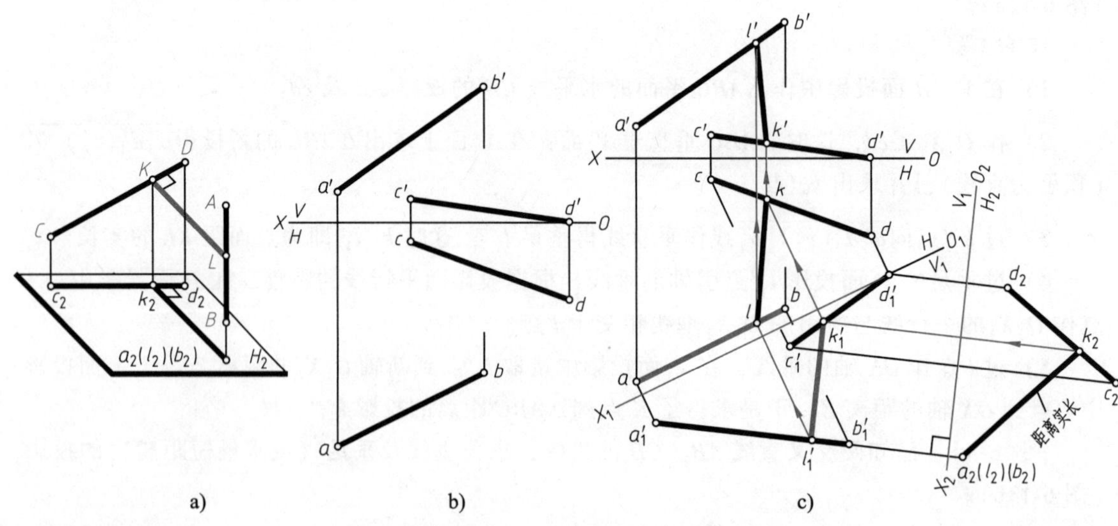

图 6-13　求交叉线最短距离的投影作图

a）立体图　b）已知　c）作图方法

c_2d_2（CD在 V_1/H_2体系中仍为一般线）。

3）根据一边平行投影面的直角投影原理，过 a_2（b_2）点作线垂直于 c_2d_2得 k_2l_2，即为交叉两直线 AB、CD 的最短距离的实长。

4）过 k_2点作 O_2X_2轴的垂直线与 $c'_1d'_1$交于 k'_1点，在 V_1面投影中过 k_1'点作线平行于 O_2X_2与 $a'_1b'_1$交于点 l_1'。

5）根据 k'_1点和 l'_1点反求 KL 的 H、V 面投影。

【例 6-5】 图 6-14a 所示是由四个梯形平面组成的料斗，求料斗相邻两平面 $ABCD$ 和 $CDEF$ 的夹角 θ。

分析：

若将两个平面同时变换成同一投影面的垂直面，也就是将它们的交线变换成投影面的垂直线，则两平面积聚投影之间的夹角就反映出两平面的夹角（图 6-14c）。料斗相邻两平面的交线 CD 是一般位置直线，要将它变换成投影面垂直线必须经过两次换面，先将一般位置直线变换成投影面的平行线，再将此平行线变换成投影面的垂直线。

由于直线与线外一点就能确定一个平面，为了简便作图，在对平面 $ABCD$ 和 $CDEF$ 进行投影变换时，只需分别变换 CD 和点 A、点 E 即可。

作图步骤（图 6-14b）：

1）将一般位置直线 CD 变换为投影面平行线，本例变换 V 投影面。作轴 $O_1X_1 /\!/ cd$，按投影变换基本作图法求出两平面 $ABCD$ 和 $CDEF$ 在 V_1投影面上的投影 c'_1、d'_1、a'_1、e_1'点，连 c'_1、d'_1，即得 CD 变换成 V_1/H 体系中 V_1面平行线的 V_1面投影。

2）将投影面平行线 CD 变换为新投影面的垂直线。作 $O_2X_2 \perp c'_1d'_1$，求出 c_2、d_2、a_2、e_2点，其中 c_2与 d_2点重影，c_2（d_2）即为 CD 变换成 V_1/H_2体系中 H_2面垂直线的有积聚性的

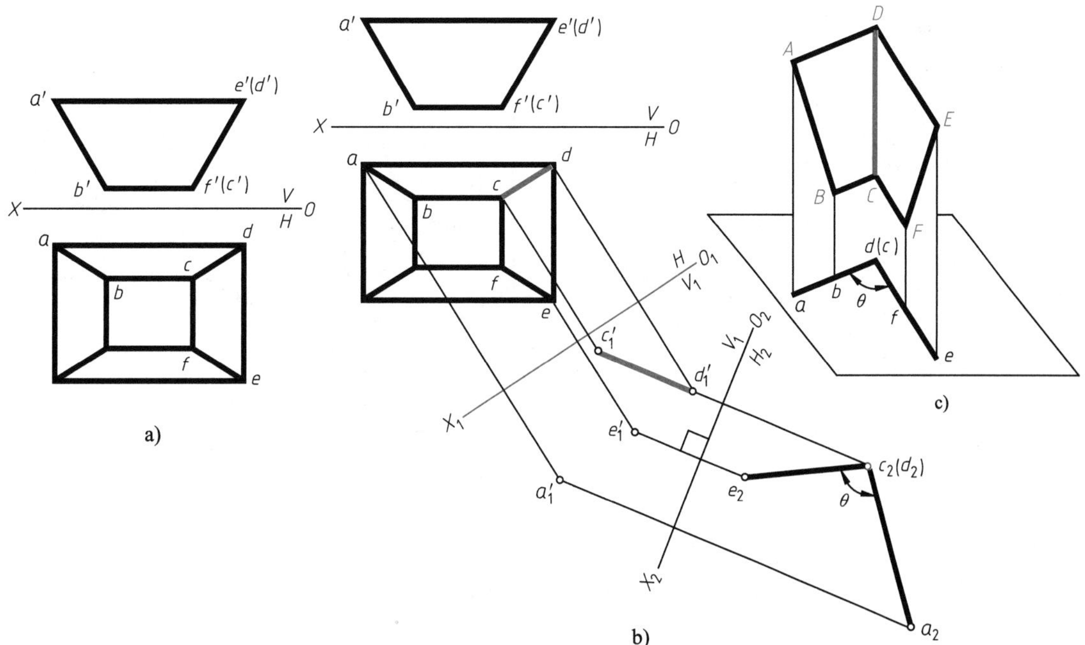

图 6-14 求作两平面的夹角

a）料斗投影图 b）作图方法 c）立体图

H_2面投影。

3）将 a_2、e_2点分别与 c_2（d_2）点相连，得到两个平面有积聚性的 H_2面投影 a_2c_2、e_2d_2，它们之间的夹角即为所求的夹角 θ。

6.3 旋转法（Rotation Method）

旋转法是原投影面体系不动，将空间几何元素绕某一轴线旋转，使之达到有利于解题的位置。

以投影面垂直线为轴旋转的基本知识：

1）每一次只能以垂直于一个投影面的直线为轴旋转。旋转顺序与换面法类似，垂直于 H 面与垂直于 V 面交替进行，如第一次轴线垂直于 H 面，则第二次轴线应垂直于 V 面，即以 $\perp H \rightarrow \perp V \rightarrow \perp H$ 或 $\perp V \rightarrow \perp H \rightarrow \perp V$，本书只介绍一次旋转。

2）旋转过程中空间各几何元素之间的相对位置不能改变，因此，必须使各几何元素同轴、同方向、同角度旋转。

3）旋转规律：点以直线为轴旋转时，其旋转轨迹为圆，有旋转中心、旋转半径。故当点以垂直于某一投影面的直线为轴旋转时，旋转的轨迹圆和旋转半径在该面上投影反映实形（圆）、实长（半径），另一个投影为投影轴的平行线（图 6-15、图 6-16）。图 6-15 中 OO_1轴 $\perp H$，当点绕垂直于 H 面的轴旋转时，点的 H 面投影沿圆周移动，圆的中心在轴线上，点的 V 面投影沿直线移动，该直线与旋转轴垂直，即与 OX 轴平行。图 6-16 所示轴线垂直于 V 面，当点绕垂直于 V 面的轴线 OO_1旋转时，点的 V 面投影沿着圆周移动，该圆的中心在旋转轴上；点的 H 面投影沿直线移动，该直线与旋转轴垂直，即平行于 OX 轴。

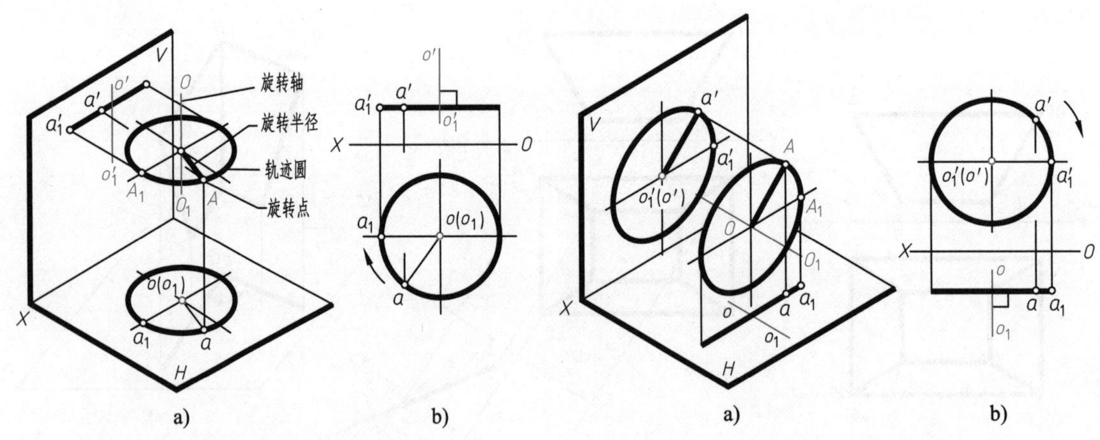

图 6-15　点 A 以铅垂线为轴旋转
a）立体图　b）投影图

图 6-16　点 A 以正垂线为轴旋转
a）立体图　b）投影图

掌握了这两个基本规律后，就不难求解综合性问题。

【例 6-6】　已知一般线 AB 的投影 ab、$a'b'$（图 6-17a），求 AB 的实长和对 H 面倾角 α 的实形。

分析：

为了使作图简化，通常设想一个垂直于 H 面并通过 A 点的直线 Aa 为旋转轴。这时，AB

线看作以 Aa 为轴，A 为顶点的正圆锥面上的一条素线，B 点的旋转轨迹圆是圆锥的底圆，旋转半径 $R=ab$，锥顶 A 点在轴上不动，当 AB 素线旋转到平行于 V 面时，圆锥的 V 面投影轮廓素线即反映 AB 实长并反映倾角 α 的实形（图 6-17b、c）。通常轴线在图中可不表示，只要设想有这个轴的存在，并且记住，这个轴的投影积聚为一点并与 a 点重合即可，也不必画出整个圆锥（图 6-17d）。

作图步骤：

1）设轴 $\perp H$ 并过 A 点，即以点 a（实质为 O）为中心，$ab=R$ 为半径作圆弧，使 ab 旋转一角度后与 OX 平行，得 b_1 点，即 $ab_1 /\!/ OX$ 轴（图 6-17b、c）。

2）过 b' 点作直线与 OX 轴平行，并与过 b_1 点的投影连线交于 b'_1 点，这时 $a'b'_1=AB$，且反映倾角 α 的实形（图 6-17c）。

3）如果只求直线的倾角实形和实长，则不必绘出圆锥的整个底圆或半圆，只需作小于 1/4 圆弧即可（图 6-17d）。

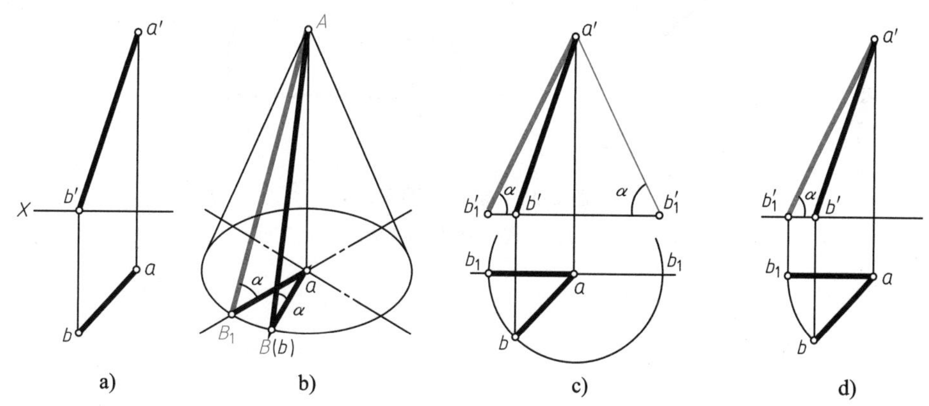

图 6-17　一次旋转求一般位置直线 AB 实长及 α——旋转轴垂直于 H 面

a）已知　b）立体图　c）以铅垂线为轴旋转　d）简化投影图

若要求 β 角，则应选择旋转轴线 $\perp V$，即可求得（图 6-18）。

【例 6-7】　已知铅垂面的投影（图 6-19a），求 $\triangle ABC$ 的实形。

分析：

由于 $\triangle ABC$ 是铅垂面，只要旋转一次使 $\triangle ABC$ 平行于 V 面，它的新的 V 面投影即反映实形，选择轴 $\perp H$，并通过 C 点（新旧投影尽可能重合）。

作图步骤：

1）设轴 $OO \perp H$ 并通过 C 点，即在 H 面投影中，以 $c(o)$ 点为中心，$R=ca$、cb 长为半径作圆弧，使 $cb_1a_1 /\!/ OX$ 轴。

2）过 b'、a' 点分别作水平线，并与过 a_1、b_1 点的投影连线交于点 a'_1、b'_1。

3）连 $\triangle a'_1b'_1c'$，即是 $\triangle ABC$ 的实形（图 6-19b）

从上例可知，当需要改变几何元素对 V 面的相对位置时，

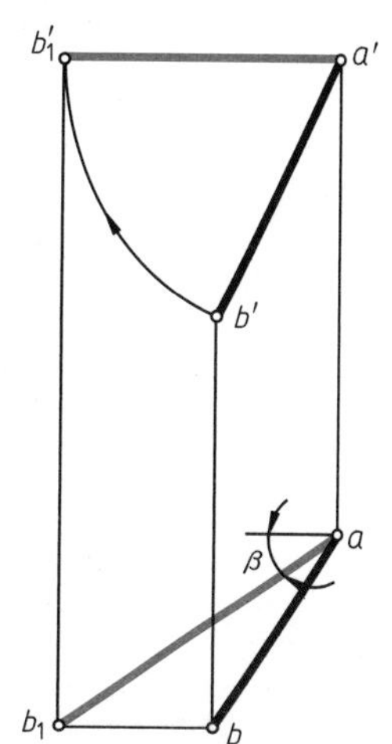

图 6-18　求一般位置直线 AB 的 β 角——旋转轴垂直于 V 面

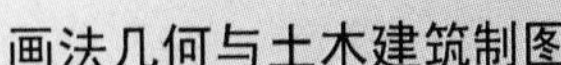

可选择旋转轴垂直于 H 面，这时，直线或平面对 H 面的倾角不变，所以，在 H 面上投影的长度或形状不变。反之，当需要改变几何元素与 H 面的相对位置时，可选择旋转轴垂直于 V 面，这时，直线或平面对 V 面的倾角不变，V 面投影长度或形状不变。因此，必须根据解题需要确定旋转轴垂直于哪个投影面。

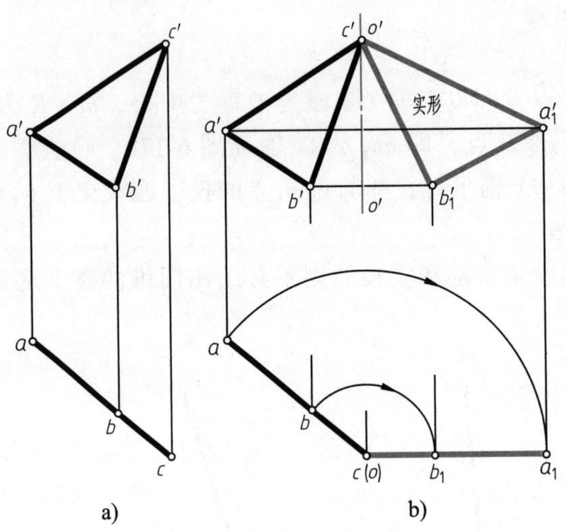

图 6-19　求铅垂面实形

a）已知　b）作图方法

第7章 立 体
(Solid)

【学习目标】

1. 掌握平面立体和曲面立体的投影特性和作图方法，及立体表面取点、线的方法。

2. 理解平面立体截交线的性质，重点掌握特殊平面与平面立体、曲面立体的截交线的作图方法。

7.1 立体表面上取点和线（Points and Lines on Surface of Solid）

空间立体是由各种表面组成的，按立体表面性质不同分为平面立体和曲面立体。工程构件一般由比较简单的基本立体经过组合或者截切形成。平面基本立体有长方体、正方体、正棱柱、正棱锥和正棱台；曲面基本立体有圆柱、圆锥、圆台和球，如图 7-1a、b 所示。

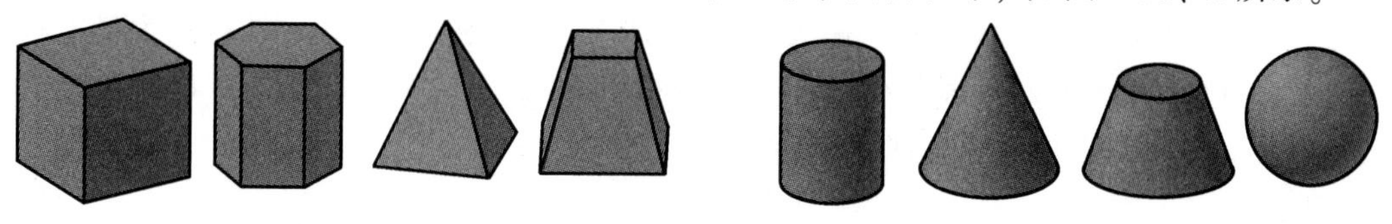

a) b)

图 7-1 基本立体

a）平面基本立体 b）曲面基本立体

7.1.1 平面立体及其表面上取点和线（Points and Lines on the Surface of Plane Solid）

1. 棱柱表面上取点和线

求作平面立体表面上的点、线，必须根据已知投影分析该点、线属于哪个表面，并利用在平面上求作点、线的原理和方法进行作图，其可见性取决于该点、线所在表面的可见性。

【例 7-1】 已知正六棱柱表面上点 A、B、C 的一个投影如图 7-2a 所示，求作该三点的其他投影。

分析：

根据题目所给的条件，点 A 在顶面上，点 B 在左前棱面上，点 C 在右后棱面上，利用表面投影的积聚性和投影规律可求出其余投影。

作图步骤：

如图 7-2b 所示，正六棱柱左前表面上有一点 B，其正面投影 b' 点为已知，由于该棱面的水平投影有积聚性，故可利用积聚性先求出 b 点，然后根据“宽相等”（y_b）的关系可求出 b'' 点。同法可求出其余各点。判别可见性：

1）点 A 所在平面的正面投影和侧面投影有积聚性，不作判别。

2）点 B 在左前棱面上，侧面投影可见。

3）点 C 在右后棱面上，正面投影不可见。

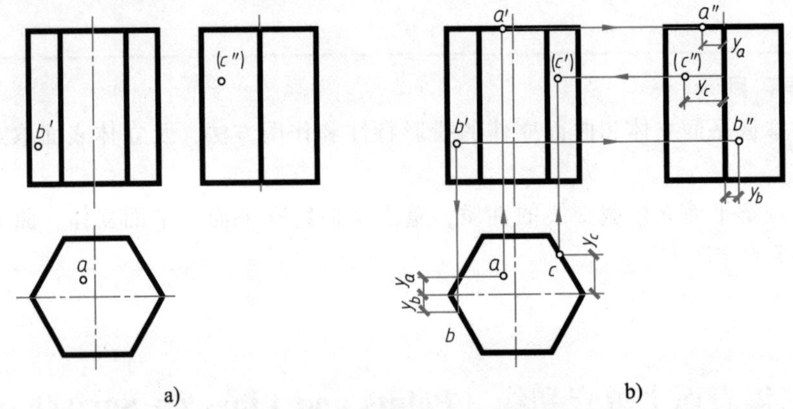

图 7-2　正六棱柱表面上点的投影

a）正六棱柱表面上点的投影　b）求点其余投影的作图方法

【例 7-2】　已知属于三棱柱表面的折线段 AB 的正面投影，求其他投影，如图 7-3a 所示。

分析：

由于 A、B 两点分属三棱柱两个侧表面，故 AB 实际上是一条折线，转折点为最前棱线上的点 C，其中 AC 属于左棱面，CB 属于右棱面。可根据面内取点的方法作出点 A、B、C 的三面投影，连接各同面投影，即为所求。

作图步骤：

作图方法如图 7-3b 所示。判别可见性：

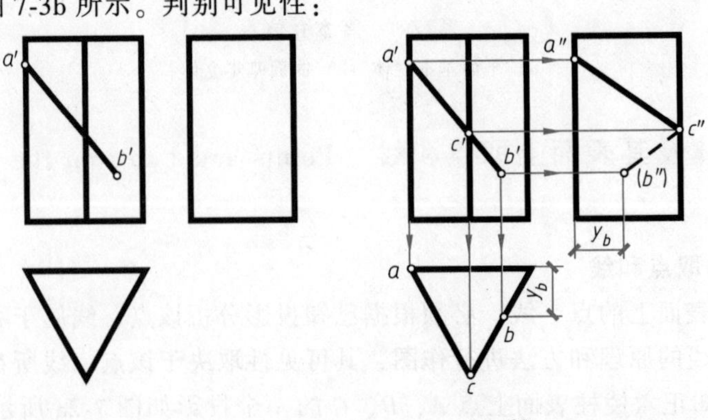

图 7-3　三棱柱表面上的线段

a）已知三棱柱表面上线段的 V 面投影　b）求线段的其他投影

1）水平投影有积聚性，不作判别。

2）点 B 在右棱面上，其侧面投影 b''不可见，$c''b''$不可见。

2. 棱锥表面上取点和直线

【例 7-3】　已知正三棱锥表面上点 K 的正面投影 k'，点 N 的侧面投影 n''，求点 K、N 的其余投影，如图 7-4a 所示。

分析：

根据已知条件可知，点 K 属于棱面 SAB，点 N 属于棱面 SBC。利用面内取点的方法，即辅助直线法，可求得其余投影。

作图步骤：

棱锥表面作辅助直线有两种方法，即作面内一般直线或面内投影面平行线。

方法一：作面内一般直径。如图 7-4b 所示，在正面投影上过锥顶 s'和 k'点作直线 $s'e'$，在水平投影图中找出点 e，连接点 s、e，根据点属于线的投影性质求出其水平投影 k 和侧面投影 k''；同理，可在侧面投影图中过点 n''作出 $s''f''$，然后依次求出 n、n'。

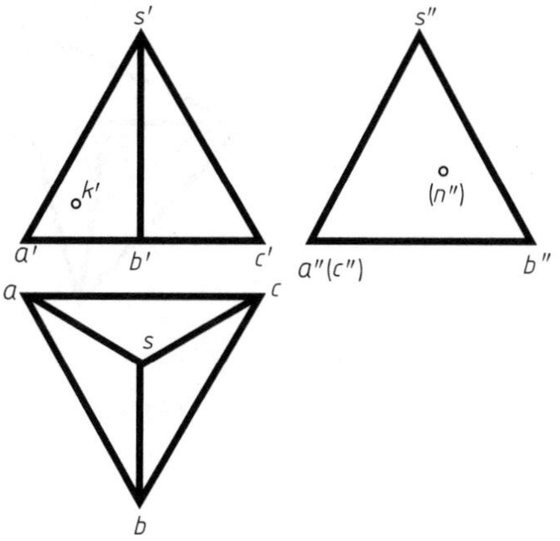

a)

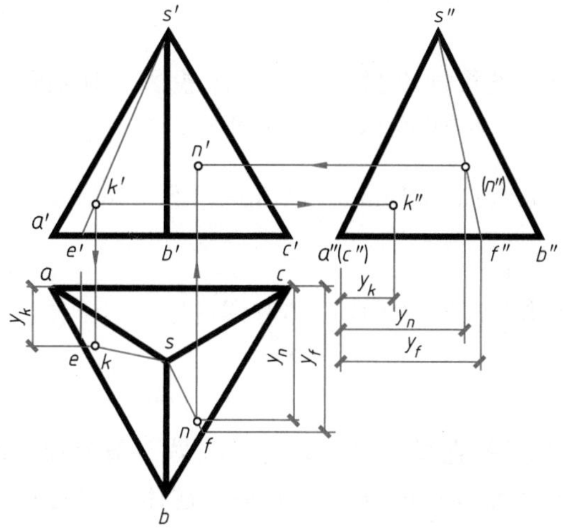

b)

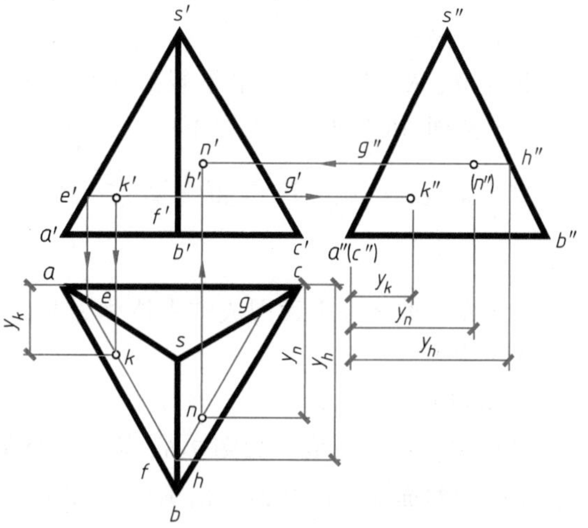

c)

图 7-4　求棱锥体表面上的点

a）已知条件　b）方法一　c）方法二

方法二：作面内投影面平行线。如图 7-4c 所示，在正面投影图中过点 k' 作平面内水平线 $e'f'//a'b'$，点 e' 在 $s'a'$ 上，在水平投影图中找出点 e，作 $ef//ab$，同样可求出其水平投影 k 和侧面投影 k''，同理，可在侧面投影图中过点 n'' 作出 $g''h''//b''c''$，然后依次求出点 n、n'。

判别可见性：

1）由于锥顶在上，点 K、N 的水平投影均可见。

2）点 K 属于左棱锥面，侧面投影可见；点 N 属于右棱锥面，侧面投影不可见。

【例 7-4】 求棱锥体表面上线 MN 的水平投影和侧面投影，如图 7-5a 所示。

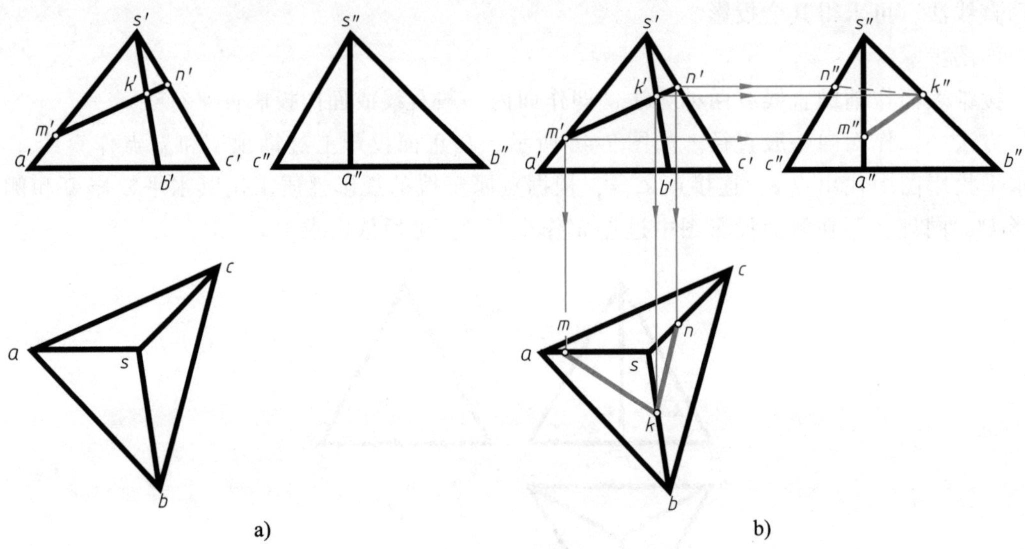

图 7-5 棱锥体表面上的线段

a）已知条件 b）作图方法

分析：

MN 实际上是三棱锥表面上的一条折线 MKN，如图 7-5b 所示。

作图步骤：

求出 M、K、N 三点的水平投影和侧面投影，连接同面投影即为所求投影。判别可见性：由于棱面 SBC 的侧面投影不可见，所以直线 KN 的侧面投影 $n''k''$ 不可见。

7.1.2 曲面立体及其表面上取点和线（Points and Lines on the Surface of Curved Solid）

由曲面或曲面和平面围成的立体称为曲面立体。常见的曲面立体有圆柱体、圆锥体、球体、圆环体等。

1. 圆柱体

（1）圆柱体的形成 如图 7-6a 所示，两条平行的直线，以一条为母线另一条为轴线回转，所得的曲面即为圆柱面。由圆柱面和上、下底面围成的立体，就是圆柱体（也可以看作矩形绕其一边旋转而成）。

（2）圆柱体的投影分析（回转轴垂直于 H 面）

1）水平投影是一个圆，这个圆既是上底圆和下底圆的重合投影，反映实形，又是圆柱

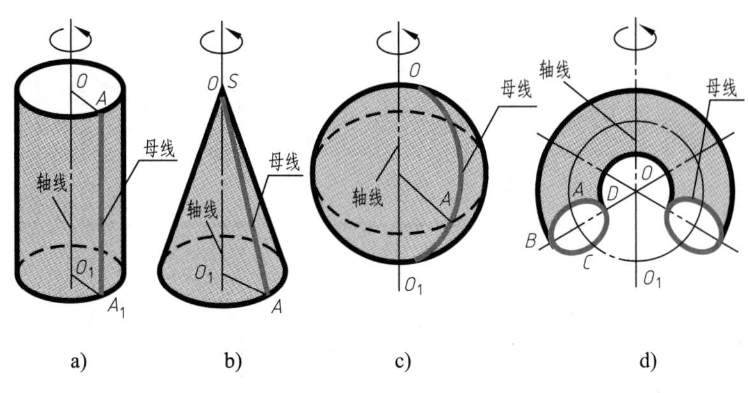

图 7-6　回转曲面的形成

a）圆柱面　b）圆锥面　c）圆球面　d）圆环面

面的积聚投影。其半径等于底圆的半径，回转轴的投影积聚在圆心上（通常用细点画线画出十字对称中心线）。

2）正面投影和侧面投影是两个相等的矩形，矩形的高度等于圆柱的高度，宽度等于圆柱的直径（回转轴的投影用细点画线来表示）。

3）正面投影的左、右边线分别是圆柱最左、最右的两条轮廓素线的投影，这两条素线把圆柱分为前、后两半，它们在 *W* 面上的投影与回转轴的投影重合。

4）侧面投影的左、右边线分别是圆柱最后、最前的两条轮廓素线的投影，这两条素线把圆柱分为左、右两半，它们在 *V* 面上的投影与回转轴的投影重合。

（3）圆柱表面取点　求作圆柱体表面上的点、线，必须根据已知投影，分析该点、线在圆柱体表面上所处的位置，并利用圆柱体表面的投影特性求得点、线的其余投影。所求点、线的可见性，取决于该点、线所在圆柱体表面的可见性。

【例 7-5】　如图 7-7a 所示，已知属于圆柱表面上的曲线 MN 的正面投影 $m'n'$，求其余两投影。

分析：

根据题目所给的条件，MN 属于前半个圆柱面。因为 MN 为一曲线，故应求出 MN 上若干个点，其中转向线上的点为特殊点，必须求出。

作图步骤：

1）作特殊点Ⅰ、N 和端点 M 的水平投影 1、n、m 及侧面投影 1″、n''、m''，如图 7-7b 所示。

2）作一般点Ⅱ的水平投影 2 和侧面投影 2″，如图 7-7c 所示。

判别可见性：侧视外形素线上的点 1″是侧面投影可见与不可见的分界点，其中 m''1″可见，1″2″n''不可见，将侧面投影连成光滑曲线 m''1″2″n''。

2. 圆锥体

（1）圆锥体的形成　两条相交的直线，以一条为母线另一条为轴线回转，所得的曲面即为圆锥面。由圆锥面和底面围成的立体就是圆锥体（也可以看作直角三角形绕一直角边旋转而成），如图 7-6b 所示。

（2）圆锥体的投影分析（回转轴垂直于 *H* 面）

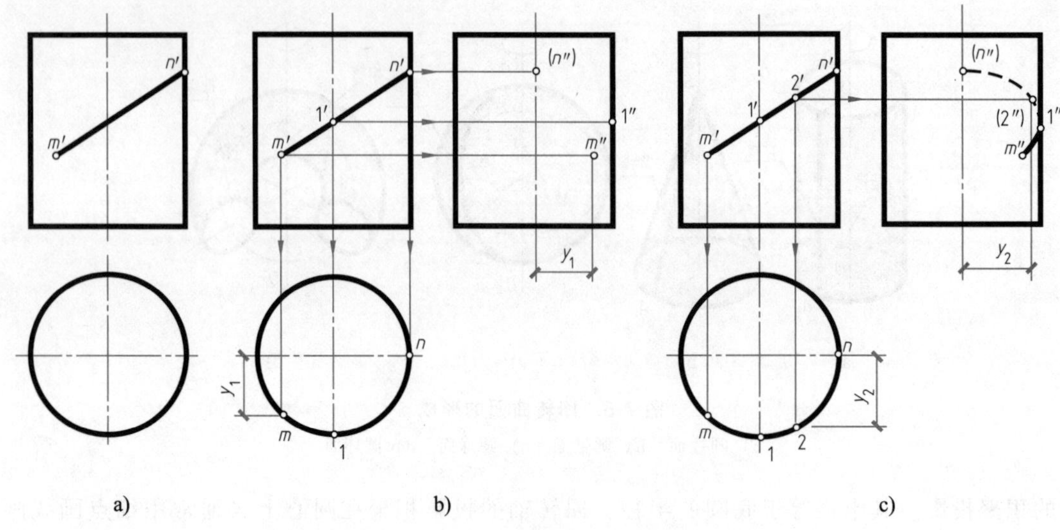

图 7-7　求圆柱体表面曲线的投影

a）已知条件　b）作图过程　c）作图结果

1）水平投影是一个圆，这个圆是圆锥底圆和圆锥面的重合投影，反映底圆的实形。其半径等于底圆的半径，回转轴的投影积聚在圆心上，锥顶的投影也落在圆心上（通常用细点画线画出十字对称中心线）。

2）正面投影和侧面投影是两个相等的等腰三角形，高度等于圆锥的高度，底边长等于圆锥底圆的直径（回转轴的投影用细点画线来表示）。正面投影的左、右边线分别是圆锥最左、最右的两条轮廓素线的投影，这两条素线把圆锥分为前、后两半，它们在 *W* 面上的投影与回转轴的投影重合，在 *H* 面上的投影与圆的水平中心线重合。

3）侧面投影的左、右边线分别是圆锥最前、最后的两条轮廓素线的投影，这两条素线把圆锥分为左、右两半，它们在 *V* 面上的投影与回转轴的投影重合，在 *H* 面上的投影与圆的竖直中心线重合。

（3）圆锥体表面取点（纬圆法、直素线法）　求作圆锥体表面上的点、线，必须根据已知投影，分析该点在圆锥体表面上所处的位置，再过该点在圆锥体表面上作辅助线（直素线或纬圆），以求得点的其余投影。

圆锥体表面取点

【例 7-6】　已知圆锥体表面上点 *K* 的水平投影 *k*，求其余投影，如图 7-8 所示。

分析：

根据题目所给的条件，点 *K* 在圆锥面上，且位于主视转向线之前的右半部。

作图步骤：

求圆锥表面上点的基本方法有两种：一是直素线法；二是纬圆法。圆锥表面上的素线是过圆锥顶点的直线段，如图 7-8b 中的直线段 *SI*；圆锥表面上的纬圆是垂直于轴线的圆，纬圆的圆心在轴线上，如图 7-8b 中的圆 *M*。

方法一：以素线为辅助线。过点 *k* 作 *sk*，延长与底圆交于点 1，作出 *s*′1′、*s*″1″，即可求得点 *k*′、*k*″。

方法二：以纬圆为辅助线。过点 *k* 作纬圆 *M* 的水平投影 *m*（圆周）与主视转向线 *SA*、

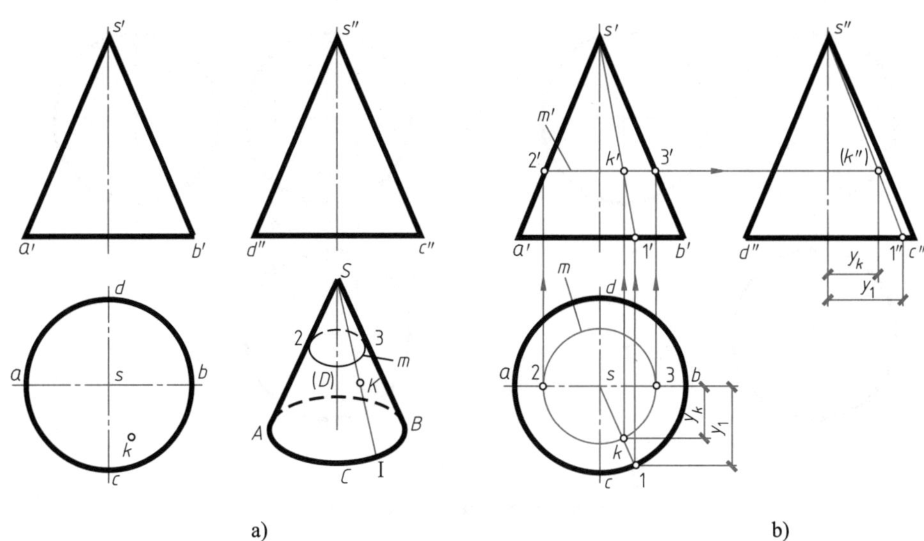

图 7-8　求圆锥体表面上点的投影

a）已知条件　b）作图过程

SB 的水平投影交于点 2 和点 3，再作出其正面投影点 2′、3′，并连线，即可求得点 *k*′。由点 *k* 和点 *k*′求出点 *k*″，如图所示。

判别可见性：因点 *K* 位于圆锥面的右前半部，故其正面投影 *k*′可见，侧面投影 *k*″不可见。

3. 球体

（1）球体的形成　球体由圆球面围合而成，圆球面由半圆绕其直径旋转一周而成，如图 7-6c 所示。

（2）球体的投影分析　球体的三个投影均为直径相等并且等于圆球直径的圆。但这三个圆并不是球体上同一个圆周的投影。正面投影圆是前后半球的转向轮廓线，也是球面上最大的正平圆；水平投影圆是上下半球的转向轮廓线，也是球面上最大的水平圆；侧面投影圆是左右半球的转向轮廓线，也是球面上最大的侧平圆。

（3）球体表面取点、线　求作圆球体表面上的点、线，必须根据已知投影，分析该点在圆球体表面上所处的位置，再过该点在球面上作辅助线（正平纬圆、水平纬圆或侧平纬圆），以求得点的其余投影。

【例 7-7】　已知球体表面上点 *A* 和点 *B* 的正面投影 *a*′、*b*′，求其余投影，如图 7-9a 所示。

分析：

根据题目所给的条件，点 *A* 属于主视转向线，且位于球面的左上部分；点 *B* 位于球面的右、后、下部分。

作图步骤（图 7-9b）：

1）根据点、线的从属关系，在主视转向线的水平投影和侧面投影上，分别求得点 *a*、*a*″。

2）过点 *b*′作正平圆的正面投影，与俯视转向线的正面投影交于点 1′。

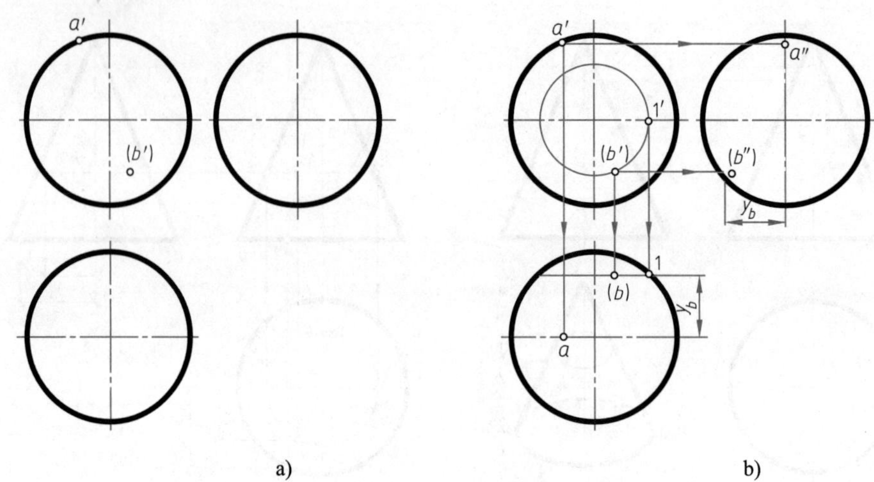

图 7-9　求圆球表面上点的投影

a）已知条件　b）作图过程

3）由点 1′求得点 1，过点 1 作该正平圆的水平投影，求得点 b。

4）由点 b'、b，求得点 b''。

判别可见性：由于点 B 位于球面的下半部，故点 b 不可见；又由于点 B 位于球面的右半部，故点 b''不可见。

4. 圆环体

（1）圆环体的形成　圆环体由圆环面围成，如图 7-6d 所示。它是由离回转轴一定距离的母线圆绕回转轴线回转而成的。

（2）圆环体的投影分析

1）在图 7-10a 中，水平投影中不同大小的粗实线圆是圆环面上最大圆和最小圆的水平投影，也是圆环面对 H 面的转向轮廓线。用点画线表示的圆是母线圆圆心轨迹的投影。

2）正面投影中左边的小圆反映母线圆的实形。粗实线的半圆弧是外环面对 V 面的转向轮廓线。虚线的半圆弧为内环面对 V 面的轮廓线，对 V 面投影时，内环面是看不见的，所以画成虚线。两个小圆的上、下两条公切线是内、外环面分界处的圆的正面投影。

3）侧面投影中的两个小圆是圆环内、外环面对 W 面的转向轮廓线。

（3）圆环体表面取点、取线　求作圆环体表面上的点、线，必须根据已知投影，分析该点、线在圆环体表面上所处的位置，再过该点在圆环体表面上作辅助线（垂直于轴线的圆），以求得点的投影。

【例 7-8】　已知圆环体表面上点 A 和点 B 的水平投影 a 和 b，求其余投影，如图 7-10a 所示。

分析：

根据题目所给的条件，A、B 两点均在圆环体上半部的表面上。点 B 在内、外环面的分界圆上，点 A 在外环面上。

作图步骤（图 7-10b）：

1）过点 a 作水平圆的水平投影，与水平中心线交于点 1。

2）由点 1 求得点 1′，过点 1′作该水平圆的正面投影，求得点 a'；由点 a'、a 求得点 a''。

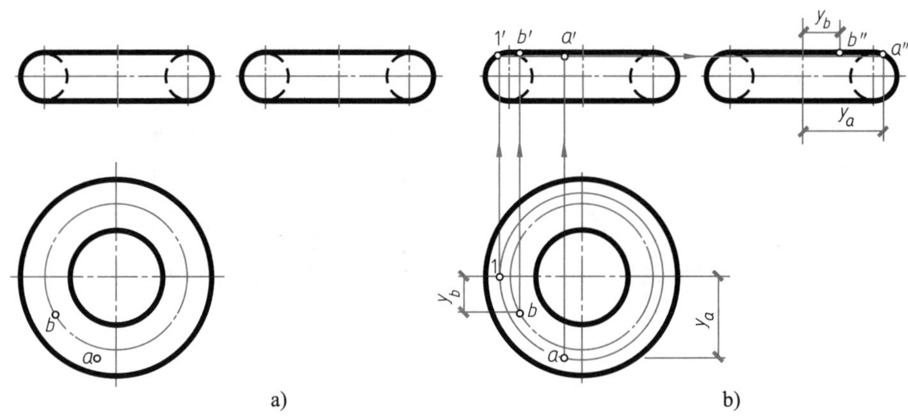

图 7-10 圆环体表面取点

a）已知条件 b）作图过程

3）利用点、线从属关系，求得点 b'、b''分别位于 V 面和 W 面小圆的上部公切线上。

判别可见性：由于 A、B 两点均处于主视转向线之前、侧视转向线左侧的外环面上，故其正面投影和侧面投影均可见。

7.2 立体的截交线（Lines of Section）

平面与立体相交，可看作立体被平面所截割，图 7-11 所示东北林业大学体育馆的球壳屋面，其四周的轮廓线就是由平面截割半球壳而形成的交线。

图 7-11 东北林业大学体育馆

假想用来截割形体的平面称为截平面。截平面与立体表面的交线称为截交线。截交线围成的平面图形称为截断面，如图 7-12 所示。

为了正确地画出截交线的投影，应掌握截交线的基本性质：

1）截交线是截平面和立体表面交点的集合，截交线既属于截平面，又属于立体表面，

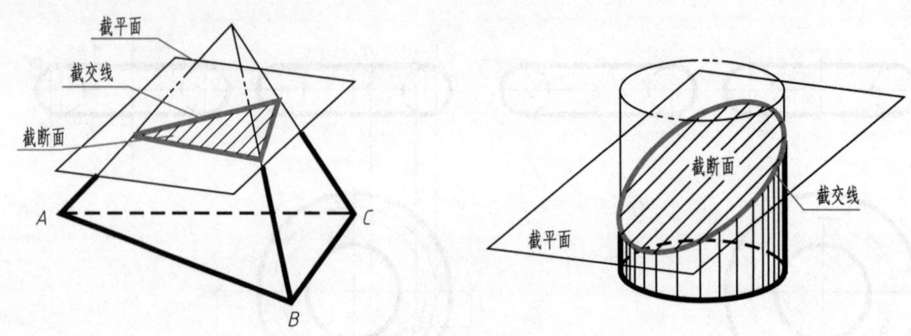

图 7-12　截交线

是截平面和立体表面的共有线。

2）立体是由其表面围成的，所以截交线必然是一个或多个由直线或平面曲线围成的封闭平面图形。

求截交线的实质就是求出截平面和立体表面的共有点。为此，可以根据立体表面的性质，在其上选取一系列适当的线（棱线、直素线或圆），求这些线与截平面的交点，然后按其可见性或不可见性用实线或虚线依次连成多边形或平面曲线。

7.2.1　平面立体的截交线（Lines Section on Plane Solids）

平面与平面立体相交，其截交线的形状是由直线段围成的多边形。多边形的顶点为平面立体上有关棱线（包括底面边线）与截平面的交点。

求平面立体截交线的方法，可归结为求立体各棱线与截平面的交点，然后依次连接而得。或者求出立体各表面与截平面的交线而围成截交线。

求截交线的步骤：

（1）空间及投影分析

1）分析截平面与立体的相对位置，确定截交线的形状。

2）分析截平面与投影面的相对位置，确定截交线的投影特性。

（2）画出截交线的投影

1）求出截平面与被截棱线的交点，并判断可见性。

2）依次连接各顶点成多边形，注意可见性。

（3）完善轮廓线

【例 7-9】　作六棱柱被正垂面 P_V 截割后的投影（图 7-13）。

分析：

截平面与六棱柱的四个侧棱面均相交，且与顶面也相交，故交线为五边形。截交线的 V 面投影与截平面的积聚投影重合。H 面投影的四条边与四个棱面的积聚投影重合，正垂面 P_V 与顶面的交线为正垂线。

作图步骤：

1）求交点 A、B、M、N、F 的投影。利用正垂面 P_V 的积聚性求出点 a'、b'、m'、n'、f'；由于 MN 是正垂线，可直接作出 mn。由于 MN 落在顶面上，且 y 坐标与点 E、C 相同，因此点 M、N 的侧面投影分别与点 e''、c''重合（图 7-13b）。

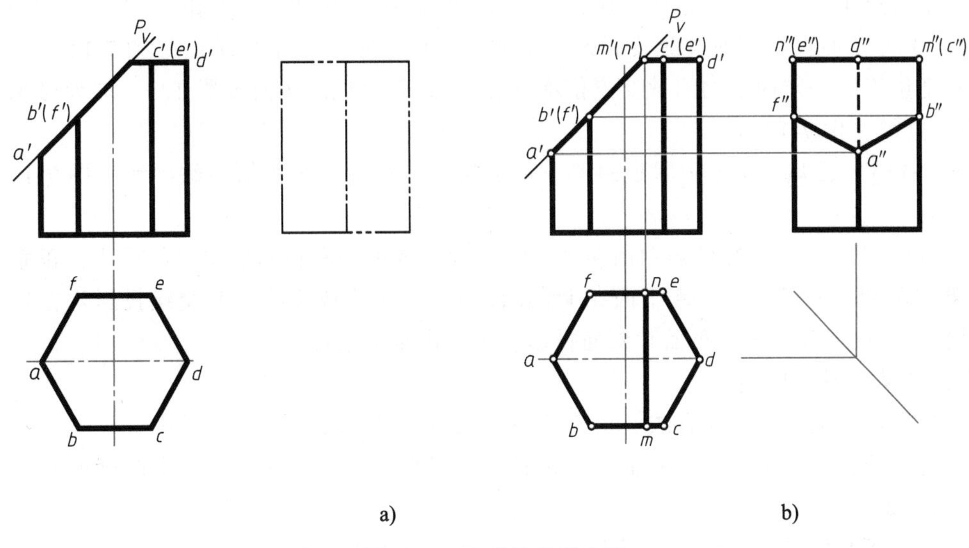

图 7-13 六棱柱的截交线

a）已知条件 b）作图过程

2）截交线五条边 *ABMNF* 均在六棱柱的可见棱面或积聚棱面的轮廓上，所以直接将同一棱面的两交点用直线连接起来，得截交线 *ABMNF* 的三面投影。右侧未被截去的一段棱线在 *W* 面投影中应画虚线。

【例 7-10】 三棱锥与一正垂面 *P* 相交，求截交线的投影，如图 7-14a 所示。

分析：

正垂面 *P* 的正面投影有积聚性，即 P_V，可直接求出平面 *P* 与棱线 *SA*、*SB*、*SC* 的交点Ⅰ（1，1′）、Ⅱ（2，2′）及Ⅲ（3，3′）。顺次连接各顶点，得截交线为△ⅠⅡⅢ（△123，△1′2′3′）。

作图步骤（图 7-14b～d）：

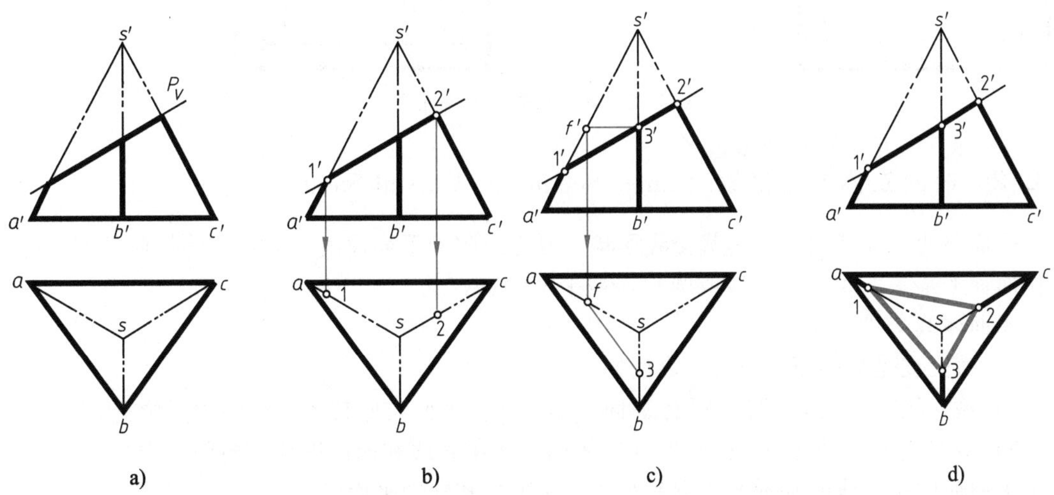

图 7-14 求三棱锥的截交线

a）已知条件 b）作图步骤一 c）作图步骤二 d）作图结果

1）求交点 1、2、3。利用 P_V 的积聚性求出点 1、1′和点 2、2′（图 7-14b）。侧平线 *SB* 上的交点 3 的 *H* 面投影可通过侧棱面 *SAB* 上的辅助线 *F*Ⅲ（//*AB*）求出（图 7-14c）。

2）把位于同一侧面上的两截交点依次连接，得截交线的 *H* 面投影 123，均为可见。完善各棱线投影（图 7-14d）。

【例 7-11】 已知一个歇山屋顶的 *V*、*W* 面投影，补画 *H* 面投影所缺图线（图 7-15）。

分析：

由已知的 *V*、*W* 面投影可知歇山屋顶为一三棱柱被正垂面和侧平面截割而成。正垂面在 *V* 面投影上积聚成一条斜线，侧平面在 *V*、*H* 面投影上积聚成直线，截交线投影均在这些积聚性投影上。根据截交线的正面和侧面投影，可作出水平投影。

作图步骤（图 7-15）：

1）根据投影关系画出屋脊线，即三棱柱上最高的一条棱线的 *H* 面投影。

2）将 *V* 面投影中的两个正垂面分别延长，交屋脊线于点 1′和点 2′，由此可求出 *H* 面投影点 1 和点 2。

3）正垂面和侧平面的交线为正垂线，在 *V* 面投影中积聚为点 3′（4′）和点 5′（6′），*W* 面投影为直线 3″4″和直线（5″）（6″），根据投影关系求得 *H* 面投影 34 和 56，此亦为侧平面的 *H* 面投影。

4）歇山屋顶 *H* 面投影的交线均可见，画实线。屋顶下部的四棱柱体，在 *H* 面投影中不可见，画虚线。

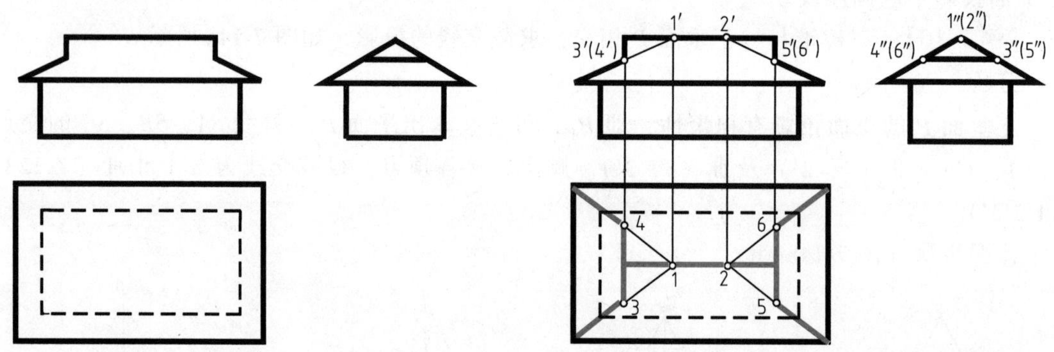

图 7-15 求歇山屋顶的表面交线

7.2.2 曲面立体的截交线（Lines Section on Curved Solids）

平面与曲面立体相交，其截交线形状一般为封闭的平面曲线。曲线上的任何一点，都可当作曲面上某一条线（直素线或圆）与截平面的共有点。

曲面体截交线的性质：

1）截交线是截平面与回转体表面的共有线。

2）截交线的形状取决于回转体表面的形状及截平面与回转体轴线的相对位置。

3）截交线都是封闭的平面图形（封闭曲线或由直线和曲线围成的封闭图形）。

求曲面体截交线的基本方法有素线法、纬圆法和辅助平面法。

求截平面与曲面上被截各素线（或纬圆）的交点，然后依次光滑连接，并按其可见与不可见分别用实线和虚线画出。

求截交线的步骤如下：

（1）空间及投影分析

1）分析回转体的形状以及截平面与回转体轴线的相对位置，确定截交线的形状。

2）分析截平面与投影面的相对位置，如积聚性、类似性等。找出截交线的已知投影，预见未知投影，确定截交线的投影特性。

（2）画出截交线的投影　截交线的投影为非圆曲线时，作图步骤为：

1）先找特殊点（外形素线上的点和极限位置点）。

2）补充一般点。

3）光滑连接各点，并判断截交线的可见性。

（3）完善轮廓　工程上常见的回转体是圆柱、圆锥、圆球等简单的回转体。以下分别介绍它们与平面相交时，其截交线的形状分析及作图。

1. 平面与圆柱体相交

平面与圆柱体相交，按截平面的不同位置，其截交线有矩形、圆、椭圆三种形式，见表7-1。

表 7-1　平面与圆柱体相交

截平面	截平面垂直于轴线	截平面倾斜于轴线	截平面平行于轴线
立体图	P	P	P
投影图			
截交线	截交线为圆	截交线为椭圆	截交线为矩形

【例 7-12】　正垂面 P 与圆柱相交，求截交线的投影（图 7-16a）。

分析：

正垂面 P 与圆柱面轴线倾斜相交，其截交线为椭圆。由于截平面是正垂面，截交线的正面投影积聚在 P_V 上，又由于圆柱面的轴线是侧垂线，截交线的侧面投影积聚在圆上，于是可以根据截交线的两面投影，求出其水平投影。

作图步骤（图 7-16b）：

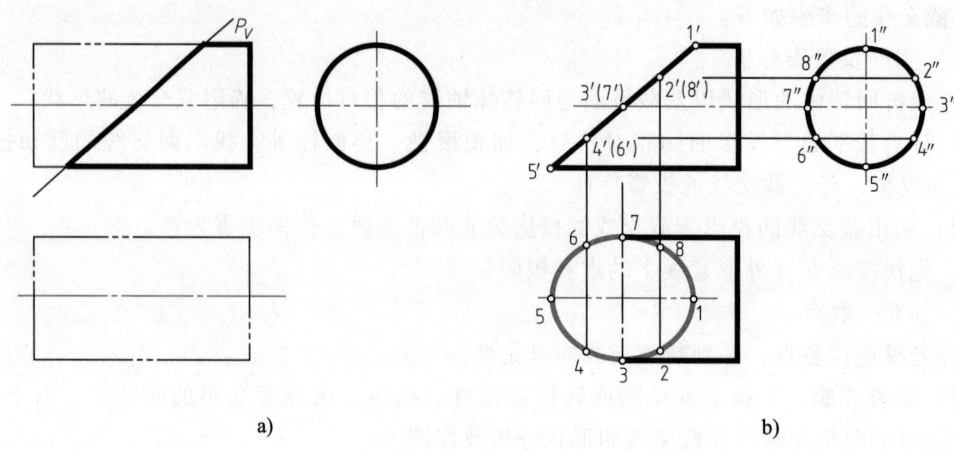

图 7-16　圆柱的截交线

a）已知条件　b）作图过程

1）求特殊点。点 1、5、3、7 分别位于椭圆长轴和短轴两端，为特殊点。先在正面投影 P_V 上确定它们的位置点 1′、5′、3′、7′，再在侧面投影上对应地确定点 1″、5″、3″、7″。

2）补充一般点。在正面投影 P_V 上取 2′、8′、4′、6′点，并作出相应侧面投影 2″、8″、4″、6″。

3）根据各点的两面投影，按点的投影关系求出它们的水平投影点 1、2、…、8。

4）依次光滑连接各点，并区分可见性。水平投影仍为椭圆，线段 15、37 分别为其长、短轴。由于圆柱体左半部分被切割，整个断面都可见，故其水平投影曲线 12345678 可见，画成实线。

【例 7-13】　图 7-17a 所示为一简化后的零件，已知其 V 面投影，试补全其 H 面和 W 面投影。

分析：

此零件主体为一直立圆柱，它的左右上角分别被水平面和侧平面截去一块，它的中下部又被水平面和两侧平面截去一块。由圆柱截切性质可知：平面与圆柱面轴线垂直相交，其截交线为圆；平面与圆柱面轴线平行相交，其截交线为一对平行线。

作图步骤：

1）绘制左右上角切口的投影。由于左右切口对称，所以其切割圆柱体的截交线也对称。水平面截割圆柱，截交线为水平圆；侧平面截割圆柱，截交线为侧平矩形。

2）由正面投影可知，截平面分别为水平面和侧平面，故其正面投影分别积聚为水平线段和竖直线段。

3）根据投影关系，作出各截平面的水平投影。

4）根据两面投影求侧面投影。

① 求各水平面的侧面投影：水平面 A 及 B 的侧面投影各积聚为一水平线段 1″2″(=12) 和线段 5″6″(=56)。

② 求各侧平面的侧面投影：侧平面 C 及 D 的侧面投影各为一矩形，宽度为 1″2″(=12) 和 3″4″（=34）；侧平面 E 的侧面投影与 D 的侧面投影重合。

5）去掉多余的线。

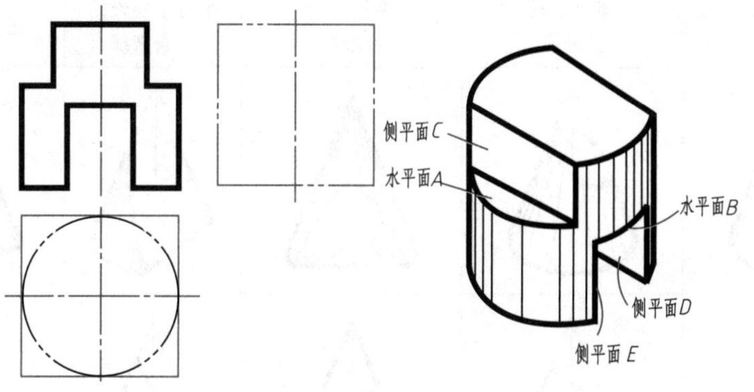

a)

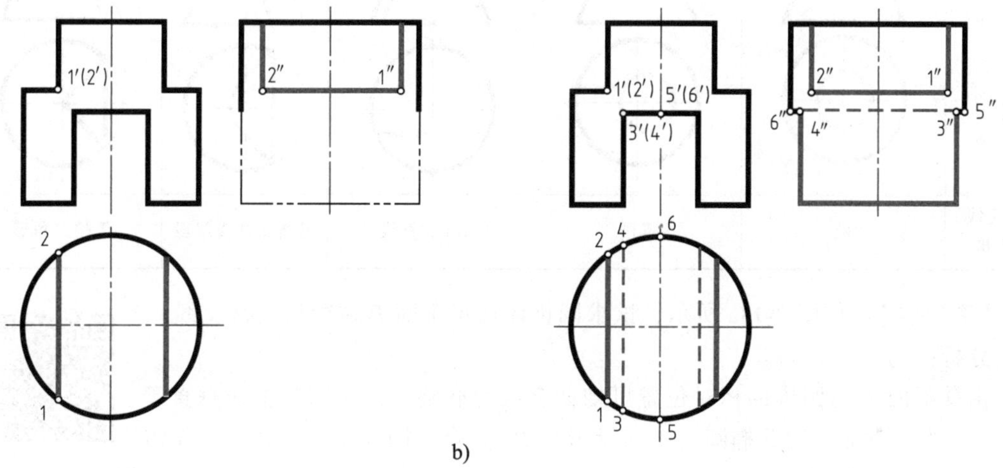

b)

图 7-17　圆柱形零件的三面投影图

① 由于圆柱的左、右上角被截去，故正面投影图的左、右上角不画线；同理，圆柱下中部被截去，故底圆的正面投影中间一段线也不画。

② 由于圆柱下中部被截去，故侧视转向线下段及底圆前、后两段圆弧的侧面投影，也不应画线，即 5″、6″点以下不画线。

6）判别可见性。

① 水平投影图中：左、右上切口投影为可见，故画实线；下中切口投影为不可见，故中间两条线段画成虚线。

② 侧面投影图中：左上切口为可见，故画实线；下中切口的水平截平面 *B* 在圆柱体的中间，被圆柱左部挡住的部分（即 3″4″）画成虚线。

2. 平面与圆锥体相交

平面与圆锥体相交，按截平面的不同位置，其截交线有五种形式，即圆、椭圆、抛物线、双曲线和直线，统称为圆锥曲线，见表 7-2。

作圆锥曲线的投影，实质上是圆锥面上定点的问题。用素线法或纬圆法，求出截交线上若干点的投影后，依次连接起来即可。

表 7-2　圆锥的截交线

截平面位置	垂直于圆锥轴线	倾斜于圆锥轴线	平行于圆锥轴线	平行于圆锥的一条素线	通过圆锥顶点
立体图					
投影图					
截交线形状	圆	椭圆	双曲线加直线段	抛物线加直线段	等腰三角形

【例 7-14】　如图 7-18a 所示，试求圆锥体被正垂面 P 截割后的截交线。

求圆锥体的截交线

分析：

由截平面 P 与圆锥的相对位置可知截交线为椭圆。由于圆锥轴线垂直于 H 面，P 为正垂面，因此椭圆的正面投影与 P_V 重合，即为 $1'2'$，故本题仅需求椭圆的水平和侧面投影。

椭圆的长轴端点Ⅰ、Ⅱ处于圆锥面的正视转向线上，且长轴实长为 $1'2'$，根据椭圆长短轴互相垂直平分的性质，椭圆中心点 O 应处于线段ⅠⅡ的中点（$1'2'$的中点）；椭圆短轴端点的正面投影点 $3'$、$4'$与椭圆中心的投影点 o'重合。椭圆端点的水平投影，可通过纬圆法求得。本例圆锥轴线为铅垂线，故选用水平纬圆。

作图步骤：

1）求椭圆长轴端点Ⅰ、Ⅱ。Ⅰ、Ⅱ是圆锥面上左、右两条正视转向线上的点，根据投影关系可直接求出投影点 1、($1''$) 和点 2、$2''$。

2）求椭圆短轴端点Ⅲ、Ⅳ。过椭圆中心点 O 作水平纬圆 Q，求出水平投影点 3、4 和侧面投影点 $3''$、$4''$。

3）求圆锥面侧视转向线上的点Ⅴ、Ⅵ。由于点 $5'$、$6'$必重合在 P_V 与轴线投影的交点上，故可求出点 $5''$、$6''$，再求出点 5、6。

4）求一般点Ⅶ、Ⅷ。作水平纬圆 S，即可求得点 $7'$、7、$7''$，点 $8'$、8、$8''$。

5）判别可见性，并连接所求各点。由于锥顶在上，故截交线的水平投影全可见。对于 W 面而言，由于锥顶部分被截切或左边低、右边高，故截交线的侧面投影全可见。

3. 平面与圆球相交

任何平面与圆球相交，其截交线总是圆（图 7-19），但这个圆的投影可能是圆、椭圆或

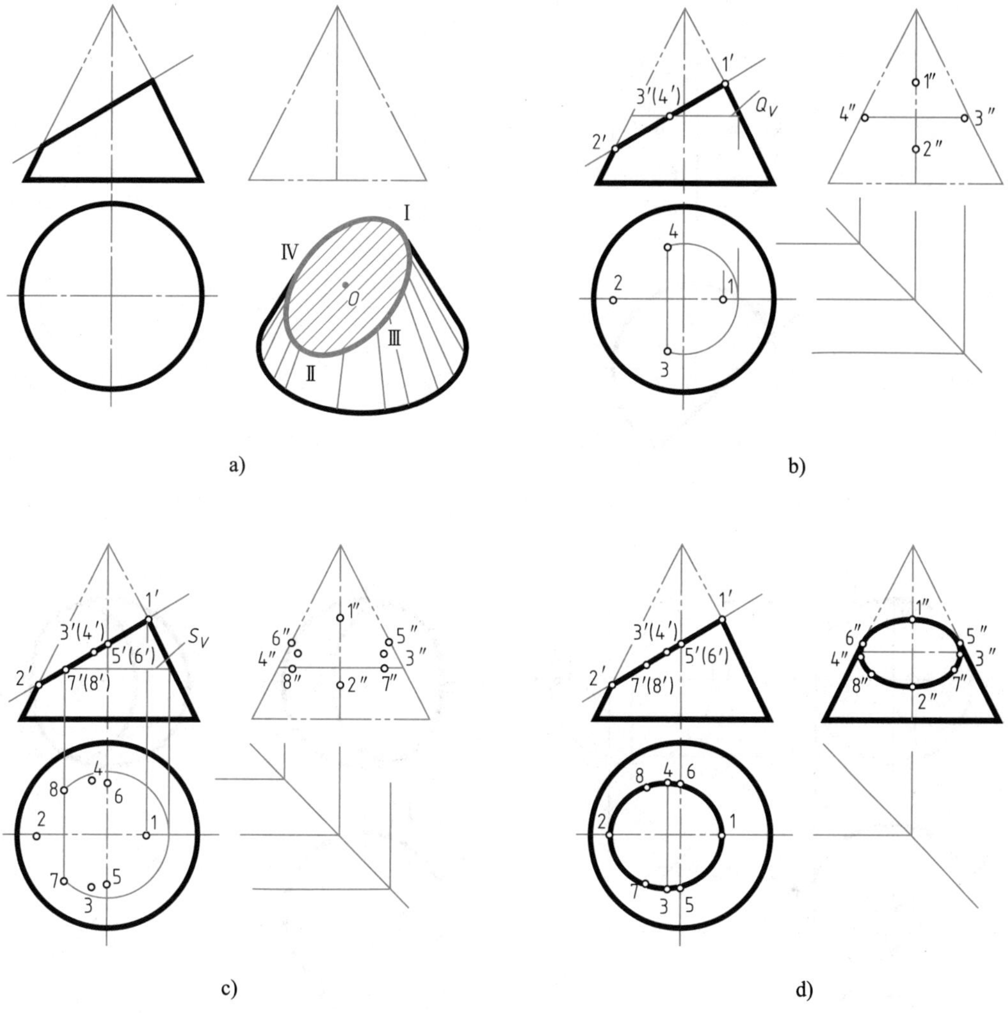

a)　b)

c)　d)

图 7-18　求圆锥体的截交线

直线，取决于截平面相对于投影面的位置。

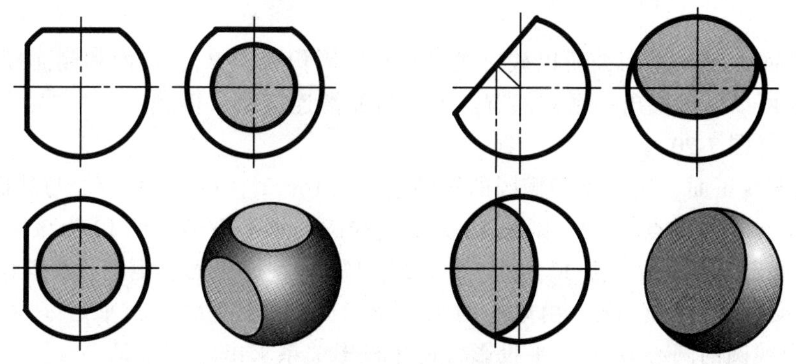

图 7-19　球体的截交线

【例 7-15】　试求铅垂面 P 与圆球的截交线，如图 7-20 所示。

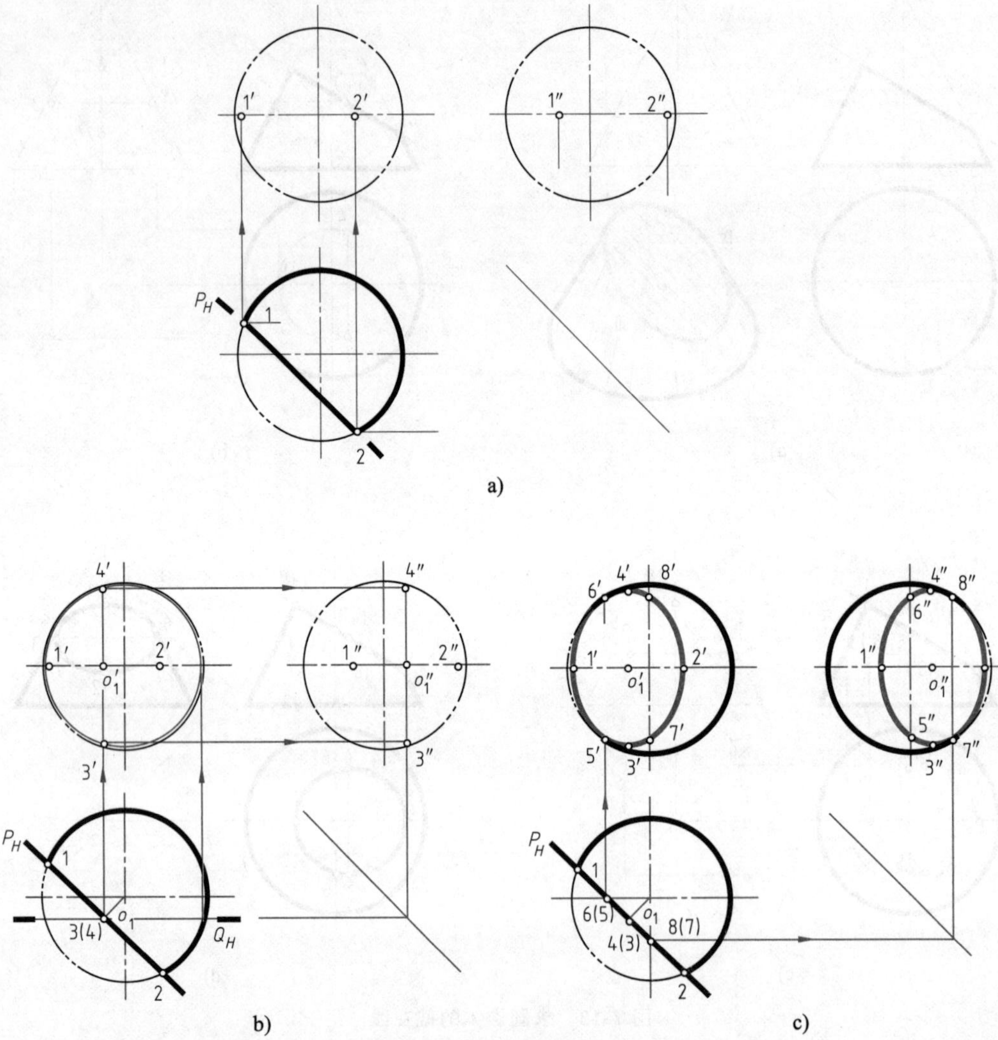

a)

b)

c)

图 7-20 圆球的截交线

分析：

由于截平面 P 是铅垂面，所以截交线的水平投影积聚于 P_H，正面和侧面投影均为椭圆。这两个椭圆都可以通过找出一系列共有点，然后光滑连接而求得。

作图步骤（图 7-20）：

1）求截交线正面、侧面投影椭圆的短轴端点（1′、2′，1″、2″）。P_H 与球面俯视转向线的水平投影（圆）交于点 1、2，则线 12 为截交线圆的水平投影，且 12 为该圆直径的实长，由点 1、2 可求出点 1′、2′，点 1″、2″。线 1′2′、1″2″分别是正面、侧面投影椭圆的短轴。

2）求截交线圆的圆心 O_1。由球心的水平投影向 P_H 引垂线，其垂足 o_1（线段 12 的中点）即为截交线圆的圆心 O_1 的水平投影，再按投影关系求出点 o_1'、o_1''。

3）求截交线的正面、侧面投影椭圆的长轴端点（3′、4′，3″、4″）。截交线圆中，垂直于 H 面的直径Ⅲ Ⅳ的水平投影 34 与点 o_1 重合，其正面、侧面投影反映直径的实长，以点 o_1'为中心取 $o_1'3'=o_1'4'=o_11=o_12$，得点 3′、4′，并求出点 3″、4″，则线 3′4′、3″4″为正面、

侧面投影椭圆的长轴。另一种求点 3′、4′，点 3″、4″的方法是利用辅助平面，如过点 O_1 作正平面 Q 为辅助平面，Q 面与球面的交线为圆，点 3′、4′必在该交线圆的正面投影上，再由点 3、4，点 3′、4′求出点 3″、4″。

4）求截交线在圆球正视转向线上的两点Ⅴ、Ⅵ。该两点的水平投影点 5、6 必在 P_H 与球面正视转向线水平投影的交点上，再按投影关系求出点 5′、6′，点 5″、6″。

同样，求出截交线在圆球侧视转向线上的点Ⅶ、Ⅷ。

5）判别可见性，光滑连接各点，并补全圆球可见的轮廓线。

【例 7-16】　试求半球切槽后的水平、侧面投影（图 7-21）。

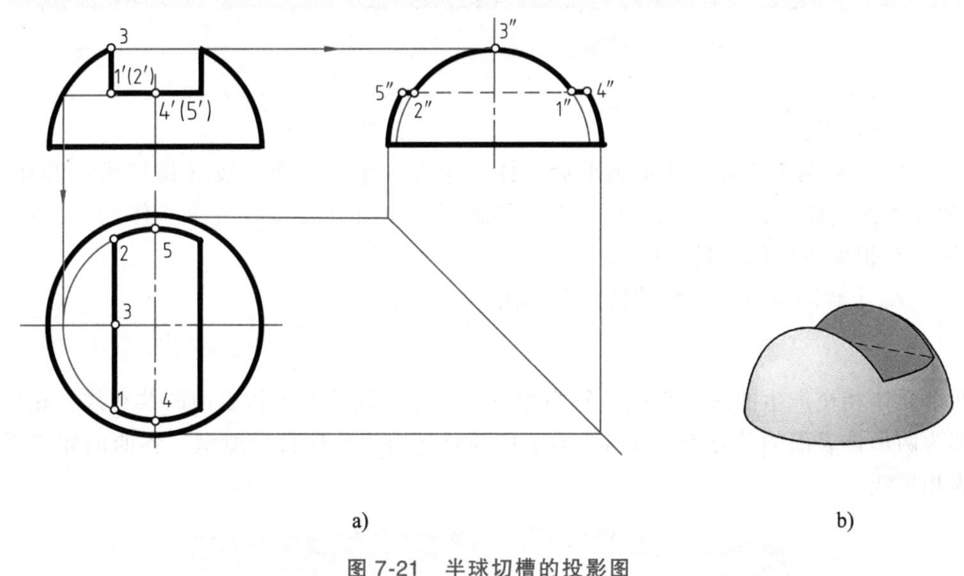

图 7-21　半球切槽的投影图

a）投影图　b）立体图

分析：

半圆球被两个侧平面和一个水平面截切，其截交线均为圆弧，但截交线的正面投影分别积聚在截平面的正面投影上，积聚成直线段。水平面切半圆球产生的圆弧其水平投影反映实形，而侧面投影积聚成直线段；两个侧平面切半圆球产生的圆弧的侧面投影反映实形，且投影重合，其水平投影积聚成直线段。作图步骤如图 7-21 所示。

作图时需注意：半球的侧视转向线在水平截平面以上部分已被切去，因此该部分的侧面投影不应画出。两侧平面与水平面的交线被左边球体遮住，其侧面投影不可见，画成虚线。由于截交线都处在半圆球朝上的球面上，所以其水平投影都可见，画成实线。

第 8 章　两立体表面的交线

(Intersecting Lines of two Solid Surfaces)

【学习目标】

1. 理解两个立体（平面或曲面立体）组合产生的表面交线（相贯线）的性质并掌握其画法；重点掌握平面立体和曲面立体组合（至少一个立体的表面投影具有积聚性）的相贯线的画法。

2. 了解同坡屋面交线的特点及画法。

两个立体相交产生的表面交线，称为相贯线。相贯线是两形体表面的共有线。相贯线上的点即为两形体表面的共有点。图 8-1 所示广西科技馆为珍珠贝母造型，各曲面体表面的交线即为相贯线。

图 8-1　广西科技馆

1. 相贯线的性质

1）相贯线是两立体表面的共有线，也是两立体表面的分界线。

2）一般情况下，相贯线是封闭的空间曲线，特殊情况下为平面曲线或直线。

因此，求相贯线的实质就是求两立体表面上一系列的共有点，然后顺次光滑连接，并区分其可见性。

2. 求相贯线常用的两种方法

1）利用积聚性求相贯线。

2）辅助平面法。

3. 作图过程

1）投影分析，确定投影范围。

2）先找特殊点。

3）再找一般点。

4）判断可见性。

5）光滑连线。

6）整理轮廓线。

因立体分为平面立体和曲面立体，所以立体相贯分为三种情况：

1）平面立体与平面立体相贯，如图 8-2a 所示。

2）平面立体与曲面立体相贯，如图 8-2b 所示。

3）曲面立体与曲面立体相贯，如图 8-2c 所示。

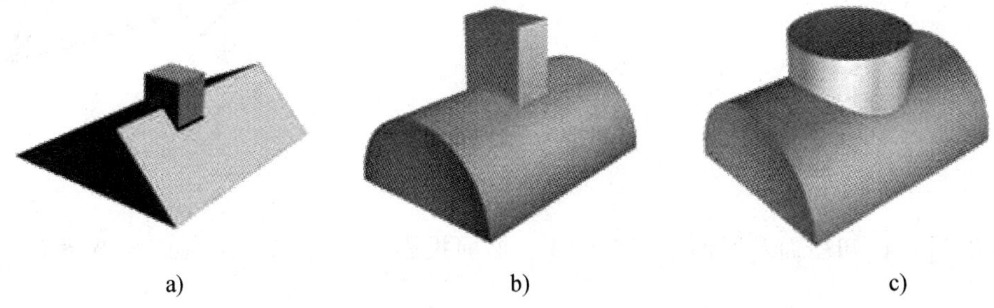

a)　　b)　　c)

图 8-2　立体与立体相贯

a）平面立体相贯　b）平面立体与曲面立体相贯　c）曲面立体相贯

8.1　两平面立体相贯（Intersection of two Planar Solids）

两平面立体相贯

两平面立体相交，其相贯线是封闭的空间折线或平面多边形。求相贯线可归结为求两立体相应棱面的交线，或求一立体的棱线与另一立体表面的交点。

【例 8-1】　求三棱锥与三棱柱的相贯线（图 8-3）。

分析：

三棱柱各棱面都是铅垂面。三棱锥 *S-ABC* 从三棱柱 *DEF* 的 *EF* 棱面穿进，由 *DE* 棱面穿出，相贯线是两个三角形。其中一个三角形可看作 *EF* 平面与三棱锥的截交线，另一个三角形可看作 *DE* 平面与三棱锥的截交线。它们的水平投影分别积聚在 *EF*、*DE* 面的水平投影上，因此只需求出相贯线的正面投影。

作图步骤：

1）求 *DE* 平面与三棱锥的截交线△Ⅰ Ⅱ Ⅲ。水平投影 *sa*、*sb*、*sc* 线与 *ed* 线交于 1、2、3 三点，由它们求出相应的正面投影点 1′、2′、3′，连成△1′2′3′即为所求。侧棱面 *s′b′c′* 不可见，所以 2′3′线不可见，画成虚线。

2）求 *EF* 平面和三棱锥的截交线△Ⅳ Ⅴ Ⅵ。水平投影 *sa*、*sb*、*sc* 线与 *ef* 线交于 4、5、

6三点，由它们求出相应的正面投影点4′、5′、6′，连成△4′5′6′即为所求。正面投影 $s'b'c'$ 棱面不可见，所以5′6′线不可见，画成虚线。

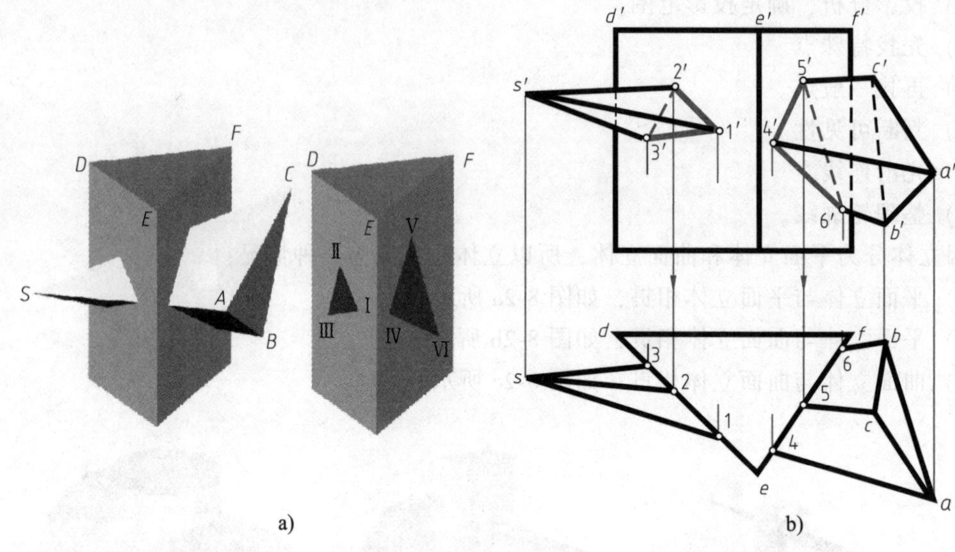

图8-3 立体与立体相贯

a）立体图 b）作图过程

【例8-2】 已知屋面及屋面上气窗的 V、W 面投影（图8-4），求气窗与坡屋面交线的 H 面投影。

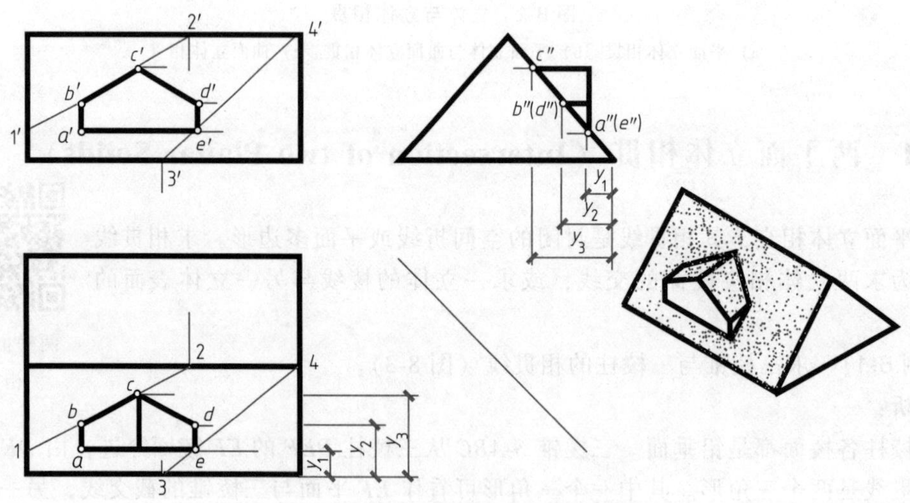

图8-4 气窗与坡屋面相贯的投影图

分析：

气窗可视为侧棱垂直于 V 面的五棱柱，相贯线的 V 面投影与气窗的 V 面投影五边形重合；前坡屋面是侧垂面，W 面投影积聚成斜线，相贯线的 W 面投影落在此斜线上，只需求出屋面、气窗以及它们的相贯线的 H 面投影。

作图步骤（图8-4）：

1）补绘屋面的 H 面投影。

2）补绘气窗的 H 面投影：遵循投影规律，量取 y_1、y_2、y_3，作出 A、B、C、D、E 各点的 H 面投影。

3）依次连接各点的 H 面投影成封闭折线。

4）判断 H 面投影可见性，并过点 c 作气窗正垂线屋脊的 H 面投影。

若无 W 面投影时，可直接通过 BC（或 CD）在屋面上作辅助线来求 bc，即延长 $b'c'$，分别与檐口线和屋脊线交于 $1'2'$，由此求得 12，bc 皆在其上。同理求出 cd 和点 e，并作出侧垂线 AE。

8.2 平面立体与曲面立体相贯（Intersection of a Plane Solid with a Curved Solid）

平面立体与曲面立体相交，其相贯线一般是若干个部分的平面曲线所组成的封闭空间曲线。求相贯线可归结为求平面立体上某一表面与曲面立体表面的截交线。图 8-5a 所示是建筑上常见构件柱、梁、板连接的直观图。

【例 8-3】 求方梁与圆柱的相贯线。

具体作图步骤（见图 8-5b）：

1）根据 H、W 面积聚投影，直接标注出相贯线上折点的水平投影点 1、2、3、4、5、6、7、8 和侧面投影点 1″、2″、3″、4″、5″、6″、7″、8″。

2）利用点的投影规律求出相贯线的正面投影点 1′、2′、3′、4′、5′、6′、7′、8′。

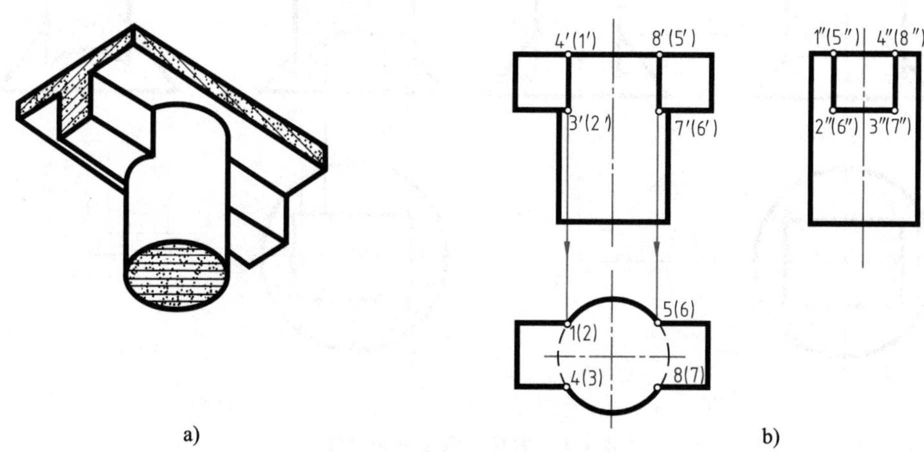

图 8-5 方梁与圆柱相贯

a）直观图 b）投影图

【例 8-4】 如图 8-6a 所示，给出圆锥薄壳的主要轮廓线，求作相贯线。

作图步骤：

1）求特殊点。先求相贯线的转折点，即四条双曲线的连接点 A、B、M、G。可根据已知的四个点的 H 面投影，用素线法求出其他投影。再求前面和左面双曲线最高点 C、D，如图 8-6b 所示。

2）同样用素线法求出两对称的一般点 E、F 的 V 面投影点 e'、f' 和一般点Ⅰ、Ⅱ的 W 面投影点 $1''$、$2''$，如图 8-6c 所示。

3）连点。V 面投影连接点 $a'—e'—c'—f'—b'$，W 面投影连接点 $a''—1''—d''—2''—g''$。

4）判别可见性。相贯线的 V、W 面投影都可见。相贯线的后面和右面部分的投影，与前面和左面部分重影。

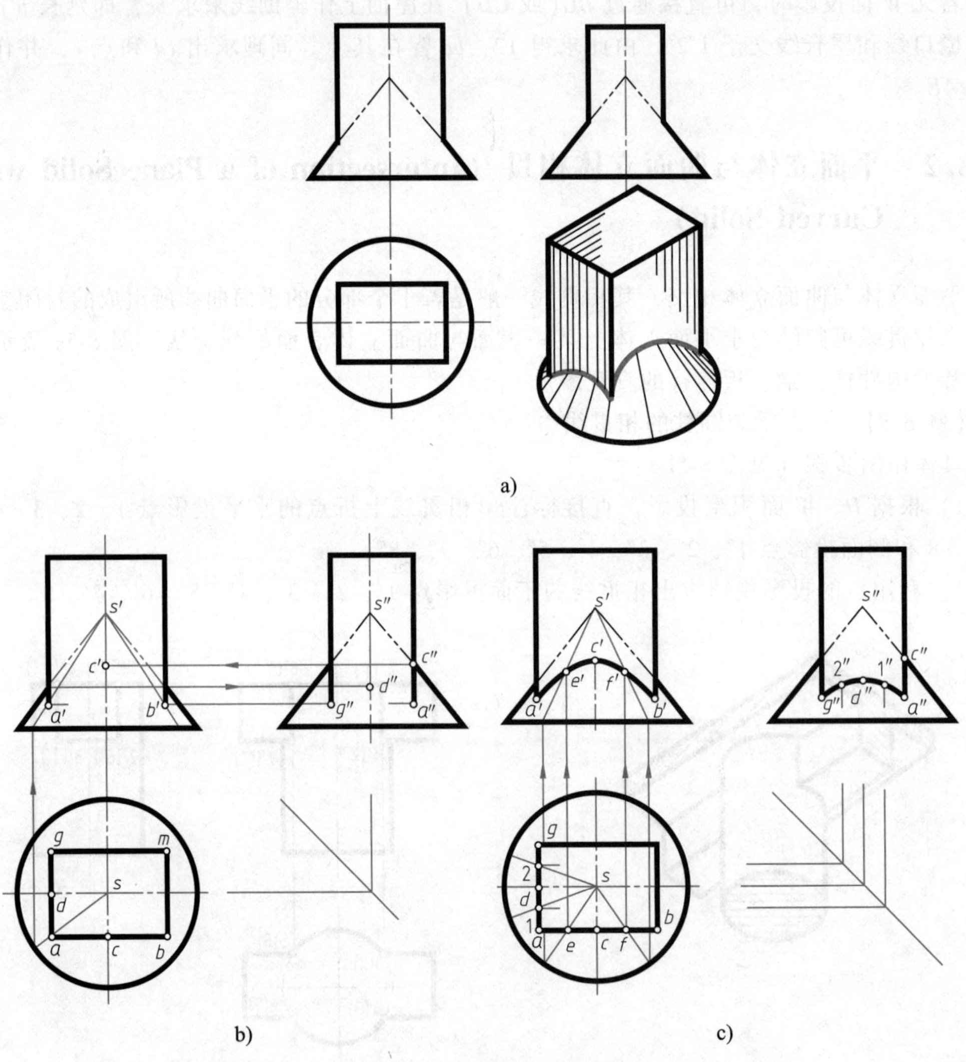

a)

b)　　c)

图 8-6　方柱与圆锥的相贯线

■ 8.3　两曲面立体相贯（Intersection of two Curved Solids）

两曲面体相贯，其相贯线一般是封闭的空间曲线。两曲面立体的相贯线，是两曲面立体的共有线，可以通过求一系列共有点连线而成。求共有点时，应先求出相贯线上的特殊点，如最高、最低、最左、最右、最前、最后及轮廓线上的点等，再求其他点。

求相贯线的作图步骤如下：

1）分析：分析两立体之间以及它们与投影面的相对位置，确定相贯线形状。

2）求点：求点方法主要有两种：利用立体表面的积聚性直接求解；利用辅助平面法求解。

3）连线：依次光滑连接各共有点，并判别相贯线的可见性。

求相贯线的基本作图问题是求两立体表面共有点的问题，其作图方法有利用积聚性投影、利用辅助平面法、利用辅助球面法作图三种，本节只介绍前两种。

1. 利用积聚性投影

当两立体中包含轴线垂直于投影面的圆柱时，相贯线在此投影面上的投影必定积聚在圆柱面的该投影上，成为已知投影。因此，利用积聚性投影可求出其他投影。

【例 8-5】 如图 8-7 所示，已知两拱形屋面相交，求它们的交线。

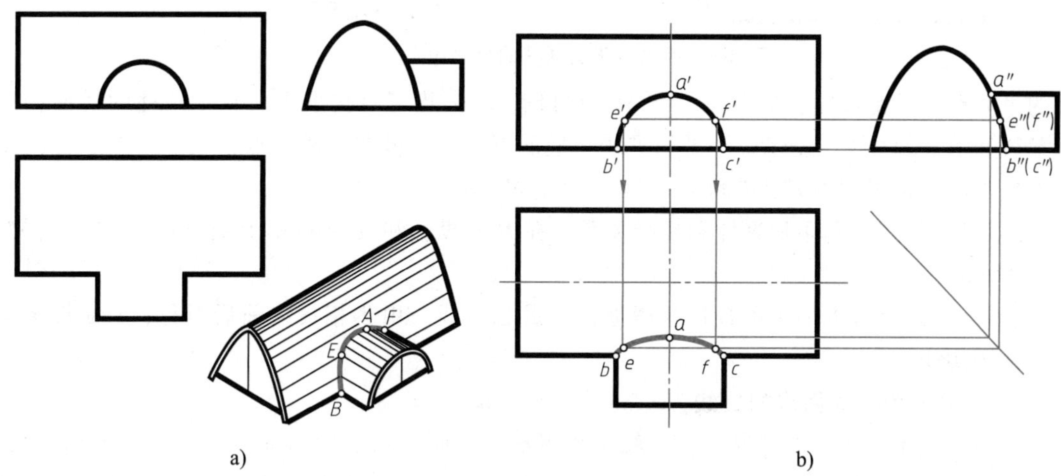

图 8-7　两拱形屋面相交

a）已知条件　b）作图

作图步骤：

1）求特殊点。最高点 A 是小圆柱最高素线与大拱的交点。最低、最前点 B、C（也是最左、最右点），是小圆柱最左、最右素线与大拱最前素线的交点。它们的三投影均可直接求得。

2）求一般点 E、F。在相贯线 V 面投影的半圆周上任取点 e'、f'。点 e''（f''）必在大拱的积聚投影上。据此求得点 e、f。

3）连点并判别可见性。在 H 面投影上，依次连接点 $b—e—a—f—c$，即为所求。由于两拱形屋面的投影均为可见，所以相贯线的 H 面投面影为可见，画为实线。

【例 8-6】 求两轴线正交圆柱的相贯线，如图 8-8 所示。

分析：

两异径圆柱垂直相交，相贯线为一条封闭的空间曲线，其投影左右前后对称。由于小圆柱的 H 面投影和大圆柱的 W 面投影都有积聚性，因此相贯线的 H 面投影和 W 面投影均为已知，只需利用积聚性作出相贯线的 V 面投影。

作图步骤：

1）求特殊点。直立圆柱的最左、最右素线与水平圆柱最高素线的交点 A、B 是相贯线

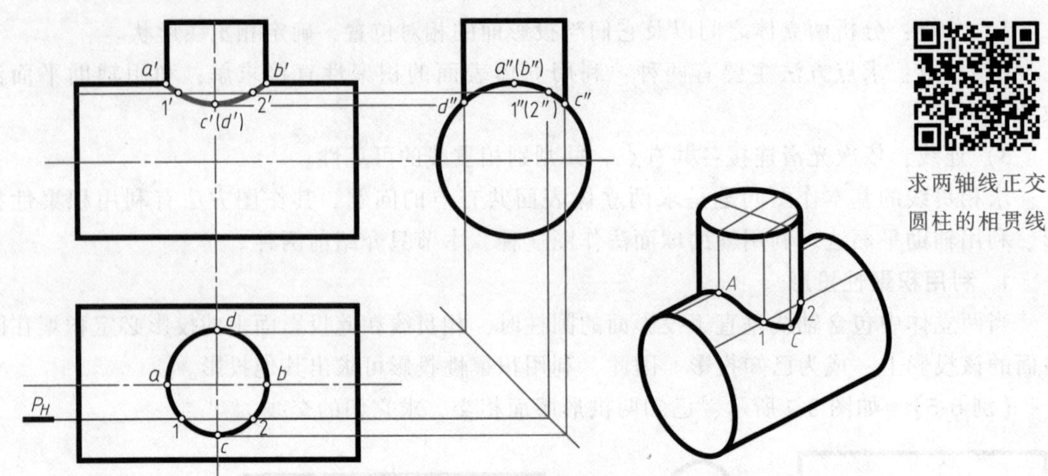

求两轴线正交圆柱的相贯线

图 8-8　两轴线正交圆柱的相贯线

上的最高点，也是最左、最右点。点 a'、b'和点 a、b 均可直接求得。直立圆柱的最前、最后素线和水平圆柱的交点 C、D 是相贯线上最低点，也是最前、最后点，点 c''、d''和点 c、d 可直接求出，再根据点 c''、d''和点 c、d 求得点 c'、d'。

2）求一般点。利用积聚性和投影关系，在 H 面投影和 W 面投影上定出点 1、2，点 1″、2″，再求出点 1′、2′。

3）连线。将各点的 V 面投影光滑地连接成相贯线。由于相贯线前后对称，V 面投影重合，故画实线。

2. 以平面为辅助面求相贯线

在没有积聚性投影的情况下，一般是利用基于三面共点原理的辅助平面法求出相贯线。假想用辅助平面截切两回转体，分别得出两回转体表面的截交线。由于截交线的交点既在辅助平面内，又在两回转体表面上，具有共有性，因而是相贯线上的点。

【例 8-7】　如图 8-9 所示，求圆柱与圆锥的相贯线。

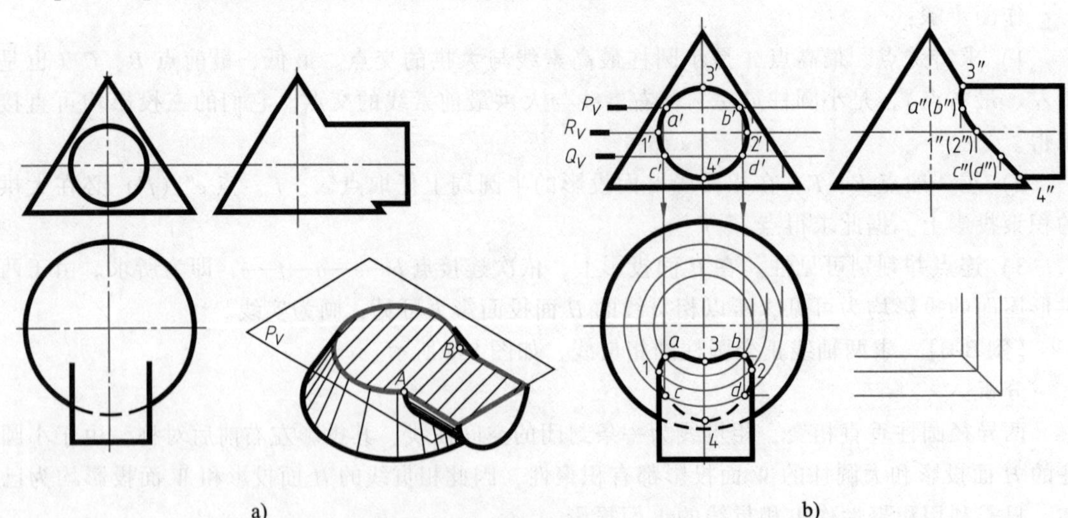

图 8-9　求圆柱与圆锥的相贯线

a）已知条件　b）作图

作图步骤：

1）利用积聚性求出相贯线的最高点 3′、3″ 和最低点 4′、4″，根据点的投影规律求出点 3、4。

2）利用辅助面求出相贯线的最左、最右点，其 V 面投影点 1′、2′ 直接标出。过圆柱作水平辅助面 R 与圆锥的交线是水平纬圆，其 H 面投影与圆柱面的左右两条轮廓线投影的交点就是最左点和最右点的 H 面投影点 1、2。由点 1′、1 和点 2′、2 求点 1″、2″。

3）作辅助面 P、Q，求一般点 A、B 和点 C、D。作水平辅助面 P_V、Q_V，求出 P_V 平面与圆柱面交线的 H 面投影（矩形），以及 P_V 平面与圆锥面交线的 H 面投影（圆），两 H 面投影的交点 a、b 即求出。由点 a、b 求出点 a'、b' 和点 a''、b''。同理利用 Q_V 平面求出点 c、d，点 c'、d' 和点 c''、d''。

4）连点并判断可见性。由于形体左右对称，故 W 面投影中 3″—a''—1″—c''—4″与 3″—b''—2″—d''—4″重叠，左边可见，右边不可见。H 面投影中 1—a—3—b—2 可见，1—c—4—d—2 位于圆柱下半部分，因而不可见。

【例 8-8】 求轴线垂直交叉两圆柱的相贯线，如图 8-10a 所示。

分析：

由于小圆柱轴线垂直于 H 面，大圆柱轴线垂直于 W 面，故相贯线的水平投影积聚在 H 面的小圆上，侧面投影积聚在 W 面的一段大圆弧上。所以只需求出相贯线的正面投影。由于两圆柱偏心相贯，其相贯线没有前后对称性，故相贯线的正面投影前后不重合。

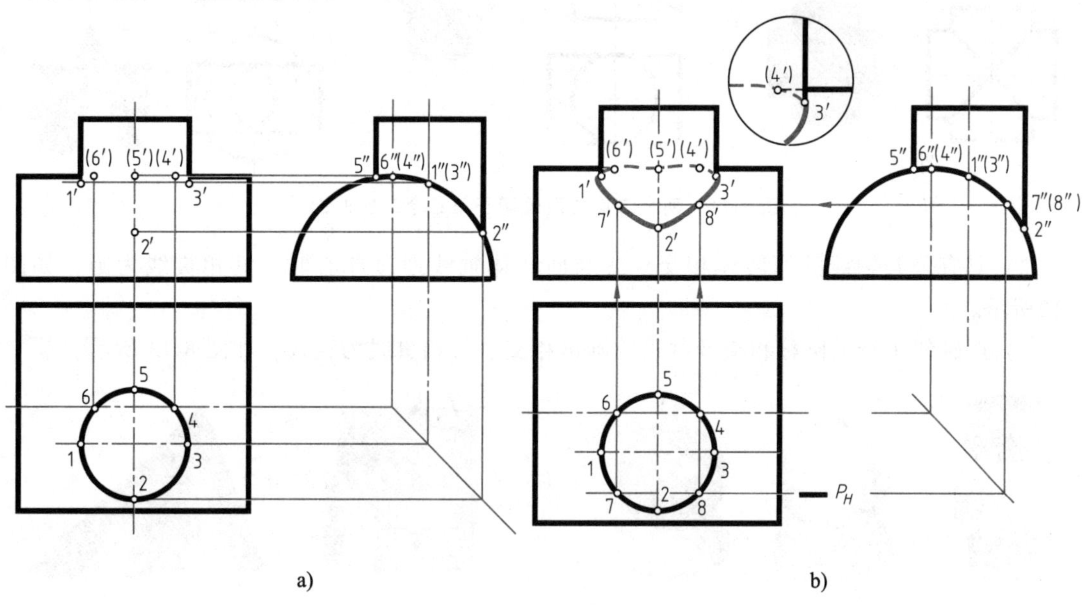

图 8-10　交叉两圆柱的相贯线

作图步骤：

1）作出相贯线上的转向点。先确定小圆柱正视转向线上点Ⅰ、Ⅲ的水平投影点 1、3 及侧面投影点 1″、3″，再按投影关系求出正面投影点 1′、3′。同样，确定小圆柱侧视转向线上点Ⅱ（2，2″）、Ⅴ（5，5″），从而求出正面投影点 2′、（5′）。然后确定大圆柱上面一条正视转向线上点Ⅵ（6，6″）、Ⅳ（4，4″），从而求出正面投影点（6′）、（4′）。

2）求出相贯线上的一般点。作正平面 P 为辅助平面得相贯线上两点Ⅶ（7，7″）、Ⅷ（8，8″），从而求出正面投影点 7′、8′。根据具体情况可求出相贯线上足够数量的一般点，如图 8-10b 所示。

3）顺次光滑连接各点的正面投影，并判别可见性。相贯线上Ⅰ—Ⅱ—Ⅲ 段在小圆柱的前半圆柱面上，故其正面投影 1′—2′—3′可见；而Ⅰ—Ⅴ—Ⅲ 段在后半圆柱面上，故其正面投影 1′-5′—3′不可见，画成虚线。点 1′、3′为相贯线正面投影可见与不可见部分的分界点。

4）将两圆柱看作一个整体，去掉或补上部分转向线。两圆柱正视转向线的正面投影的正确画法，用其右上角的局部放大图来表示：小圆柱转向线的正面投影画到点 3′，并与曲线相切，全部可见，画成实线。大圆柱转向线的正面投影画到点（4′），也与曲线（虚线）相切，但被小圆柱挡住的一小段应画成虚线。由于Ⅵ、Ⅳ 两点间不存在大圆柱的正视转向线，故点（6′）、（4′）之间不能画线。

3. 相贯线的特殊情况

1）蒙日定理。若两个二次曲面公切于第三个二次曲面（圆球），则这两个曲面交于两平面曲线。如图 8-11 所示，圆柱、圆锥相交且内部公切于圆球时，其相贯线为两条椭圆线。

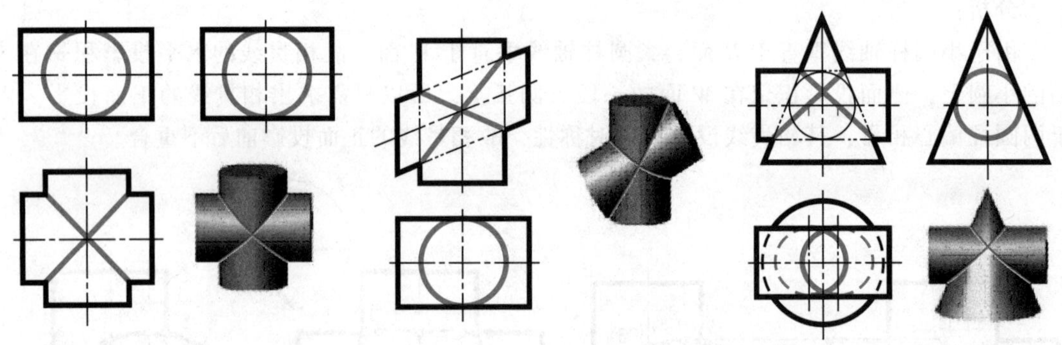

图 8-11　两个二次曲面公切于第三个二次曲面

2）具有公共轴线的回转体相交，或当回转体轴线通过球心时，其相贯线为圆，如图 8-12所示。

3）两轴线平行的圆柱相交及共顶的圆锥相交，其相贯线为直线，如图 8-13 所示。

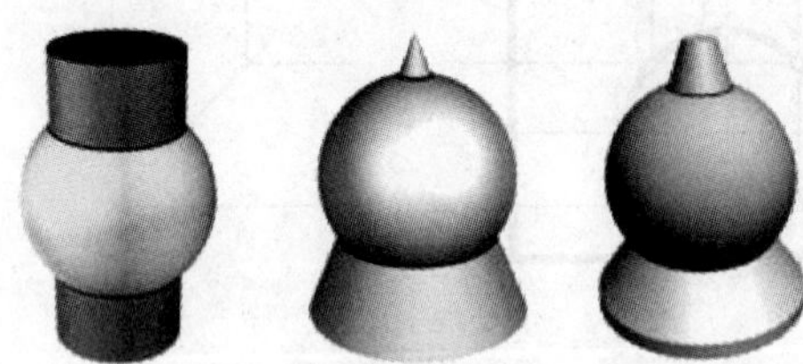

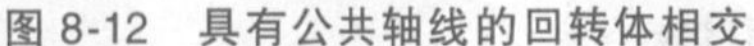

图 8-12　具有公共轴线的回转体相交

图 8-13　两轴线平行的圆柱相交及共顶的圆锥相交

4. 相贯线的变化趋势

相贯线的空间形状取决于两立体的形状、大小以及它们的相对位置；而相贯线的投影形状还取决于它们与投影面的相对位置。

1）尺寸大小变化对相贯线形状的影响如图 8-14 所示，其规律性为交线由小曲面往大曲面轴线弯曲。

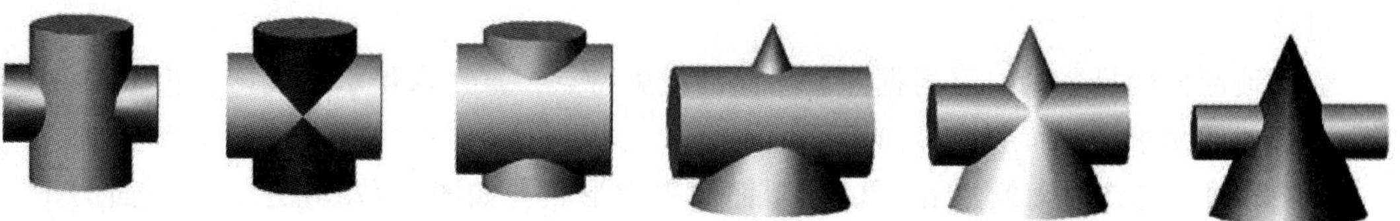

图 8-14　尺寸大小变化对相贯线形状的影响

2）相对位置变化对相贯线形状的影响，如图 8-15 所示。

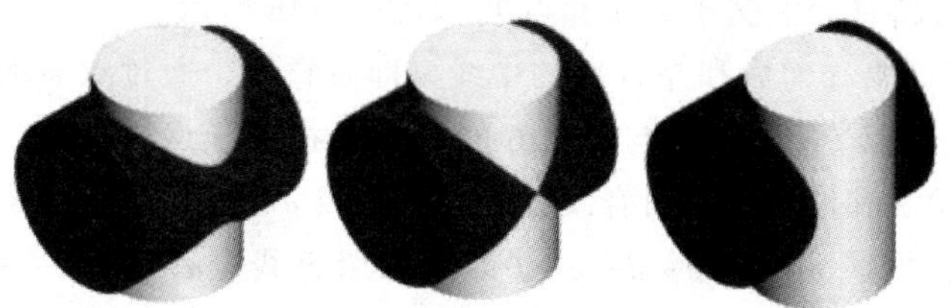

图 8-15　相对位置变化对相贯线形状的影响

■ 8.4　同坡屋面交线（Intersecting Lines of Same-Slope Roofs）

为了排水，建筑屋面均有坡度，当坡度大于 10%时称坡屋面。坡屋面分单坡、二坡和四坡屋面。当各坡面与地面（H 面）倾角 α 都相等时，称为同坡屋面。坡屋面的交线是两平面立体相交的工程实例，但因其特性，与前面所述的作图方法有所不同。坡屋面各种交线的名称如图 8-16 所示。

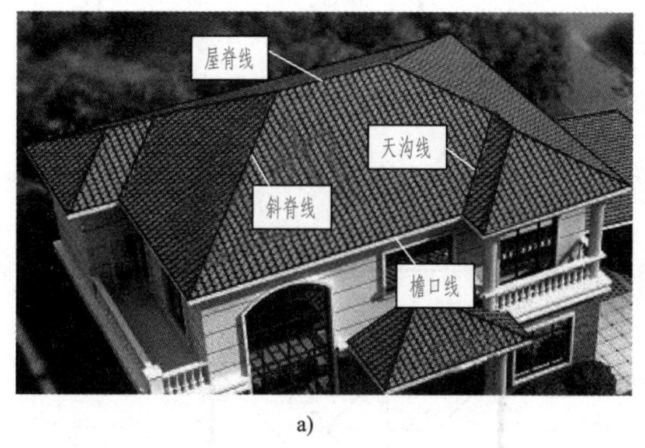

a)

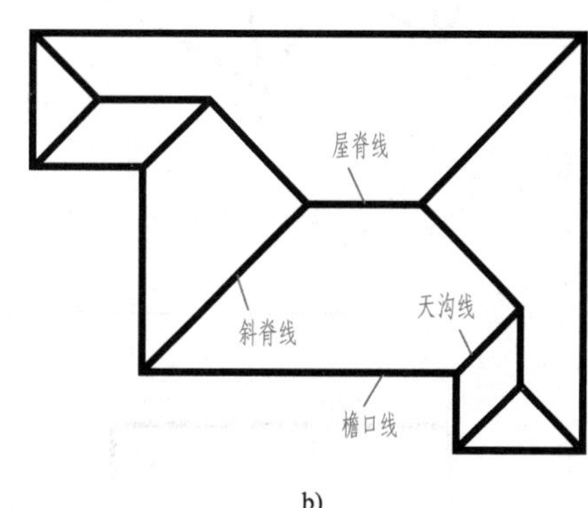

b)

图 8-16　同坡屋面

a）立体图　b）投影图

同坡屋面有如下特点：

1）坡屋面如前后檐口线平行且等高时，前后坡面必相交成水平的屋脊线，屋脊线的 H 面投影，必平行于檐口线的 H 面投影，且与檐口线等距。

2）檐口线相交的相邻两个坡面，必相交于倾斜的斜脊线或天沟线。

3）在屋面上如果有两斜脊、两天沟或一斜脊、一天沟相交于一点，则必有第三条屋脊线通过该点。

作同坡屋面的投影图，可根据同坡屋面的投影特点，直接求得水平投影，再根据各坡面与水平面的倾角求得 V 面投影及 W 面投影。

【例 8-9】 已知屋面倾角 $\alpha=30°$ 和屋面的平面形状，如图 8-17a 所示，求屋面的 V、W 面投影和屋面交线的 H 面投影。

作图步骤：

1）在屋面平面图形上经每一屋角作 45°分角线。在凸墙角上作的是斜脊，在凹角上作的是天沟，其中两对斜脊分别交于点 a 和点 f，如图 8-17b 所示。

2）作每一对檐口线（前后和左右）的中线，即屋脊线。通过点 a 的屋脊线与墙角 2 的天沟线相交于点 b，过点 f 的屋脊线与墙角 6 的天沟线相交于点 e。对应于左右檐口（23 和 67）的屋脊线与墙角 3 和墙角 7 的斜脊线分别相交于点 d 和点 c，如图 8-17c 所示。

3）连 bc 和 de，折线 $a—b—c—d—e—f$ 即所求屋脊线。$a—1$、$a—8$、$c—7$、$d—3$、$f—4$、$f—5$、$b—c$、$d—e$ 为斜脊线，$b—2$、$e—6$ 为天沟线。

4）根据屋面倾角 α 和投影规律，作出屋面 V、W 面的投影，如图 8-17d 所示。其中 V、W 面每一条斜线分别为正垂或侧垂屋面的积聚投影。如图 8-17d 中阴影部分为正垂屋面。

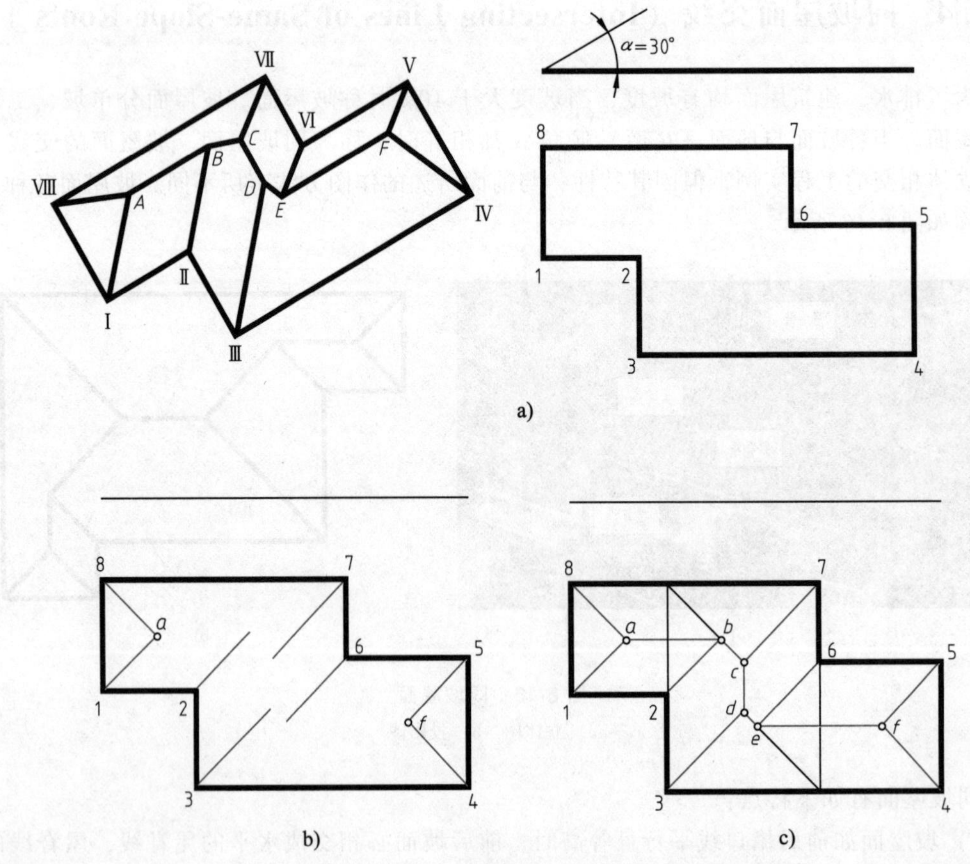

图 8-17 求同坡屋面的交线

a）已知条件 b）求同坡屋面的交线步骤一 c）求同坡屋面的交线步骤二

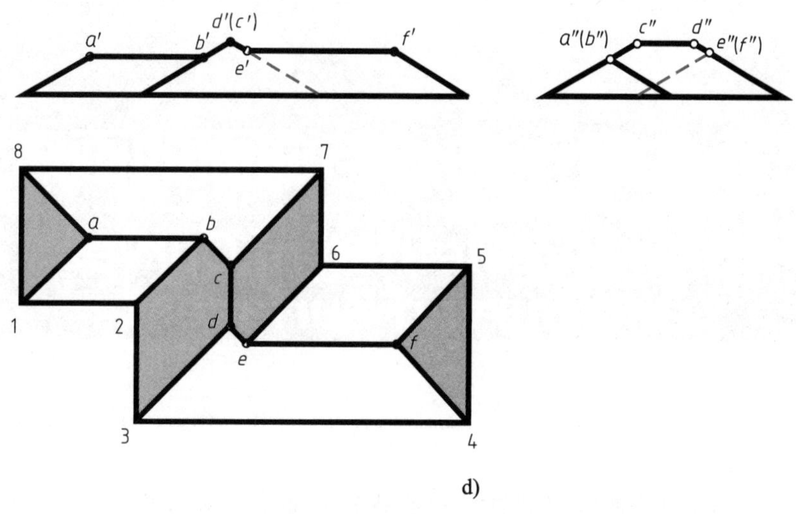

d)

图 8-17　求同坡屋面的交线（续）

d）求同坡屋面的交线结果

第 9 章　曲线与曲面的画法 (Drawing Method of Curves and Curved Surfaces)

【学习目标】

了解工程中常用曲线（如圆柱螺旋线）和曲面（如柱面、锥面、回转面、翘曲面、螺旋面）的投影特性及其画法。

曲线与曲面在土木建筑工程中十分常见。图 9-1 所示的内蒙古科技馆新馆外形采用以旭日腾飞为创意的造型，屋顶为由柱面、锥面、双曲抛物面等组成的复杂曲面体，金属幕墙为自由曲面，前方广场采用同心圆、螺旋线等基本线条为母体，草坡上的球幕影院如初升的红日，展示内蒙古这片热土所蕴含的无限活力和草原人民对科技文明的不懈追求。图 9-2 所示的广西新媒体中心外立面均由曲面组成。

图 9-1　内蒙古科技馆新馆

图 9-2　广西新媒体中心

9.1　曲线（Curves）

1. 曲线的形成

曲线的形成一般有下列三种方式：一个动点连续运动所形成的轨迹（图 9-3a）；平面与曲面或两曲面的交线（图 9-3b）；曲线或直线在平面内运动时所得线族的包络线（图 9-3c、d）。

2. 曲线的分类

曲线分为平面曲线和空间曲线两大类。根据点的运动有无规律，曲线可以分为规则曲线

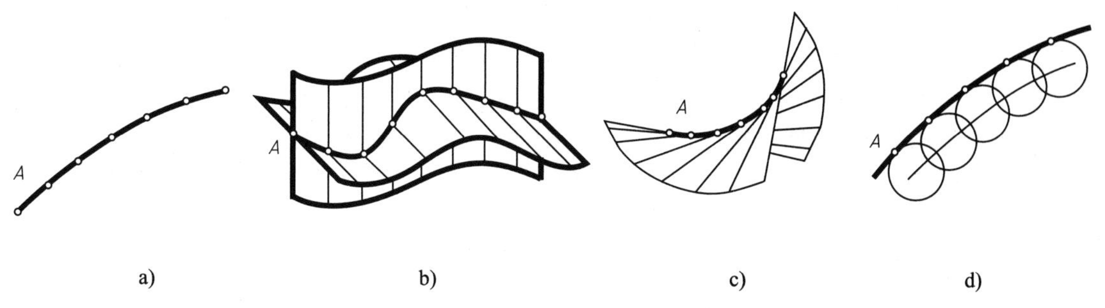

图 9-3　曲线形成方式

a）动点运动　b）两曲面相交　c）直线运动　d）曲线运动

（如圆锥曲线、螺旋线等）和不规则曲线，规则曲线一般可以列出其代数方程。

1）平面曲线：点在一个平面内运动所形成的曲线叫作平面曲线。规则曲线有圆、椭圆、双曲线，抛物线等。不规则曲线有任意平面曲线。

2）空间曲线：点不在一个平面内运动所形成的曲线叫作空间曲线。规则曲线有螺旋线，不规则曲线有任意空间曲线。

3. 曲线投影的性质

1）曲线的投影一般仍为曲线，如图 9-4a 所示。在特殊情形下，当平面曲线所在的平面垂直于某投影面时，它在该投影面上的投影为直线，如图 9-4b 所示。当平面曲线所在的平面与投影面平行时，它在该投影面上的投影反映曲线的实形，如图 9-4c 所示。

2）二次曲线的投影一般为二次曲线，如圆和椭圆的投影一般为椭圆。

3）曲线的切线，它的投影一般仍与曲线的同面投影相切。

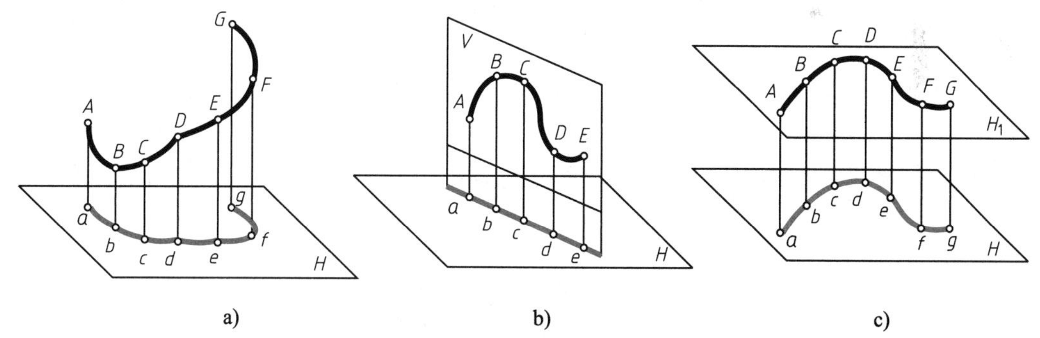

图 9-4　曲线的投影

a）一般曲线　b）平面曲线积聚性　c）平面曲线实形性

4. 平面曲线

圆是常见的一种平面曲线。圆相对于投影面的位置有三种情况：

1）圆平行于投影面，圆的投影依然是等直径的圆，反映实形。

2）圆垂直于投影面，圆的投影是直线，直线的长度等于圆的直径。

3）圆倾斜于投影面，圆的投影是椭圆。

5. 空间曲线

螺旋线是工程中常用的空间曲线之一，下面以圆柱螺旋线为例介绍空间曲线。

1）圆柱螺旋线的形成：当圆柱表面上一动点 *A* 沿圆柱的轴线方向作等速直线运动，同时绕圆柱的轴线作等速回转运动时，则动点的运动轨迹称为圆柱螺旋线。*A* 点旋转一周沿轴向移动的距离称为导程。

2）圆柱螺旋线的作图步骤：

① 设圆柱轴线垂直于 *H* 面，根据圆柱的直径 *d* 和导程 *h* 作出圆柱的两面投影，如图 9-5a所示。

② 将水平投影和正面投影上的导程分成相同的等分，如 12 等分。由圆周上各等分点引直线，与导程上相应各等分点所作的水平线相交，交点 1、2、…、12 即为螺旋线上各点的正面投影，如图 9-5b 所示。

③ 依次将 0、1、2、…、12 各点连成光滑曲线，即得到螺旋线的正面投影，在可见圆柱面上的螺旋线是可见的，其投影画成实线，在不可见圆柱面上的螺旋线是不可见的，其投影画成虚线，如图 9-5c 所示。

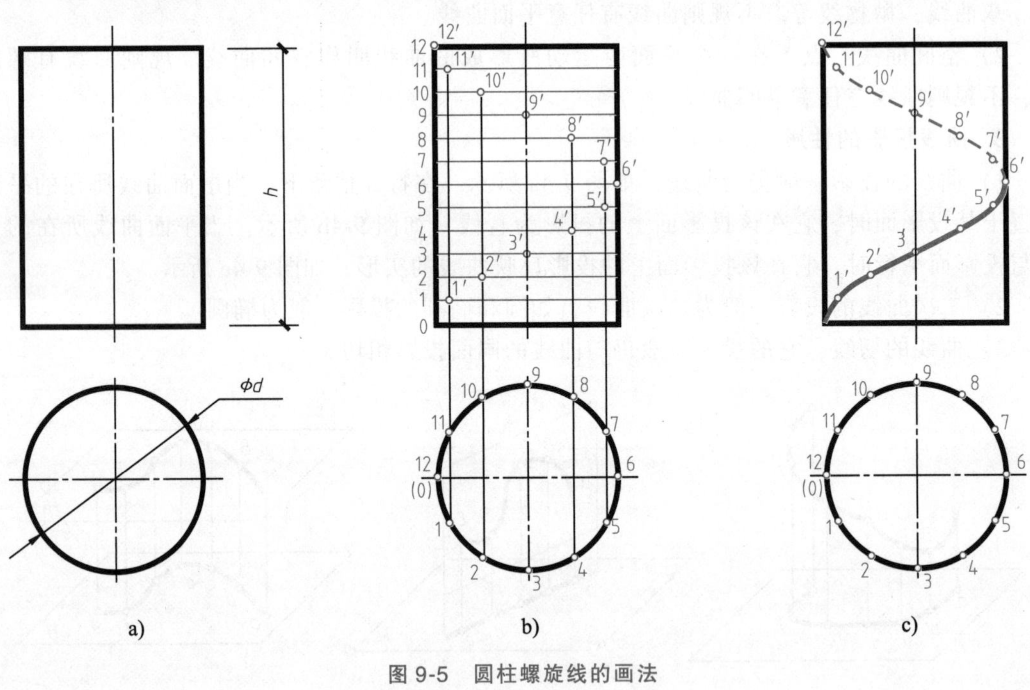

图 9-5　圆柱螺旋线的画法

a）已知条件　b）步骤一　c）步骤二

■ 9.2　曲面（Curved Surfaces）

1. 曲面的形成

曲面可以看作直线或曲线运动的轨迹。运动的直线或曲线称为母线。母线在曲面上的任一位置称为该曲面的素线。控制母线运动的线和面分别称为导线和导面。图 9-6 所示的曲面是由直母线沿曲导线运动并始终平行于直导线而形成的。

母线形状可以是不变的，也可以是不断变化的（图 9-7）。同一曲面可以由多种方法形成，一般应采用最简单的母线来描述曲面的形成。

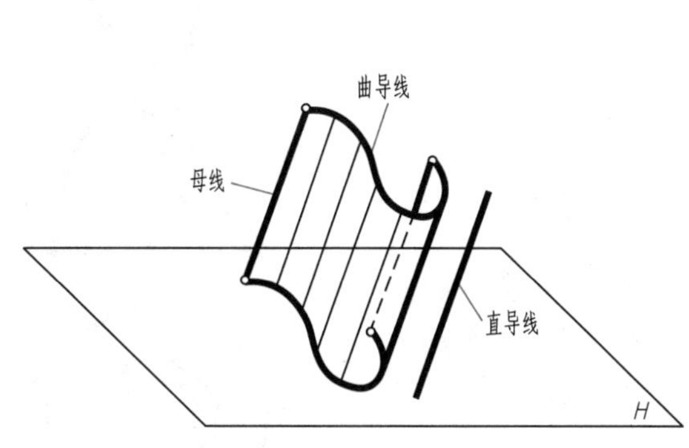

图 9-6　曲面的形成

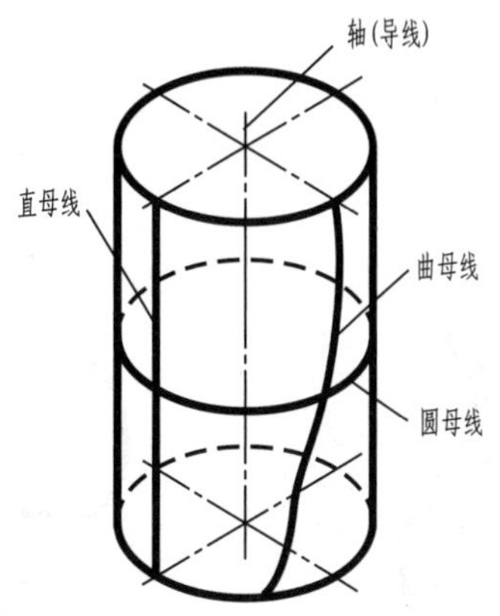

图 9-7　圆柱中变化的母线

2. 曲面的分类

根据不同的分类标准，曲面可以有许多不同的分类方法。

1）按母线的形状分类，曲面可分为直线面和曲线面。

2）按母线的运动方式分类，曲面可分为移动面和回转面。

3）按母线在运动中是否变化分类，曲面可分为定母线面和变母线面。

4）按母线运动是否有规律来分类，曲面可分为规则曲面和不规则曲面。

5）按曲面是否能无皱折地摊平在一个平面上来分类，则可分为可展曲面和不可展曲面。

本章介绍回转曲面和非回转曲面中常见的类型。

9.3　回转曲面（Revolution Surfaces）

在工程中回转面的母线一般为平面曲线，且与回转轴共面，如图 9-8 所示，母线 *AB* 绕同一平面内的轴线 *O* 旋转时，母线上任一点的运动轨迹为垂直于回转轴的圆，称为纬圆。最大的纬圆称为赤道圆，最小的纬圆称为颈圆。

工程上常见的回转面如圆柱面、圆锥面、球面、圆环面等在第 7 章已介绍过，本节介绍单叶双曲回转面。

1. 单叶双曲回转面的形成

单叶双曲回转面是由直母线绕与它交叉的轴线旋转而成的。如图 9-9a 所示，轴线为 *O*，直母线为 *AB*，母线上任一点旋转的轨迹为一圆，*A* 点和 *B* 点分别旋转成该曲面的顶圆和底圆，母线上距轴线最近点形成该曲面的颈圆。图 9-9b 为单叶双曲回转面的投影图。

2. 单叶双曲回转面的投影

只要给出直母线 *AB* 和回转轴 *O*，即可作出单叶双曲回转面的投影图，如图 9-10a 所示。作图步骤如下：

1）作出母线 *AB* 和轴线 *O* 的两面投影 $a'b'$、ab 和 $o'o$，轴线 *O* 垂直于水平面。以轴线的水平投影点 *o* 为圆心，分别以 oa、ob 为半径作圆则得顶圆和底圆的水平投影，它们的正面投影分别是过点 a'和点 b'的水平线，其长度分别等于顶圆和底圆的直径，如图 9-10b 所示。

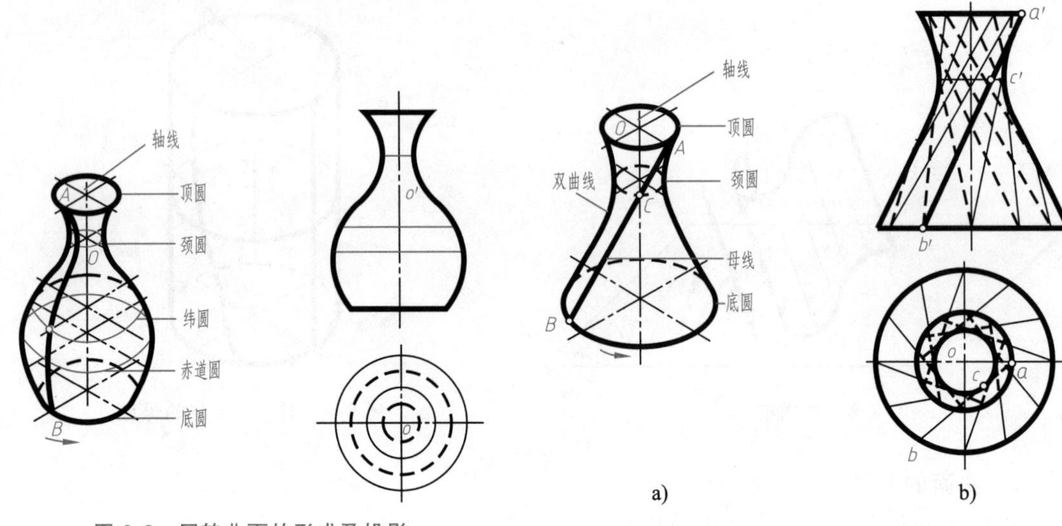

图 9-8　回转曲面的形成及投影

图 9-9　单叶双曲回转曲面的形成

a）形成过程　b）投影图

2）将顶圆和底圆分别从点 A、B 开始等分圆周（如 12 等分）。AB 旋转 30°后就是素线 MN。根据 MN 的水平投影 mn 作出相应的正投影 $m'n'$，如图 9-10c 所示。

3）依次作出每旋转 30°后各素线的水平投影和正面投影。

4）用光滑曲线作为包络线与各素线的正面投影相切，即得该曲面正面投影的外形线，它是一对双曲线。曲面各素线的水平投影也有一条包络线，它是一个圆，即曲面颈圆的水平投影。每条素线的水平投影均与颈圆的水平投影相切，如图 9-10d 所示。

在单叶双曲回转面上取点，可用纬圆法或素线法。

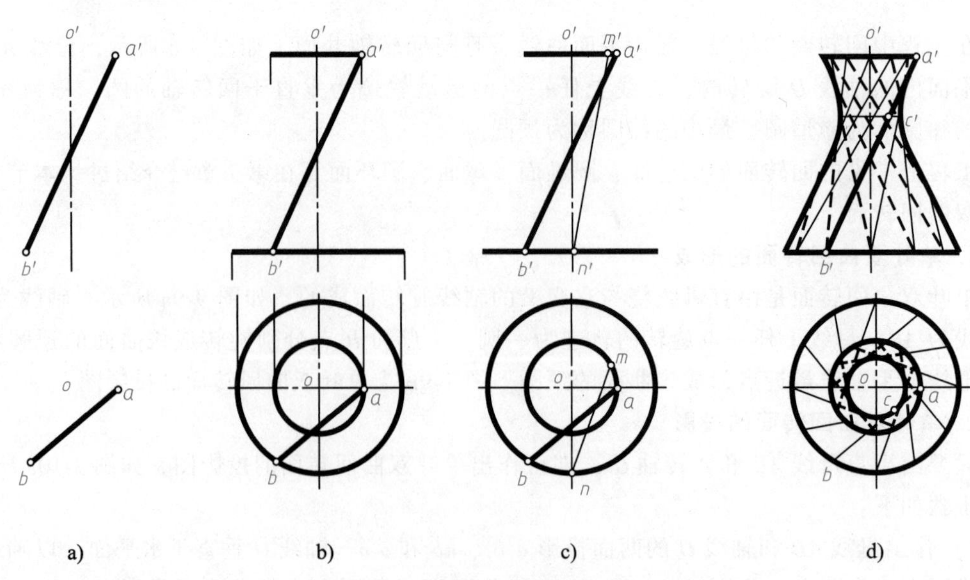

图 9-10　单叶双曲回转曲面的画法

a）已知条件　b）步骤一　c）步骤二　d）步骤三

图 9-11 是单叶双曲回转面在南宁国际会展中心多功能大厅上的穹顶及冷凝塔上的应用。

a)

b)

图 9-11　单叶双曲回转面的应用

a）南宁国际会展中心　b）冷凝塔

9.4　非回转直纹曲面（Non-revolution Ruled Surfaces）

9.4.1　柱面（Cylindrical Surface）

1. 柱面的形成

一直母线 *AB* 沿着曲导线 *L* 移动且始终平行于直导线 *M* 而形成的曲面称为柱面，如图 9-12a所示。曲导线可以是闭合的，也可以是不闭合的。柱面上所有素线都互相平行。

2. 柱面的投影

柱面是按曲面的投影特点来表示的。在投影图上表示柱面一般要画出直导线 *M* 及曲导线 *L* 对投影面的外形轮廓线，如图 9-12b 所示。在柱面上取点常用素线法。

现代建筑大量采用圆柱形结构，图 9-12c、d 所示是柱面的应用实例。

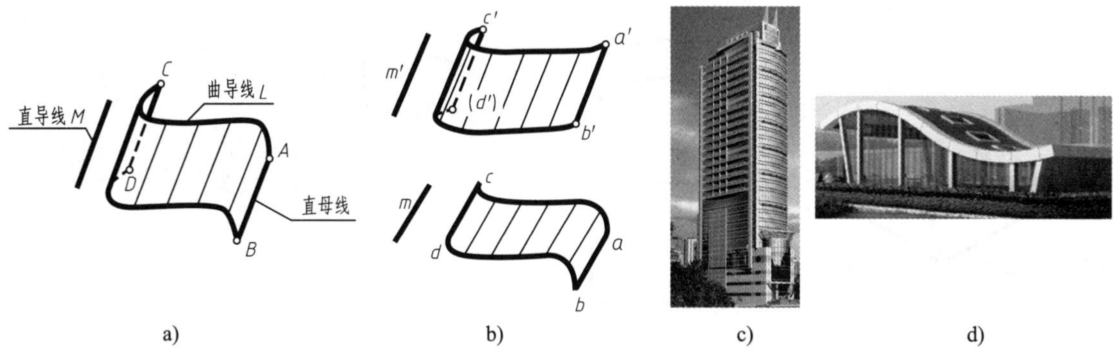

a)　b)　c)　d)

图 9-12　柱面及其应用

a）立体图　b）投影图　c）广州远洋宾馆　d）地铁出入口

9.4.2 锥面（Conical Surface）

1. 锥面的形成

一直母线沿着曲导线移动且始终通过一定点而形成的曲面称为锥面，如图 9-13a 所示。锥面上所有素线相交于定点 *S*，该定点称为锥顶（也称为导点）。曲导线可以是闭合的，也可以是不闭合的。

2. 锥面的投影

锥面的投影图类同于柱面，都是按曲面的投影特点来表示的。必须画出锥顶 *S* 和曲导线 *K* 的投影，如图 9-13b 所示，在锥面上取点常用素线法。图 9-13c 所示水塔是圆锥面的应用实例。

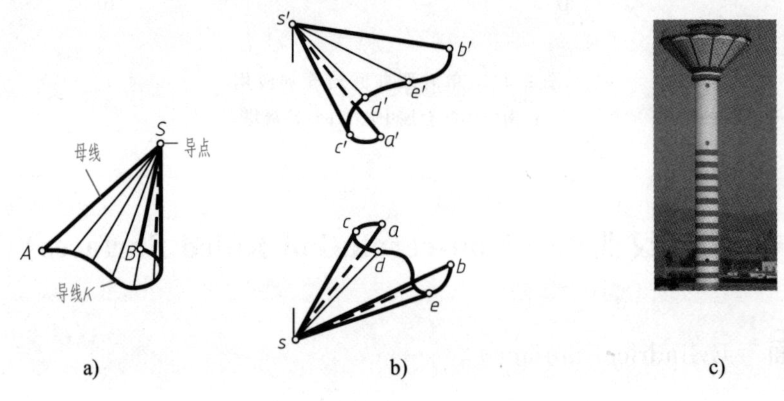

图 9-13 锥面及其应用

a）形成过程 b）投影图 c）水塔

9.4.3 柱状面（Columnar Surface）

1. 柱状面的形成

一直母线沿着两条曲导线运动且始终平行于某一导平面形成的曲面称为柱状面，如图 9-14a 所示。柱状面上的素线都平行于导平面，且互成交叉位置。

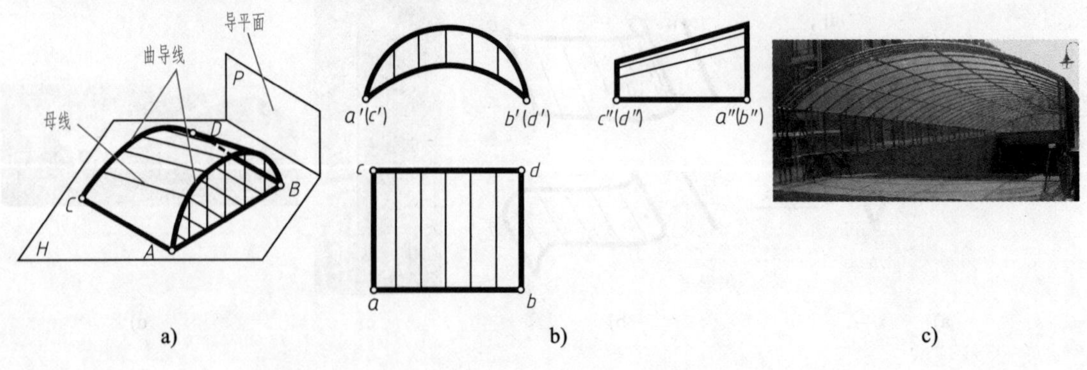

图 9-14 柱状面及其应用

a）形成过程 b）投影图 c）地铁口雨篷

2. 柱状面的投影

柱状面的投影图中只需表示两条曲导线和若干条素线的投影，不必表示导平面。如果导平面垂直于某投影面，那么在作出两曲导线的投影后，先作出素线在该投影面上的投影，然后作素线的其余投影，如图 9-14b 所示。图 9-14c 所示地铁口雨篷是柱状面的应用实例。

9.4.4　锥状面（Cone Surface）

1. 锥状面的形成

一直母线沿着一直导线和一曲导线连续运动且始终平行于一导平面，这样形成的曲面称为锥状面，如图 9-15a 所示。锥状面上的素线都平行于导平面，且互成交叉位置。

2. 锥状面的投影

锥状面的投影图中只需表示两条曲导线和若干条素线的投影，不必表示导平面。与柱状面相同，如果导平面垂直于某投影面，那么在作出两曲导线的投影后，先作出素线在该投影面上的投影，然后作素线的其余投影，如图 9-15b 所示。图 9-15c 所示屋顶是锥状面的应用实例。

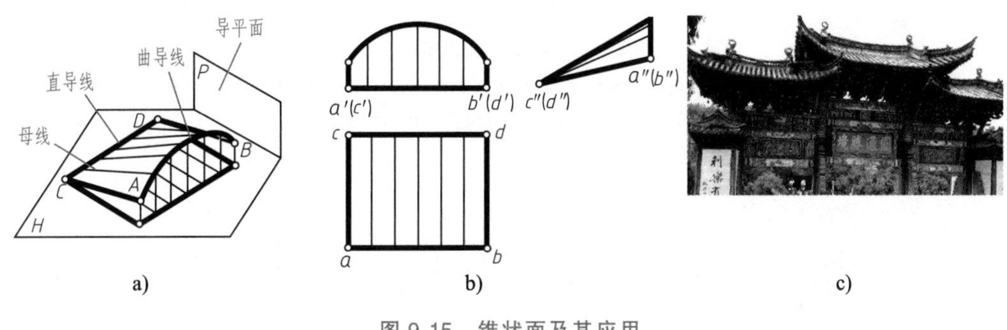

图 9-15　锥状面及其应用
a）形成过程　b）投影图　c）实例

9.4.5　双曲抛物面（Hyperbolic Paraboloid）

1. 双曲抛物面的形成

一直母线沿着两交叉直导线连续运动且始终平行于一导平面，这样形成的曲面称为双曲抛物面，如图 9-16 所示。双曲抛物面上的素线都平行于导平面，且彼此成交叉位置。

2. 双曲抛物面的投影

双曲抛物面的投影图中只需表示两条直导线和若干条素线的投影，不必表示导平面的投影。双曲抛物面的画法如图 9-17 所示。

很多建筑的屋面采用双曲抛物面的形式，图 9-18 所示的星海音乐厅就是其中的一例。

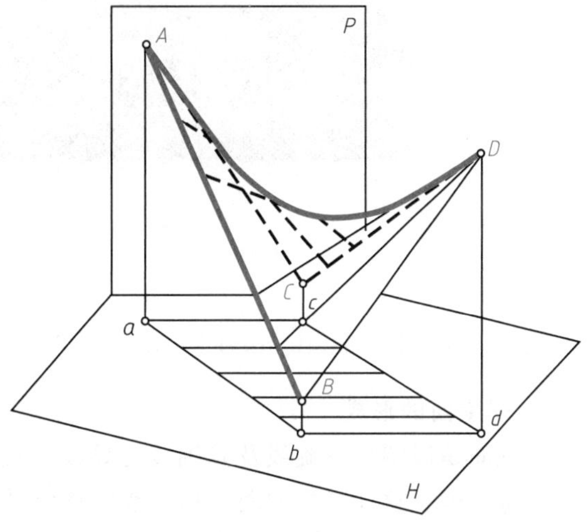

图 9-16　双曲抛物面的形成

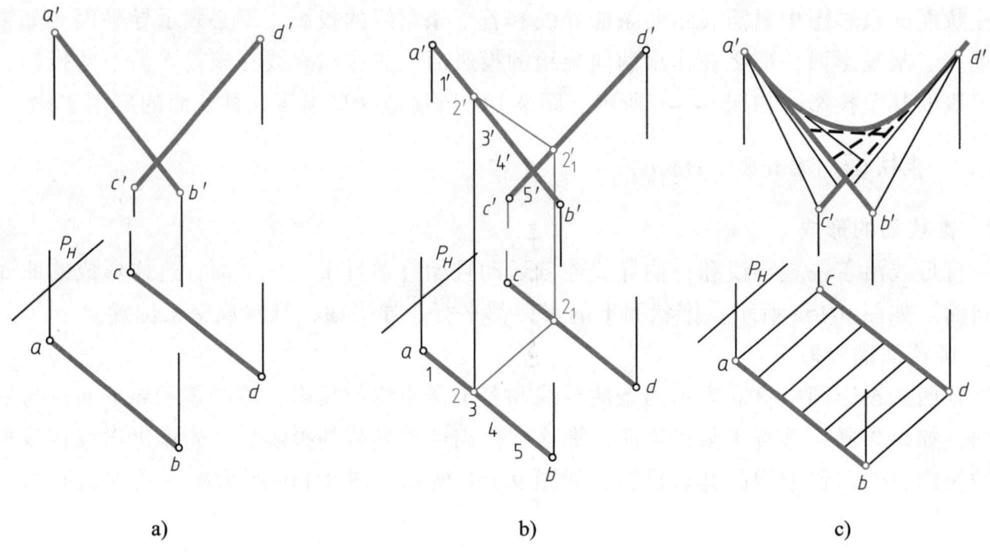

图 9-17　双曲抛物面的画法

a）已知条件：导线 *AB*、*CD* 和导平面 *P*　b）步骤一：作过等分点素线的 *V* 面投影

c）步骤二：作与各素线 *V* 面投影相切的包络线

图 9-18　双曲抛物面的应用

9.4.6　螺旋面（Helicoidal Surface）

1. 螺旋面的形成

螺旋面是以圆柱螺旋线及其轴线为导线，直母线沿此两导线移动而同时又使它与轴线相交成一定角度，这样形成的曲面称为螺旋面。若母线与轴线垂直，则为正螺旋面，或称平螺旋面；若母线与轴线不垂直，则为斜螺旋面。本节只讨论正螺旋面。

2. 螺旋面的投影

作正螺旋面的投影图时，应先画出圆柱螺旋线的曲导线及其直导线（轴线）的两面投影，并把圆柱螺旋线分成若干等分，然后过等分点作素线的两面投影。素线的正面投影都是水平线，素线的水平投影交于圆心。如果螺旋面被一个同轴小圆柱所截，小圆柱与螺旋面的交线，是一条与螺旋曲导线有相等螺距的螺旋线。

图 9-19　螺旋楼梯

3. 螺旋面的应用

螺旋楼梯是平螺旋面在建筑中的一种应用。螺旋楼梯的底面是平螺旋面，内、外边缘是两条螺旋线，如图 9-19 所示。

螺旋楼梯的作图步骤：

1）根据给出的螺旋楼梯所在的内、外圆柱直径，导程及转一圈的步级数（如 12 级），作出有内圆柱的螺旋面的 V、H 面投影，如图 9-20a 所示。

2）根据螺旋楼梯各级踏步的高度，对应于各踢面和踏面的 H 面投影，可分别作出各步级相应踢面的 V 面投影，如图 9-20b、c 所示。

3）由各踏步的两侧向下量出楼梯板的垂直方向的厚度，将所得点相连，即可连出楼梯底面的两条边缘螺旋线，如图 9-20d 所示。

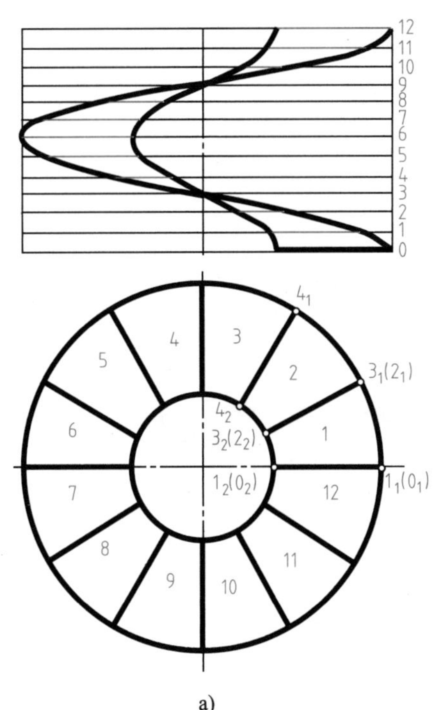

a)

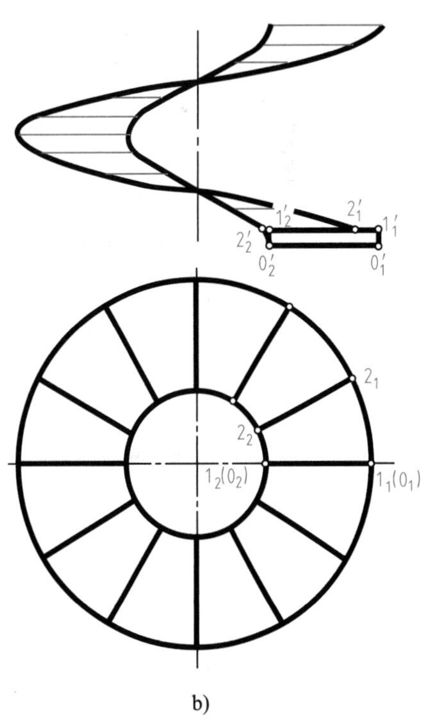

b)

图 9-20　旋转楼梯的画法

a）作螺旋面的 V、H 面投影　b）作第一步级踢面和踏面的 V 面投影

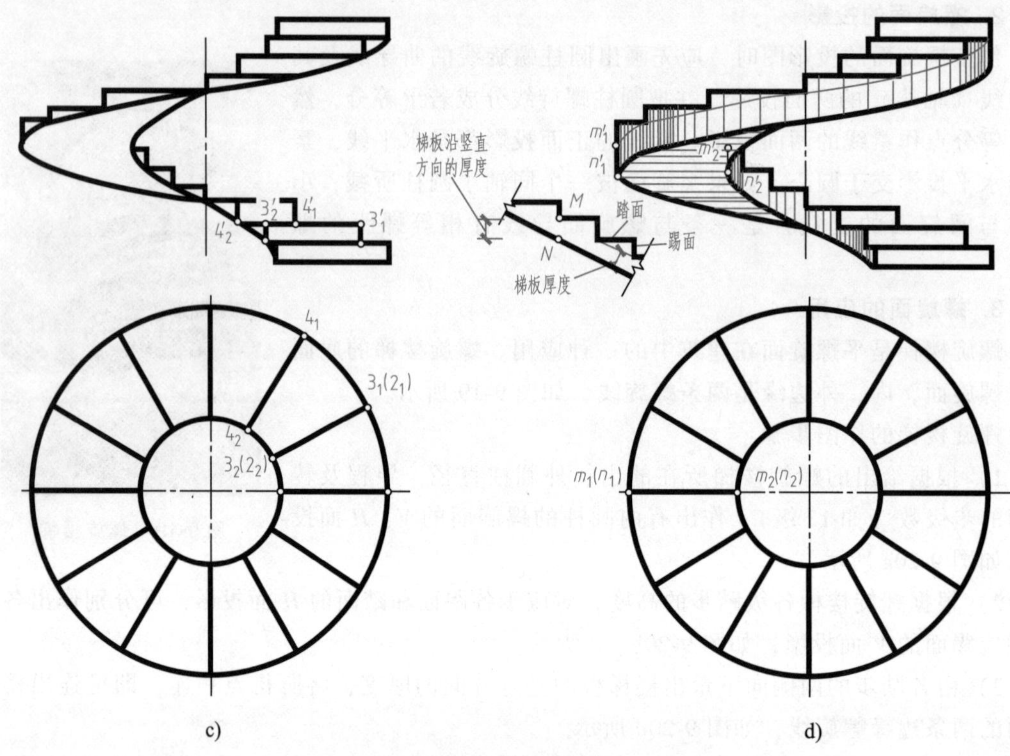

图 9-20　旋转楼梯的画法（续）

c）作各步级踢面、踏面的 V 面投影　d）作螺旋楼梯投影

第 10 章　组合体的投影 (Projection of Combination Solids)

【学习目标】

1. 掌握三视图的画法和读图方法；掌握组合体的尺寸标注。
2. 能用形体分析法和线面分析法补视图、补缺线。

10.1　组合体的构成及分析方法（Constitution and the Analysis Method of Combination Solids）

10.1.1　组合体的构成（Constitution of Combined Solids）

1. 概述

如果从几何形状考察一个物体，总可认为它由若干个平面立体或曲面立体或平面立体与曲面立体组合而成。假如不考虑物体的物理性质和建筑方面的要求，就称这种物体为组合体。画组合体的图形时，要仔细观察它的形体特点，弄清楚以下几个问题：由哪些立体组成，每一立体是否完整；有无空腔、切槽，腔体的表面是平面还是曲面，或者是两者的组合；有无截交线，是截单体还是多体；相邻两体的相对位置如何，分界线有何特点，是不是相贯线。分析了这些情况，就可以针对各部分的特点，采取相应的画图方法。看图也是如此。

如图 10-1c 所示的挡土墙可以看成是由图 10-1b 所示的五个几何形体组合而成，图 10-1a 为其投影图。

2. 组合体的组合形式

1）叠加式：由基本几何形体叠砌而成，如图 10-1 所示。

2）截割式：由基本几何形体被一些面截割后而成。如图 10-2a 所示，组合体是由长方体被三个平面和一个半圆柱面截割而成。

3）综合式：由基本几何形体叠加和被截割而成，如图 10-2b 所示。

3. 基本体之间表面连接关系

从组合体的整体来分析，各基本体之间都有一定的相对位置，并且各形体之间的表面也存在一定的连接关系。

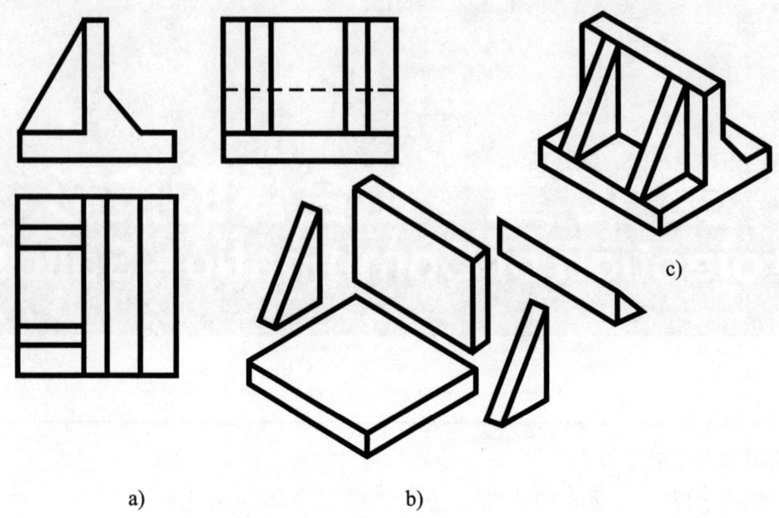

图 10-1　叠加式挡土墙的组合体

a）投影图　b）部件图　c）立体图

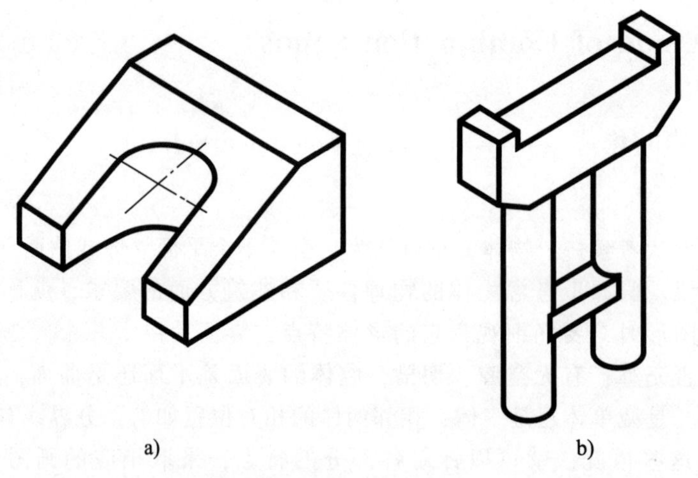

图 10-2　组合体的组合方式

a）截割式　b）综合式

（1）共面与不共面　当相邻两形体的表面互相平齐连成一平面，结合处没有界线。如图 10-3a 所示，在画图时，立面图的上下形体之间不应画线。

如果两形体的表面不共面，而是相错，如图 10-3b 所示，在立面图上要画出两表面间的界线。

（2）两形体表面相切　相切是指两个基本体的相邻表面（平面与曲面或曲面与曲面）光滑过渡。如图 10-4 所示，相切处不存在轮廓线，在视图上一般不画出分界线。

（3）两形体表面相交　相交是指两基本体的表面相交所产生的交线（截交线和相贯线），应画出交线的投影，如图 10-5 所示。

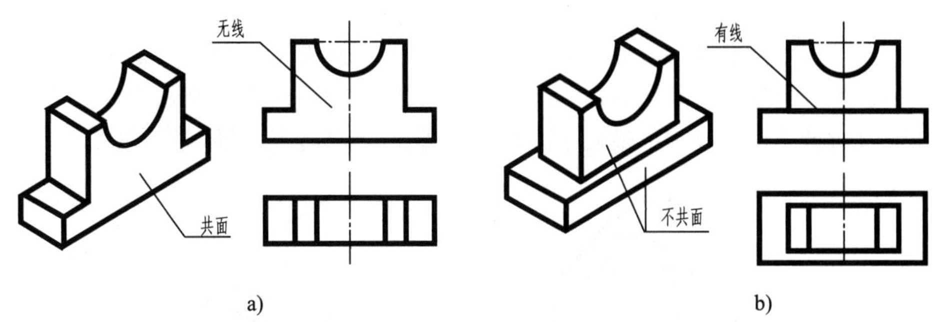

图 10-3　形体表面连接关系——共面与不共面

a）共面　b）不共面

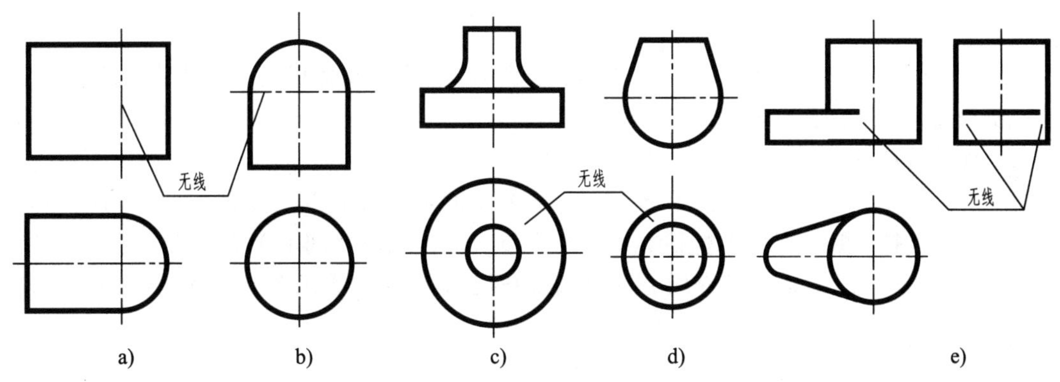

图 10-4　形体表面连接关系——相切

a）棱柱与圆柱相切　b）半球与圆柱相切　c）回转体与圆柱相切　d）圆台与半球相切

e）平面体与圆柱相切

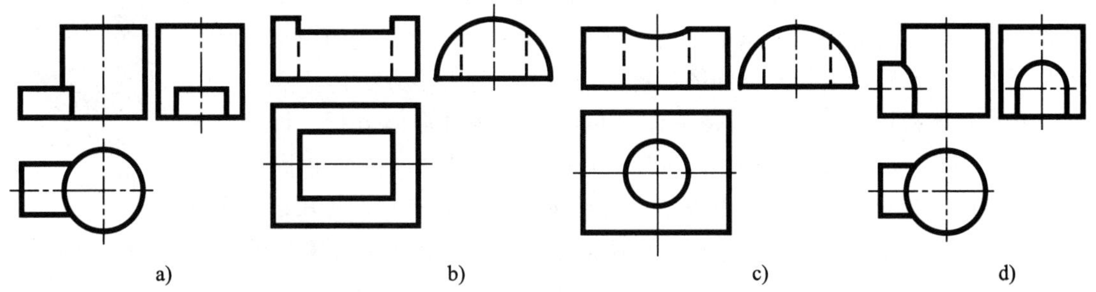

图 10-5　形体表面连接关系——相交

a）棱柱与圆柱相交　b）半圆柱被切出四棱柱孔　c）半圆柱被切出圆柱孔　d）半圆柱、四棱柱与圆柱相贯

10.1.2　组合体的分析方法（Analysis Method of Combined Solids）

1. 形体分析法

将组合体分解为若干个简单的基本几何体，并分析各基本体之间的组成形式、相邻表面间的相互位置及连接关系的方法，称为形体分析法。

形体分析法是组合体画图、读图和尺寸标注的基本方法。运用形体分析法将一个复杂的形体分解为若干个基本几何体，是一种化繁为简的分析手段。

对于常见的简单组合体，如带孔的直板、底板等，通常可视为一个形体，称为简单形体，一般不必再做更细的研究，如图 10-6 所示。有时，同一组合体会出现几种不同的形体分析结果，这时就应该选择其中最便于画图、读图和尺寸标注的形体分析方法。

图 10-6　简单形体

注意：形体分析仅仅是认识对象的一种思维方法，实际物体仍是一个整体，其目的是把握住物体的形状，便于画图、读图和配置尺寸。

2. 线面分析法

运用线、面的投影规律分析形体上线、面的空间形状和相互位置的方法称为线面分析法，在组合体中，相邻两个基本形体（包括孔和切口）表面之间的关系，有共面、不共面、相交、相切四种情况（前面已介绍），作投影图时，必须正确表示各基本体之间的表面连接关系。

10.2　组合体投影图的画法（Drawing of Combination Solids Projections）

画图是运用正投影法把空间物体表达在平面图形上——由物到图降维。在降维过程中，将运用图形思维方法（即用画图的方式来表达事物之间的关系和属性，借以帮助人们分析问题、解决问题的一种思维方法）。

组合体投影图的画法

画组合体视图的基本方法是形体分析法，即通过形体分析，深刻理解“物”与“图”之间的对应关系；同时，分析该组合体由哪些简单形体组成、各简单形体的相对位置及相邻表面之间的连接关系。必要时，再用线面分析法分析组合体上某些线或面的投影，以明确它们在组合体中的位置及形状，从而有步骤地进行画图。下面以图 10-7 所示涵洞口为例说明画图的方法和步骤。

1. 形体分析

首先，对组合体进行形体分解——分块；其次，弄清各部分的形状及相对位置关系。

从图 10-7a 可以看出，涵洞口左右对称，由基础、墙身和缘石三部分组成。基础是四棱柱体，缘石是五棱柱体，墙身也是四棱柱体，并且在当中挖掉一个圆柱体。

2. 选定主视图的投射方向

主视图的选择对组合体形状特征的表达效果和图样的清晰程度会有明显的影响。由于主视图是三视图中的主要投影，因此，首先应选择主视图，其原则如下：

1）组合体应安放平稳并符合自然位置、工作位置，使它的对称面、主要轴线或大的端

面与投影面平行或垂直。

2）将最能反映组合体形体特征的投射方向作为主视图投射方向，如图 10-7a 中箭头所示。

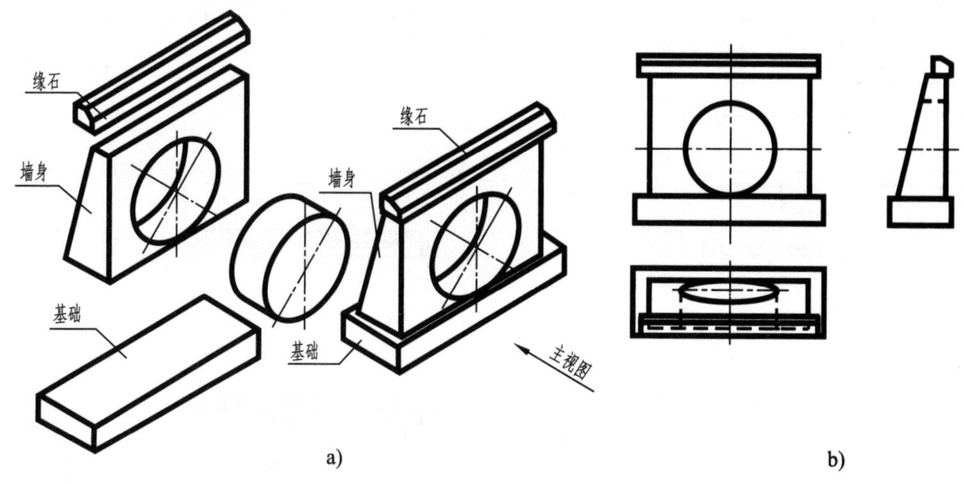

图 10-7　涵洞口的立体图及投影图

a）立体图　b）投影图

3）可见性好，尽量使各视图中的虚线最少。

4）为了合理利用图纸，使物体较大的一面平行于正立投影面（图纸一般取横式）。

3. 画图步骤

（1）布置图面　根据组合体的实际大小和复杂程度，先选定适当的绘图比例和图幅，再根据形体的总长、总宽、总高匀称布置图面。在图纸合适处画出每个视图的水平方向和竖直方向的作图基准线，对称的图形应以对称中心线作为作图基准线，如图 10-8a 所示。此外，要注意留有标注尺寸的位置，并使两视图之间的距离和视图与图框的距离适当。

（2）画底稿　根据形体分析的结果，用较淡的 H 或 2H 铅笔逐个画出各简单形体的三

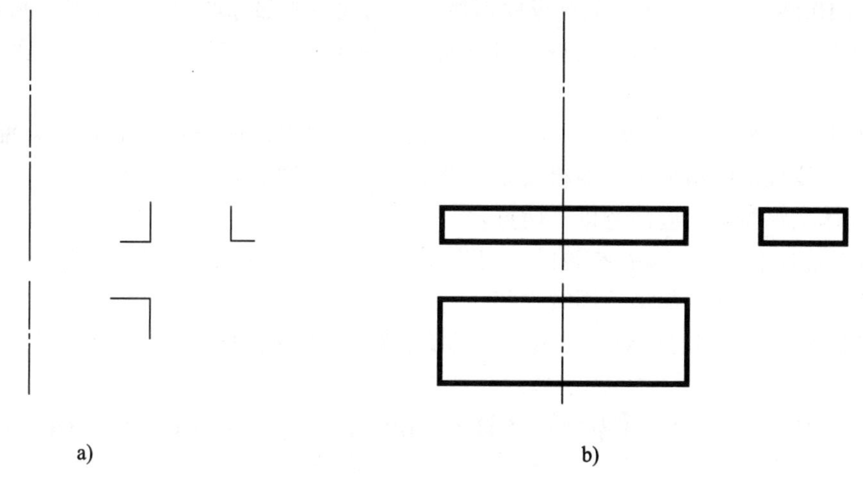

图 10-8　涵洞口的画图步骤

a）步骤一　b）步骤二

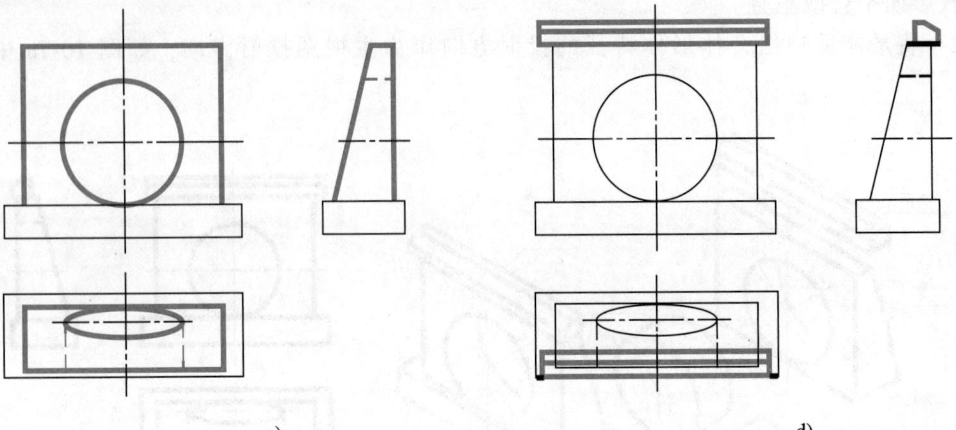

c)　　　　d)

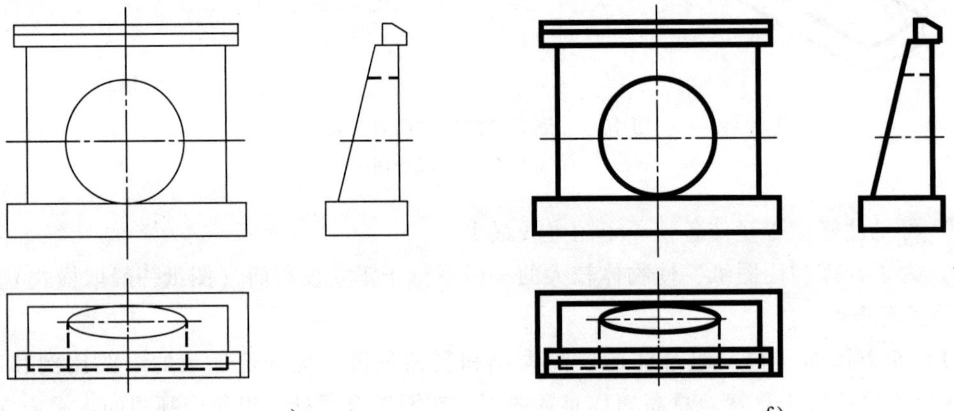

e)　　　　f)

图 10-8　涵洞口的画图步骤（续）
c）步骤三　d）步骤四　e）步骤五　f）步骤六

视图，如图 10-8b、c、d 所示。先画反映形体特征的或主要部分的轮廓线投影，再画次要形体及局部细节；先画大的部分，后画小的部分；三视图按“长对正、高平齐、宽相等”的投影规律同时画。

（3）校核、加深图线　检查底稿，注意相邻两形体表面间连接的画法，补漏，改错，确认无误后，按规定线型加深、加粗，完成投影作图，如图 10-8e、f 所示。

画组合体三视图时，应注意以下两点：

1）画图过程中要始终保持三视图之间“长对正、高平齐、宽相等”的投影关系，并将各基本体的三个视图联系起来，同时作图。

2）注意各部位之间的相对位置关系，以及准确表达表面的连接关系。

■ 10.3　组合体的尺寸标注（Dimensioning of Combination Solids）

组合体视图只能表达立体的形状，而立体的真实大小及各部分之间相互的位置，要由视图上标注的尺寸来确定。因此，正确标注尺寸极为重要。

标注尺寸的基本要求如下：

1）正确：尺寸标注符合相应专业国家制图标准中的有关规定。（本节内容参考《建筑制图标准》）

2）完整：尺寸标注要齐全，能完全确定物体的形状和大小，不遗漏、不重复。

3）清晰：尺寸的布局清晰恰当，便于看图和查找尺寸。

组合体由基本体组成，研究组合体的尺寸标注的基础是基本体的尺寸标注。

10.3.1　基本体的尺寸标注（Dimensioning of Basic Solids）

常见基本几何体的尺寸标注如图 10-9 所示。

带切口形体的尺寸标注只需标注切口定位尺寸而无需标注切口定形尺寸。如图 10-10 中打“×”部分无需标注。

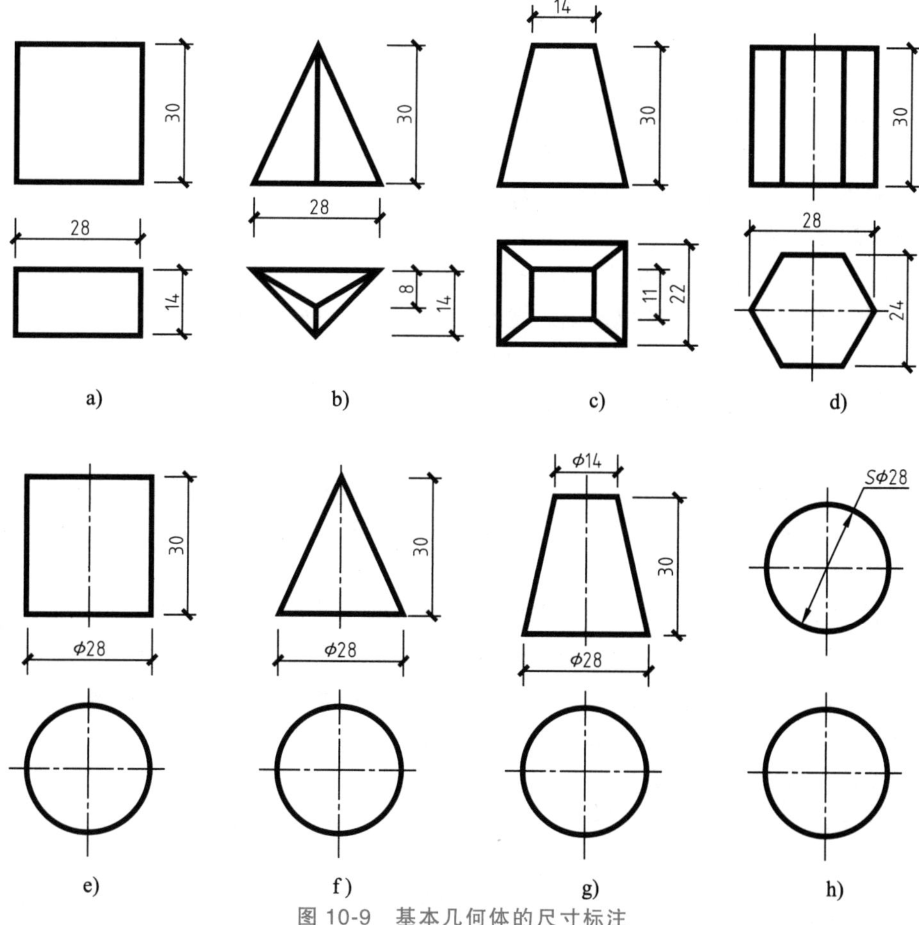

图 10-9　基本几何体的尺寸标注

a）四棱柱　b）三棱锥　c）四棱台　d）六棱柱　e）圆柱　f）圆锥　g）圆台　h）球

10.3.2　组合体的尺寸标注（Dimensioning of Combined Solids）

组合体的尺寸标注

1. 尺寸的类型

组合体应在形体分析的基础上，标注以下三类尺寸：

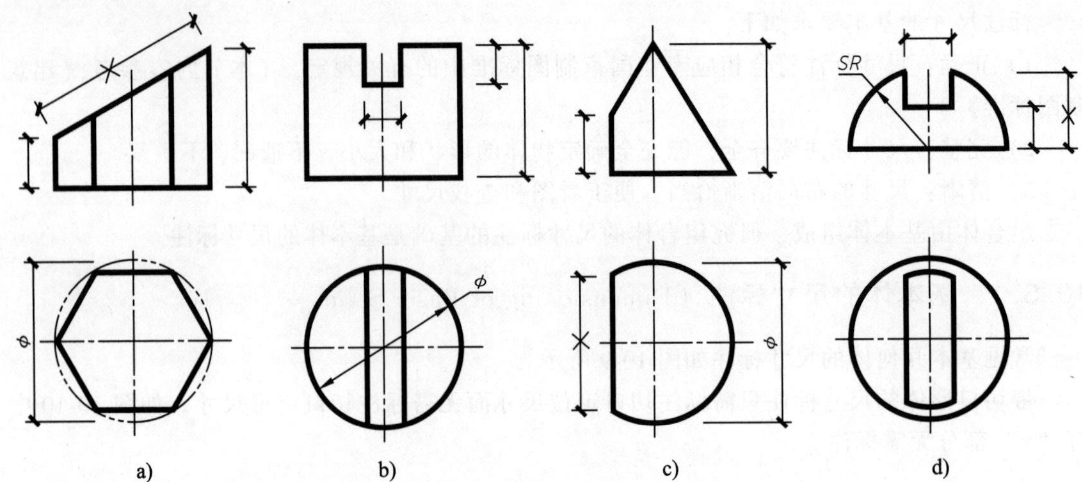

图 10-10　带切口形体的尺寸标注（省略尺寸数字）

a）六棱柱被截切　b）圆柱被截割　c）圆锥被截切　d）半球被截割

1）定形尺寸：确定组合体中各基本体大小的尺寸。

2）定位尺寸：确定组合体各基本体之间相对位置的尺寸。

3）总体尺寸：确定组合体的总长、总宽和总高的尺寸。

2. 标注尺寸的步骤

以图 10-11 所示为例，说明标注尺寸的方法和步骤：

1）形体分析。涵洞口分解成基础、墙身和缘石三个组成部分。

2）确定尺寸基准，即标注定位尺寸的起点。组合体一般在长、宽、高三个方向上至少各有一个基准。通常以组合体较重要的端面、底面、对称面和回转体的轴线作为基准。该涵洞口的定位基准选择如图 10-11a 所示。

3）标注每个基本体的定形尺寸。图 10-11b、c、d 中所注尺寸是各基本体的定形尺寸。

4）标注各基本体相互间的定位尺寸。图 10-11e 中所注的尺寸是缘石、墙身及其圆孔的定位尺寸。

5）标注组合体的总体尺寸，如图 10-11f 中所注的尺寸。

6）按尺寸标注的要求检查、校核、完成尺寸标注，如图 10-11g 所示。由于总长 300mm、总宽 102mm 在标注定形尺寸时已经标注，不必重复；有的尺寸需做调整，如缘石宽度 29mm 可由台身顶宽 29mm 及定位尺寸 10mm 得出，可以不标注。

3. 尺寸配置应注意的问题

1）尺寸标注要明显。尺寸一般应尽量注在反映形体特征的投影图上，布置在图形轮廓线之外，但又应靠近轮廓线。

2）尺寸标注要集中。表示同一结构或形体的尺寸尽量集中标注，首先考虑在俯视图和主视图上标注尺寸，再考虑在左视图上标注。

3）尺寸标注应整齐清晰。尺寸线尽可能排列整齐，与两投影图有关的尺寸应尽量标注在两投影图之间。可把长、宽、高三个方向的定形、定位尺寸组合起来排成几道，尺寸线间隔应相等，相互平行的尺寸应按“大尺寸在外，小尺寸在内”的方法布置。

4）其他问题。某些局部尺寸允许注在轮廓线内，但任何图线不得穿越尺寸数字。尽量

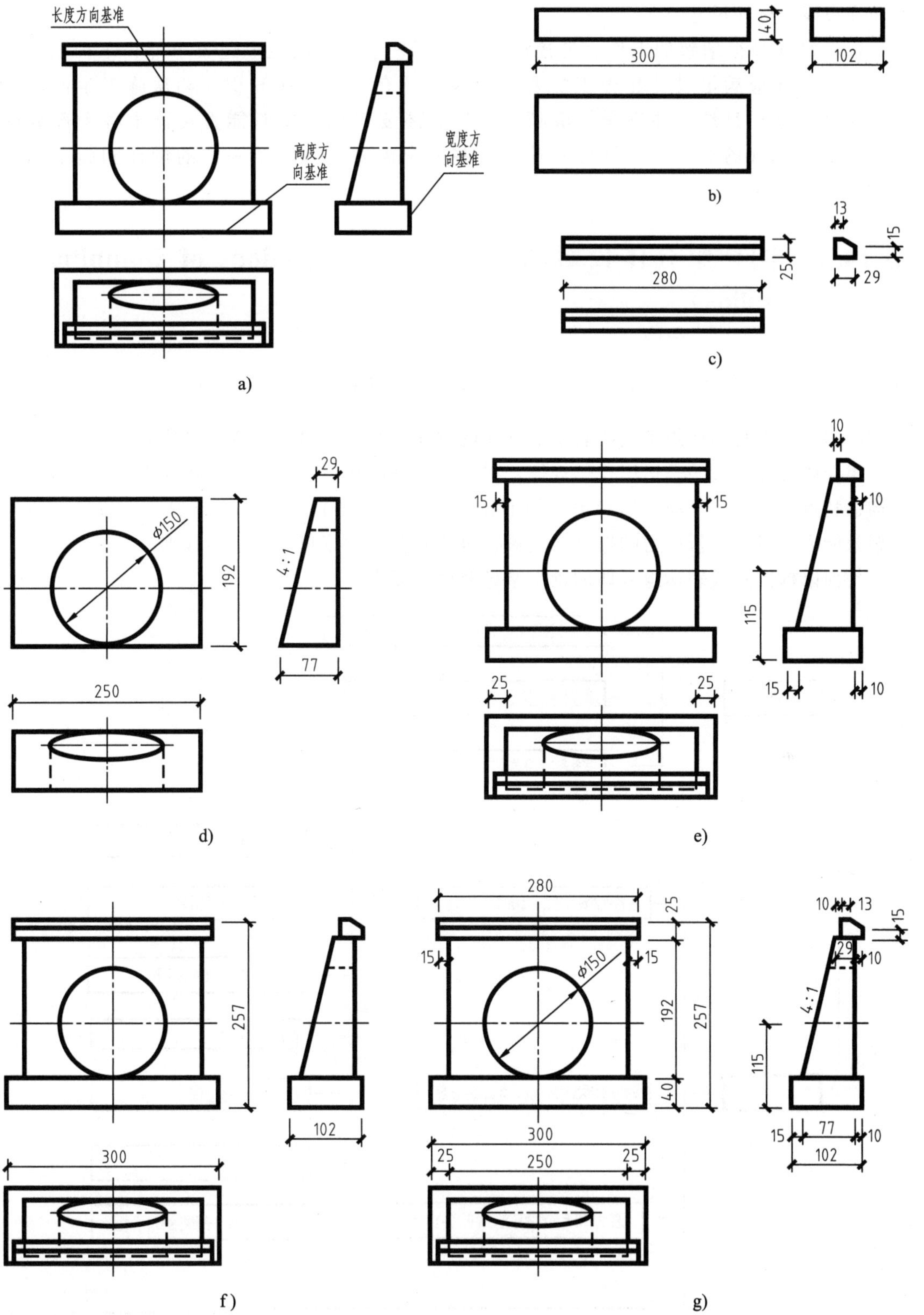

a)

b)

c)

d)

e)

f)

g)

图 10-11　涵洞口的尺寸标注

a）步骤一　b）步骤二　c）步骤三　d）步骤四　e）步骤五　f）步骤六　g）步骤七

避免在虚线上标注尺寸。

标注尺寸是很细致的工作，考虑的因素也很复杂。除满足上述要求外，工程建筑物的尺寸标注还应满足设计和施工的要求，这涉及有关的专业知识。如从施工生产的角度来标注尺寸，只是标注齐全、清晰还不够，还要保证读图时能直接读出各个部分的尺寸，到施工现场不需再进行计算等。这些要求需要在具备了一定的设计和施工知识后才能逐步做到。

■ 10.4 阅读组合体投影图（Reading Projections of Combination Solids）

10.4.1 读图的基本知识（Basic Knowledge of Reading Drawings）

读图是根据视图构想出它所表示的立体的空间形状——由图到物（升维）。

组合体视图的读图是运用投影规律，根据所给视图想象出形体的形状、大小、构成方式和构造特点，这种由平面图形想象空间形体（二维到三维）的形象思维过程不仅能促进空间想象能力和投影分析能力的提高和发展，也为专业图阅读奠定了重要基础。

下面以框图形式表达组合体的读图基础及读图要点。

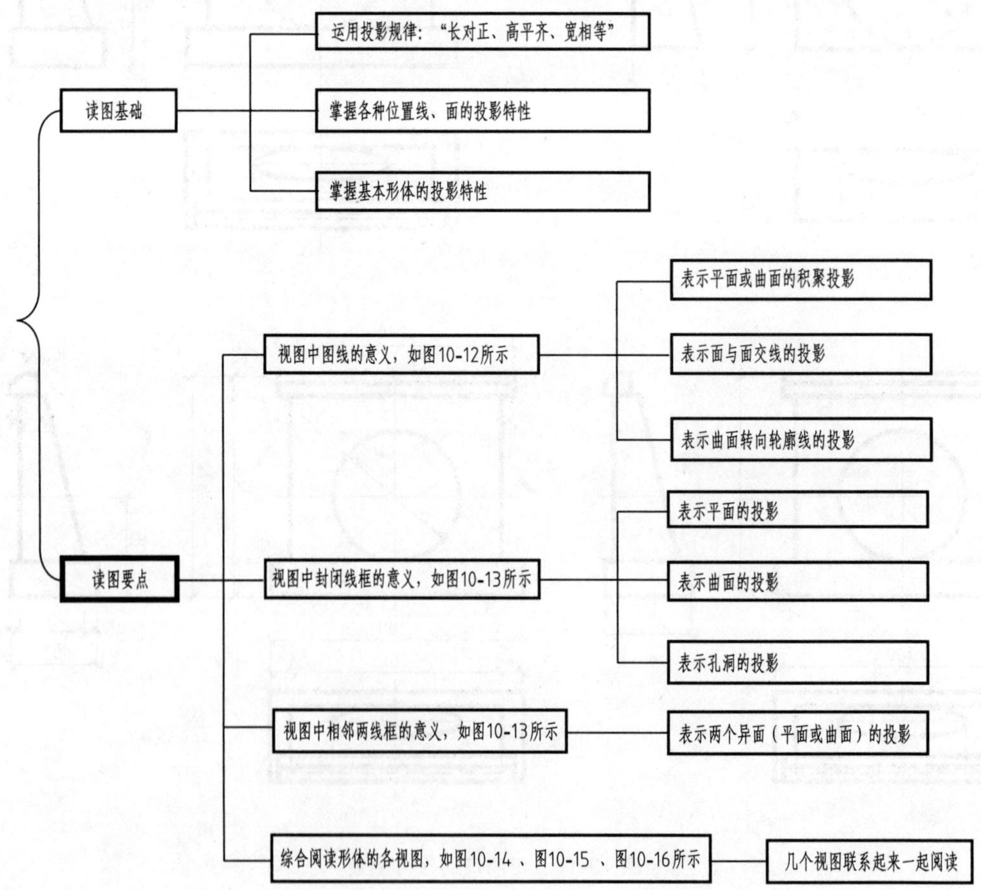

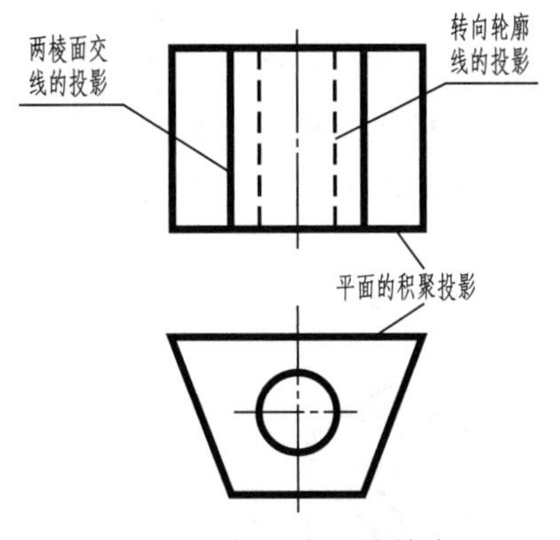

图 10-12 视图中图线的意义

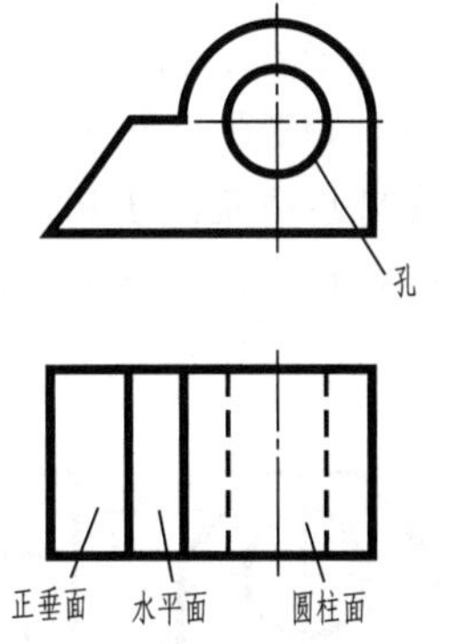

图 10-13 视图中线框的意义

1. 几个视图联系起来看图

一般情况下，一个视图不能完全确定物体的形状，需要两个或两个以上的视图才能完全确定。

如图 10-14 所示的四组视图，它们的俯视图都相同，但实际上是四种不同形状的物体。只有将主视图也联系起来一起看，才能完全确定物体的空间形状。

又如图 10-15 所示不同的立体，主、俯视图完全相同，只有将左视图也联系起来一起看，才能完全确定物体的空间形状。

2. 抓住特征视图

看图时还要注意抓住物体的特征视图。所谓特征视图，就是把物体的形状特征及相对位置特征反映得最充分的那个视图。例如，图 10-14 中的主视图及图 10-15 中的左视图就是物体的特征视图。找到这样的视图，再配合其他视图，就能较快地认清物体了。

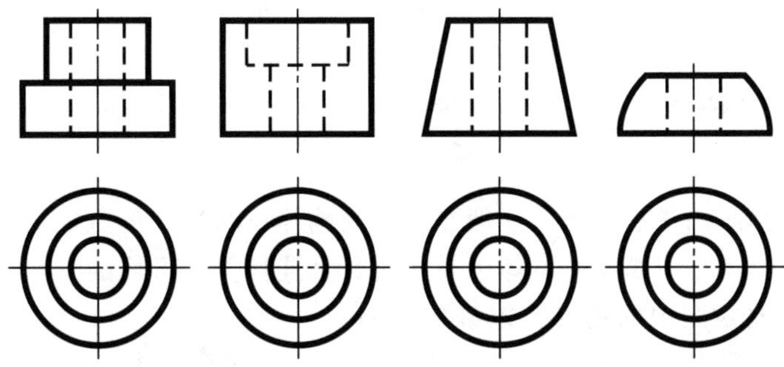
图 10-14 两个视图结合起来看图

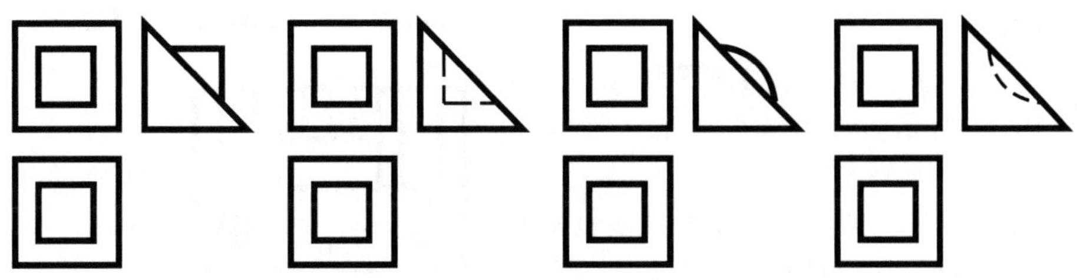
图 10-15 三个视图结合起来看图

由于组合体的组成方式不同，物体的形状特征及相对位置特征并非总是集中在一个视图上，有时是分散于各个视图上。例如，图 10-16 所示的物体，如果只看主、俯视图，无法辨认主视图中圆Ⅰ和矩形线框Ⅱ的凸和凹，就会产生至少四种可能的形体，而如果结合左视图来看，就很容易想清楚圆Ⅰ和矩形线框Ⅱ的凸和凹了，此时的左视图就是表达形体各组成部分之间相对位置特征最明显的视图。

所以在读图时，要抓住反映形状及相对位置特征较多的视图。

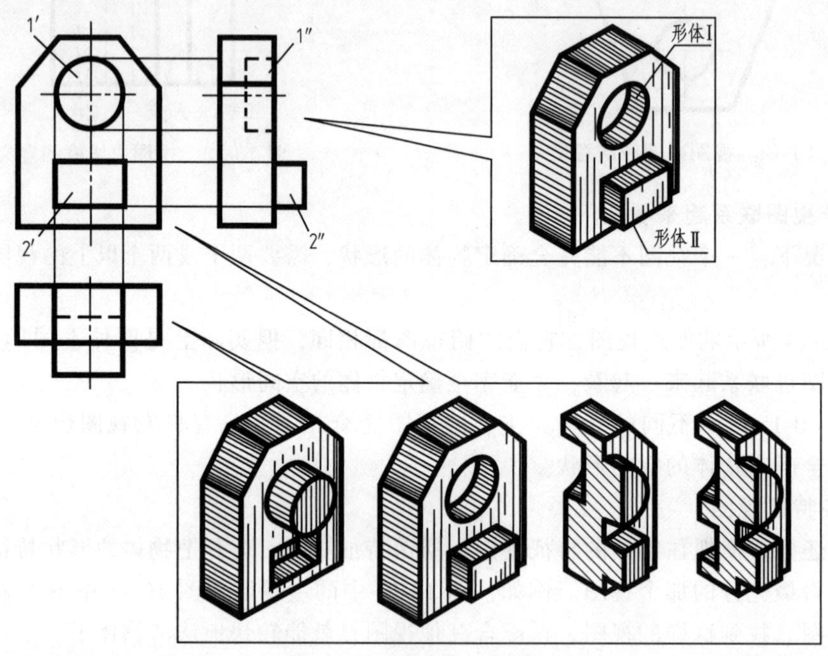

图 10-16　抓住特征视图

10.4.2　读图的方法和步骤（Methods and processes of Reading Projections）

1. 形体分析法读图

形体分析法是读图的基本方法。一般是从反映物体形状特征的主视图着手，对照其他视图，初步分析出该物体是由哪些基本体以及通过什么连接关系形成的；然后按投影特性逐个找出各基本体在其他视图中的投影，以确定各基本体的形状和它们之间的相对位置；最后综合想象出物体的总体形状。

下面以图 10-17 为例，说明用形体分析法读图的方法和步骤。

1）画线框，分形体。将主视图分为三个线框，如图 10-17 所示。每个线框代表一个基本形体。

2）对投影，想形状。分别找出各线框对应的其他投影，并结合各自的特征视图，逐一构思出每组投影所表示的形体的形状，如图 10-18

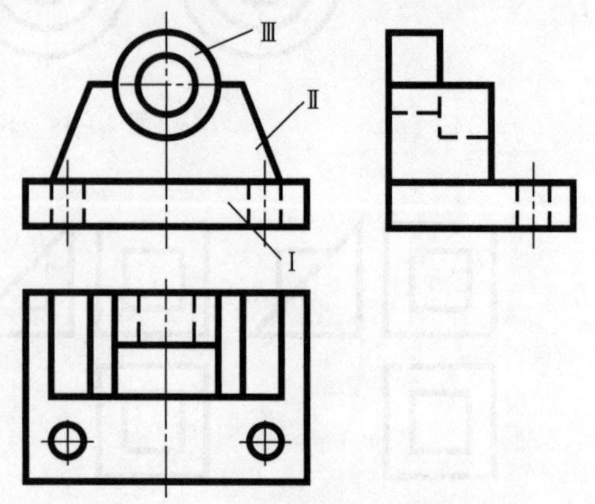

图 10-17　已知组合体的三视图

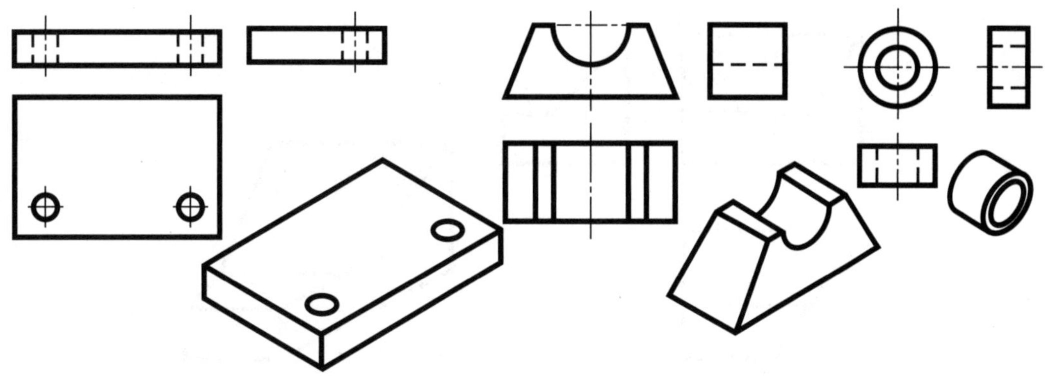

图 10-18　将形体分解

所示。

3）合起来，想整体。根据各部分的形状和它们的相对位置综合想象出其整体形状，如图 10-19 所示。

2. 线面分析法读图

对形体比较清晰的物体，用形体分析法就能完全看懂视图。但是，当形体被多个平面切割，形体形状不规则或在某视图中形体结构的投影关系重叠时，应用形体分析法往往难于读懂。这时，需要运用线、面投影理论来分析物体的表面形状、面与面的相对位置以及面与面之间的表面交线，并借助立体的概念来想象物体的形状。这种方法称为线面分析法。

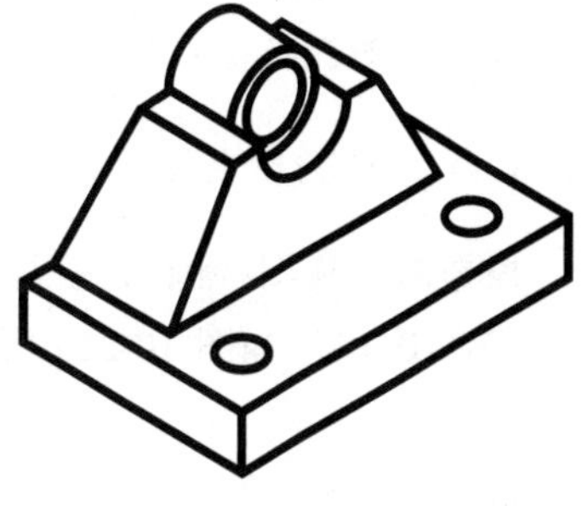

图 10-19　综合想象物体的形状

线面分析法是一种辅助读图方法，主要适用于切割体。线面分析法的关键是弄懂视图中的图线和线框的含义，只要分析清楚图线和线框，就可想象出物体或物体某部分的形状。

下面以图 10-20 所示组合体为例，说明线面分析的读图方法和步骤。

（1）确定物体的整体形状　根据图 10-20a 所示的组合体外形是有缺角和缺口的矩形，可初步认定该物体的原始形状是长方体。

（2）确定切割面的位置和面的形状　先查看主视图中的线框 p'，它是一个梯形。梯形的其余投影要么是梯形（类似性），要么是线段（积聚性）。按照投影关系，线框 p'可能对应于俯视图中的梯形 p 或线段 12。但由于 p'只能对应于左视图中的倾斜线段 p''，所以，物体表面 P 是一个侧垂面，由切割长方体前方形成的，其俯视图只能是梯形 p，而不是线段 12。再从主视图中分析线框 q'，与它对应的俯视图只能是倾斜线段 15，由此说明平面 Q 是一个铅垂面，由切割长方体左侧形成的，它的左视图是与 q'同边数的图形（五边形）q''。用同样的方法可以分析出平面 R 是一个正平面，平面 S 是一个水平面。

（3）综合想象其整体形状　根据以上对物体各个面的分析，可以设想用铅垂面 Q 斜切去长方体左前角，再用侧垂面 P 和水平面 S，切割成如图 10-20b 所示的形状。

读组合体的视图常常是两种方法并用，以形体分析法为主，线面分析法为辅。

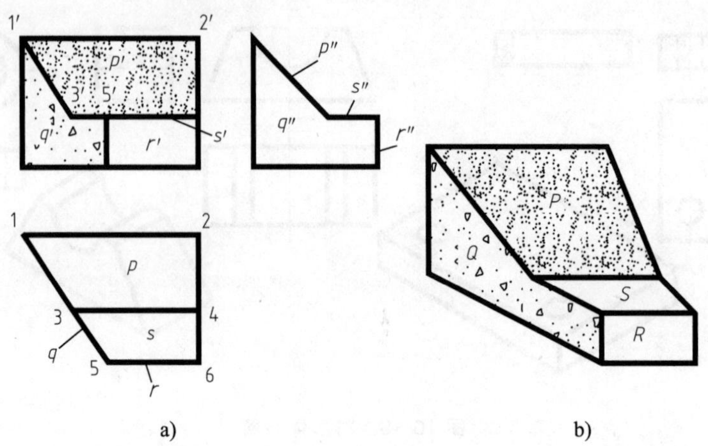

a) b)

图 10-20 线面分析

a）投影图 b）立体图

3. 读图步骤

分析视图抓特征；形体分析对投影；综合归纳想整体；线面分析攻难点。

10.4.3 举例（Examples）

根据两个视图补画第三视图，是培养读图和画图能力的一种有效手段。

【例 10-1】 如图 10-21a 所示，已知组合体主、左视图，补画俯视图。

分析：

根据两个视图可以看出：此形体由长方体被多个平面截切而形成。由于截面较多，具体读图时主要运用线面分析法进行分析，由图可知该形体是平面体。因此图中线的意义是平面与平面的交线或是平面的积聚投影。由图中相互对应的水平线可知它们是水平面。由左视图的梯形线框 p''在主视图上找不到类似形，根据不类似必积聚，分析得出：P 平面是正垂面，p''与 p 是类似形。同理可知 Q 是侧垂面，q'与 q 是类似形。

作图步骤：

1）根据“长对正、高平齐、宽相等”的投影规律，作出四个水平截平面截得的交线的水平投影，如图 10-21b 所示。

2）作出正垂截平面截得的交线的水平投影，注意与对应的侧面投影是类似形，如图 10-21c 所示。

3）作出侧垂截平面截得的交线的水平投影，注意与对应的正面投影是类似的八边形，如图 10-21d 所示。

4）检查、校核、加粗图线，如图 10-21e 所示。图 10-21f 为其立体图。

【例 10-2】 如图 10-22a 所示，已知组合体主、俯视图，补画左视图。

分析：

由俯视图得知：形体沿宽度方向明显地被分成了前、中、后三部分，由于主视图全是实线，所以形体是前低后高，主视图的三个线框依次是下面的在前、上面的在后，由于俯视图

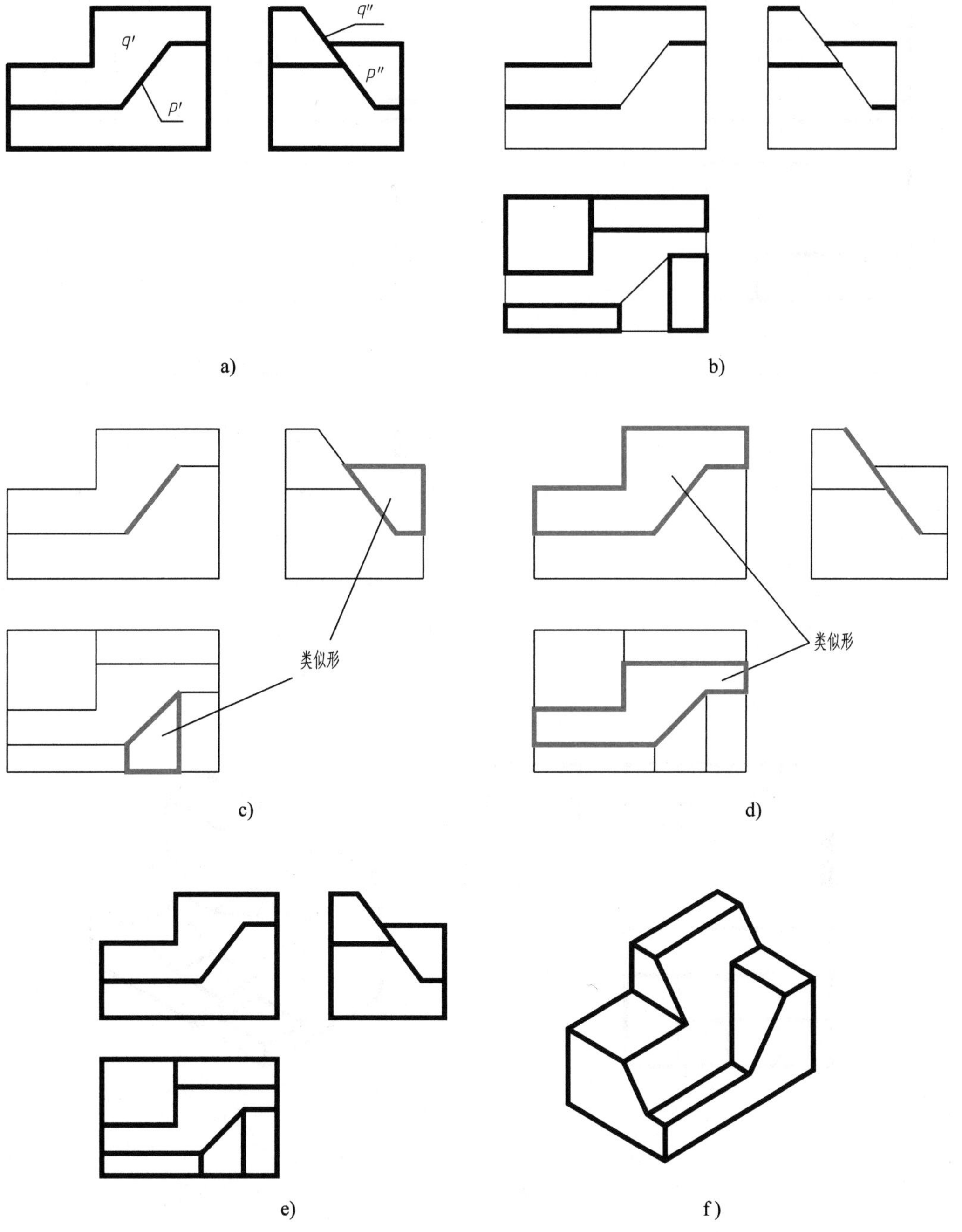

图 10-21 线面分析法读图运用

a）已知 b）步骤一 c）步骤二 d）步骤三 e）步骤四 f）立体图

无斜线，所以该形体上无一般位置平面，全是特殊位置平面。

根据投影“三等”规律作图，作图过程如图 10-22b～e 所示。图 10-22f 为其立体图。

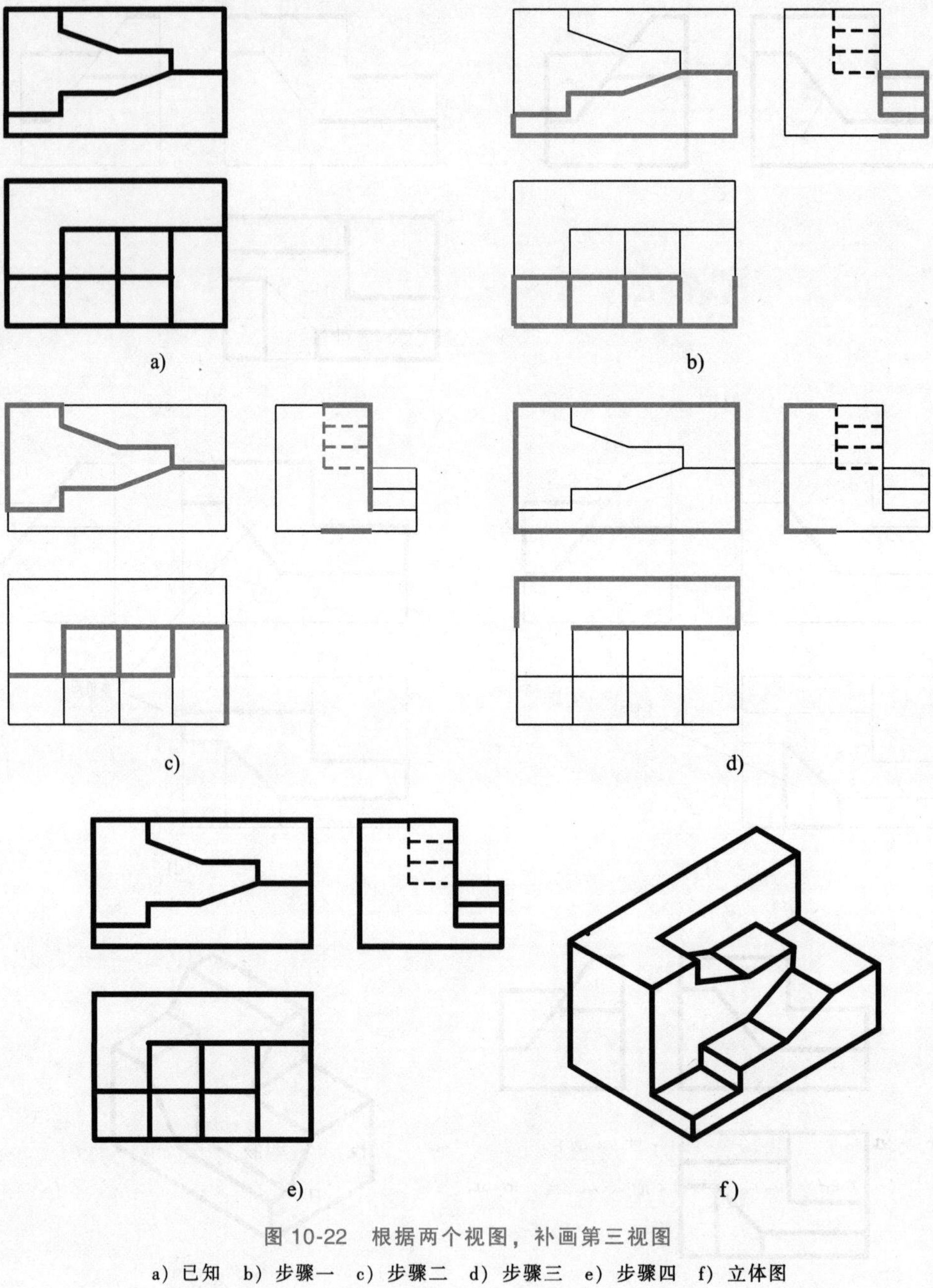

a)

b)

c)

d)

e)

f)

图 10-22　根据两个视图，补画第三视图

a) 已知　b) 步骤一　c) 步骤二　d) 步骤三　e) 步骤四　f) 立体图

第 11 章 工程形体的常用表达方法 (Common Expressions of Engineering Objects)

【学习目标】

1. 理解六个基本视图、辅助视图、剖面图及断面图的概念。
2. 掌握六个基本视图、剖面图及移出断面图的画法及标注。
3. 了解重合断面图、中断断面图的画法；了解常用的简化画法和规定画法。

11.1 视图（Views）

在工程制图中，用正投影的方法表达工程实体的图形，称为视图。当物体的形状和结构比较复杂时，仅用前面所讲的三面投影图难以将物体表达清楚，因此，制图标准规定了多种表达方法，画图时可根据形体的具体情况灵活采用。

11.1.1 基本视图（Basic Views）

如图 11-1a 所示，为了表达清楚物体的内外形状，在原三个投影面的基础上，再增加三个基本投影面，组成了一个六面方箱投影体系，表示一个物体可有六个基本投射方向。物体在这基本投影面上的投影称为基本视图。物体的正面投影，即物体由前向后投影所得的图形，通常反映所画物体的主要形状特征，称为正立面图；由上向下投影所得的图形，称为平面图；由左向右投影所得的图形，称为左侧立面图；由右向左投影所得的图形，称为右侧立面图；由后向前投影所得的图形，称为背立面图；由下向上投影所得的图形，称为底面图。按投影面展开关系配置在同一张图纸内的基本视图，一律不标注视图的名称，如图 11-1b 所示。

同三面视图一样，六面视图之间也保持着一定的投影关系和“长对正、宽相等、高平齐”的三等规律。用基本视图表达工程形体时，正立面图应尽量反映工程形体的主要特征，其他视图的选用，可在保证图样表达完整、清楚的前提下，使视图数量最少，以力求制图简便。

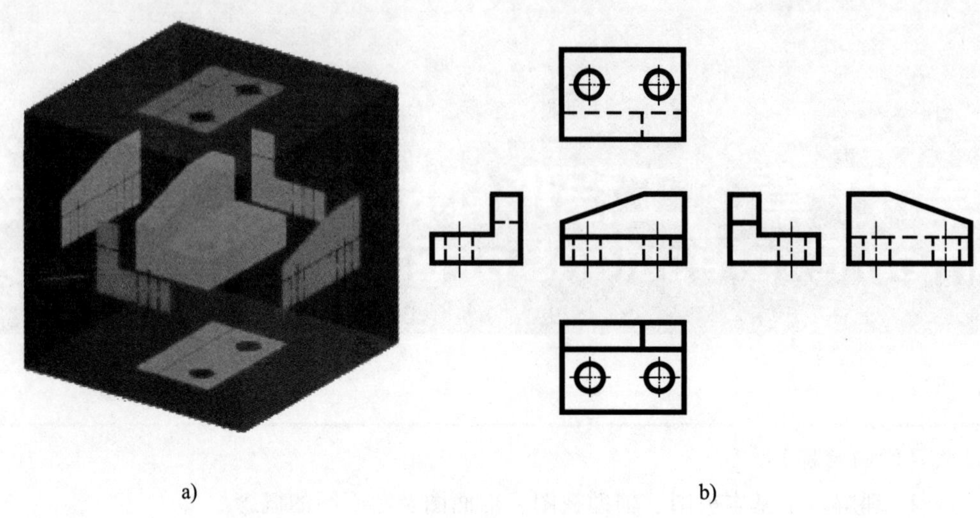

图 11-1　基本视图

a）六个基本投影面　b）六个基本视图

11.1.2　向视图（Direction Views）

视图不便按投影面展开关系配置时，可采用向视图：用箭头表示投射方向，用字母表示视图名称，这种方法多用于机械、电子等制图。在土木建筑制图中，往往省略投射方向，直接在图形下方标注图的名称即可，如图 11-2 所示。

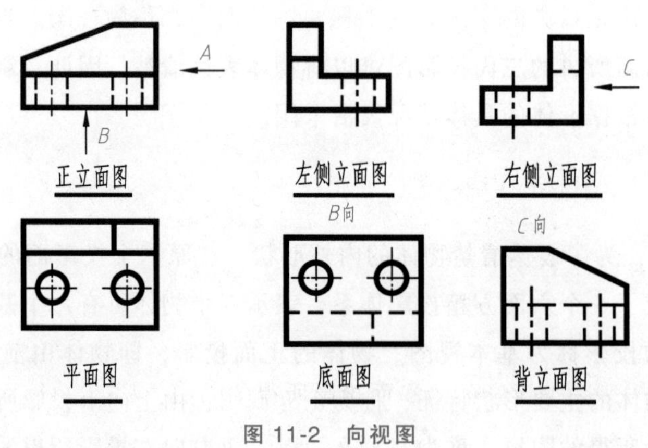

图 11-2　向视图

11.1.3　辅助视图（Assistant Views）

1. 镜像视图

当某些工程物体直接用正投影法绘制不方便时，可用镜像投影法绘制。如图 11-3a 所示，把镜面放在形体的下面，代替水平投影面，在镜面中反射得到的图像称为“平面图（镜像）”。绘制镜像投影图时，应在图名后注写“镜像”二字，如图 11-3b 所示，或按图 11-3c 所示方法画出镜像投影画法识别符号。镜向平面图对于表现室内吊顶的装饰图很方便，因此被广泛使用。

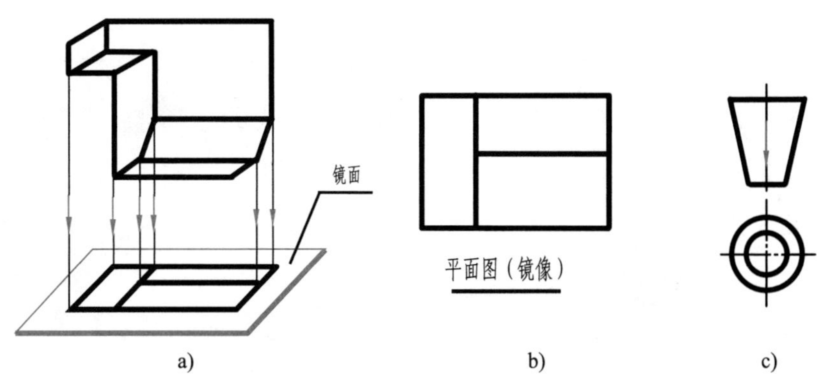

图 11-3　镜像投影法

a）镜像投影过程　b）镜像投影图　c）镜像投影画法识别符号

2. 局部视图

将机件的某一部分向基本投影面投射所得到的图形，称局部视图。局部视图的断裂边界用波浪线表示，如图 11-4 所示。

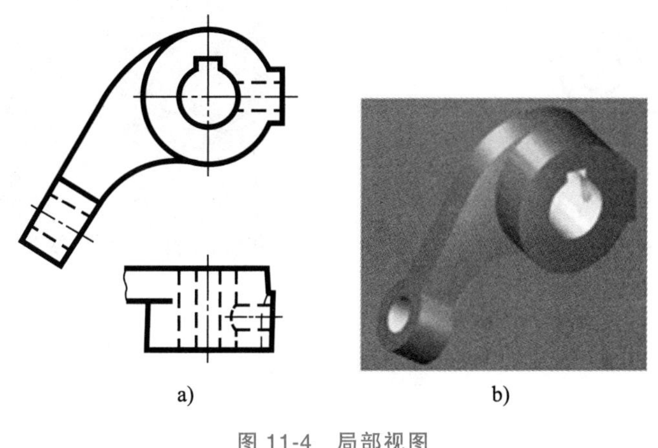

图 11-4　局部视图

a）投影图　b）立体图

3. 斜视图

物体向不平行于任何基本投影面的平面投影所得的视图，称为斜视图。它相当于画法几何中用换面法得到的实形投影。

画斜视图时，在反映斜面的积聚投影的视图中用箭头表示斜视图的观看方向，视图中标注字母“*A*”，在作出的斜视图下方注写“*A* 向”，也可以旋转视图水平画出，如图 11-5 所示（建筑图中往往省略标注）。斜视图只要求表示出倾斜部分的实形，其余部分则不必画出，可用波浪线断开，或以轮廓线为界，省去其他部分。

4. 旋转视图

对有明显回转轴的物体，假想将其倾斜于投影面的部分，绕垂直轴旋转到与基本投影面平行后，再进行投影所得到的视图叫旋转视图，旋转视图无须标注，图名后一般加注“展开”字样，如图 11-6a 所示。

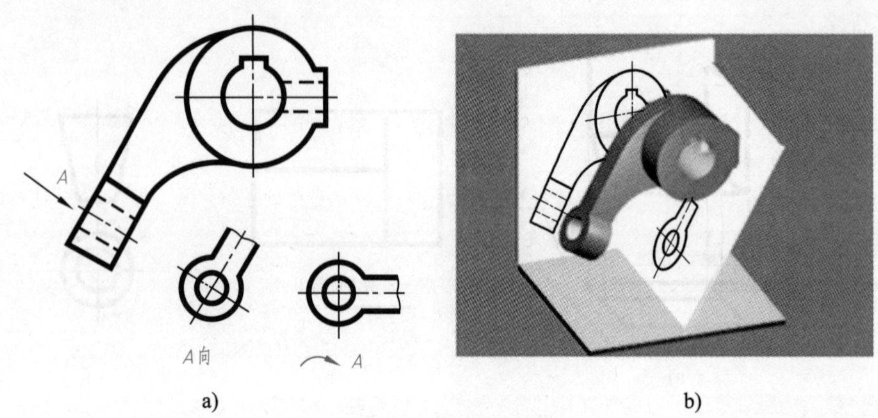

图 11-5　斜视图

a）投影图　b）立体图

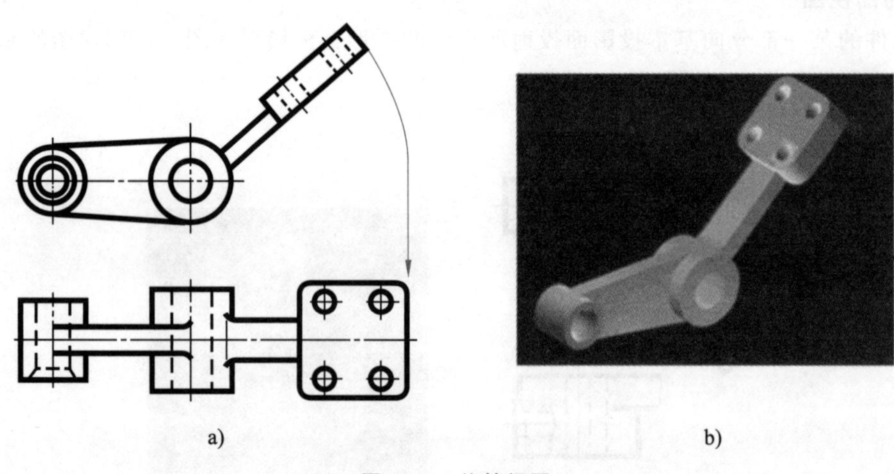

图 11-6　旋转视图

a）平面图（展开）　b）立体图

11.2　剖面图（Sections）

1. 剖面图的基本概念

用视图表达物体的形状时，物体的可见部分画成实线，不可见部分画成虚线。在工程中，绘制建筑形体投影图时，由于建筑物内外形状都比较复杂，若用通常的绘制方法来绘制，则可能会在每个视图中产生很多的虚线，造成图面虚实线交错，混淆不清，会给读图造成极大困难。为了解决这些问题，工程上采用剖切的方法，即假想将物体剖开，使原来看不见的内部结构成为可见，然后用实线画出这些内部构造的投影图，称剖面图（又叫剖视图）。

2. 三面投影图和剖面图的对比（图 11-7）

1）三面投影图中虚线是沿着投射方向不可见的倒梯形凹槽，实线是沿着投射方向可见的轮廓线，三面投影图中虚实线交错。

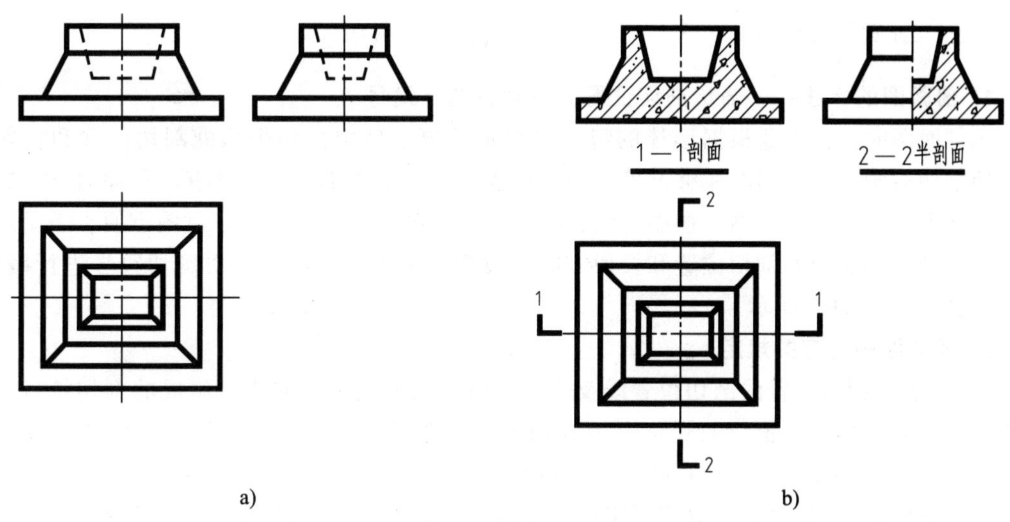

图 11-7　视图与剖面图比较
a）三面投影图　b）剖面图

2）剖面图中实线有两类：剖切平面所剖到的断面轮廓线及沿着投射方向可见的轮廓线，剖面图中一般不画虚线。

剖面图的形成、画法及标注

11.2.1　剖面图的形成（Formation of Sections）

如图 11-8 所示，假想用剖切平面剖开物体，将处在观察者和剖切平面之间的部分移去，而将剩余部分向投影面投射，所得图形称剖面图，简称剖面。

由于剖切是假想的，所以只在画剖面时才能假想将形体切去一部分，而在画另一个投影时，则应按完整的形体画出，而且根据需要，对一个物体可以作几个剖面，每次作剖面，都是从完整的物体上经过剖切而得到的。

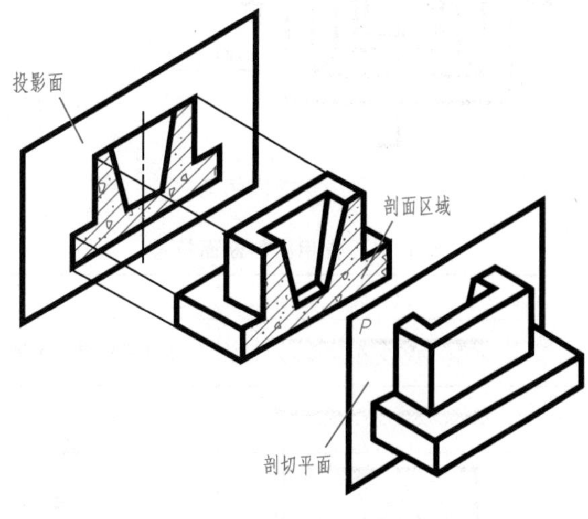

图 11-8　剖面图的形成

11.2.2 剖面图的表示方法（Representation of Sections）

1. 剖面图的标注——确定剖切位置、投射方向及编号

画剖面图时，首先要根据形体的特点和图示的要求确定剖切平面的剖切位置和投射方向，使剖切后画出的剖面图能够准确、清楚地表达物体的内部结构。在有对称面时，一般选在对称面上，或通过孔、洞、槽中心线，并且平行于某一投影面。为了读图方便，需要用剖切符号把所画剖面图的剖切位置和投射方向在投影图上表示出来，并对剖切符号进行编号，以免混乱，如图 11-9 所示。

2. 画剖面图的有关规定

1）由表示剖切位置的剖切位置线及表示投射方向的剖视方向线所组成的剖切符号，均用粗实线绘制。剖切位置线的长度宜为 6~10mm，剖视方向线应垂直画在剖切位置线的一端，长度宜为 4~6mm。剖面的剖切符号不宜与图面上的图线相接触，要留有适当的空隙。

2）剖切符号的编号要用数字或字母，注写在剖视方向线的端部，并在对应的剖面图下方标出剖面的编号名称作为该图的图名，如 1—1、2—2，图名下方画上一条与字位等长的粗实线。

3）形体被剖切后，在被剖切到的截交线内按制图国家标准的规定画出相应的材料图例。常用材料的断面符号参阅表 11-1。当不需要表明材料的种类时，均画上平行等间距的 45°细实线，称为剖面线，如图 11-9 中钢筋图例线所示。

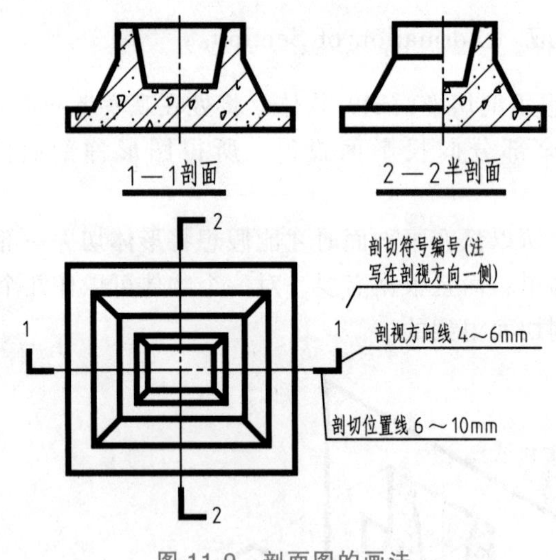

图 11-9 剖面图的画法

表 11-1 常用材料断面符号

序号	名 称	图 例	备 注
1	自然土壤		包括各种自然土壤
2	夯实土壤		
3	砂、灰土		靠近轮廓线绘较密的点

（续）

序号	名称	图例	备注
4	砂砾石、碎砖三合土	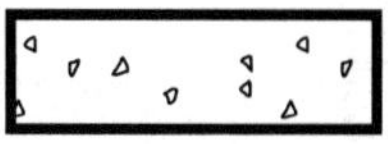	
5	石材	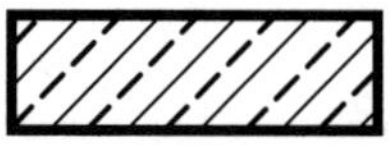	
6	毛石		
7	普通砖	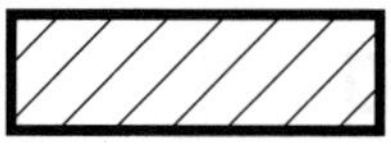	包括实心砖、多孔砖、砌块等砌体。断面较窄不易绘出图例线的，可涂红
8	耐火砖	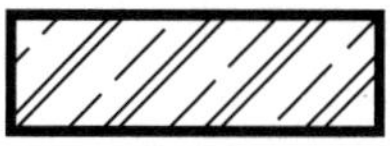	包括耐酸砖等砌体
9	空心砖		指非承重砖砌体
10	饰面砖	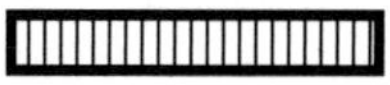	包括铺地砖、马赛克、人造大理石等
11	焦渣、矿渣	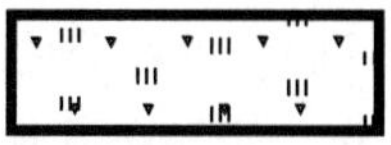	包括水泥、石灰等混合而成的材料
12	混凝土		（1）本图例指能承重的混凝土及钢筋混凝土 （2）包括各种强度等级、骨料、添加剂的混凝土 （3）在剖面图上画出钢筋时，不画图例线 （4）断面图形小，不易画出图例线时，可涂黑
13	钢筋混凝土		
14	多孔材料	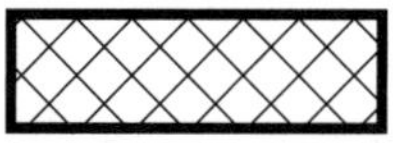	包括水泥珍珠岩、沥青珍珠岩、泡沫混凝土、非承重加气混凝土、软木、蛭石制品等
15	纤维材料		包括矿棉、岩棉、玻璃棉、麻丝、木丝板、纤维板等
16	泡沫塑料材料	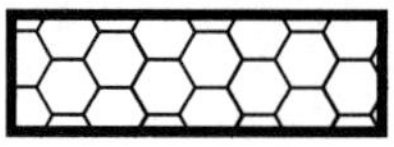	包括聚苯乙烯、聚乙烯、聚氨酯等多孔聚合物类材料
17	木材		（1）上图为横断面，上左图为垫木、木砖或木龙骨 （2）下图为纵断面
18	胶合板		应注明为×层胶合板
19	石膏板	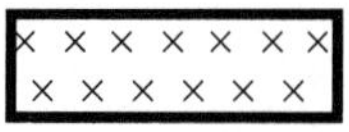	包括圆孔、方孔石膏板，防水石膏板等
20	金属		（1）包括各种金属 （2）图形小时，可涂黑
21	网状材料		（1）包括金属、塑料网状材料 （2）应注明具体材料名称

（续）

序号	名 称	图 例	备 注
22	液体		应注明具体液体名称
23	玻璃		包括平板玻璃、磨砂玻璃、夹丝玻璃、钢化玻璃、中空玻璃、夹层玻璃、镀膜玻璃等
24	橡胶		
25	塑料		包括各种软、硬塑料及有机玻璃等
26	防水材料		构造层次多或绘制比例大时，采用上面的图例
27	粉刷		本图例采用较稀的点

注：序号 1、2、5、7、8、13、14、17、18、20、24、25 图例中的斜线、短斜线、交叉斜线等一律为 45°。

3. 画剖面图注意事项

1）内外轮廓线要画齐。要画出剖切平面后的可见部分的投影，如图 11-10 所示。

2）不要多画线。剖切平面后的不可见部分，如果在其他视图上已表达清楚，细虚线应省略，如图 11-10 所示；对于需要在此表达不可见部分，仍可用细虚线画出，如图 11-11 所示，1—1 剖面中细虚线表达了底板高度，就可少画一个视图。

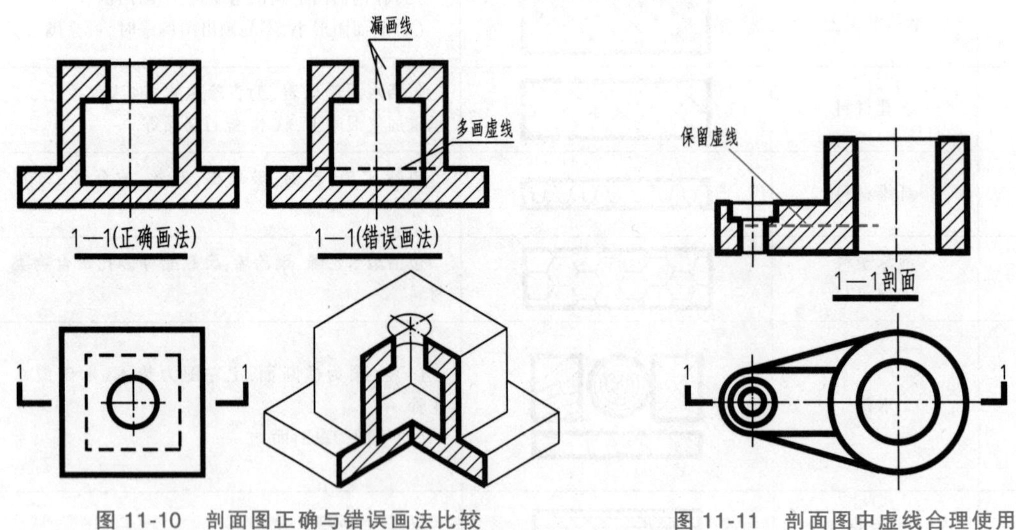

图 11-10　剖面图正确与错误画法比较　　图 11-11　剖面图中虚线合理使用

11.2.3　剖切面种类（Type of Sections）

剖切面有三种：单一剖切面、几个平行的剖切面和几个相交的剖切面。

1. 单一剖切面

如图 11-12a 所示的房屋，为了表达它的内部布置情况，假想用一个水平剖切平面，通过门窗洞将房屋剖开，移去剖切平面及其以上部分，将剩下部分投影到 H 面上，得到房屋

的水平全剖面图。这种水平全剖面图在房屋建筑图中称为平面图。

2. 阶梯剖切面——两个或两个以上平行剖切面

当用一个剖切平面不能将形体上需要表达的地方同时剖开时，可用两个或两个以上相互平行的剖切平面，将形体沿着需要表达的地方同时剖切，如图 11-12b 所示的房屋。

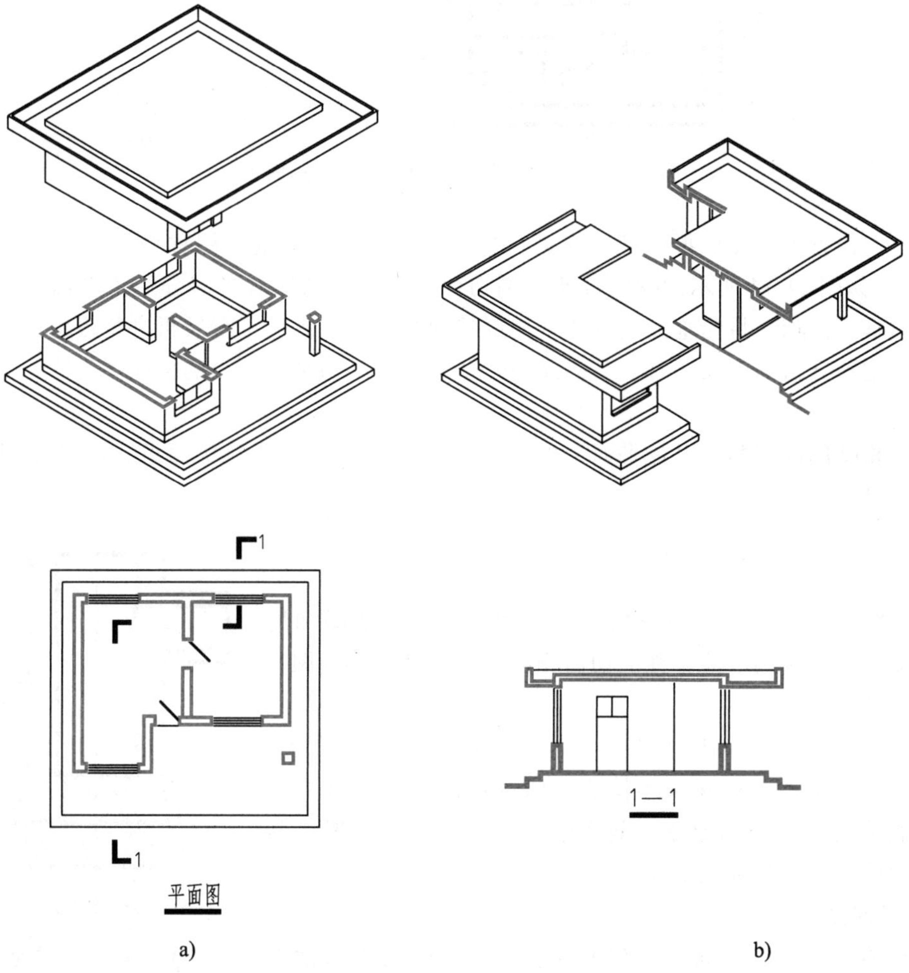

图 11-12　房屋的单一剖切面和平行剖切面

a）单一剖切面　b）阶梯剖切面

采用几个平行的剖切面时，应注意以下几点：

1）在剖面图中，不应画出剖切平面转折处的界线，如图 11-13 中的错误画法。

2）剖切平面的转折处不应与图中轮廓线重合。

3）在剖切平面的起止和转折处均应进行标注，画出剖切符号，并标注相同的数字或字母。

3. 两个或两个以上相交的剖切面（交线垂直于某一基本投影面）

假想用两个或两个以上相交的剖切平面剖开物体，把被剖到倾斜部位的物体旋转到与投

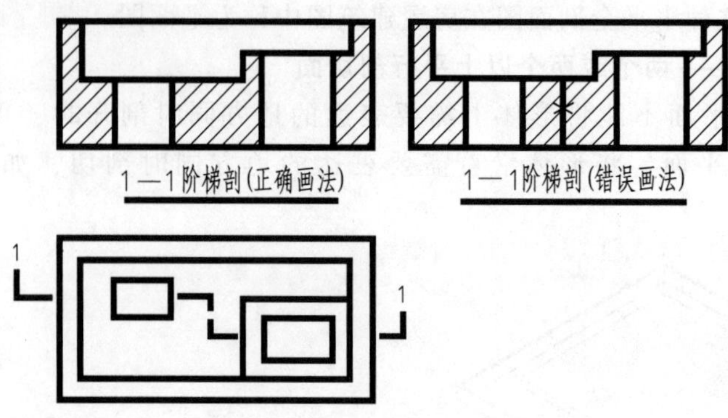

图 11-13 两个平行的剖切面（阶梯剖面图）

影面平行的位置上，然后再向投影面进行投射，这样得到的剖面图称为旋转剖面图（也叫展开剖）。如图 11-14 所示，物体被两个剖切面剖开后，物体右半部分用正平面剖切，左半部分用铅垂面剖切，将铅垂面剖得的结构旋转到与正立投影面平行后再进行投射。

采用这种方法画剖面图时，其标注与几个平行的剖切平面剖得的剖面图类同，注意事项类同。

几个相交的剖切面可以是平面，也可以是柱面。可将几种剖切面组合起来使用（这种剖切称为复合剖）。

11.2.4 剖面图种类（Types of Sections）

剖面图按剖切范围分为三类：全剖面图、半剖面图和局部剖面图。适当选用上述各种剖切面均可剖得这三类剖面图。

1. 全剖面图

用剖切面完全地剖开物体所得的剖面图称为全剖面图。全剖面图常用于不对称建筑形体或形体内部结构较复杂需要完整地表达内部结构的形体。前面给出的例子，除了署名为半剖面图的，其他均为全剖面图。

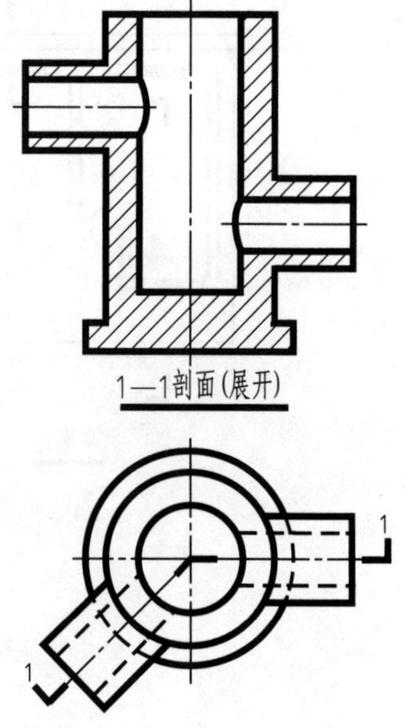

图 11-14 两个相交的剖切面（旋转剖面图）

2. 半剖面图

当形体具有对称平面时，在垂直于对称平面的投影面上的视图，可以对称中心线为界，一半画成表示外形的视图，另一半画成表示内部结构的剖面图，这种以半个视图和半个剖面组成的视图称为半剖面图。半剖面图主要用于表达内外形状均较复杂且对称的形体，如图 11-15 所示物体左右对称，前后也对称，因此主视图采用剖切右半部分表达（左视图可以不剖），这样兼顾表达物体的内形和外形。由于未剖部分的内形已由剖开部分表达清楚，因此表达未剖部分内形的细虚线不应再画出，正确画法如图 11-15a 所示。

半剖面图中剖与不剖两部分的分界线用细点画线。半剖面图的标注与全剖面图相同，正确标法如图 11-15a 所示。

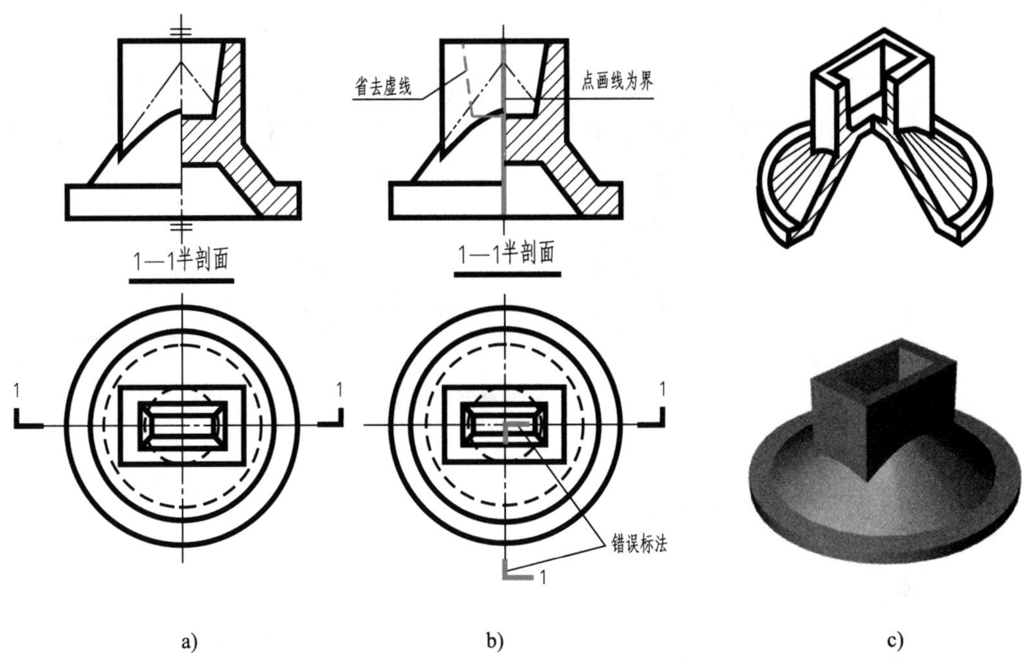

图 11-15　半剖面图

a）正确画法　b）错误画法　c）立体图

3. 局部剖面图

用剖切平面局部地剖开物体所得的剖面图，称为局部剖面图。局部剖面图适用于内外形状均需表达的不对称物体，也适用于仅仅需要表达局部内形的建筑形体，如图 11-16 所示。当单一剖切平面（平行于基本投影面）的剖切位置明确时，局部剖不必标注。

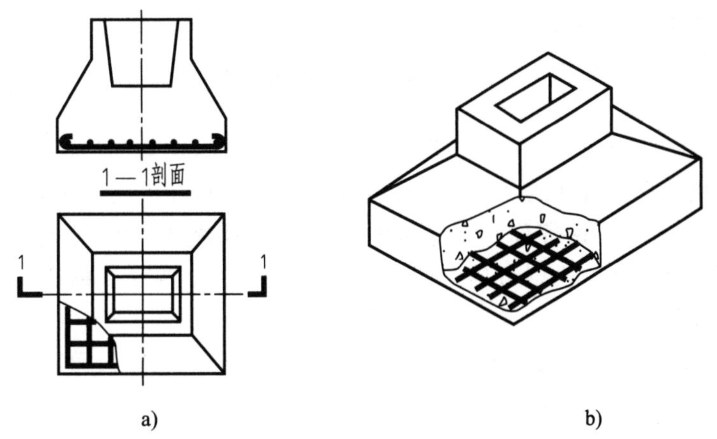

图 11-16　局部剖面图

a）局部剖面图　b）立体图

在专业图中常用局部剖面来表示多层结构所用材料和构造，按结构层次逐层用波浪线分开，因此称为分层局部剖，如图 11-17 所示。

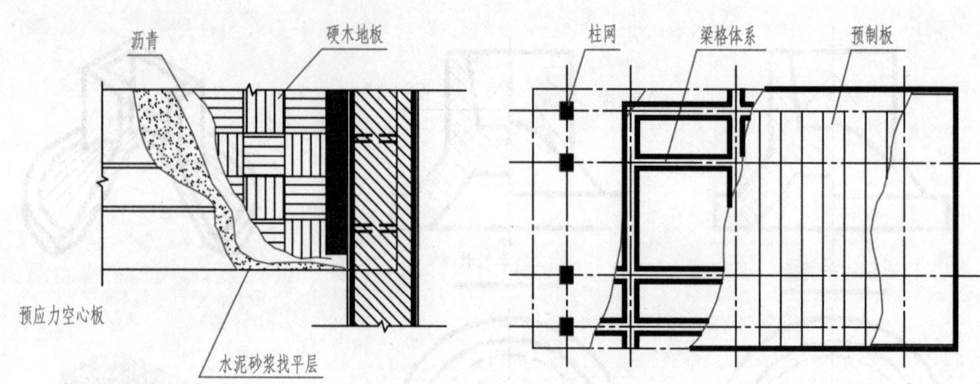

图 11-17　分层局部剖面图

■ 11.3　断面图（Cuts）

11.3.1　断面图的形成（Formation of Cuts）

如图 11-18 所示，假想用剖切平面将物体剖切开后，仅画出该剖切面与物体接触部分的图形，即截交线所围成的图形，这种图称为断面图，简称断面。

11.3.2　断面图的画法（Drawing Methods of Cuts）

1. 断面图的标注

断面图的标注包括剖切符号和编号两部分，剖切符号用剖切位置线表示，以粗实线绘制，长度宜为 6~10mm。编号宜采用阿拉伯数字或字母，按顺序连续编排，注写在剖切位置线一侧，编号所在的一侧为该断面的投射方向，如图 11-18b 所示。

2. 断面图与剖面图的区别

断面图主要用来表示形体（如梁、板、柱、型钢、花饰等）上某一局部的断面形状，它与剖面图的区别在于：

1）断面图只画出物体被剖开后断面的投影，是面的投影；而剖面图除了画出断面图形外，还要画出沿投射方向看到的部分，是体的投影，如图 11-18b 与图 11-19 所示。

2）断面图的标注包括两部分内容（剖切位置线、剖切符号的编号），省了投射方向线，编号所在的一侧为该断面的投射方向；而剖面图包括三部分内容（剖切位置线、投射方向线、剖切符号的编号）。

3）断面图一般画在剖切线的延长线上或按编号顺序统一放置；而剖面图一般按投射所在投影面展开位置放置。

11.3.3　断面图的种类（Types of Cuts）

1. 移出断面图

画在形体投影图之外的断面图，称为移出断面图。移出断面图的轮廓线用粗实线绘制，并进行标注。在移出断面图的下方正中，应注明与剖切符号相同编号的断面图的名称，如

1—1、2—2，可不必写“断面图”字样。如图 11-20 所示为挡土墙三个移出断面图，其中 1—1、3—3 用铅垂面剖开挡土墙（即斜剖表示），2—2 用侧平面剖开挡土墙。

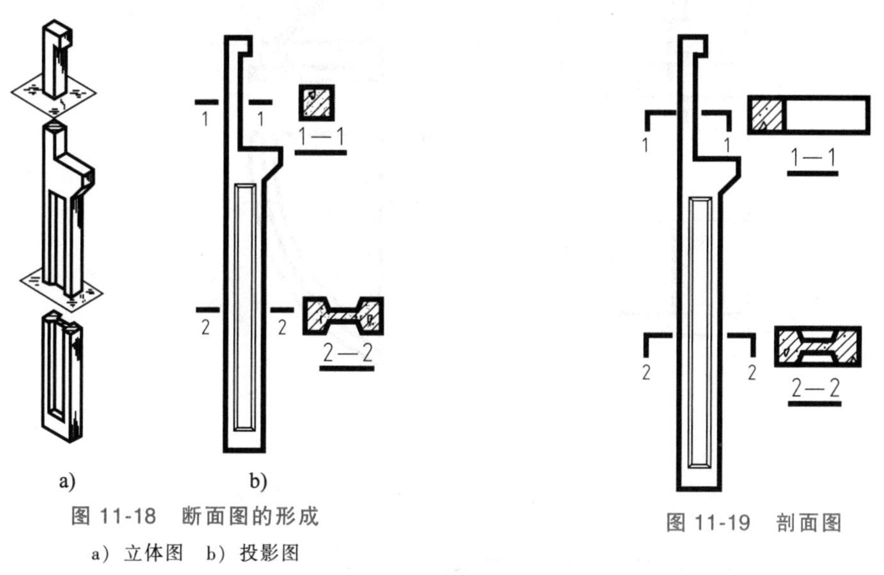

图 11-18　断面图的形成

a）立体图　b）投影图

图 11-19　剖面图

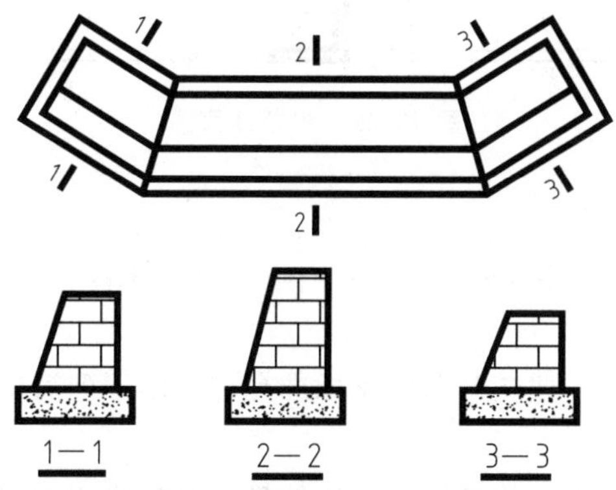

图 11-20　挡土墙移出断面图

2. 重合断面图

在不影响图形清晰条件下，重合画在形体投影图之内的断面图，称为重合断面图。重合断面图是将形体剖切后，再把断面按形成左视图或俯视图等的投射方向，绕剖切平面迹线旋转 90°，在剖切位置线处重合画在视图轮廓线之内的断面图。如图 11-21 所示，这时可以不加任何标注，只需在断面图的轮廓线之内沿轮廓线边缘画出材料图例符号。当断面尺寸较小时，可将断面图涂黑。建筑图的重合断面图的轮廓线用粗实线，视图的轮廓线用细实线。

3. 中断断面图

当构件较长时，常把投影图断开，把断面图画在中间断开处，称为中断断面图。中断断面图的轮廓线用粗实线绘制，轮廓线之内画出材料图例符号，这时可以不加任何标注。投影图的中断处用波浪线或折断线绘制，不画剖切符号，如图 11-22 所示。

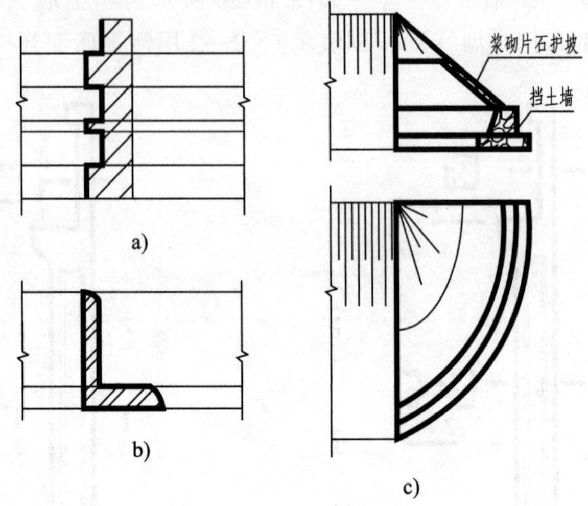

图 11-21　重合断面图

a）装饰墙重合断面图　b）L 型钢重合断面图　c）锥形护坡重合断面图

图 11-22　中断断面图

11.4　简化画法（Simplified Representations）

为了减少绘图的工作量，建筑制图国家标准允许采用下列简化画法。

1. 对称画法

对称的图形可以只画一半，但要加上对称符号。对称线用细点画线表示，对称符号用一对平行等长的细实线表示，其长度为 6~10mm，每对的间距宜为 2~3mm。对于左右对称且上下对称的平面图形，可只画出四分之一，并在两条对称线的端部都画上对称符号，如图 11-23 所示。

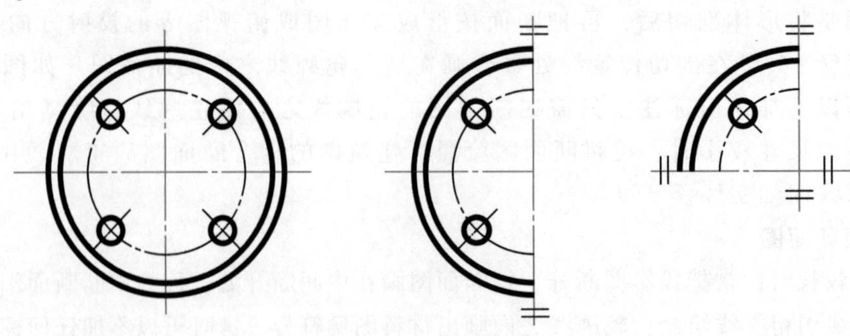

图 11-23　对称画法

2. 折断简化画法

对于较长的物体，如果沿长度方向的形状相同或按一定规律变化，可断开省略绘制，只画物体的两端，将中间折断部分省略不画。在断开处，应以折断线表示。其尺寸应按折断前原长度标注，如图 11-24 所示。

当只需要表示物体某一部分的形状时，可以只画出该部分的图形，其余部分不画，并在折断处画上折断线。

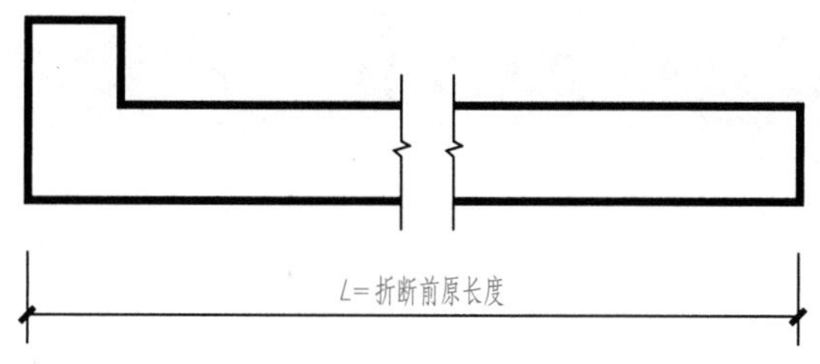

图 11-24　折断简化画法

3. 相同要素的简化画法

如果物体上有多个完全相同而且连续排列的结构要素，可只在两端或适当位置画出其完整形状，其余部分以中心线或中心线交点表示，如图 11-25 所示。

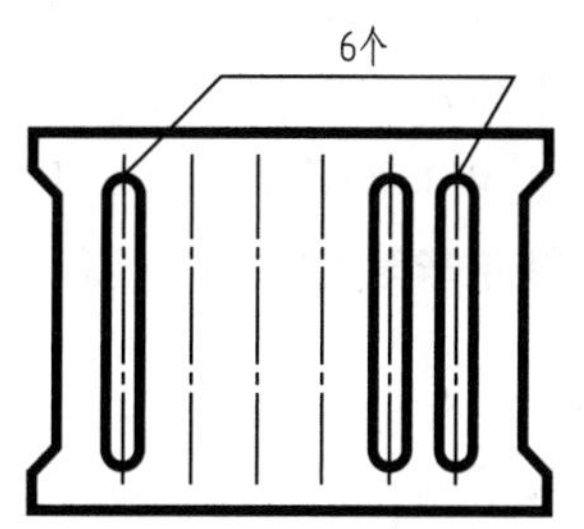

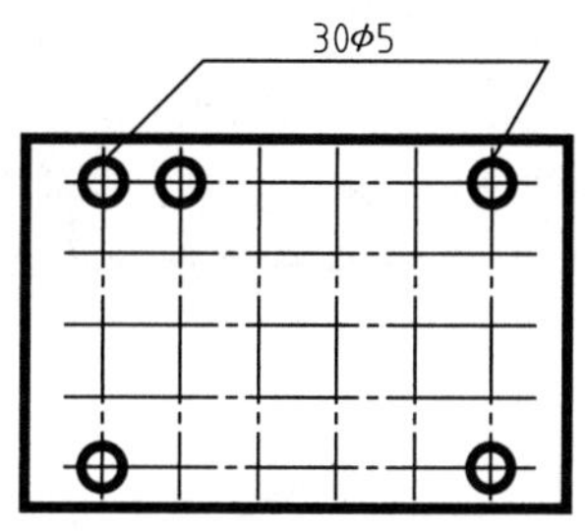

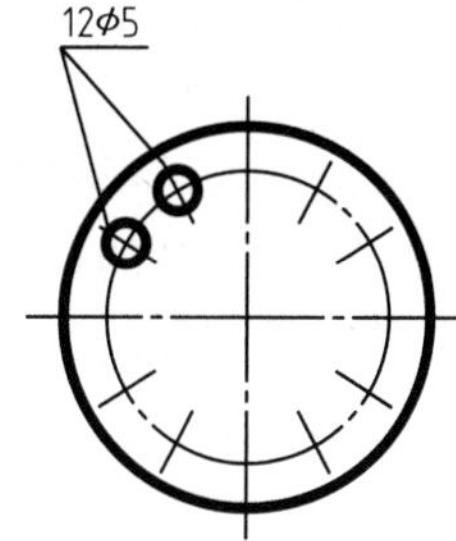

图 11-25　相同要素简化画法

4. 局部不同的简化画法

一个构件如与另一个构件仅部分不相同，该构件可只画不同部分，但应在两个构件的相同部分与不同部分的分界线处，分别绘制连接符号，如图 11-26 所示。

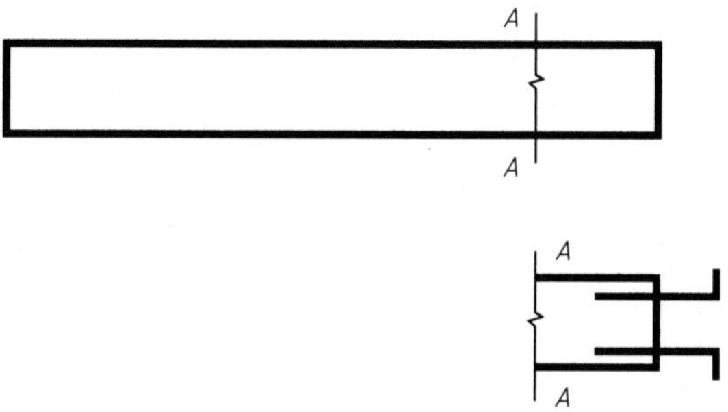

图 11-26　局部不同的简化画法

第 12 章　轴测图的画法 (Axonometric Projection)

【学习目标】

1. 理解轴测图的形成方式及各个参数的含义。

2. 掌握轴测图的基本绘制方法，重点掌握正等测、正面斜二测、水平斜等测的画法。

正投影图能够完整、准确地表达形体的形状和大小，且作图简便，所以在工程中被广泛采用。但是这种图缺乏立体感，要有一定的读图能力才能看懂。如图 12-1a 为台阶的三面正投影图。图 12-1b 为台阶的轴测图，这种立体图能在单面投影中反映长、宽、高三个方向的形状，基本接近人们观察物体所得出的视觉形象，图形的绘制也相对准确和简单，因而轴测图在工程中也有较多的应用。在工程中轴测图常被用作辅助图样来表达物体，以适应管理层、决策层及其他方面的需要。

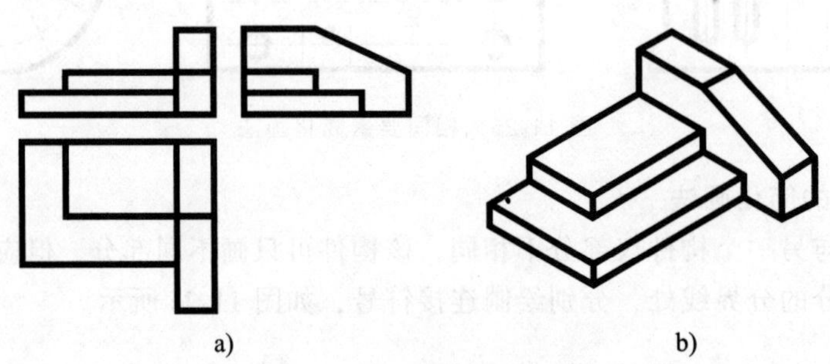

图 12-1　轴测投影的作用

a）台阶的三面正投影图　b）台阶的轴测图

12.1　轴测图投影的基本知识（Basic Knowledge of Axonometric Projection）

12.1.1　轴测投影的形成（Formation of Axonometric Projection）

如图 12-2 所示，将空间形体及确定其位置的直角坐标系按不平行于任一坐标面的方向 S 一起平行地投射到一个平面 P 上，使平面 P 上的图形同时反映出空间形体的长、宽、高三

个尺度，这个图形就称为轴测投影，简称轴测图。

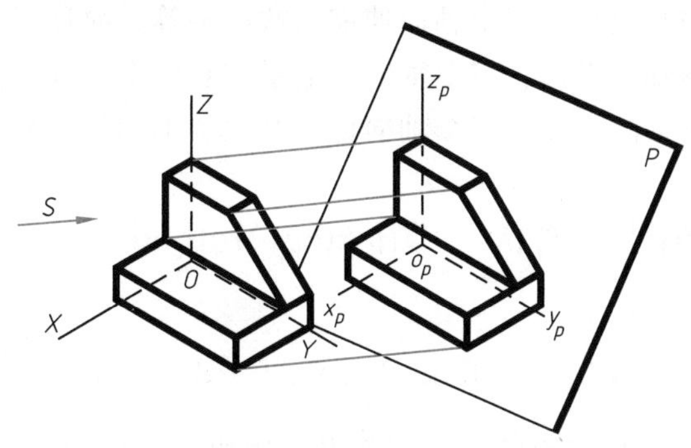

图 12-2　轴测投影的形成

在轴测投影中，投影面 P 称轴测投影面，三个坐标轴 OX、OY、OZ 在轴测投影面上的投影 o_px_p、o_py_p、o_pz_p 称为轴测投影轴，简称轴测轴。

12.1.2　轴测投影中的轴间角和轴向伸缩系数（Axes Angles and Coefficients of Axial Deformation of Axonometric Projection）

绘制轴测图时，规定 o_pz_p 轴保持竖直方向，如图 12-3 所示，轴测轴之间的夹角，即 $\angle x_po_py_p$，$\angle x_po_pz_p$，$\angle y_po_pz_p$ 称为轴间角。轴测轴上某线段投影长度与其空间实长之比称为轴向伸缩系数。从图 12-3 中可以看出，由于空间坐标轴与投影面均成一定的夹角，因而规定各轴的轴向伸缩系数分别为 p，q，r，其定义如下：

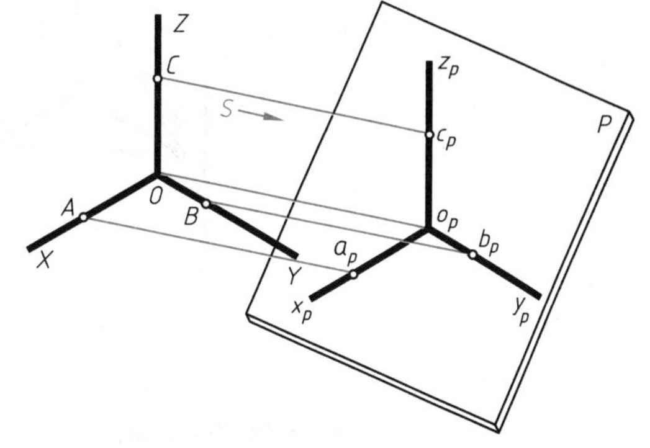

图 12-3　轴测轴的形成

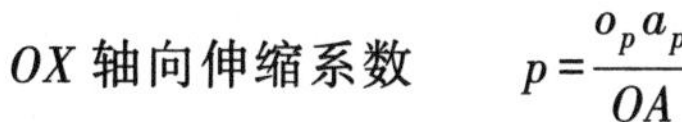

OX 轴向伸缩系数　$p=\dfrac{o_pa_p}{OA}$

OY 轴向伸缩系数　$q=\dfrac{o_pb_p}{OB}$

OZ 轴向伸缩系数　$r=\dfrac{o_pc_p}{OC}$

轴间角和轴向伸缩系数是绘制轴测图时必须具备的主要参数，按不同的轴间角和轴向伸缩系数可绘制效果不同的轴测图。

12.1.3　轴测投影的分类（Classification of Axonometric Projection）

随着投射方向、空间物体和轴测投影面三者相对位置的变化，能得到无数不同类型的轴测投影。根据投影方向是否垂直于轴测投影面，轴测图可分为两类。

1）正轴测图：投射方向与轴测投影面垂直所得的轴测图。要求物体所在的三个基本坐标面都倾斜于轴测投影面，以得到立体效果。

2）斜轴测图：投射方向与轴测投影面倾斜所得的轴测图。一般在投影时可以将形体某一基本坐标面平行于轴测投影面。

这两类轴测投影按其轴向变化率的不同，又可分为三种：

1）正（或斜）等轴测投影：三个轴向伸缩系数都相等，简称正（或斜）等测。

2）正（或斜）二测轴测投影：三个轴向伸缩系数有两个相等，简称正（或斜）二测。

3）正（或斜）三测轴测投影：三个轴向伸缩系数各不相等，简称正（或斜）三测。

12.2 正等轴测图的画法（Drawing Method of Isometric Projection）

12.2.1 正等测的概念（Conception of Isometric Projection）

正等测的概念

在投射方向垂直于轴测投影面的条件下，当物体的三条坐标轴与轴测投影面的三个夹角均相等时所得到的投影，称为正等轴测投影，简称正等测。此时迹线三角形 $X_pY_pZ_p$ 为一等边三角形，且 $p=q=r$，如图 12-4a 所示，由此可证明 $p=q=r=0.82$。因此，在画图时，物体的各长、宽、高方向的尺寸要缩小约 0.82 倍。图 12-4b 所示为正等测图的轴间角和轴向伸缩系数。

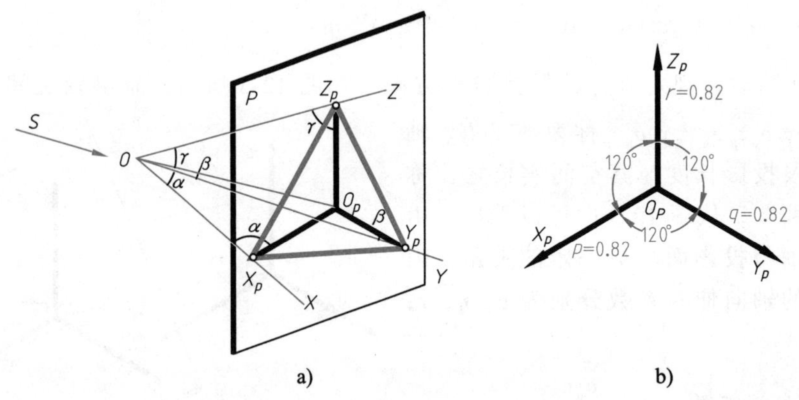

图 12-4 轴测图的形成及其相关参数

a）正等测图的轴测轴 b）正等测图的轴间角和轴向伸缩系数

12.2.2 正等测作图（Drawing Isometric Projection）

画形体的正等轴测图时，通常把 OZ 轴画成铅垂位置，这时 OX、OY 轴与水平线交 30°角（图 12-5a）。又由于正等测各轴的轴向伸缩系数都相等，为了作图方便，通常采用简化的轴向伸缩系数 $p=q=r=1$。这样在工程中画图时，凡平行于各坐标轴的线段，可直接按物体上相应线段的实际长度量取，不必换算。这样画出的结果沿各轴向的长度分别都放大了 1/0.82=1.22 倍，但其形状没有改变，如图 12-5b 所示。

轴间角和轴向伸缩系数确定之后，可根据形体的特征，选用各种不同的方法，如坐标法、叠加或切割法、端面法等，作出形体的轴测图。

1. 坐标法

把物体引入坐标系，这样就确定了物体上各点相对于坐标系的坐标值，由此可以画出各点的轴测投影，从而得到整个物体的图形。轴测投影中一般不画出虚线。

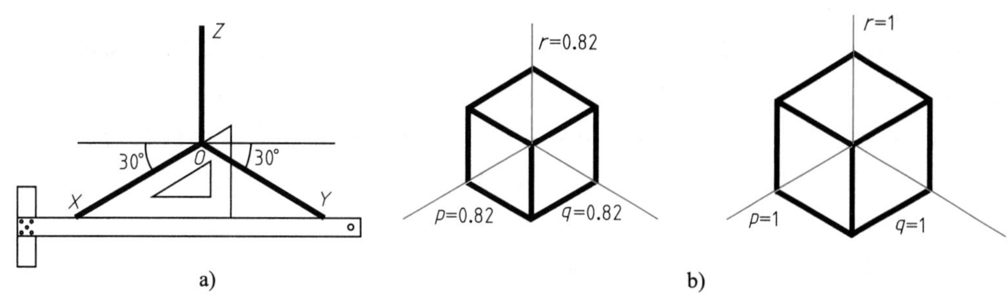

图 12-5　正等测图

a）正等测图的画法　b）轴向伸缩系数等于 0.82 和等于 1 的区别

【例 12-1】　绘制正六棱柱的正等轴测图。

作图步骤：

1）根据正六棱柱的结构特点，可将其轴线设置为与 OZ 轴重合，并按图 12-6a 所示各点的空间坐标位置分别求出其在轴测图中的坐标。一般先求出底面上各点，在作图时尽可能利用对称关系和平行关系，如图 12-6b 所示。

2）得到底面上各点后，可根据六棱柱的高度沿各点平行于 OZ 轴方向向上引直线，即可找到上底面各端点，如图 12-6c 所示。

3）依次连接上底面上各点及各条可见棱线，擦去不可见轮廓及作图线并描粗，即得到轴测投影结果。一般情况下，不可见轮廓不要求画出虚线，图 12-6d 即正六棱柱正等轴测投影结果。

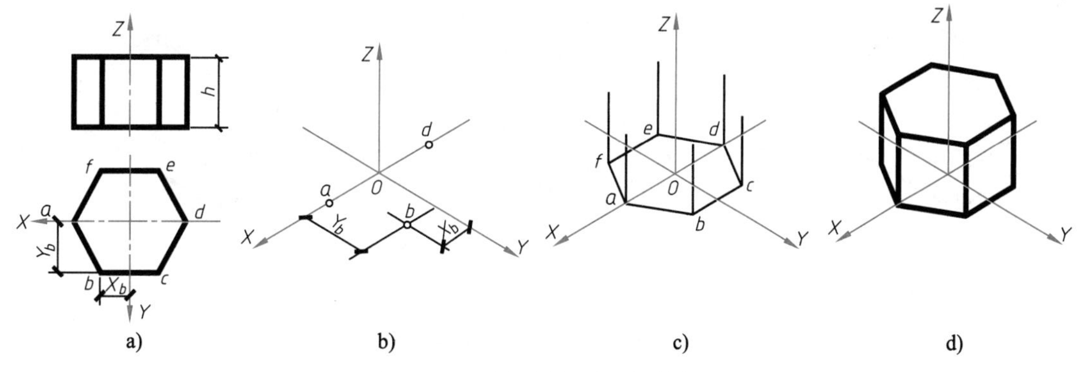

图 12-6　正六棱柱的正等测画法

2. 叠加法

画组合体的轴测投影时，可将其分为几个部分，然后分别画出各个部分的轴测投影，从而得到整个物体的轴测投影。画图时应特别注意各个部分相对位置的确定。如例 12-2 基础是由棱柱和棱台叠加而成。

【例 12-2】　求作图 12-7a 所示基础的正等测图。

作图步骤：

1）对基础进行形体分析。基础由棱柱和棱台组成。可从下而上，先画棱柱，再画棱台。

2）先画轴测轴，然后根据下半部分的尺寸大小，按其所在位置，作出棱柱体的轴测图，如图 12-7b 所示。

3）棱台下底面与棱柱顶面重合。棱台的侧棱是一般线，其轴测投影的方向和伸缩系数都未知，只能先画出它们的两个端点，然后连成斜线。作棱台顶面的四个顶点，可先画出它们在棱柱顶面上的投影，即棱台四顶点在棱柱顶面（平行于 H 面）上的次投影，再绘制其高度线。为此，从棱柱顶面的顶点起，分别沿 OX 方向量 x_3，沿 OY 方向量 y_3 并各引直线相应平行于 OY 和 OX，得四个交点。

4）绘棱台顶面的四个顶点。连接这四个顶点，得棱台的顶面。以直线连棱台顶面和底面的对应顶点，作出棱台的侧棱，完成基础的正等测图。

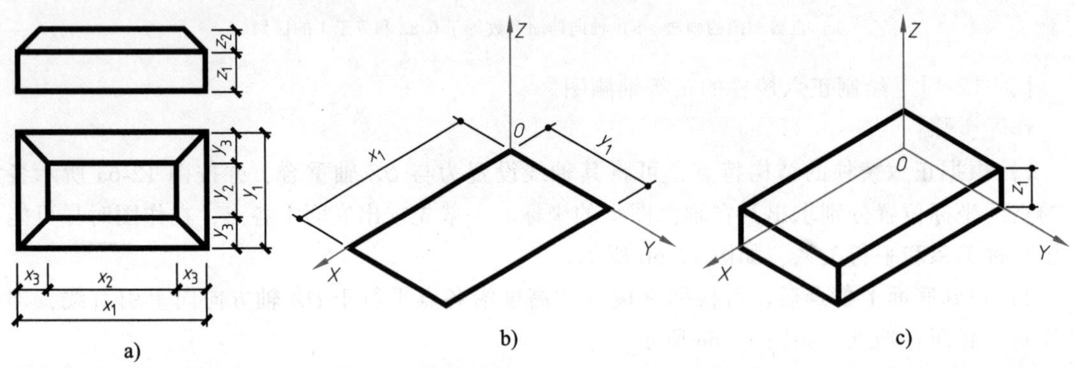

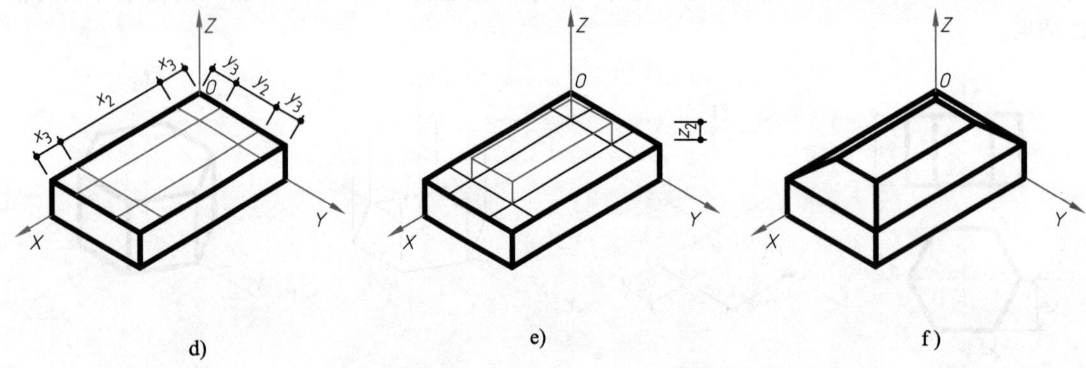

图 12-7 基础的正等测画法

a）已知投影图 b）画基础底面 c）画棱柱上底面 d）在棱柱顶面上画棱台上底面的水平次投影
e）画出棱台上底面 f）连棱台棱线

3. 切割法

对于能从基本形体切割得到的物体，可以先画出基本形体的轴测投影，然后在轴测投影中把应去掉的部分切去，从而得到所需要的轴测投影。如例 12-8 中的木榫头轴测图。

【例 12-3】 求作图 12-8a 所示木榫头的正等测图。

作图步骤：

1）把形体看成由原来的长方体，在左上方先切掉一块（图 12-8b）。

2）再切去左前方和左后方各一角（图 12-8c），便得到木榫头的正等轴测图（图 12-8d）。

a)　　b)　　c)　　d)

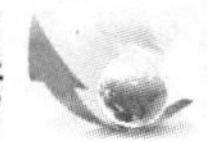

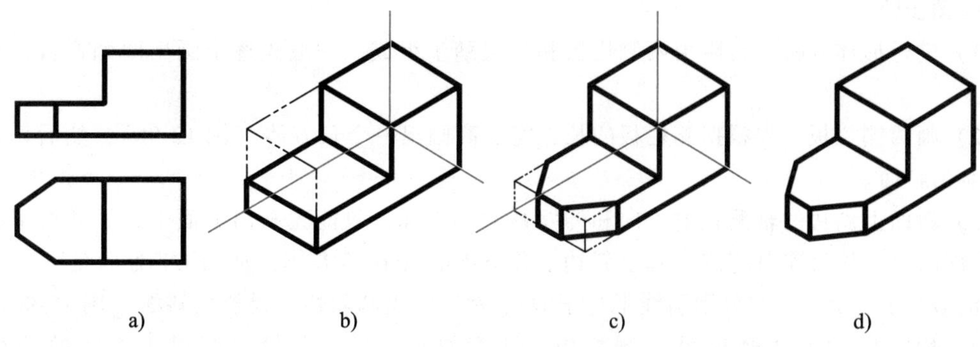

图 12-8　木榫头的正等测画法

a）已知投影图　b）切去长方块　c）切角　d）完成轴测图

4. 端面法

对于某一面较复杂的物体，如例 12-4 的台阶，可先画出端面的轴测投影，再引平行线画台阶，从而得到所需的轴测投影。

【例 12-4】　求作图 12-9a 所示台阶的正等测图。

a)　　b)　　c)

d)　　e)　　f)

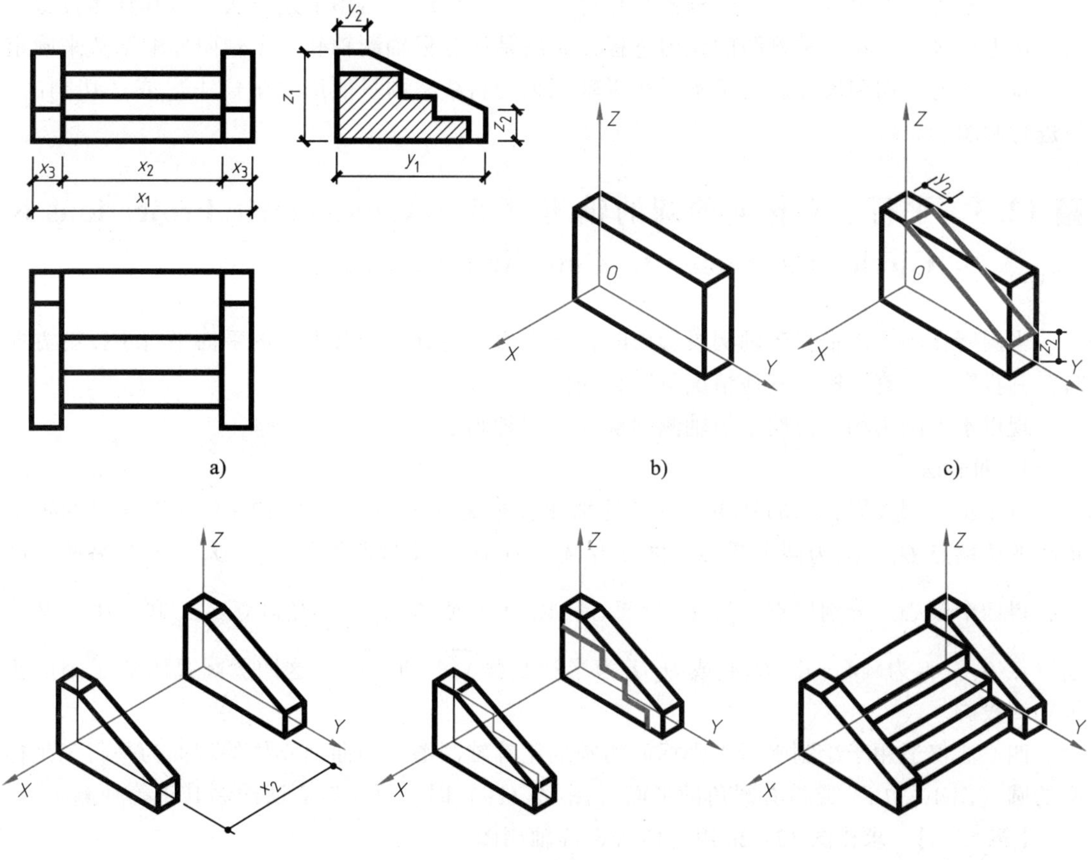

图 12-9　台阶的正等测画法

a）已知投影图　b）画长方体　c）画斜面　d）画另一侧栏板　e）画踏步的断面　f）画踏步

作图步骤：

1）进行形体分析。台阶由两侧栏板和三级踏步组成。一般先逐个画出两侧栏板，再画踏步。

2）画两侧栏板。先根据侧栏板的长、宽、高画出一个长方体（图 12-9b），然后切去一角，画出斜面。

3）斜面上斜边的轴测投射方向和伸缩系数都未知，只能先画出斜面上、下两根平行于 OX 方向的边，然后连对应点，画出斜边。作图时，先在长方体顶面沿 OY 方向量 y_2，又在正面沿 OZ 方向量 z_2，并分别引线平行于 OX，然后画出两斜边，得栏板斜面（图 12-9c）。

4）用同样的方法画出另一侧栏板，注意要沿 OX 方向量出两栏板之间的距离 x_2（图 12-9d）。

5）画踏步。一般在右侧栏板的内侧面（平行于 W 面）上，先按踏步的侧面投影形状，画出踏步端面的正等测，即画出各踏步在该侧面上的次投影（图 12-9e）。凡是底面比较复杂的棱柱体，都可先画端面，这种方法称为端面法。

6）过端面各顶点引线平行于 OX，得踏步（图 12-9f）。

5. 综合法

对于较复杂的组合体，可先分析其组合特征，然后综合运用上述方法画出其轴测投影。

从上述例子可见，轴测图的作图过程，始终是按三根轴测轴和三个轴向伸缩系数来确定长、宽、高的方向和尺寸。对于不平行于轴测轴的斜线，则只能用“坐标法”或“切割法”等进行画图。

■ 12.3 平行于坐标面的圆的轴测投影（Axonometric Projections of Circles Paralleled to Coordinate Planes）

当圆所在的平面平行于轴测投影面时，其投影仍为圆；当圆所在的平面平行于投射方向时，其投影为一直线段；其他情况下则为椭圆。

现以水平圆为例，说明正等轴测图椭圆的两种画法。

1. 四心法

对于正等测投影，圆的外切正方形的轴测投影是一个菱形（图 12-10）。以菱形的短对角线的两端点 O_1、O_2 为两个圆心，再以 O_1A_p、O_1D_p 与长对角线的交点 O_3、O_4 为另两个圆心，得四个圆心。分别以点 O_1、O_2 为圆心，以 O_1A_p 或 O_1D_p 为半径画弧 $\overset{\frown}{A_pD_p}$ 和 $\overset{\frown}{C_pB_p}$；又分别以点 O_3、O_4 为圆心，以 O_3A_p 或 O_4D_p 为半径画弧 $\overset{\frown}{A_pB_p}$ 和 $\overset{\frown}{C_pD_p}$。这四段圆弧组成了圆的正等轴测投影。

四心法仅适用于绘制平行于坐标面的圆的正等轴测图。当曲面立体的端面为平行于坐标面的圆（图 12-11a）或带有圆角的平面（图 12-11b）时，可用四心法绘制其正等轴测图。

【例 12-5】 求作图 12-12a 组合体的正等轴测图。

分析：

图 12-12a 所示的组合体由底板和竖板两部分组成。底板前方的两个圆角为水平圆弧，立板半圆柱和圆孔均为正平圆，可采用四心法绘制轴测图的椭圆。

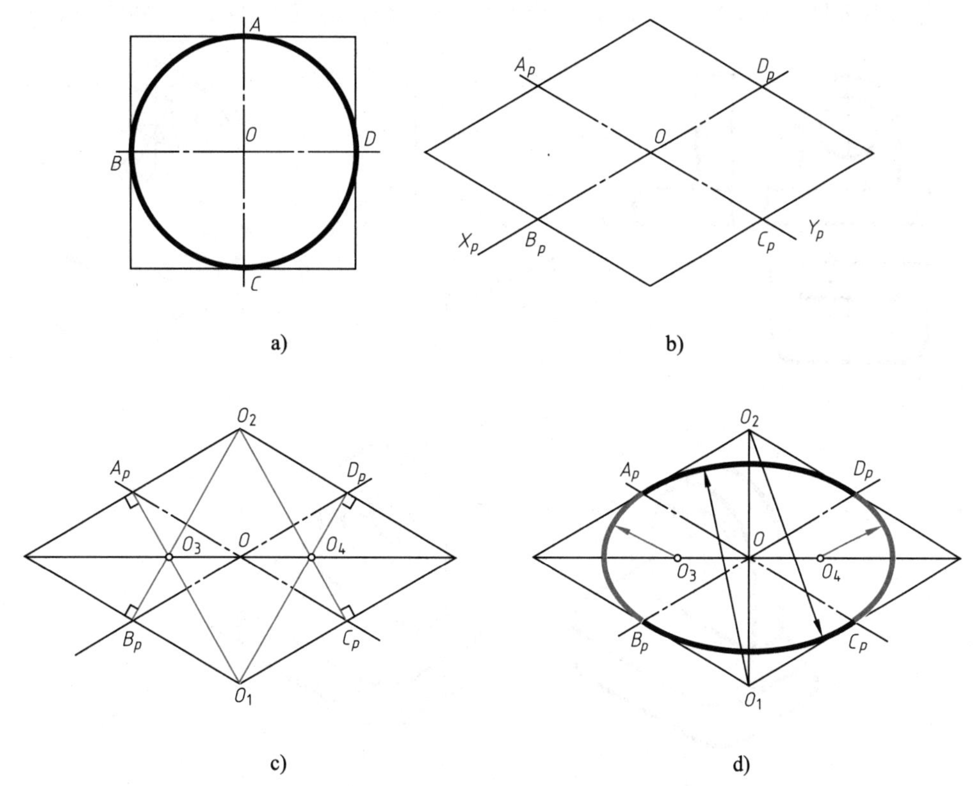

图 12-10　四心法画圆的正等测投影

a）平行于 H 面的圆　b）画中心线及外切菱形　c）求四个圆心　d）画四段圆弧

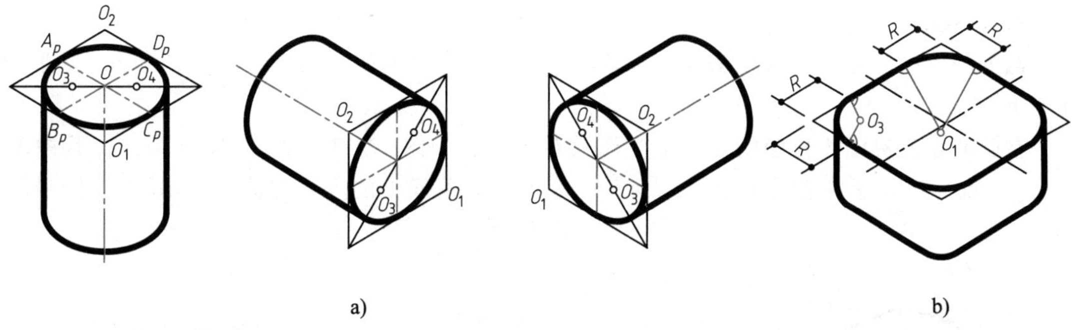

图 12-11　四心法绘制正等测图的应用

a）三个方向上圆柱的正等测图　b）圆角的正等测图

作图步骤：

1）作底板的正等测图，用四心近似椭圆法作两侧圆角。定切点位置，找圆心，然后绘制圆角曲线。作出形体右前角的公切线，如图 12-12b 所示。

2）作立板的正等测图，确定圆心位置，用四心近似椭圆法作半圆柱的正等测图，右上方的圆柱面的轮廓线应为与 Y_p 轴平行的切线，如图 12-12c 所示。

3）作圆孔的外切正方形的正等测图，再用四心法作圆孔的正等测图，如图 12-12d 所示。

4）去除不可见线及辅助线，加深轮廓线，完成组合体的正等测图，如图 12-12e 所示。

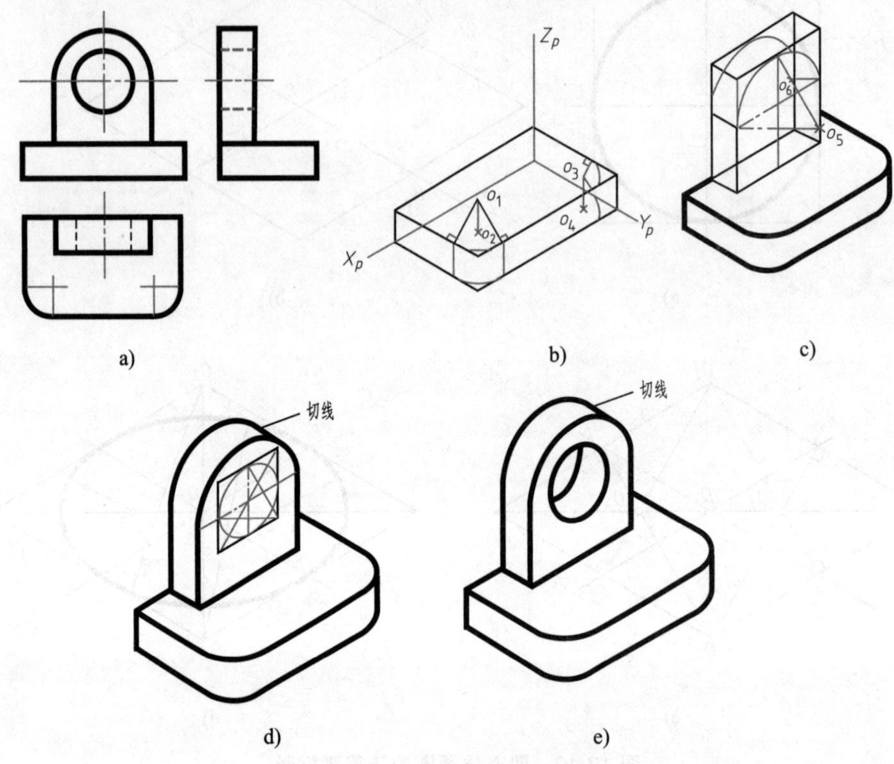

图 12-12　组合体的正等测图

a）正投影图　b）画底板和圆角　c）画立板和半圆柱轴测图　d）画立板圆孔轴测图　e）完成作图

2. 八点法

圆的轴测投影还可用八点法绘制，该法适用于任何类型的轴测投影图。其作图方法和原理如下。

在圆的正投影图中作圆的外切正方形及对角线，如图 12-13a 所示，得八个点。其中 1、3、5、7 点为正方形各边的中点；2、4、6、8 点为对角线上的点。在图 12-13b 中，作圆的

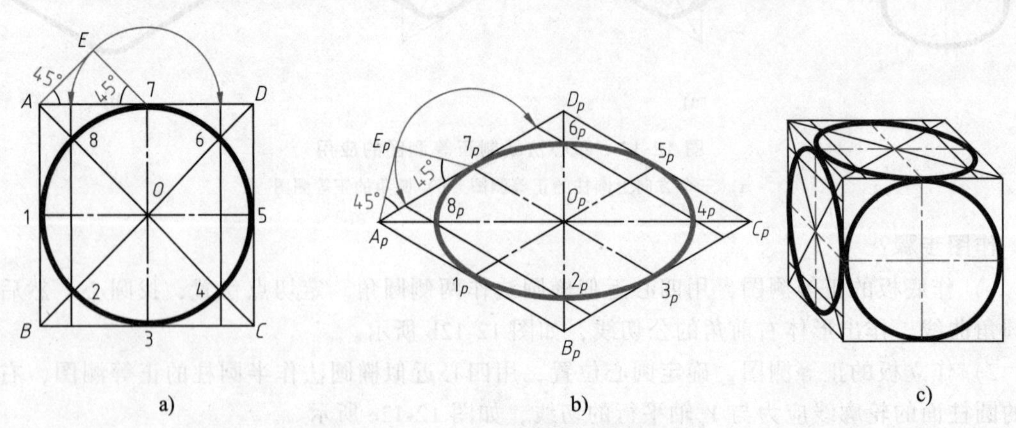

图 12-13　八点法画圆的正等测投影

a）平行于 H 面的圆　b）八点法作图　c）平行面上的圆的斜二测图

外切正方形及其对角线的轴测投影，定出各边的中点，1_p、3_p、5_p、7_p。在四边形的一边上作一辅助直角等腰三角形 $A_p7_pE_p$，从而作出对角线上的 2_p、4_p、6_p、8_p各点，光滑地连接这8个点，即得所求圆的轴测投影。

图 12-13a 中，$\triangle O7A$ 是一等腰直角三角形，OA 为斜边，直角边长度 $O7=A7=O8=R$（圆半径），由于等腰直角三角形直角边与斜边的比值为定值（$O8 : OA=E7 : A7=\sin45°$）。根据平行投影的定比性可得到点 8 的轴测投影（$O_p8_p : O_pA_p=E_p7_p : A_p7_p$）。

如图 12-13c 所示，对于斜轴测投影，平行于轴测投影面的坐标面（或其平行面）内的圆的投影仍为圆，而平行于其他坐标面的圆通常按八点法作其轴测投影。

12.4　斜轴测图的画法（Drawing Method of Oblique Axonometric Projection）

12.4.1　斜轴测投影的轴间角和轴向伸缩系数（Axes Angles and Coefficients of Axial Deformation of Oblique Axonometric Projection）

采用斜投影时，为了方便绘图，通常使确定物体空间位置的两条坐标轴与轴测投影面平行。如图 12-14 所示，设坐标轴 OX 和 OZ 就位于轴测投影面 P 上，即 OX、OZ 与轴测轴 O_pX_p、O_pZ_p重合，它们之间的轴间角 $X_pO_pZ_p$为 90°，轴向伸缩系数 $p=r=1$。至于 OY 的位置和轴向变化率则由投射方向而定。

Y 轴经投射后，可以形成任意的轴向变化率和任意的轴间角，轴间角一般取 45°、30°或 60°，Y 轴向伸缩系数取 1 或 1/2。若取 1，则称斜等测图，或称正面斜等测图；若不取 1，则称为斜二测图或称正面斜二测图。

采用斜投影时，若以 V 面或 V 面平行面作为轴测投影面，所得的斜轴测投影，称为正面斜轴测投影。若以 H 面或 H 面平行面作为轴测投影面，则得水平面斜轴测投影。画斜轴测图与画正轴测图一样，也要先确定轴间角、轴向伸缩系数以及选择轴测类型和投射方向。

图 12-14　斜轴测投影的轴

12.4.2　常用的两种斜轴测投影（Two Types of Commonly Used Oblique Axonometric Projection）

1. 正面斜二轴测图

正面斜二轴测投影简称正面斜二测图。无论投射方向如何选择，平行于轴测投影面的平面图形，其正面斜轴测图反映实形，即$\angle X_pO_pZ_p=90°$，$p=r=1$。轴测轴 O_pY_p的变形系数与轴间角之间无依从关系，可任意选择。通常选择 O_pY_p与水平成 45°，Y 轴向伸缩系数$q=1/2$，作图较为方便、美观。如图 12-15 所示为正面斜二测图的轴间角和轴向伸缩系数。

正面斜二轴测图的优点在于：平行于坐标 XOZ 的平面在投影后形状不变，一般适用于正立面形状较为复杂的形体。

【例 12-6】　画出图 12-16a 所示隧道洞口的斜二测投影图。

解：选取隧道洞门面作 XOZ 坐标面，可先画与立面完全相同的正面形状，然后画 45°斜线，再在斜线上定出 Y 轴方向上的各点。完成后的正面斜二测如图 12-16c 所示。

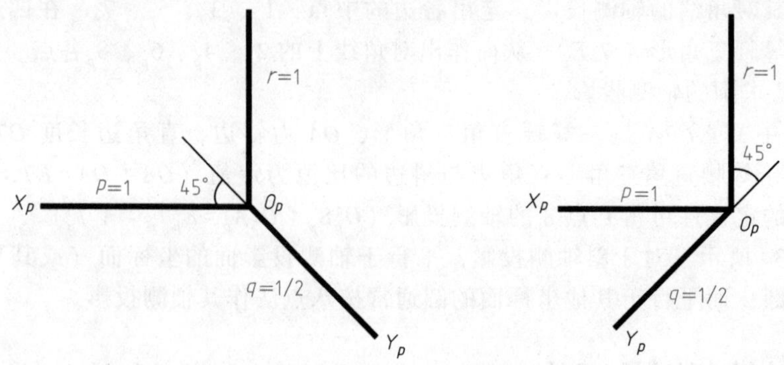

图 12-15 正面斜二测图的轴间角和轴向伸缩系数

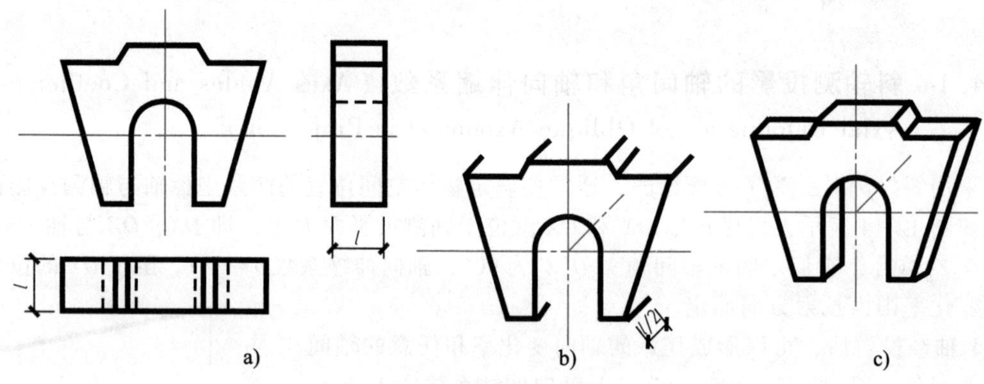

图 12-16 隧道洞口的斜二测图

2. 水平斜轴测图

当轴测投影面 P 与水平面（H 面）平行或重合时，所得到的斜轴测投影称为水平面斜轴测图。无论投射方向如何选择，平行于轴测投影面的平面图形，其水平斜轴测图反映实形，即 $\angle X_pO_pY_p=90°$，$p=q=1$。建筑工程中常用的水平斜等轴测图的轴测轴通常画成图 12-17 的形式，三个轴向伸缩系数 $p=q=r=1$。

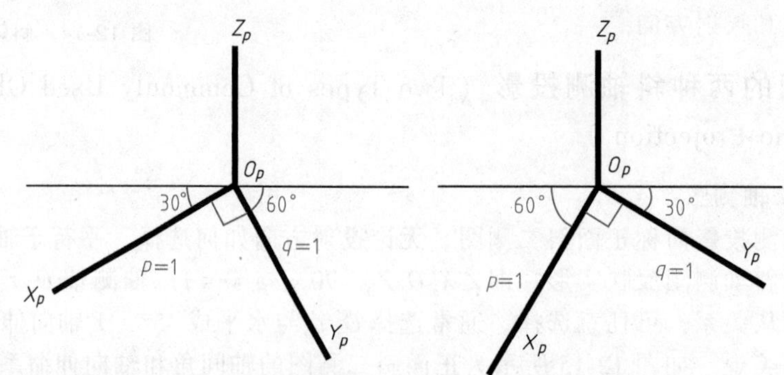

图 12-17 水平斜等测图的轴间角和轴向伸缩系数

水平斜轴测图常用于表示房屋的水平剖面立体图，如图 12-18 所示，这样能更清晰地表达房屋的内部结构分布情况，并便于室内布置，其作图一般在建筑平面图的基础之上完成。

图 12-19 表示一个小区的总平面布置图，作图时只需将 Z 轴定为铅垂方向即可。这种图

能更清晰地表达一个建筑群的总体布置及建筑物与道路、绿化等的相对位置。

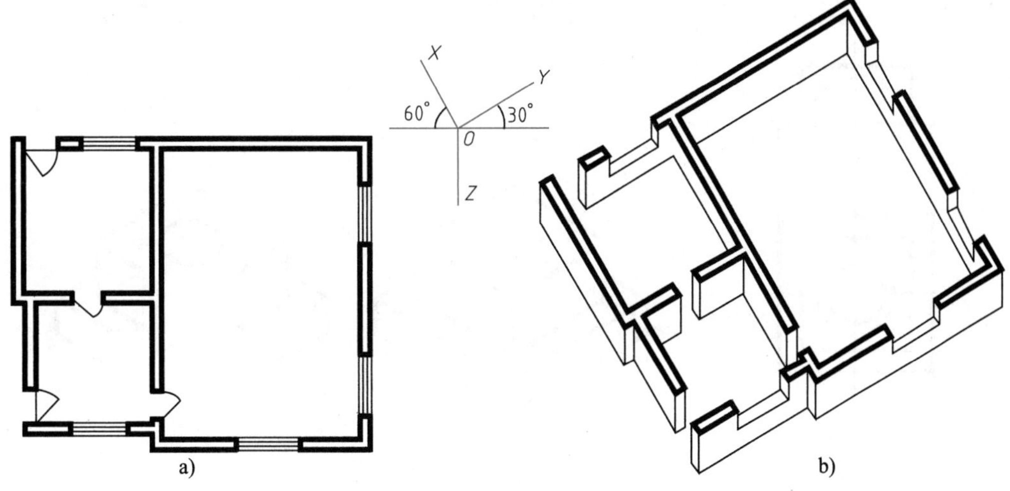

图 12-18 房屋的水平剖面立体图

a）房屋平面图 b）房屋水平斜轴测图

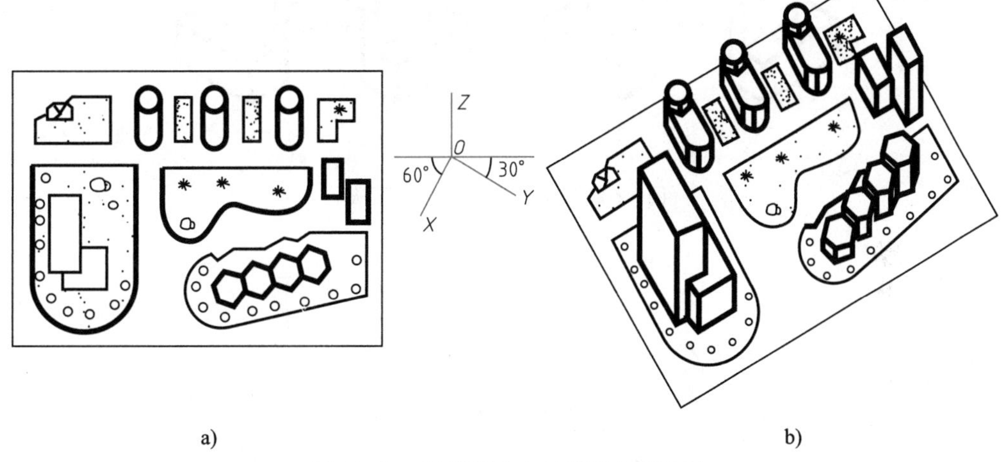

图 12-19 建筑群的水平斜等轴测投影

a）小区平面图 b）小区水平斜轴测图

■ 12.5 轴测投影的剖切画法（Drawing Method of Sectional Axonometric Projection）

为了表示出物体的内部形状，可用假想的与坐标面平行的平面将物体切去四分之一或二分之一。这种剖切后的轴测图，称为剖切轴测图。

首先按选定的轴测投影的类型，画出物体的轴测投影，然后根据需要选定剖切位置，用剖切平面去剖切物体，画出物体被剖切后的断面轮廓线，擦去多余的图线，补画出由于剖切而可见的图线，并在断面轮廓范围内画上剖面符号或剖面线，从而得到物体被剖切后的轴测投影，如图 12-20 所示。

轴测投影剖面线的画法如图 12-21 所示：沿各轴按轴向伸缩系数截量单位长，连接所得端点，即分别确定了各坐标面平行面上的剖面线方向。

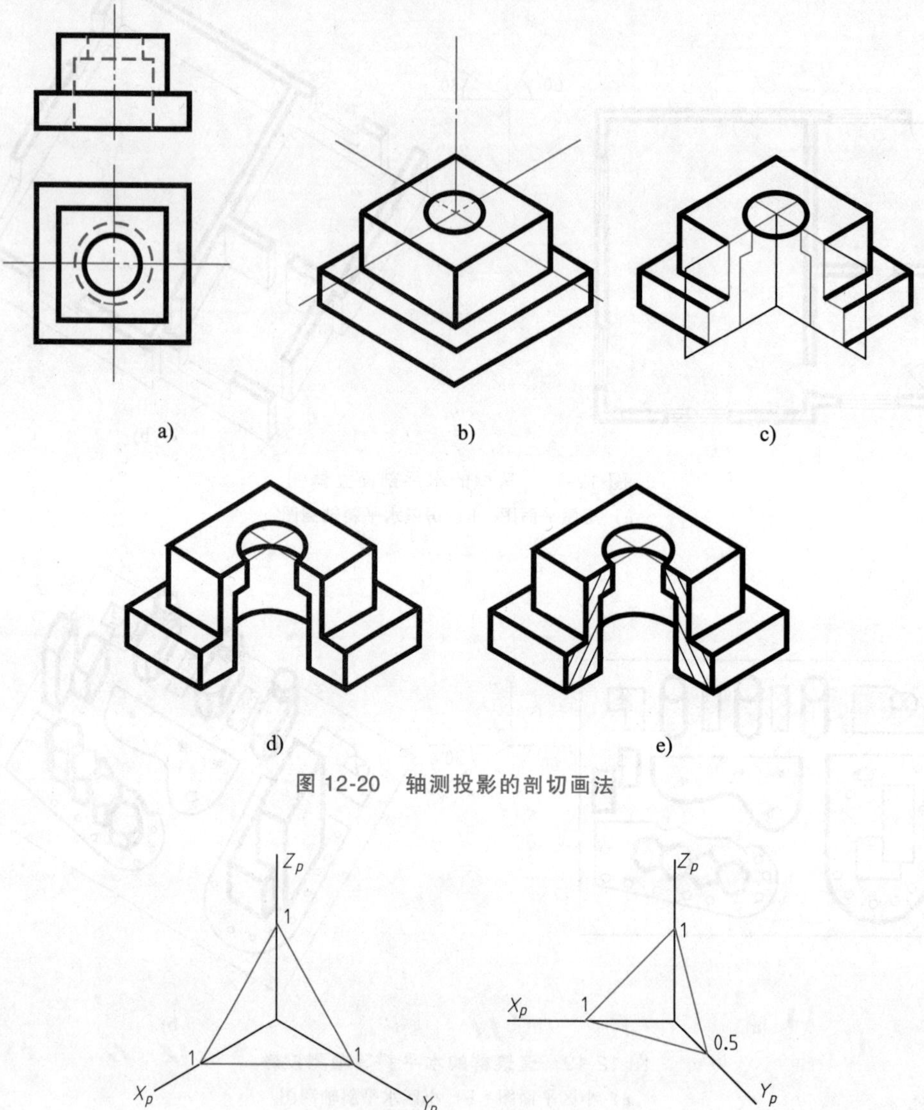

a)　　b)　　c)

d)　　e)

图 12-20　轴测投影的剖切画法

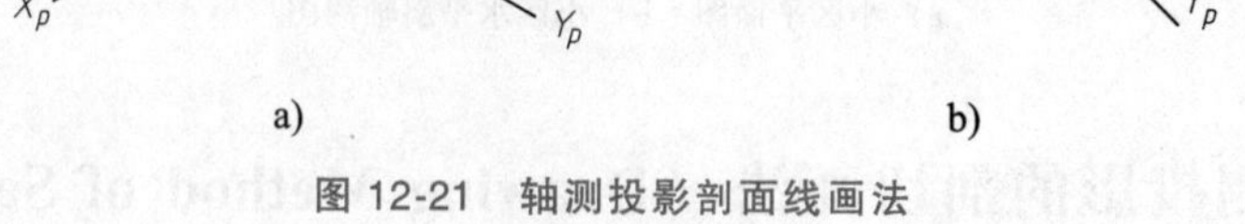

a)　　b)

图 12-21　轴测投影剖面线画法

a）正等测　b）斜二测

■ 12.6　轴测投影的选择（Choice of Axonometric Projections）

绘制物体轴测投影的主要目的是使图形能反映出物体的主要形状，富于立体感，并大致符合我们日常观看物体时所得到的形象。为使轴测图的直观性好，表达清楚，应注意以下几点：

1）轴测图类型的选择直接影响到轴测图的效果。由于轴测投影中一般不画虚线，所以图形中物体各部分的可见性对于表达物体形状来说具有特别重要的意义。当所要表达的物体部分成为不可见或有的表面成为一条线的时候，就不能把它表达清楚了。如图 12-22b 是图 12-22a 中物体的正等轴测图，它不能反映出物体上的孔是不是通孔，但若画成图 12-22c 所示的正面斜二等测图，就能充分表示清楚。又如图 12-23b 是图 12-23a 所示物体的正等轴测投影，未能反映出后壁上左边的矩形孔，而画成图 12-23c 的正面斜二测图就要好得多。在正投影中如果形体的表面有和正面、平面方向成 45°的，由于这个方向的面在轴测图上均积聚为一直线，平面的轴测图显示不出来，所以不应采用正等测图。如图 12-24b 中，物体的正等轴测投影有两个平面成为直线，不能反映出物体的特征，而图 12-24c 由于画成正面斜二测图，也就是改变了投射方向，可以得到较为满意的结果。

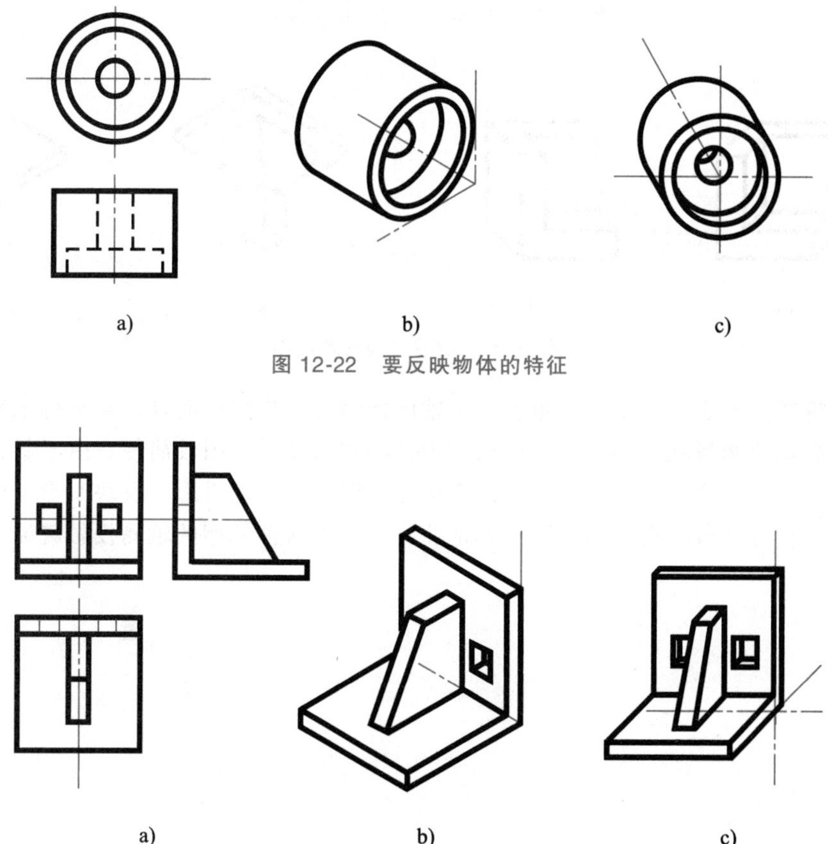

图 12-22　要反映物体的特征

图 12-23　要反映物体的主要形状

2）观察方向的选择对于表达物体形状，显示物体特征也具有十分重要的作用。如图 12-25a 左图中的正面斜二等轴测图是从左前上方投射物体所得的，比图 12-25b 中的从右、前上方投射物体所得的正面斜二等测图要明显。图 12-25c 中的柱头是从下向上投射得到的图形，要比图 12-25d 中的从上向下投射得到的图形更能说明问题。

3）作图是否简便也是应该考虑的一个重要因素。作图是否简便首先取决于轴间角和轴向伸缩系数。各轴的方向要便于利用绘图工具绘制，沿轴作量度时应能直接利用一般的比例尺，避免繁琐的计算。圆和圆弧的轴测投影也要便于绘制。

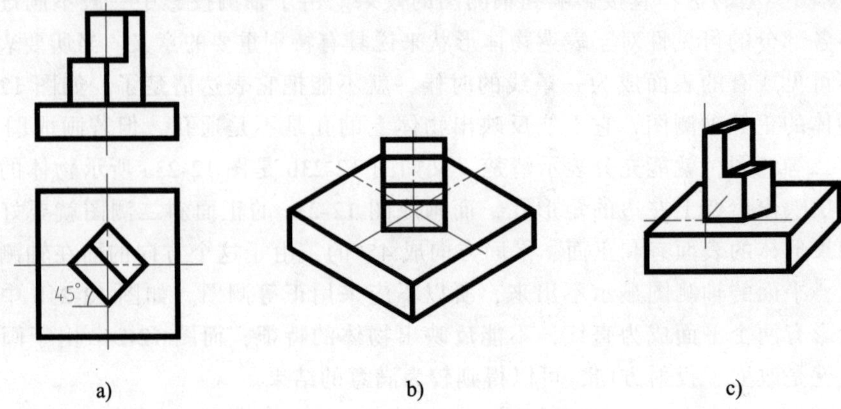

图 12-24　避免物体表面投影成直线

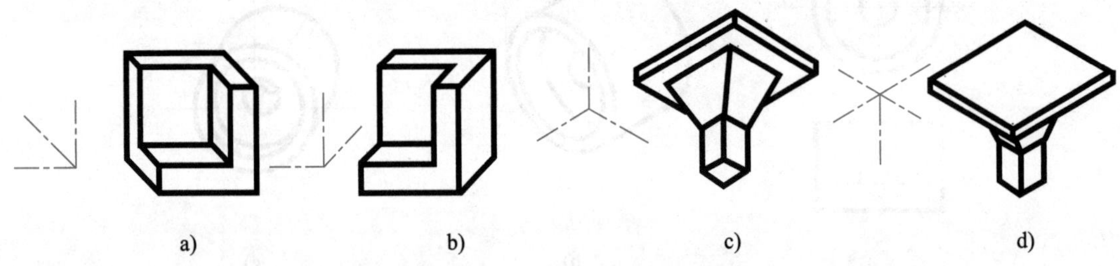

图 12-25　观察方向的选择图

由于正等轴测投影的三个轴间角和三个轴向伸缩系数相同，而且在各平行于坐标面的平面上的圆的轴测投影形状又都相同，所以采用这种轴测投影作图较简便。由于斜轴测投影有一个坐标面平行于轴测投影面，平行于该坐标面的图形在轴测投影中反映实形，所以如果物体上某一面较为复杂或具有较多的圆或其他曲线，采用这种类型的轴测投影就较为有利。

第13章 标高投影
(Elevation Projection)

【学习目标】

1. 了解标高投影的概念和基本表达方法。

2. 掌握用标高投影法处理在地形面上修筑各种水平场地、坡道等，确定挖方和填方范围的边界线的图示方法。

13.1 标高投影的概念（Conception of Topographical Projection）

房屋、桥梁、水利等工程建筑物是建在地面上或地面下的，与大地有着紧密联系。因此，地面的形状对建筑群的布置、施工、设备的安装等都有很大影响。有时还要对原有地形进行人工改造，如修建广场、道路等。但地面形状比较复杂，高低起伏，没有一定规则；地面的高度和长度、宽度相差很大。如果仍用多面正投影图来表示地面形状，则作图复杂且难以表达清楚。为此人们在生产实践中创造了一种新的图示方法，称为标高投影。

标高投影就是在形体的水平投影上，以数字标注出各处的高度来表示形体形状的一种图示方法。标高投影为单面正投影。

13.2 点和直线的标高投影（Elevation Projection of Points and Lines）

13.2.1 点的标高投影（Elevation Projection of Points）

作点在水平基准面 H 上的正投影，并在正投影右下角用数字注明该点距离 H 面的高度，即为点的标高投影。以 H 面作为基准面，它的高度为零。高于 H 面的标高为正，低于 H 面的标高为负。如图 13-1a 所示，设点 A 位于已知水平面 H 的上方 3 单位，点 B 位于 H 面上方 5 单位，点 C 位于 H 下方 2 单位，点 D 在 H 面上，那么，在 A、B、C、D 的水平投影 a、b、c、d 上旁注相应的高度值 3、5、−2、0（图 13-1b），即得点 A、B、C、D 的标高投影。这时，3、5、−2、0 等高度值称为各点的标高。

在实际工程中，以我国青岛市外的黄海海平面作为零标高的基准面而测定的标高称为绝

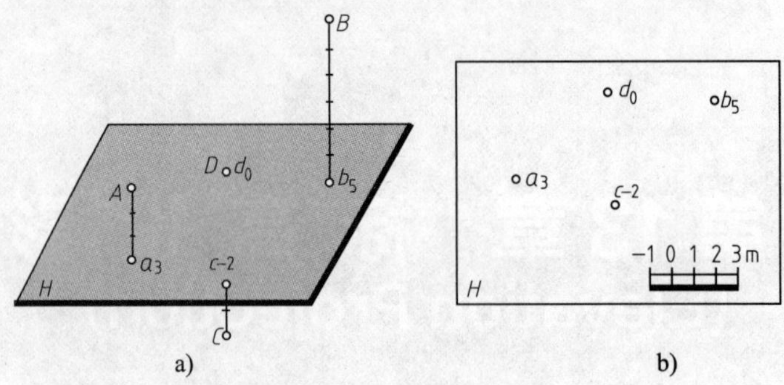

图 13-1 点的标高投影

a）空间状况 b）标高投影

对标高；若以其他平面作为基准面来测定的标高则称为相对标高。对于每幢建筑物来说，通常以它的首层地面作为零标高的基准面。

在标高投影中，必须注明比例或画出比例尺，如图 13-1b 所示。由于常用的标高单位为 m，所以图上的比例尺一般可以略去 m。

13.2.2 直线的标高投影（Elevation Projection of Straight Lines）

1. 直线的标高投影的表示方法

1）直线的标高投影可由直线上任意两点的标高投影连接而成。如图 13-2 所示，在直线 AB 的 H 面投影上标出其两个端点的标高值，$a_3\ b_6$ 即为直线 AB 的标高投影。

2）直线标高投影的另一种表示形式是在直线的 H 面投影上，只标出线上一个点的标高，画出表示直线下坡方向的箭头并注上坡度，如图 13-2 中过 C 点的直线。

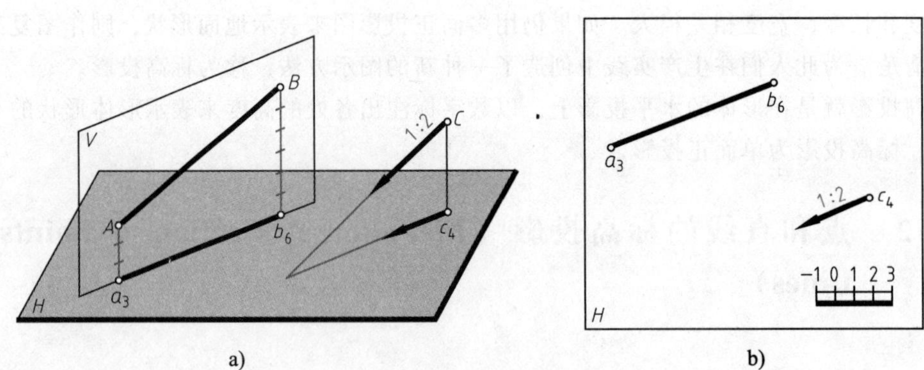

图 13-2 直线标高投影的表示方法

a）立体图 b）投影图

2. 直线的实长和倾角

要确定线段 AB 的实长及其对 H 面的倾角，可用换面法求解。可经过 AB 作一铅垂面 V，然后将该面绕 a_3b_6 旋转使之与 H 面重合，在该投影面上就得到 AB 的实长和倾角（图 13-3）。作图时，只要分别过 a_3 和 b_6 引垂线垂直于 a_3b_6 并在所引垂线上，按比例尺分别截取相应的标高数 3 和 6，得点 A 和 B。AB 的长度就是实长。AB 与 a_3b_6 间的夹角就是所求的倾角 α。

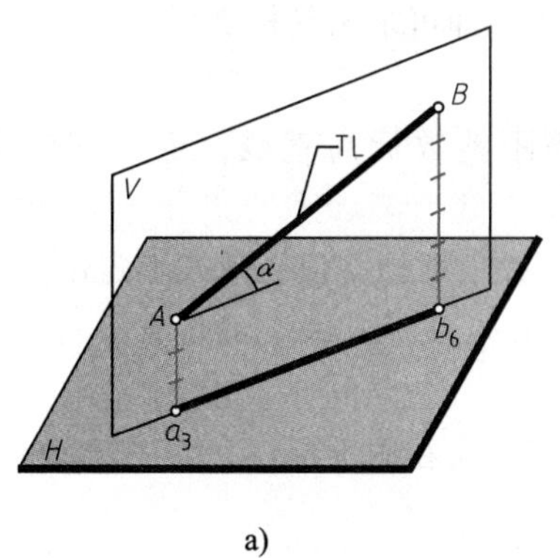

a)

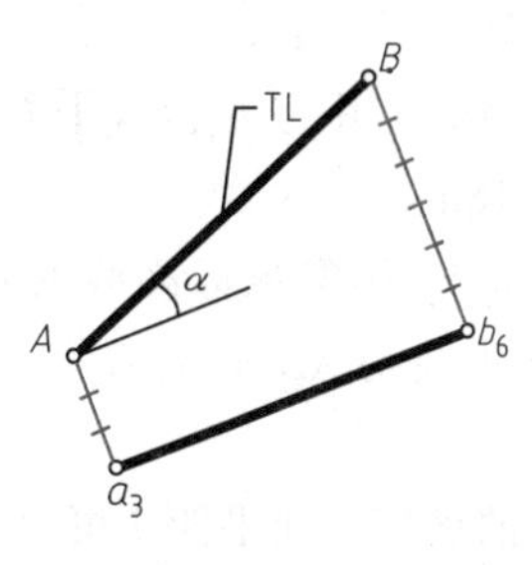

b)

图 13-3　直线的实长和倾角

a）立体图　b）投影图

3. 直线的坡度和平距

直线上两点间的水平距离为一单位时的高差，或者说，直线上任意两点的高差与其水平距离之比，称为直线的坡度，用 i 表示（图 13-4）。

反之，直线上两点间的高差为一单位时的水平距离，或者说直线上任意两点的水平距离与其高差之比，称为直线的平距，用 l 表示（图 13-4），即有 $l=\dfrac{L}{H}=\cot\alpha$。

由此可见，直线的坡度与平距互为倒数，即 $i=\dfrac{1}{l}$。也就是说，坡度越大，平距越小；坡度越小，则平距越大。

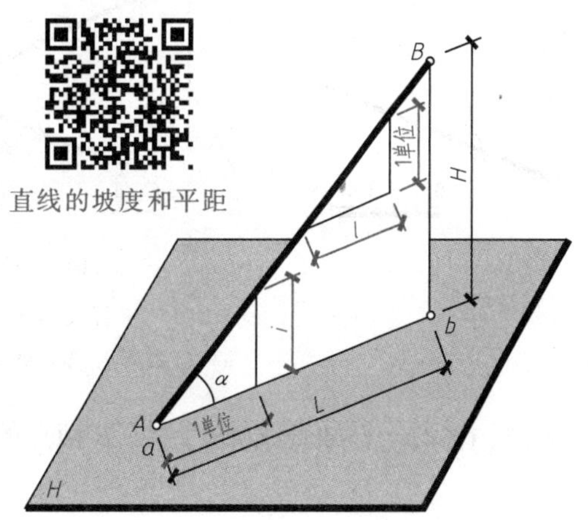

图 13-4　直线的坡度和平距

【例 13-1】　求图 13-5a 所示直线 AB 的坡度和平距，并求线上一点 C 的标高投影。

方法一：数解法。

作图步骤：

1）直线 A、B 两点间的高差 $H_{AB}=(18-12)\text{m}=6\text{m}$；由比例尺量得 A、B 两点的水平距离 $L_{AB}=12\text{m}$，所以坡度 $i=\dfrac{H_{AB}}{L_{AB}}=\dfrac{6}{12}=\dfrac{1}{2}$。

2）直线的平距 $l=\dfrac{1}{i}=2\text{m}$。

3）求 C 点的标高投影。因为 $i=\dfrac{H_{AB}}{L_{AB}}=\dfrac{H_{AC}}{L_{AC}}=\dfrac{1}{2}$，所以 $H_{AC}=\dfrac{1}{2}L_{AC}$。$L_{AC}$ 由比例尺量得为 7m。由此得 $H_{AC}=\dfrac{1}{2}\times 7\text{m}=3.5\text{m}$。所以 C 点的标高为（18-3.5）m=14.5m。

方法二：图解法。

如图 13-5b 所示，包含直线 AB 作一铅垂面 V_p，直线 AB 与 V_p 面上各整数标高的水平线

（等高线）相交，根据 C 点在等高线上的位置，即可求出其标高值。

作图步骤（图 13-5c）：

1）按比例尺作一组与 $a_{18}b_{12}$ 平行的等距整数标高直线，定义其标高顺次为：12m、13m、14m、…、18m。

2）分别自 $a_{18}b_{12}$ 作整数标高线的垂线，并根据标高值在垂线上定出点 A 和 B，连 AB。

3）过 c 点作垂线与 AB 交于 C 点。根据 C 点在标高线上的位置，可以得出 C 点的标高值为 14.5m。

4）直线 AB 的坡度 i 和平距 l 可以根据其定义在图上标注。

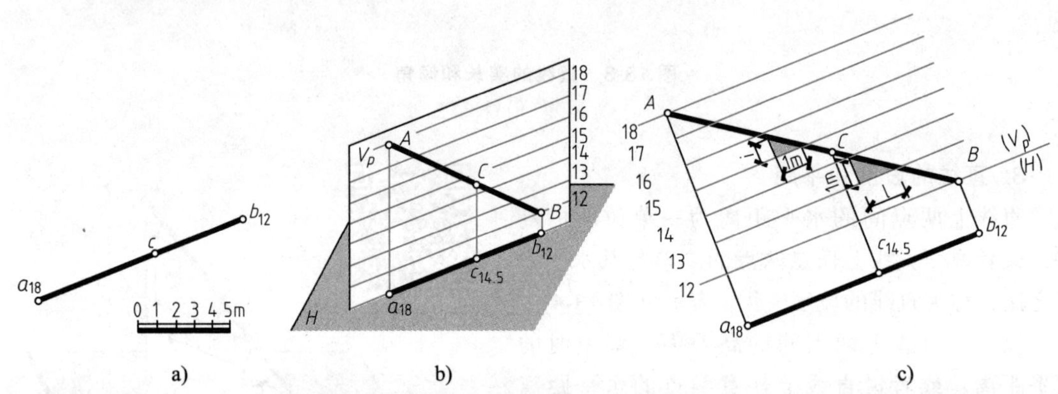

图 13-5　求直线 AB 的坡度、平距和 C 点的标高

a）已知条件　b）立体图　c）图解法求 C 点标高

【例 13-2】　已知直线 AB 上 A、B 两点的标高投影（图 13-6a），求直线上各整数标高点。

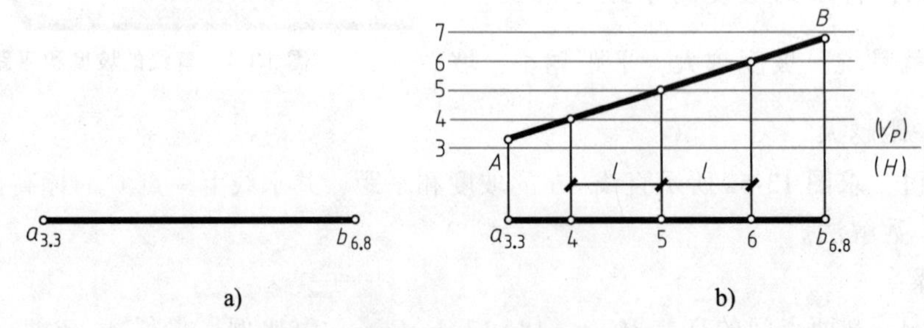

图 13-6　求直线上整数标高点

a）已知条件　b）求解过程

分析：

本例同样可采用换面法的概念，作图方法与图 13-5b 基本一致。

作图步骤：

1）作一组 $a_{3.3}b_{6.8}$ 的平行线，并使其等间距，定义标高值为 3m、4m、5m、…、7m。

2）根据 A、B 两点的标高值画出 AB 直线。AB 与各整数标高线相交于Ⅳ、Ⅴ、Ⅵ点，从这些点向 $a_{3.3}b_{6.8}$ 作垂线，就可得到 4m、5m、6m 整数标高点。显然，各相邻整数标高点间的距离应该相等，这个距离就是直线的平距。

3）如果 V 面标高线间的距离按所给比例尺画，则 AB 反映实长，它与标高线夹角反映

AB 对 *H* 面的倾角 α。

13.3　平面的标高投影（Elevation Projection of Plane）

13.3.1　平面内的等高线和坡度线（Contour Line and Grade Line of a Plane）

平面内的水平线就是平面内的等高线，即水平面与平面的交线。在实际工程中，常取平面上整数标高的水平线为等高线，平面与基准面 *H* 的交线是平面内标高为零的等高线。图 13-7a 所示为 *P* 平面内等高线的标高投影，平面内的等高线有如下特点：

1）等高线是直线。

2）等高线的高差相等时，其水平间距也相等。

3）等高线相互平行。

平面内对水平面的最大斜度线就是平面内的坡度线，平面内的坡度线有以下特征：

1）平面内的坡度线与等高线互相垂直，其水平投影也互相垂直。

2）平面内坡度线的坡度就是该平面的坡度。

3）平面内坡度线的平距就是平面内等高线的平距。

如图 13-7b 所示，将平面内坡度线的水平投影画成一粗一细的双线并附以整数标高，称为坡度比例尺。

坡度比例尺

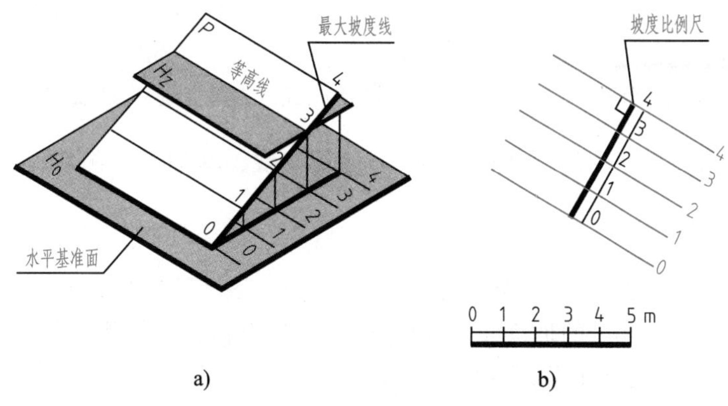

图 13-7　平面内的等高线和坡度线

13.3.2　平面的标高投影表示法（Denotation of Topographical Projection of Plane）

1. 用几何元素表示平面

正投影图中介绍的五种几何元素表示法在标高投影中均适用：①不在同一直线上的三点；②一直线及线外一点；③平行二直线；④相交二直线；⑤任意平面图形，如图 13-8a～e 所示。

2. 用平面上一组高差相等的等高线表示平面

如图 13-7b 所示，等高线的垂直线即为坡度线，由此可求出平面的坡度。这是表示平面最基本的方法。

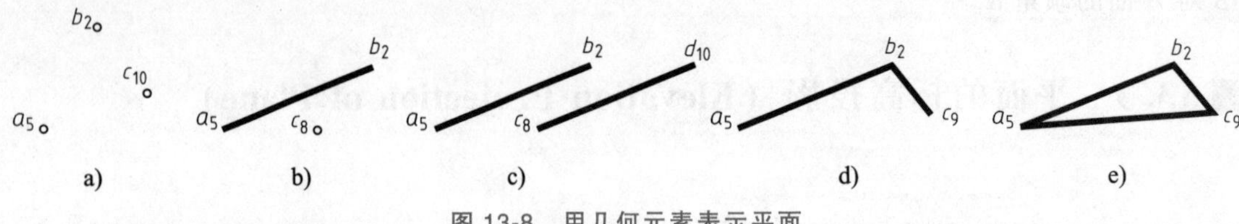

图 13-8 用几何元素表示平面

3. 用坡度比例尺表示平面

由于坡度比例尺的坡度代表平面的坡度，所以坡度比例尺的位置和方向一经给定，平面的方向和位置也就随之给定了。等高线与坡度比例尺垂直，过坡度比例尺上各整数标高点作坡度比例尺的垂线，即得平面上的等高线，如图 13-9 所示。

4. 用一条等高线和平面的坡度线表示平面

图 13-10a 所示是一堤岸，堤顶标高为 6m，斜坡面的坡度为 1∶2，这个斜坡面可以用它的一条等高线和坡度来表示，如图 13-10b 所示。

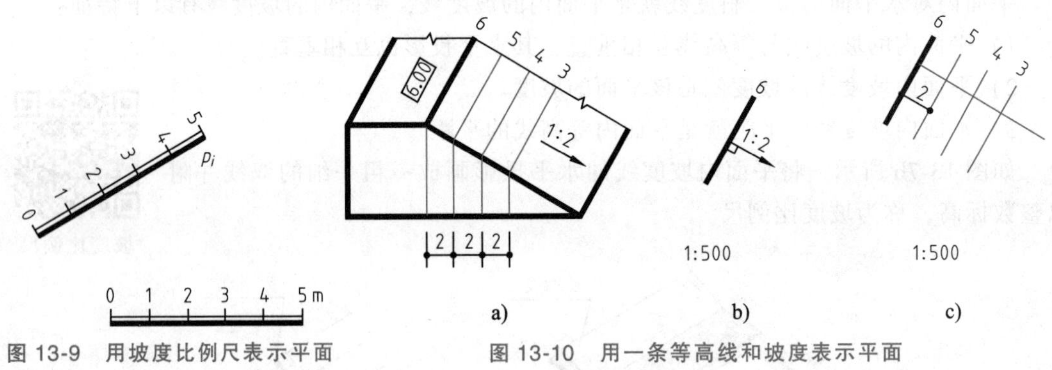

图 13-9 用坡度比例尺表示平面

图 13-10 用一条等高线和坡度表示平面

【例 13-3】 已知平面内的一条标高为 6m 的等高线，又知平面的坡度为 1∶2，作出该平面内其他等高线。

作图步骤：

1）根据坡度 $i=1:2$，求出平距 $l=2$。

2）作垂直于等高线 6m 的坡度线，在坡度线上自等高线 6m，顺着坡度线箭头方向按比例连续量取 3 个平距，得 3 个截点（图 13-10c）。

3）过截点作等高线 6m 的平行线，得标高为 5m、4m、3m 的等高线。

5. 用平面内一倾斜直线和平面的坡度线表示平面（即相交两直线）

图 13-11a 所示是一标高为 6m 的水平场地，其斜坡引道两侧的斜面 ABC 和 DEF 的坡度为 2∶1，这种斜面可由面内一倾斜直线的标高投影和平面的坡度来表示。如斜面 ABC 可由倾斜直线 AB 的标高投影 a_6b_0 及侧坡坡度 2∶1 来表示，如图 13-11b 所示。图中 a_6b_0 旁边的箭头只是表明侧坡平面向直线的某一侧倾斜，并不确切地表示坡度的方向，因此，将它画成带箭头的虚线。

【例 13-4】 求图 13-11b 所示平面内的等高线。

分析：

过 a_6 有一条标高为 6m 的等高线，过 b_0 有一条标高为 0m 的等高线。这两条等高线之间

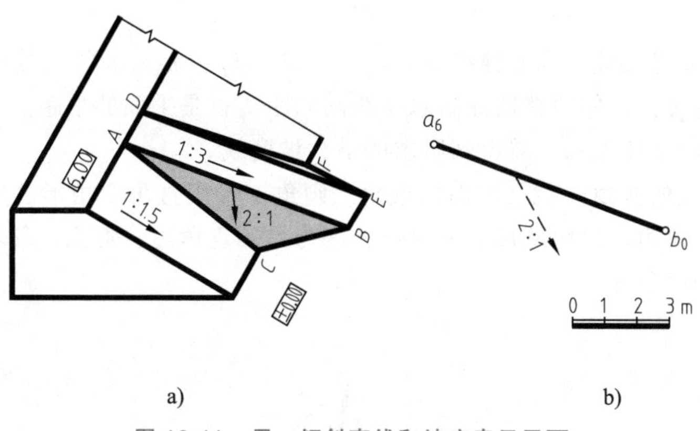

图 13-11　用一倾斜直线和坡度表示平面

的水平距离，应等于它们的高度差除以平面的坡度，也就是 a_6 到等高线 0m 的距离 $L=\dfrac{H}{i}=\dfrac{6-0}{2/1}=3$。

现在变成如下问题：过一定点 b_0 作一直线（等高线 0m）与另一定点 a_6 的距离为定长 $L=3\text{m}$。因此，以 a_6 为圆心，$R=L=3\text{m}$ 为半径（按图中所绘的比例量取），在平面的倾斜方向画圆弧；再过 b_0 向圆弧作切线，就得到标高为 0 的等高线（立体图见图 13-12a），知道了平面内的一条等高线和坡度线，平面内其他等高线就可按上例方法求得。

作图步骤（图 13-12b）：

1）以 a_6 为圆心，$R=3\text{m}$ 为半径作圆弧。

2）自 b_0 作圆弧的切线 b_0k_0，即得标高为 0m 的等高线。

3）自 a_6 点作等高线 b_0k_0 的垂线 a_6k_0，即得平面的坡度线。六等分 a_6k_0，过各分点作 b_0k_0 的平行线，得标高为 1m、2m、3m、4m、5m、6m 的等高线。

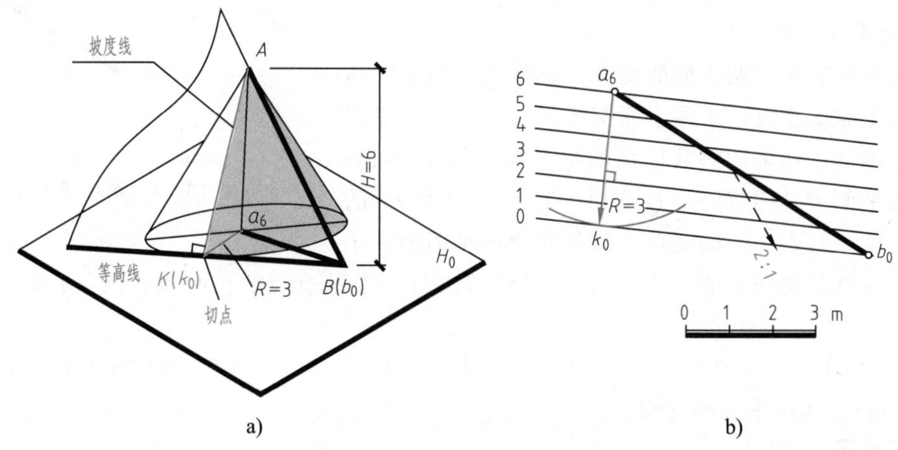

图 13-12　作平面上的等高线和坡度线

a）立体图　b）作图步骤

【例 13-5】　已知 A、B、C 三点的标高投影 a_1、b_6、c_2，求这三点所决定的平面的最大坡度线、平距和倾角 α（图 13-13a）。

作图步骤：

1）作出平面的等高线，为此连接 $a_1b_6c_2$，找出 a_1b_6 和 b_6c_2 上各整数标高点。从而可画出平面的一组等高线，相邻两整数标高水平线间的距离就是平面的平距。

2）作等高线的垂线 b_6e_2，就得到所求的最大坡度线。

3）最大坡度线的倾角 α 就是平面的倾角。倾角 α 可用直角三角形法求得。以最大坡度线的平距为一个直角边，以比例尺上的单位长度为另一直角边，那么，斜边与最大坡度线间的夹角就是平面的倾角 α。

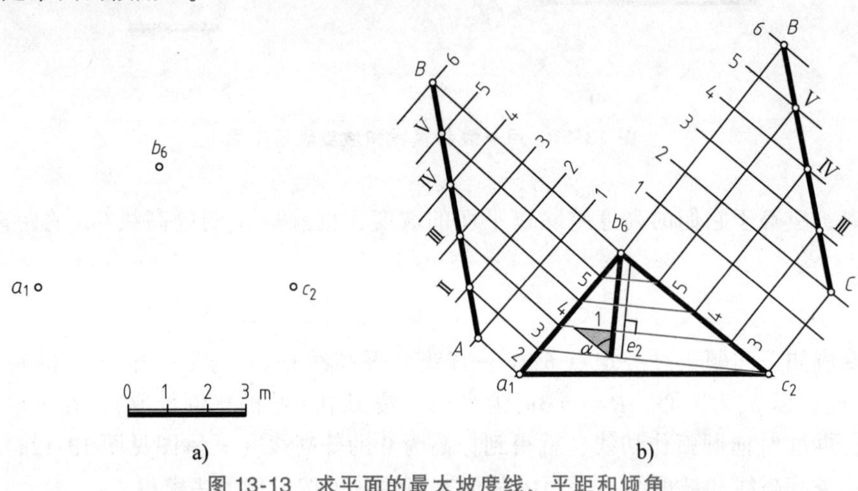

图 13-13　求平面的最大坡度线、平距和倾角

13.3.3　平面的相对位置（Relative Position of Two Planes）

1. 两平面平行

若两平面平行，则它们的坡度比例尺平行，平距相等，而且标高数字的增减方向一致，如图 13-14 所示。

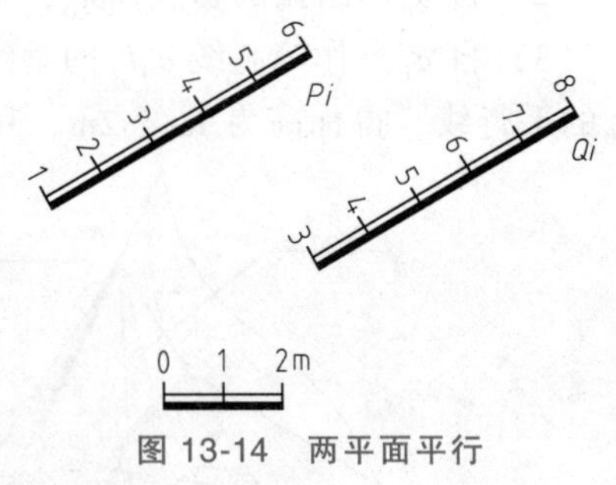

图 13-14　两平面平行

2. 两平面相交

在标高投影中，两平面的交线，就是两平面上同高程等高线交点的连线。求两平面交线仍然采用辅助平面法，只是辅助平面采用整数标高的水平面，如图13-15a 所示，水平面 H_9 与平面 P、Q 交出一对标高均为 9m 的水平线，这一对水平线的交点 A 就是相交两平面的一个共有点，也就是交线上的一个点 A_9。同理求出另一个共有点 B，两点连线 AB 即为所求的交线。

【例 13-6】　已知 P 平面由一组等高线表示，Q 平面由一条等高线和平面的坡度表示（图 13-15b），求两平面的交线。

作图步骤（图 13-15c）：

1）两平面标高为 9m 的两条等高线相交得交线上一点 a_9。

2）再作出一条两平面同名等高线。如在 Q 平面上作一条标高为 6m 的等高线，由 $i=\frac{1}{3}$，得标高为 6m 的等高线与标高为 9m 的等高线的距离 $L=9\text{m}$，据此画出标高为 6m 的等

高线。

3）两平面标高为 6m 的等高线相交得交线上另一交点 b_6。

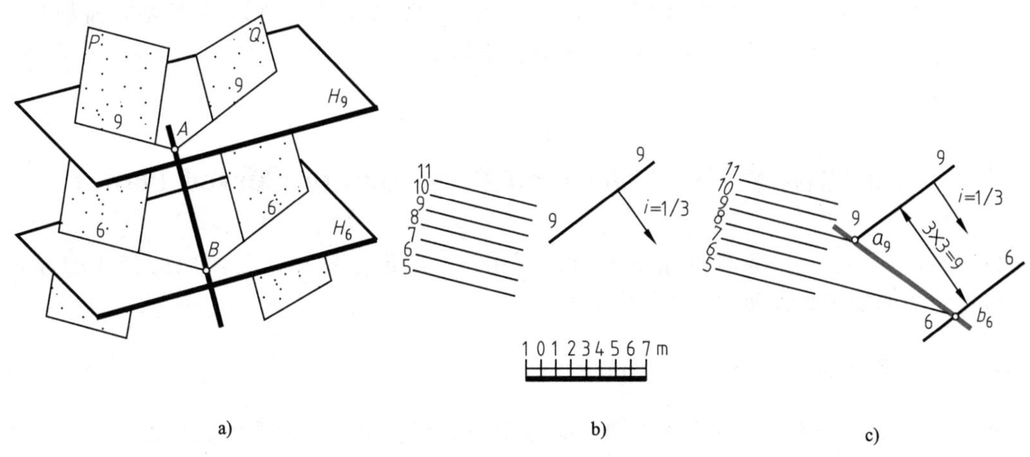

a)　　b)　　c)

图 13-15　求两平面的交线

4）连接 a_9、b_6 得直线 a_9b_6，就是所求两平面的交线。

【例 13-7】　如图 13-16a 所示，已知主堤和支堤相交，顶面标高分别为 3m 和 2m，地面标高为 0m，各坡面坡度均为 1∶1，试作相交两堤的标高投影。

分析：

本题需求三种交线，如图 13-16b 所示的立体示意图，一为坡脚线，即各坡面与地面的交线；二为支堤堤顶与主堤边坡面的交线，即 A_2B_2；三为坡面间交线 A_2A_0、B_2B_0、C_2C_0、D_2D_0，由于相邻两坡面的坡度均相等，因此坡面交线是两坡面同高程等高线交角的角平分线，如 C_2C_0 可直接作∠$D_2C_2B_2$ 的角平分线求得。

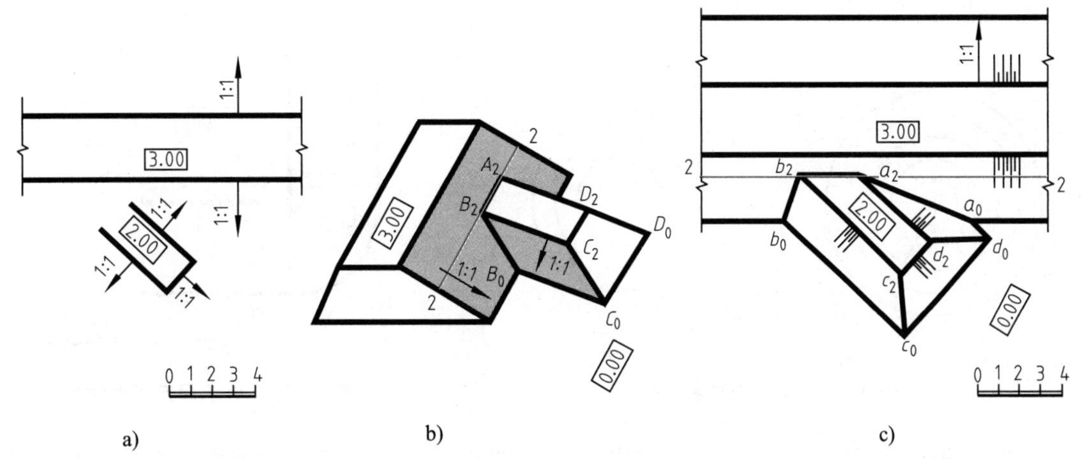

a)　　b)　　c)

图 13-16　求主堤和支堤相交的标高投影

作图步骤：

1）求主堤的坡脚线：求出主堤顶边缘到坡脚线的水平距离 $L=3$m，沿主堤两侧坡面的坡度线按比例量取三个单位得截点，过该点作出顶面边线的平行线，即得两侧坡面的坡脚线。

2）求支堤堤顶与主堤坡面的交线：支堤堤顶标高为2m，它与主堤坡面的交线就是主堤坡面上标高为2m的等高线中 a_2b_2 一段。

3）作出坡面交线及支堤坡脚线：由于各坡面坡度均相等，所以过支堤堤面顶角 a_2、b_2、c_2、d_2分别作的角平分线，即是所求的坡面交线。

4）作各坡面示坡线。

■ 13.4　曲面的标高投影（Elevation Projection of Curved Plane）

在标高投影中，用一系列的水平面与曲面相截，画出这些平面与曲面的交线的标高投影，所得即为曲面的标高投影。

13.4.1　正圆锥面（Conical Surface）

如果正圆锥面的轴线垂直于水平面，假若用一组高差相等的水平面截割正圆锥面，其截交线皆为水平圆，在这些水平圆的水平投影上注明标高数值，标高数字的字头规定朝向高处，即得正圆锥面的标高投影。它具有下列特性：①等高线都是同心圆；②等高线间的水平距离相等；③当圆锥面正立时，等高线越靠近圆心，其标高数值越大（图13-17a）；当圆锥面倒立时，等高线越靠近圆心，其标高数值越小（图13-17b）。

正圆锥面上的素线就是锥面上的坡度线，所有素线的坡度都是相等的。

在土石方工程中，如桥梁工程中的桥端护坡、水利工程中的大坝护坡等，常将相邻两坡面的转角处用圆锥连接起来，如图13-18所示。

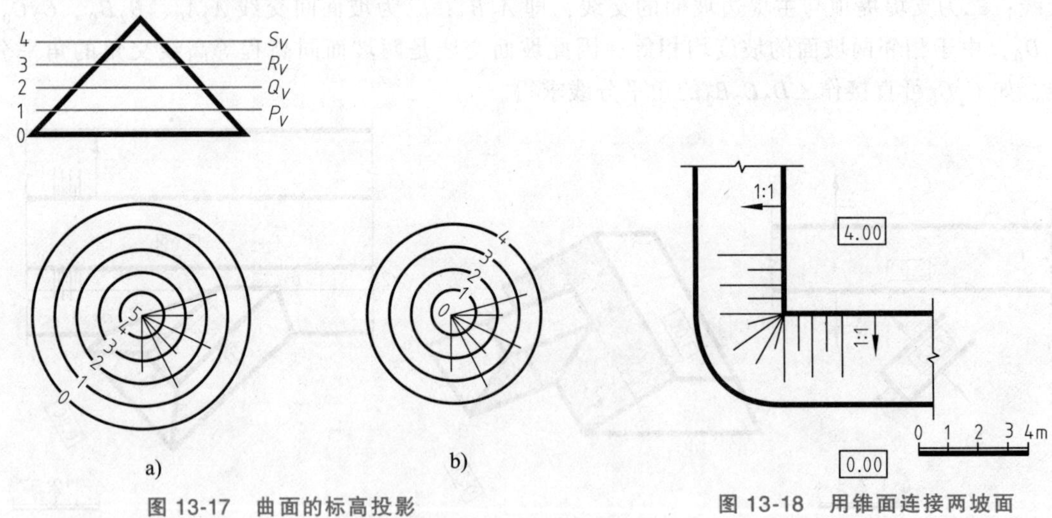

图13-17　曲面的标高投影　　图13-18　用锥面连接两坡面

【例13-8】　如图13-19a所示，在水库大坝的连接处，用圆锥面护坡，水库底标高为118.00m，已知北面、西面、圆锥台顶面标高及各坡面坡度，试求坡脚线和各坡面间的交线。

分析：

本题坡面相交为平面与曲面相交，交出的坡面线为曲线，应作出曲线上适当数量的点，依次连接即得。注意，圆锥面的等高线是圆弧线，而不是直线。因此，圆锥面的坡脚线也是一段圆弧线，如图13-19c所示。

作图步骤：

1）作坡脚线。各坡面的水平距离为

$$l_1=\frac{H}{i}=\frac{130-118}{1/2}\text{m}=24\text{m}$$

$$l_2=\frac{H}{i}=\frac{130-118}{1/1}\text{m}=12\text{m}$$

$$l_{锥坡}=\frac{H}{i}=\frac{130-118}{1/1.5}\text{m}=18\text{m}$$

根据各坡面的水平距离，即可作出它们的坡脚线。必须注意，圆锥面的坡脚线是圆锥台顶圆的同心圆，其半径为锥台顶圆的半径与锥坡的水平距离（18m）之和。

2）作坡面交线。在各坡面上作出同标高的等高线，它们的交点（如相同标高等高线126m的交点 a、b，即坡面交线上的点。依次光滑连接各点，即得坡面交线。

3）画出各坡面的示坡线，即完成作图。必须注意，不论平面或锥面上的示坡线，都应垂直于坡面上的等高线。

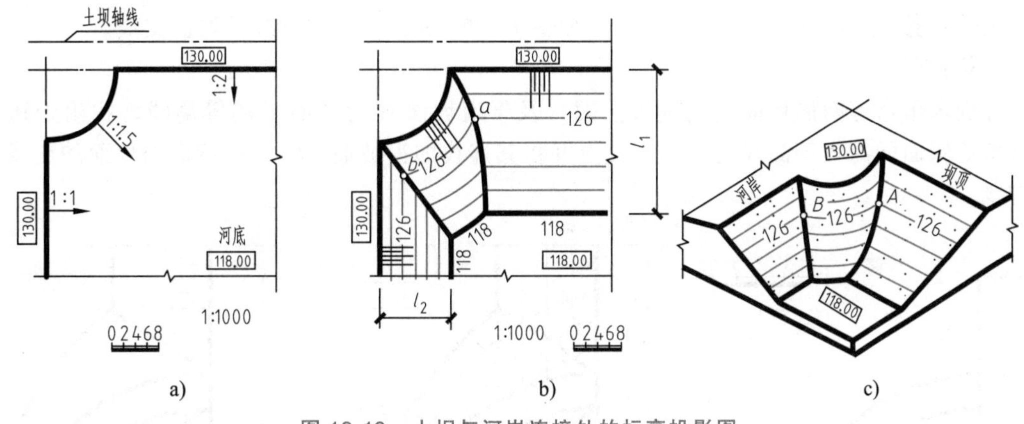

图 13-19　土坝与河岸连接处的标高投影图

13.4.2　同坡曲面的标高投影（Elevation Projection of Identical Slope Gradient Surface）

一个各处坡度都相同的曲面为同坡曲面。道路在转弯处的边坡，无论路面有无纵坡，均为同坡曲面。如图 13-20a 所示的是一段倾斜的弯曲道路，两侧曲面上任何地方的坡度都相同，为同坡曲面。

同坡曲面的标高投影

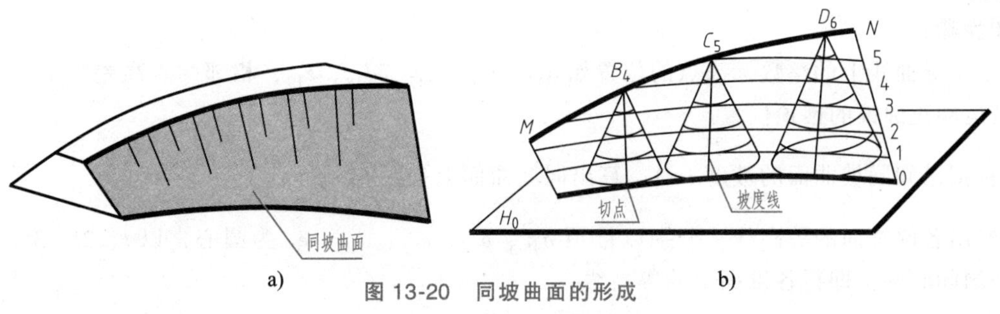

图 13-20　同坡曲面的形成

同坡曲面的形成如图 13-20b 所示：一正圆锥面顶点沿一空间曲线（MN）运动，运动时圆锥的轴线始终垂直于水平面，则所有正圆锥面的外公切面（包络面）即为同坡曲面。曲面的坡度就等于运动正圆锥的坡度。

同坡曲面有如下特征：

1）沿曲导线运动的正圆锥，在任何位置都与同坡曲面相切，切线就是正圆锥的素线。

2）同坡曲面上的等高线与圆锥面上同标高的圆相切。

3）圆锥面的坡度就是同坡曲面的坡度。

由于同坡曲面上每条坡度线的坡度都相等，所以同坡曲面的等高线为等距曲线，当高差相等时，它们的间距也相等。同坡曲面上等高线的作法如图 13-21 所示。

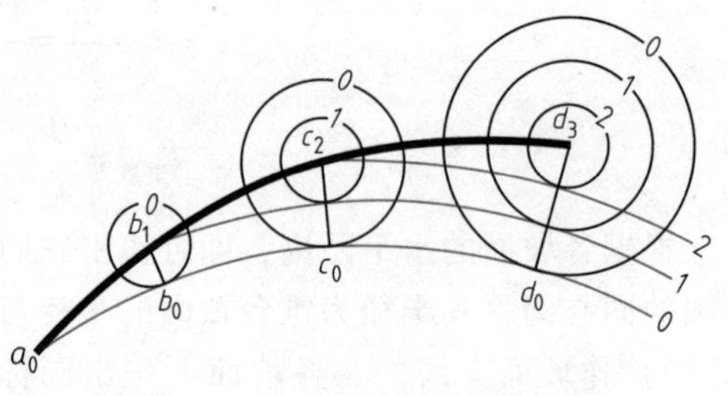

图 13-21　同坡曲面的等高线的作法

【例 13-9】　一弯曲引道由地面逐渐升高与干道相连，干道顶面标高为 19.00m，地面标高为 15.00m，各坡面的坡度均为 1∶1，如图 13-22a 所示，求坡脚线及坡面交线。

分析：

分别求出弯道两侧坡面（为同坡曲面）及干道坡面（为斜面）的等高线。找出干道斜面与弯道侧面同高程等高线的一系列交点并将其连线即得坡面交线。各坡面与地面的交线为坡脚线。

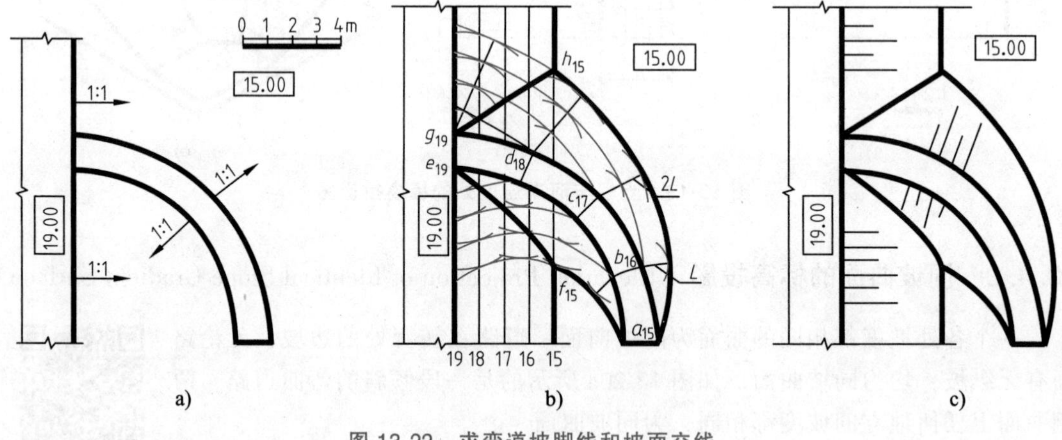

图 13-22　求弯道坡脚线和坡面交线

a）已知条件　b）作图过程　c）结果

作图步骤：

1）定出导曲线上的整数标高点的位置如 a_{15}、b_{16}、c_{17}、d_{18}、e_{19}，相邻两点高差为 1m，这些点是运动正圆锥的锥顶位置。

2）根据已知同坡曲面的坡度 $i=1$，算出同坡曲面上平距 $l=\frac{1}{i}=1$。

3）作出各圆锥面的等高线，分别以锥顶 a_{15}、b_{16}、c_{17}、d_{18}、e_{19} 为圆心，以 l、$2l$、$3l$、$4l$ 为半径画同心圆，即得各锥面上的等高线；

4）作各圆锥面同标高等高线的公切曲线，即为同坡曲面上相应标高的等高线。

5）按图 13-10 的方法，求出干道坡面上的等高线。

6）求出弯道与干道同名等高线之交点，并连接即得坡面交线，如图 13-22b 中的 $e_{19}f_{15}$、$g_{19}h_{15}$。

7）各坡面上标高为 15.00m 的等高线，就是坡脚线。

8）整理、去掉作图过程线，画出示坡线，即得最终结果，如图 13-22c 所示。

13.4.3 地形面（Topographic Map）

1. 地形图的绘制

地形面是很复杂的曲面，有山脊、山顶、鞍部、峭壁、河谷等地貌。为了表达地形面，我们假想用一组相等的水平面截切地面，得一组截交线——等高线，如图 13-23 所示，并注明其高程，即得地形面的标高投影。由于地形面是不规则的，所以地形等高线也是不规则的曲线。

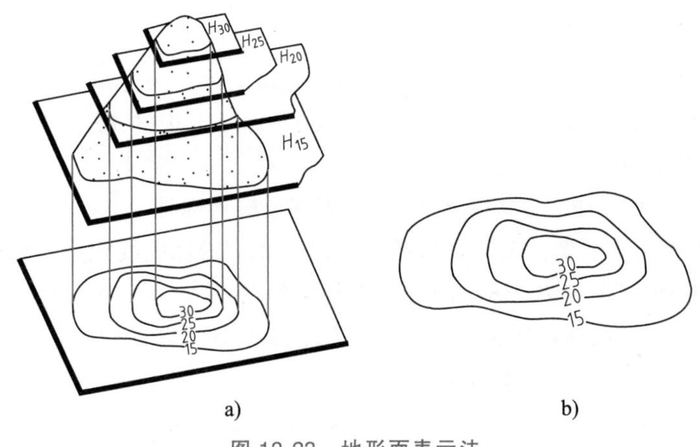

图 13-23　地形面表示法

地形面上的等高线有以下特征：

1）等高线一般是封闭曲线。

2）等高线越密说明地势越陡，反之，越平坦。

3）除悬崖绝壁的地方外，等高线不相交。

在画地形面的等高线时通常应注意以下几点：

1）每隔四根画一条粗实线，该线称为计曲线。计曲线必须注写标高数值，其他等高线可注写标高，也可不注写。

2）标高数字字头朝上坡方向，如图 13-23 所示。

2. 地形断面图的绘制

为了更清楚地表达地形情况，或为满足工程设计需要，还常常对地形辅以地形断面图。用一铅垂平面剖切地形面，画出剖切平面与地形面的交线及材料图例，即为地形断面图，如图 13-24b 所示。铅垂平面与地面相交，在平面图上积聚成一直线，用剖切线 *A—A* 表示，它与地面等高线交于点 1、2、…，这些点的高程与所在的等高线的高程相同。据此，可以作出地形断面图。

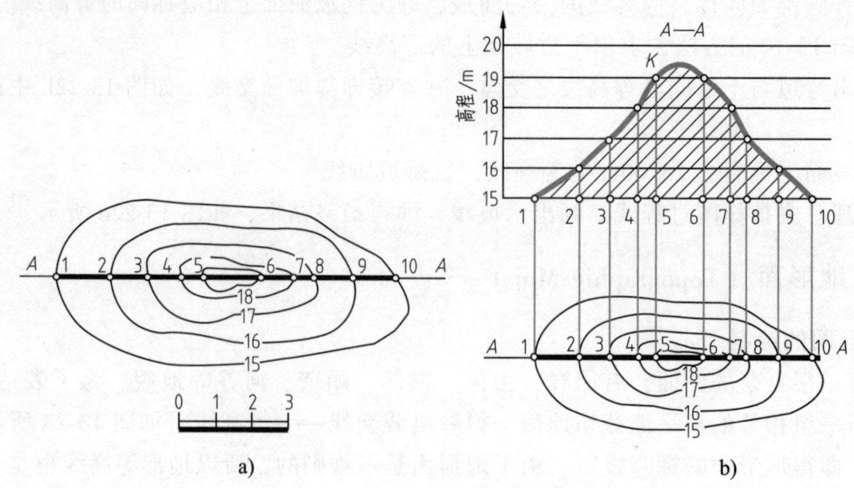

图 13-24　地形断面图

作图步骤：

1）以标高为纵坐标，A—A 剖切线的水平距离为横坐标作一直角坐标系。根据地形图上等高线的高差，按比例将标高注在纵坐标轴上，如图 13-24b 中的 16、17 等，过各标高点作平行于横坐标轴的标高线。

2）将剖切线 A—A 上的各等高线交点 1、2 等移至横坐标轴上。

3）由 1、2 等各点作纵坐标轴的平行线，使之与相应的标高线相交。如过 5 点作纵坐标的平行线与标高线 19 相交得交点 K。同理作出其他各点。

4）徒手将各点连成曲线，画上地质材料图例，即得地形断面图（图 13-24b）。

我们通过下面的例子来说明地形断面图的应用。

【例 13-10】　已知管道两端的标高分别为 34.8m 和 32.5m，求管道与地形面的交点，如图 13-25a 所示。

分析：

求管道与地形面的交点，首先要求出地形断面图，应包含直线作铅垂面，作出铅垂面与地形面的交线，直线与该交线的交点，即为直线与地形面的交点。

作图步骤（图 13-25b）：

（1）求地形断面

1）包含直线 AB 作铅垂辅助面 P—P。

2）以标高为纵坐标，水平线为横坐标作一直角坐标系。根据地形图上等高线的高差，按比例将标高（30m、31m、…、36m）注写在纵坐标轴上，并过各标高画水平线。

3）将各等高线与剖面切线 P—P 的交点 1，2 等投影到相应标高的水平线上，得到 1′，2′，…

4）光滑连接 1′，2′，…诸交点，即得地形断面曲线。

5）在靠近地形断面曲线下方处加画图例，即得地形断面图。

（2）求直线与地形面的交点　根据 A、B 高程值将直线作在地形断面图上。

直线 AB 与地形断面曲线的交点即为直线与地面的交点 M_1、M_2、M_3、M_4。

将 M_1、M_2、M_3、M_4 返回到投影 $a_{34.8}b_{32.5}$ 上，得到 m_1、m_2、m_3、m_4，并判断管道投影的可见性，地面上的线段可见，反之不可见。

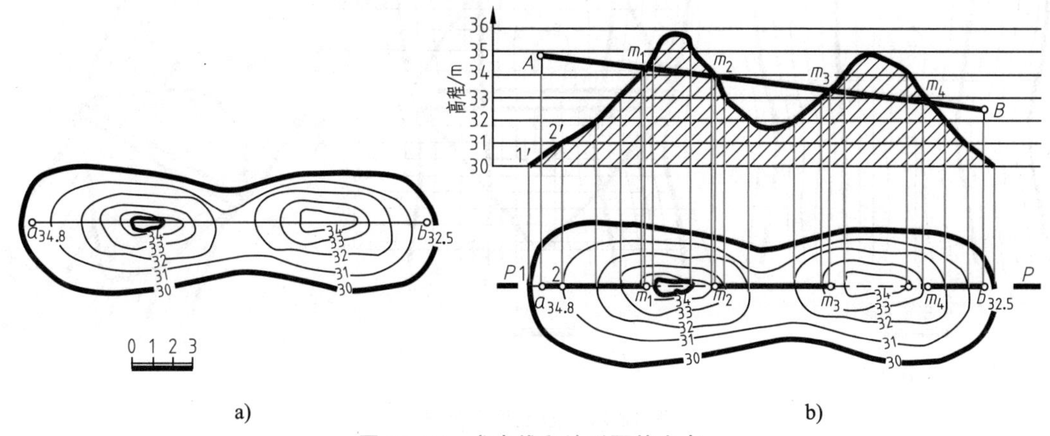

图 13-25　求直线和地形面的交点

■ 13.5　平面、曲面与地形面的交线（Intersection Lines of Plane, Curved Plane and Topographic Surface）

13.5.1　平面和地形面的交线（Intersection Line of a Plane and Topographic Surface）

求地面与地形面的交线，先作出平面上与地形面同标高等高线的交点，然后用平滑的曲线顺次连接起来即可。

【例 13-11】　如图 13-26a 所示，在河道上修一土坝，坝顶面标高 50m，土坝上游坡面坡度 1∶2.5，下游坡面坡度 1∶2，试求坝顶、上下游边坡与地面的交线。

分析：

坝顶标高为 50m，高出地面，属于填方。土坝顶面为水平面，坝两侧坡面均为一般平面，它们在上下游与地面都有交线，由于地面是不规则曲面，所以交线是不规则曲线。

作图步骤：

1）土坝顶面标高为 50m 的水平面，它与地面的交线是地面上标高为 50m 的等高线。延长坝顶边线与高程为 50m 的地形面等高线相交，从而得到坝顶两端与地面的交线。

2）求上游坡面同地形面的交线。首先应作出上游坡面的等高线。坡面平距为坡度的倒数，即 $i_1 = 1:2.5$，$l_1 = 2.5\text{m}$，由于地面等高线以高差 2m 作为单位，则在土坝上游坡面上作一系列等高线并使其间距 $L_1 = 2l_1 = 5\text{m}$，坡面与地面上同标高等高线的交点就是坡脚线上的点。如标高为 48m，46m，…的坡面等高线与地面均有两个交点。依次用光滑曲线连接公有点，就得到上游坡面的坡脚线。

3）下游坡面的坡脚线求法与上游坡面相同，只是下游坡面坡度为 1∶2，所以坡面平距 $l_2 = 2\text{m}$。在土坝下游坡面上作一系列等高线并使其间距 $L_2 = 2l_2 = 4\text{m}$，作出坡面等高线与地面交点并连线，即得下游坡脚线。

4）画上示坡线，完成作图。

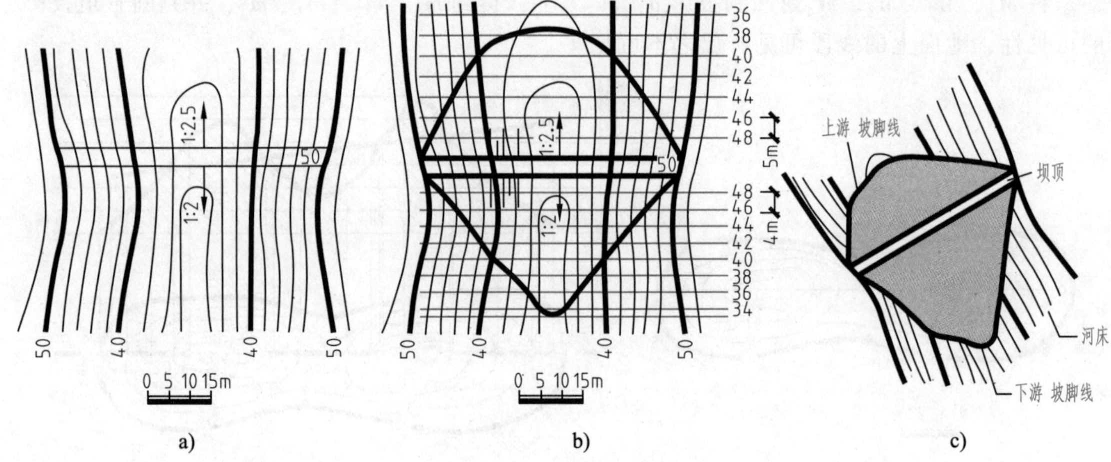

图 13-26 求土坝标高投影

a）已知条件 b）投影图 c）立体图

【例 13-12】 图 13-27a 所示为某地面一直线斜坡道路，已知路基宽度及路基顶面上等高线的位置，路基挖方边坡为 1∶1，填方边坡为 1∶1.5，试求各边坡与地形面的交线。

分析：

比较路基顶面和地形面的标高，可以看出，上方道路比地面低，是挖方，下方比地面高是填方，左侧路基的填挖方分界点约在路基边缘标高 22m 与 23m 处，右侧路基的填挖分界点大致在 22~23m，准确位置应通过作图确定。

作图步骤：

1）作填方两侧坡面的等高线，以路基边标高为 21m 的点为圆心，平距 $l=1.5$m 为半径作圆弧，由路基边界上标高为 20m 的点作此圆弧的切线，就得到填方坡面上标高为 20m 的等高线。过路基边界上标高为 21m、22m 的点分别引此切线的平行线，得到了填方坡面上相应标高的等高线。

2）作挖方两侧坡面的等高线。求法与作填方两侧坡面的等高线相同，但方向与同侧填方等高线相反。

3）分别作左右侧路缘地斜面的铅垂断面，求出路缘直线与地形断面的交点，即为填挖分界点。

方法如下：确定左侧填挖分界点，延长路基面标高为 22m、23m 的等高线与图左侧平行路缘的直线相交于点 f_1、e_1，此时左侧 f_1、e_1 之间等高距为 1m，连接直线 e_1f_1，则 e_1f_1 为路缘标高 22m 和 23m 之间的左侧路缘断面；同法作出路缘的地形面标高 22m、23m 等高线之间的左侧地形断面 m_1n_1。直线 e_1f_1、m_1n_1 相交于点 a_1，过 a_1 点作左侧路缘直线的垂线并交于点 a，即点 a 为左侧路缘填挖的分界点。

同法求出路缘右侧填挖分界点。

4）连接交点。将路基坡面与地形面同标高的交点顺次用光滑曲线相连，就得到坡脚线和开挖线。

5）画出示坡线，完成作图。

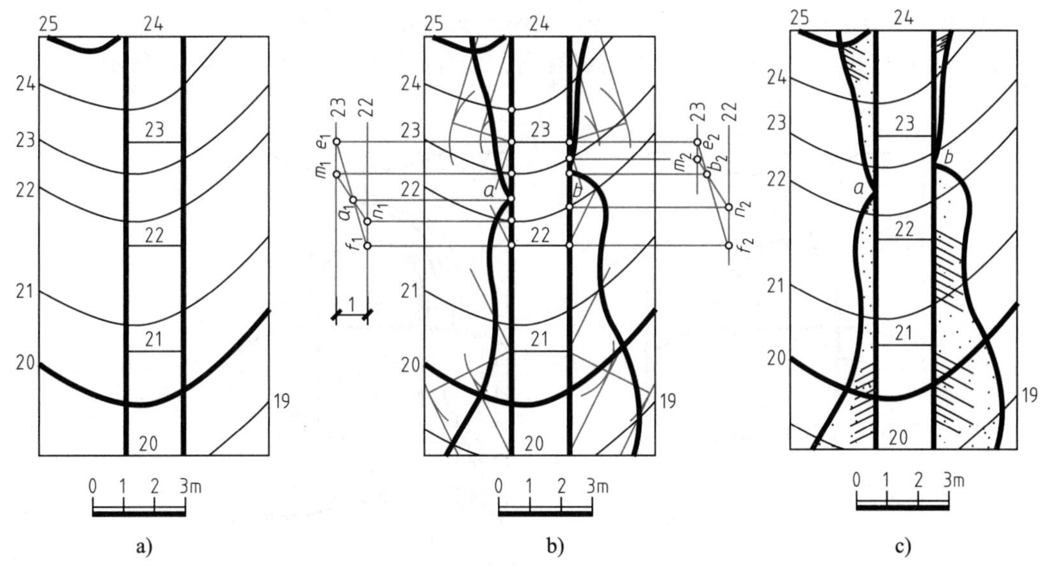

图 13-27 斜坡道路标高投影

a) 已知条件 b) 作图过程 c) 结果

13.5.2 曲面与地形面的交线（Intersection Line of a Curved Plane and Topographic Surface）

求曲面与地形面的交线，先作出曲面与地形面上一系列标高相同等高线的交点，然后把所得的交点依次相连，便得到曲面与地形面的交线。

【例 13-13】 图 13-28a 所示，在山坡上要修筑一个半圆形的水平广场，广场标高为 30m，填方坡度为 1∶1.5，挖方坡度为 1∶1，求填挖边界线。

分析：

1）广场标高为 30m，所以等高线 30m 以上的部分为挖方，而等高线 30m 以下的是填方部分。

2）填方和挖方坡面都是从广场的周界开始，在等高线 30m 以下有三个填方坡面；在等高线 30m 以上也有三个挖方坡面。边界为直线的坡面是平面，边界是圆弧的坡面是倒圆锥面。

作图步骤（图 13-28b）：

1）求挖方坡面等高线，由于挖方的坡度为 1∶1，则平距 $l=1$，所以，以 1 单位长度为间距，顺次作出挖方部分的两侧平面边坡坡面的等高线，并作出以广场半圆界线的半径长度加上整数位的平距为半径的同心圆弧，即为倒圆锥面上的系列等高线。

2）求填方坡面等高线。方法同挖方坡面等高线，只是填方边坡坡面均为平面，且平距 $l=1.5$ 单位。

3）作出坡面与坡面，坡面与地形面标高相同等高线的交点，顺次连接各坡面与地形面交点，即得各坡面交线和填挖分界线。

挖方坡面上标高为 34m 的等高线与地形面有两个交点，标高为 35m 的等高线与地形面标高为 35m 的等高线不相交，本例采用断面法求出共有点（断面法见例 13-12）。

同法求出填方坡面等高线与地形面等高线不相交部分的共有点。

4）画上示坡线：注意填、挖方示坡线有别，均自高端引出，如图 13-28c 所示。

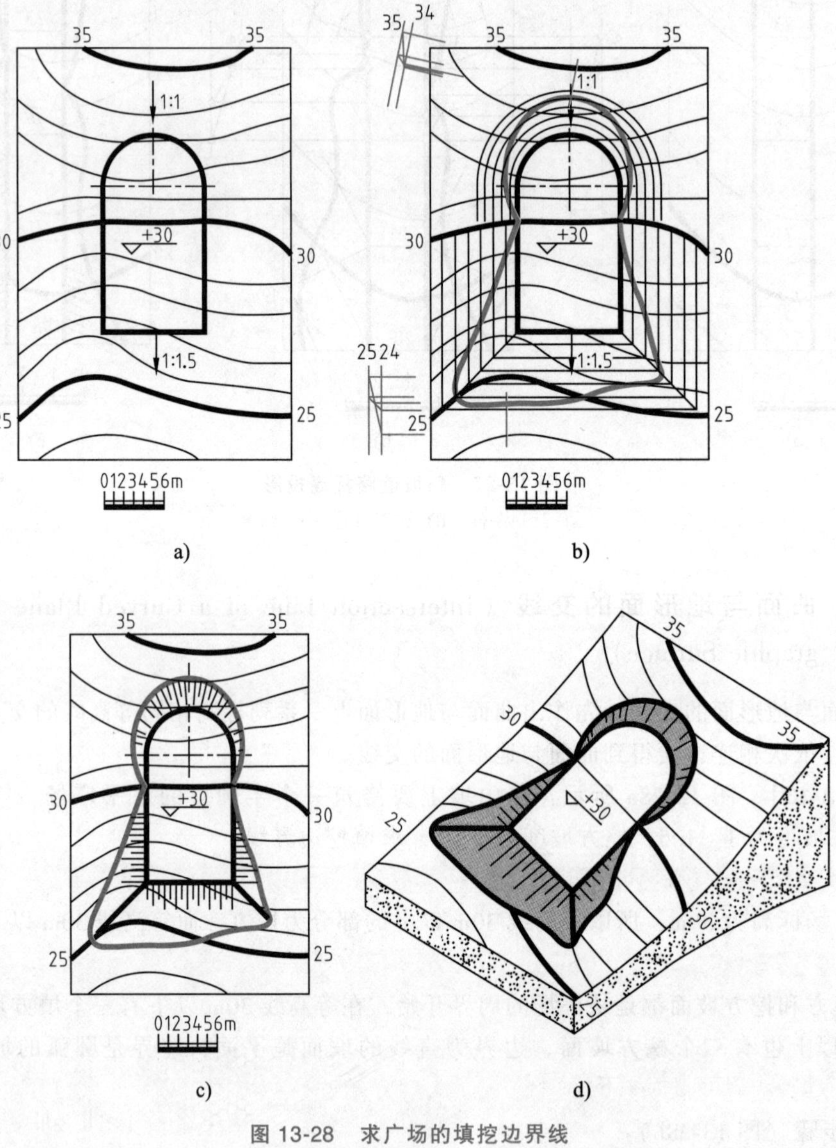

a) b)

c) d)

图 13-28 求广场的填挖边界线

a）已知条件 b）作图过程 c）结果 d）立体图

第 14 章　房屋建筑施工图 (Building Construction Drawings)

【学习目标】

1. 了解建筑施工图的相关制图规定、符号和图例、尺寸标注的格式要求等。

2. 重点掌握建筑施工图中平面图、立面图、剖面图和部分详图的阅读方法和绘图步骤。

14.1 房屋的组成及其施工图 (Components of Building and the Construction Drawings)

房屋的组成及其作用

14.1.1 房屋的组成及其作用 (Components of a Building and its Functions)

房屋建筑根据使用功能和使用对象的不同分为很多种类，一般可归纳为民用建筑和工业建筑两大类，但其基本构造和组成内容都是相似的。图 14-1 所示为一幢三层住宅楼，其各个组成部分所起的作用可归类如下：

1）承重作用：直接或间接支承风、雨、雪、人、物和房屋自重等荷载，如屋面、楼板、梁、墙、基础等。

2）防护作用：防止风、沙、雨、雪和阳光的侵蚀或干扰，如屋面、雨篷和外墙等；

3）交通作用：沟通房屋内外或上下交通，如门、走廊、楼梯、台阶。

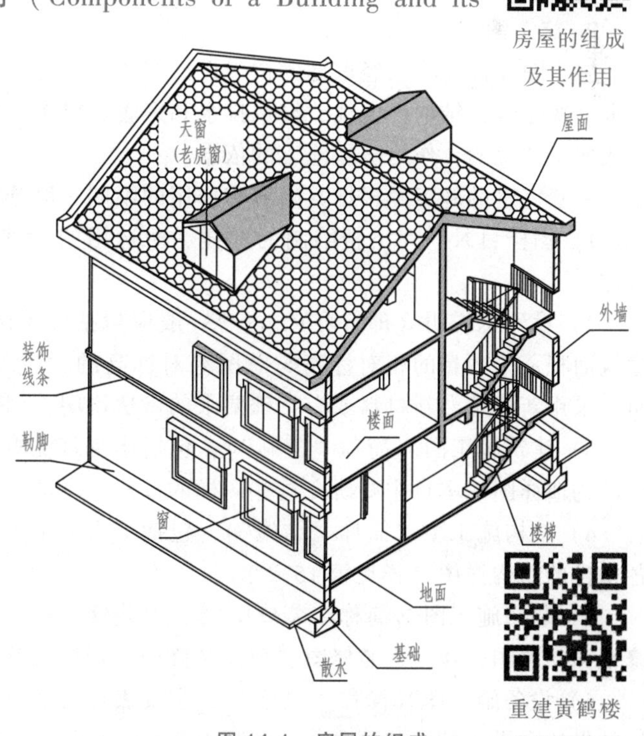

图 14-1　房屋的组成

重建黄鹤楼手绘设计图

4）通风、采光：如窗、门等。

5）排水：如天沟、雨水管、散水、明（暗）沟等。

6）保护墙身的作用：如勒脚、防潮层等。

14.1.2 建筑施工图的产生及其分类（Formation and Classification of Construction Drawings）

建筑设计人员根据用户的要求，经过精心构思和设计，按照“国标”的相关规定，用正投影的方法将拟建房屋的内外形状和大小，各个部分的结构和构造、装修、设备等内容，详细而准确地绘制出的图样，称为房屋建筑图。

房屋的建造一般要经过设计和施工两个过程，而设计工作一般又分为初步设计和施工图设计两个阶段。对一些技术上复杂而又缺乏设计经验的工程，还应增加技术设计（或称扩大初步设计）阶段，为各工种协调工作及施工图的绘制提供充分准备。

1. 初步设计

初步设计工作流程包括：设计前的准备——→方案设计——→绘制初步设计图。

设计人员根据建设单位的要求，调查研究、收集资料，进行初步设计并绘制方案图，包括总平面图、建筑平面图、剖面图、立面图和建筑总说明，以及各项技术经济指标、总概算等，送交有关部门审批。

初步设计图的表现方法和绘图原理与施工图一样，只是图样的数量、表达深度（内容和尺寸）有较大的区别。同时，初步设计图图面布置较灵活，表现方式较多样，可通过阴影、透视、配景、色彩渲染等加强图面效果，或是做出小比例模型，表示建筑物竣工后的外貌，便于比较和审查。

2. 施工图设计

施工图设计是将已经审批的初步设计图所确定的内容进一步具体化，并按照施工的具体要求，按建筑、结构、电气、给水排水和采暖通风等工种，绘制出正式的施工图，并编制出正式的文件说明，作为房屋施工的依据。

一套完整的施工图根据其内容和作用的不同一般分为：

1）图样目录。列出新绘制的图样、所选用的标准图样或重复利用的图样等的编号及名称。

2）设计总说明（即首页）。内容一般应包括施工图的设计依据；本项目的设计规模和建筑面积；本项目的相对标高与总图绝对标高的对应关系；室内室外的用料和施工要求说明，采用新技术、新材料或有特殊要求的做法说明，门窗表。

3）建筑施工图（简称“建施”），包括建筑总说明，总平面图、平面图、立面图、剖面图和构造详图。本章主要研究这些图样的读法和画法。

4）结构施工图（简称“结施”），包括结构总说明，基础图、各层平面结构布置图，和各构件的结构详图（详见第15章）。

5）装修施工图（简称“装修图”），对装修要求较高的建筑须单独画出装修图，包括装修平面布置图、楼地面装修图、顶棚装修图、墙柱面装修图和节点详图。

6）设备施工图（简称“设施”），主要表达管道（或电气线路）与设备的布置和走向、构件做法和设备的安装要求等，包括电气施工图（简称“电施”）、给水排水施工图（简称

“水施”)、采暖通风施工图（简称“暖施”或“风施”)。建筑给水排水工程施工图详见第19章。

■ 14.2　建筑施工图的相关规定（Relevant Regulations for Construction Drawings）

14.2.1　建筑施工图的图示要求（Graphical Features of Construction Drawings）

1）建筑施工图中的图样采用正投影法绘制。一般在 H 面上作平面图，在 V 面上作正、背立面图，在 W 面上作侧立面图或剖面图。根据图幅的大小，可将平、立、剖面三个图样画在同一张图上，也可分别单独画出。

2）用缩小比例法绘制。建筑物的形体较大，所以施工图一般都是用较小比例绘制。为了反映建筑物的细部构造及具体做法，常配以较大比例的详图。建筑施工图中平、立、剖面图的比例一般是 1∶100、1∶200，详图比例一般是 1∶10、1∶20 等。

3）用图例符号绘制。由于建筑物的构配件和材料的种类较多，为作图简便起见，“国标”规定了一系列图形符号来代表建筑构配件和材料等，这些图形符号称为“图例”。为读图方便，“国标”还规定了许多标注符号。

4）选用不同的线型和线宽绘制。建筑施工图中的线条采用不同的形式和粗细以表示不同的内容，使建筑物轮廓线的主次分明。

5）用标准图集绘制。标准图集设计有许多构配件图样，绘制建筑施工图时可套用。

14.2.2　建筑施工图中的符号规定（Symbol Conventions in Construction Drawings）

1. 定位轴线

定位轴线是用来确定建筑物主要结构和构件位置的尺寸基准线，是施工定位、放线的主要依据。凡是承重构件（如墙、柱等）都要画出定位轴线并进行编号。

《房屋建筑制图统一标准》（GB/T 50001—2017）规定：定位轴线采用细单点长画线绘制。轴线端部画细实线圆，圆的直径为 8~10mm，圆内写上编号。定位轴线圆的圆心，应在定位轴线的延长线上或延长线的折线上，如图 14-2 所示。建筑平面图上定位轴线编号宜标注在图样的下方与左侧，横向编号用阿拉伯数字从左至右顺序编写；竖向编号应用大写拉丁字母，从下至上顺序编写。拉丁字母的 I、O、Z 不得用作轴线编号，如图 14-3 所示。

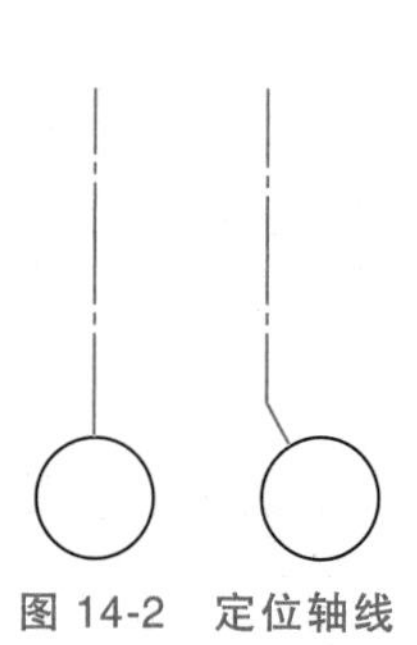

图 14-2　定位轴线

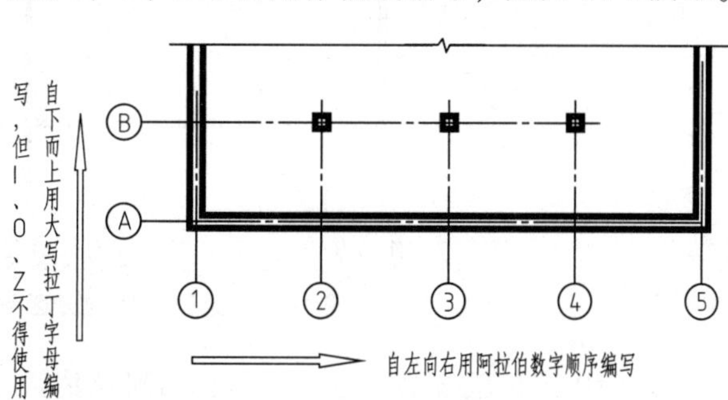

图 14-3　定位轴线的编号顺序

对于一些非承重的分隔墙等次要构件，它们的定位轴线一般作为附加定位轴线。附加定位轴线的编号，应以分数形式表示，“国标”规定了下面两种编写方法：

1）两根轴线间的附加轴线，应以分母表示前一轴线的编号，分子表示附加轴线的编号，编号宜用阿拉伯数字顺序编写，如图 14-4a 所示。

2）1 号轴线或 A 号轴线之前的附加轴线的分母应以 01 或 0A 表示，如图 14-4b 所示。

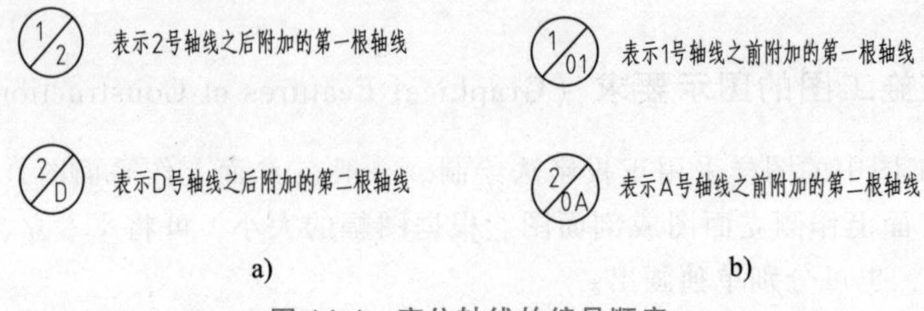

图 14-4　定位轴线的编号顺序

一个详图适用于几根轴线时，应同时注明各有关轴线的编号，通用详图中的定位轴线，应只画图，不注写轴线编号，如图 14-5 所示。

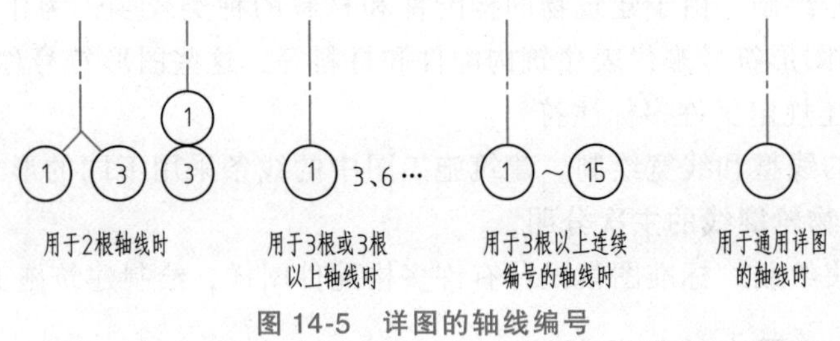

图 14-5　详图的轴线编号

组合较复杂的平面图中定位轴线也可采用分区编号，编号的注写形式应为“分区号-该分区编号”。分区号采用阿拉伯数字或大写拉丁字母表示，如图 14-6 所示。

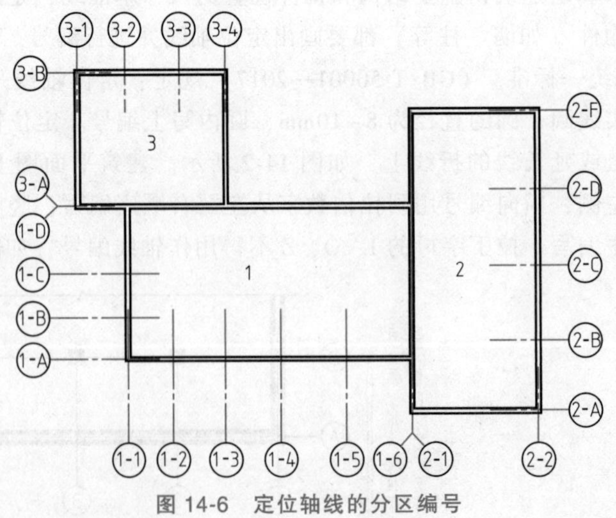

图 14-6　定位轴线的分区编号

圆形平面图中定位轴线的编号，径向宜用阿拉伯数字从左下角开始，逆时针顺序编写；圆周轴线用大写拉丁字母自外向内顺序编写，如图 14-7a 所示。

折线形平面图中定位轴线的编号可按图 14-7b 的形式编写。

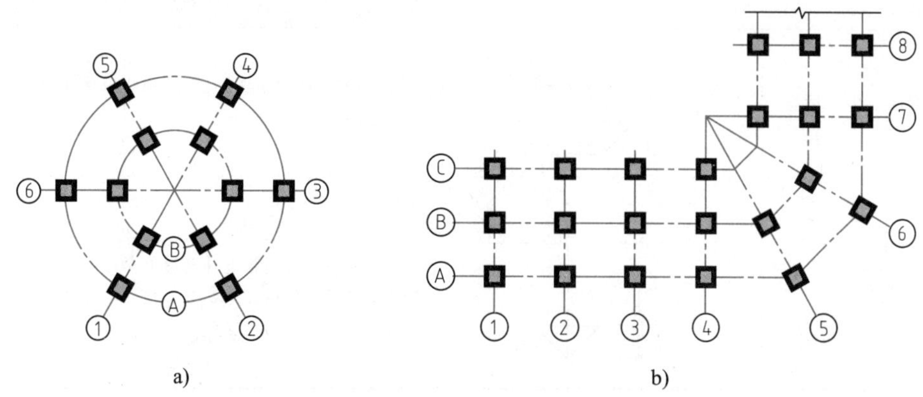

图 14-7　圆形和折线形平面的定位轴线

a）圆形平面的定位轴线　b）折线形平面的定位轴线

2. 标高符号

标高符号应以直角三角形表示。标高符号的具体画法见表 14-1。

总平面图室外地坪标高符号，宜用涂黑的三角形表示，具体画法见表 14-1。

标高符号的尖端应指至被注高度的位置。尖端一般应向下，也可向上。标高数字应注写在标高符号的左侧或右侧（表 14-1）。

标高数字应以 m 为单位，注写到小数点以后第三位。在总平面图中，可注写到小数点以后第二位。

零点标高应注写成±0. 000，正数标高不注“+”，负数标高应注“-”，例如 3. 000、-0. 600。

在图样的同一位置需表示几个不同标高时，标高的数字可按表 14-1 的形式注写。

表 14-1　标高符号

名　　称	符　　号	说　　明
总平面图标高	≈3　45°	用涂黑的等腰三角形表示
平面图标高	≈3　45°	用细实线绘制的等腰三角形表示
立面图、剖面图标高	≈3　45°　所注部位的引出线	引出线可在左侧或右侧
标高的指向	5.250　5.250	标高符号的尖端一般应向下，也可向上

（续）

名　称	符　号	说　明
同一位置注写多个标高	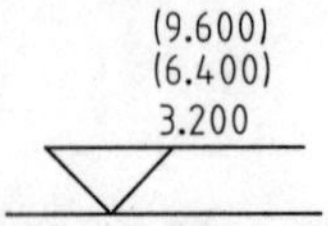 (9.600) (6.400) 3.200	零点标高应注写成±0.000，正数标高不注“+”，负数标高应注“-”
特殊标高	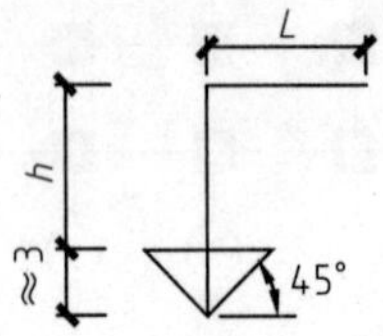 L h ≈3 45°	*L*—取适当长度注写标高数字 *h*—根据需要取适当长度

3. 索引符号与详图符号

图样中的某一局部或构件，如需另见详图，应以索引符号索引（表 14-2）。索引符号由直径为 10mm 的圆和水平直径组成，圆及水平直径均应以细实线绘制。索引符号应按下列规定编写：

1）索引出的详图，如与被索引的详图同在一张图样内，应在索引符号的上半圆中用阿拉伯数字注明该详图的编号，并在下半圆中间画一段水平细实线（表 14-2）。

2）索引出的详图，如与被索引的详图不在同一张图样内，应在索引符号的上半圆中用阿拉伯数字注明该详图的编号（表 14-2）。数字较多时，可加文字标注。

3）索引出的详图，如采用标准图，应在索引符号水平直径的延长线上加注该标准图册的编号（表 14-2）。

4）索引符号如用于索引剖视详图，应在被剖切的部位绘制剖切位置线，并以引出线引出索引符号，引出线所在的一侧应为投射方向。索引符号的编写同表 14-2 的规定。

5）零件、钢筋、杆件、设备等的编号，以直径为 4～6mm（同一图样应保持一致）的细实线圆表示，其编号应用阿拉伯数字按顺序编写。

表 14-2　索引符号

名　称	符　号	说　明
局部放大索引符号	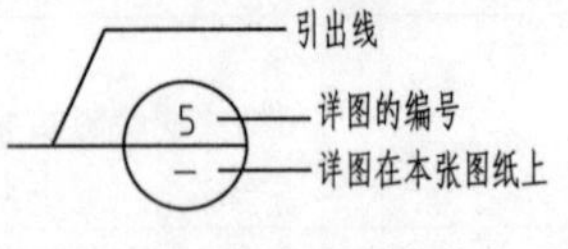 引出线 5 详图的编号 – 详图在本张图纸上	细实线单圆直径为 10mm 详图在本张图纸上
	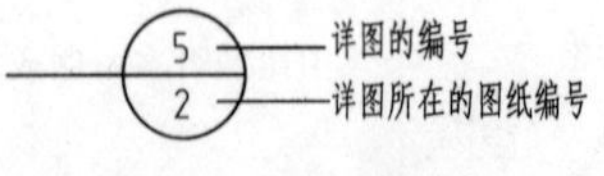 5 详图的编号 2 详图所在的图纸编号	细实线单圆直径为 10mm 详图在编号 2 的图纸上
	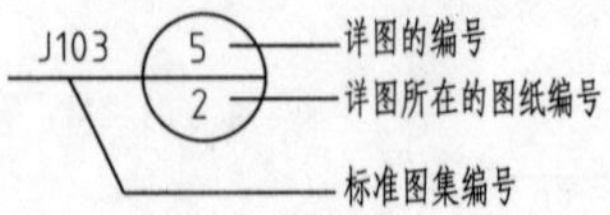 J103 5 详图的编号 2 详图所在的图纸编号 标准图集编号	标准图详图

（续）

名　称	符　号	说　明
局部剖切索引符号	2 / — 局部剖面详图的编号 剖面详图在本张图纸上 局部剖切位置引出线	细实线单圆直径为 10mm 详图在本张图纸上 投射方向由后往前或由上往下
	3 / 4 局部剖面详图的编号 局部剖切位置引出线 剖面详图所在的图纸编号	细实线单圆直径为 10mm 详图在编号 4 的图纸上 投射方向由前往后或由下往上
	J103　4 / 5 标准图集编号 详图的编号 详图所在的图纸编号 局部剖切位置引出线	标准图详图 投射方向由左往右
详图标志符号	5 详图的编号	粗实线单圆直径为 14mm 详图在本张图样上
	5 / 3 详图的编号 详图所在的图纸编号	粗实线单圆直径为 14mm 详图在编号 3 的图纸上

详图的位置和编号，应以详图符号表示。详图符号的圆应以直径为 14mm 粗实线绘制。详图应按下列规定编号：

1）详图与被索引的图样在同一张图样内时，应在详图符号内用阿拉伯数字注明详图的编号（表 14-2）。

2）详图与被索引的图样不在同一张图样内，应用细实线在详图符号内画一水平直径，在上半圆中注明详图编号，在下半圆中注明被索引的图纸编号（表 14-2）。

4. 引出线

引出线应以细实线绘制，宜采用水平方向的直线，与水平方向成 30°、45°、60°、90°的直线，或经上述角度再折为水平线。文字说明宜注写在水平线的上方，如图 14-8a 所示，也可注在水平线的端部，如图 14-8b 所示。索引详图的引出线，应与水平直径线相连接，如图 14-8c 所示。同时引出几个相同部分的线，宜互相平行（图 14-8d），也可画成集中于一点的

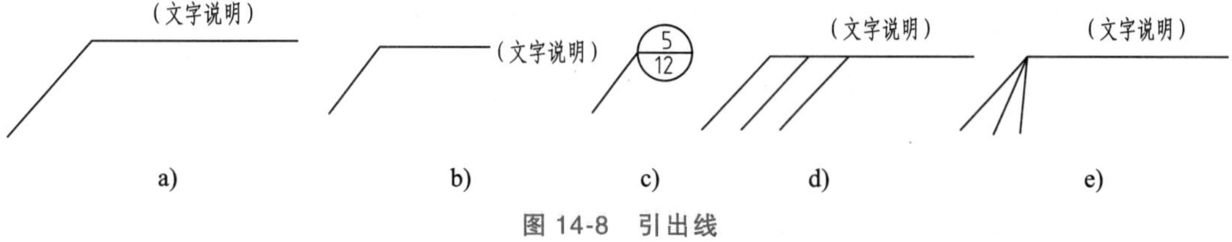

图 14-8　引出线

放射线（图 14-8e）。

多层构造或多层管道共用引出线，应通过被引出的各层。文字说明宜注写在水平线上方，或注写在水平线的端部，说明的顺序由上至下，并应与被说明的层次相互一致；如层次为横向排序，则由上至下的说明顺序应与左至右的层次相互一致，如图 14-9 所示。

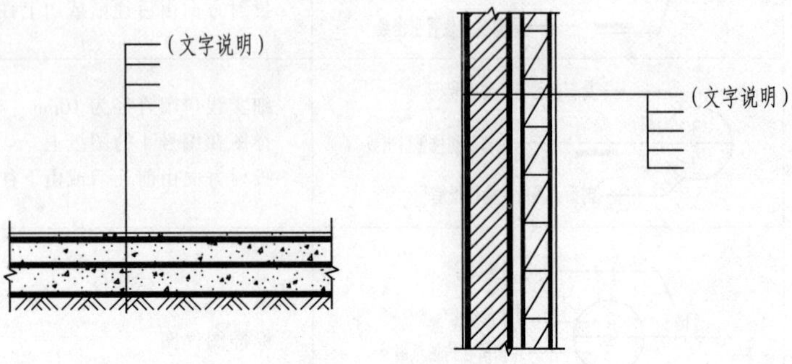

图 14-9　多层引出线

5. 其他符号

对称符号由对称线和两端的两对平行线组成。对称线用细点画线绘制；平行线用细实线绘制，其长度宜为 6～10mm，每对的间距宜为 2～3mm；对称线垂直平分于两对平行线，两端超出平行线宜为 2～3mm，如图 14-10a 所示。

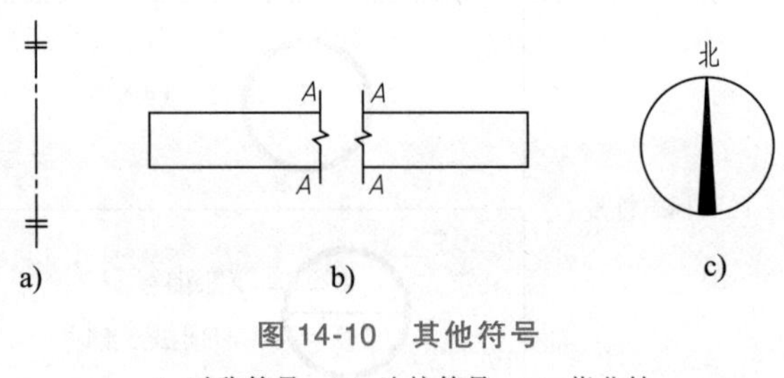

图 14-10　其他符号

a）对称符号　b）连接符号　c）指北针

连接符号应以折断线表示需连接的部位。两部位相距过远时，折断线两端靠图样一侧应标注大写拉丁字母表示连接编号。两个被连接的图样必须用相同的字母编号，如图 14-10b 所示。

指北针的形状宜如图 14-10c 所示。其圆的直径宜为 24mm，用细实线绘制；指针尾部的宽度宜为 3mm，指针头部应注“北”或“N”字。需要较大直径绘制指北针时，指针尾部宽度宜为直径的 1/8。

■14.3　设计（总）说明和建筑总平面图（Description of Design and Architectural Site Plan）

14.3.1　设计（总）说明（Description of Design）

设计总说明主要介绍工程概况、设计依据、设计范围及分工、施工及制作时应注意的事项等。下面摘录的是某小学校教学楼的建筑设计施工总说明。

1. 本工程为某小学 1#教学楼。
2. 建筑面积：2700m^2。
3. 建筑位置：详见总平面图。

4. 建筑标高：室内±0.000 相当于 74.70 绝对标高值。当地基本风压值按 0.35kN/m^2进行设计。

5. 本工程为多层建筑，楼层为六层。

6. 耐火等级按一级，建筑耐久年限为 50 年。

7. 墙体：本工程中除 120mm 厚墙用实心砖外，其余墙体用 190mm 厚混凝土小型砌块砌筑。

8. 外墙面：采用高级涂料面，做法参照 98ZJ001 外墙 22（第 45 页），颜色详见立面图。

9. 内墙面：卫生间墙裙为 1800mm 高白色瓷砖，其余房间，楼梯内墙为 1500mm 高白色瓷砖墙裙。

做法详：98ZJ001 内墙 10（第 31 页）。除墙裙外其余为混合砂浆面详 98ZJ001 内墙 4（第 30 页）。面层刮白色腻子。

10. 地面：水泥砂浆面。做法详：98ZJ001 地 2（第 4 页）。

11. 楼面：现浇水磨石饰面详 98ZJ001 楼 6（第 15 页）；卫生间楼面详 98ZJ001 楼 21（第 20 页）。

12. 遮阳板底、雨篷板底及外廊梁底等均作滴水线。

13. 屋面做法：参 98ZJ201 屋 22（第 86 页），二层 3mm 厚 SBS 卷材改为二层 SBC120 聚乙烯丙纶复合防水卷材，并使用 SBC120 配套胶粘剂粘贴。

14. 铝合金窗设于墙中，铝合金门窗均为白框白玻，玻璃 6mm 厚。规格另详门窗表（见表 14-3）。除平墙柱边外，门垛出墙面均为 200mm，木门平开启方向墙面安装。所有木门均油浅灰色调和漆一底二度。所有靠走廊的木门，其门扇内侧均加装 1mm 厚钢板，防锈漆底，乳白色调和漆面。

15. 凡本说明不尽之处，一律按现行施工与验收规范处理。

表 14-3 门窗表

序号	编号	洞口尺寸/mm		数量			采用图集		备注
		宽	高	1层	2~6层	总计	图集号	型号	
1	M1	1500	2400	4	4×5	24	L92J601	M2d-198	定做木夹板门
2	M2	900	2100	10	10×5	60	L92J601	M2d-206	定做木夹板门
3	M3	800	2400	20	16×5	100	L92J601	M2c-17	定做木夹板门
4	C1	2400	1500	4	4×5	24	L89J602	TC5S-2415	铝合金推拉窗
5	C2	2100	1500	8	8×5	48	L89J602	TC5S-2115	铝合金推拉窗
6	C3	1500	1500	10	10×5	60	L89J602	TC2-1515	铝合金推拉窗
7	C4	1200	1500	12	12×5	72	L89J602	TC2-1215	铝合金推拉窗

14.3.2 建筑总平面图（Architectural Site Plan）

将拟建工程周围的建筑物、构筑物（包括新建、拟建、原有和将要拆除的）及其一定范围内的地形、地物状况，用水平投影的方法和“国标”规定的图例所画出的图样称为建筑总平面图（或称总平面图、总图），如图 14-11 所示。

建筑总平面图表示拟建工程在基地范围内的总体布置情况，主要表达建筑的平面形状、

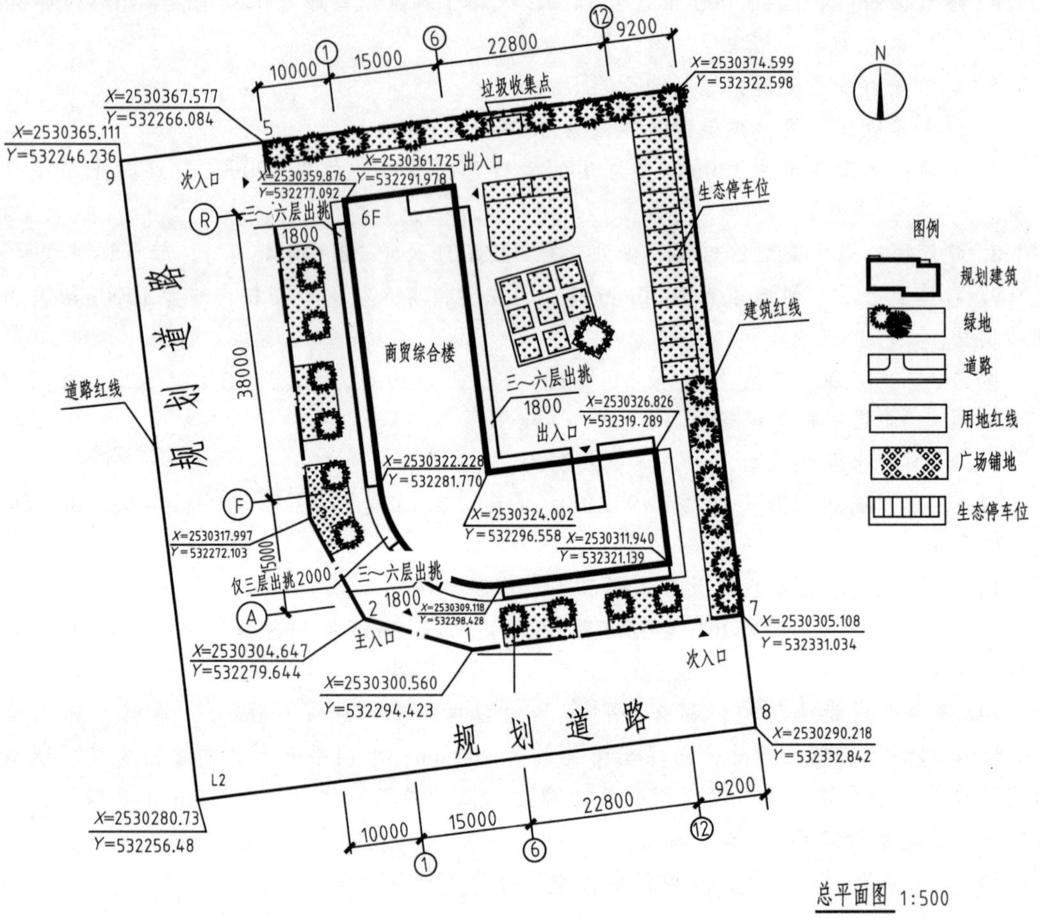

总平面图 1:500

图 14-11　建筑总平面图

位置、朝向以及与周围地形、地物、道路、绿化的相互关系。建筑总平面图是新建筑施工定位、土方施工以及其他专业（如水、暖、电等）管线总平面图和施工总平面图布置的依据。

1. 建筑总平面图的比例和图例

建筑总平面图所表示的范围比较大，一般采用较小比例，常用的比例一般是 1∶500、1∶1000、1∶2000。

由于建筑总平面图的比例较小，因此总平面图上的房屋、道路、桥梁、绿化等都用图例表示。在《总图制图标准》（GB/T 50103—2010）中列出了常用的总图图例，见表 14-4。当"国标"所列的图例不够用时，可自编图例，但应加以说明。

表 14-4　建筑总平面图常用图例

序号	名称	图例	备注
1	新建建筑物		用粗实线表示，用▲表示出入口，右上角以点数或数字表示层数
2	既有建筑物	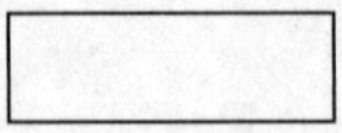	用细实线表示

（续）

序号	名称	图例	备注
3	拆除的建筑物		用细实线表示
4	铺砌场地		
5	敞棚或敞廊		
6	围墙及大门		上图为实体性质的围墙，下图为通透性质的围墙，若仅表示围墙时不画大门
7	挡土墙		
8	坐标	X 105.00 Y 425.00 A 105.00 B 425.00	上图表示测量坐标，下图表示建筑坐标
9	护坡		边坡较长时，可在一端或两端局部表示
10	新建的道路	0.6 101.00 R9 150.00	"R9"表示道路转弯半径为9m，"150.00"表示路面中心控制点标高，"0.6"表示0.6%的纵坡度，"101.00"表示变坡点间距离
11	既有道路		
12	草坪		
13	常绿乔木		
14	常绿灌木		
15	植草砖铺地		

2. 标明规划红线

规划红线是工程项目立项时，规划部门在下发的基地蓝图上所圈定的建筑用地范围。

建筑总平面图要标明规划红线。

3. 建筑定位

新建建筑的位置可用测量或建筑坐标或根据定位尺寸确定。

(1) 采用坐标定位　对规模较大的新建建筑物，为了保证定位放线的准确性，通常采用坐标系定位建筑物、道路等的位置。坐标有测量坐标与建筑坐标两种坐标系统，如图 14-12 所示。

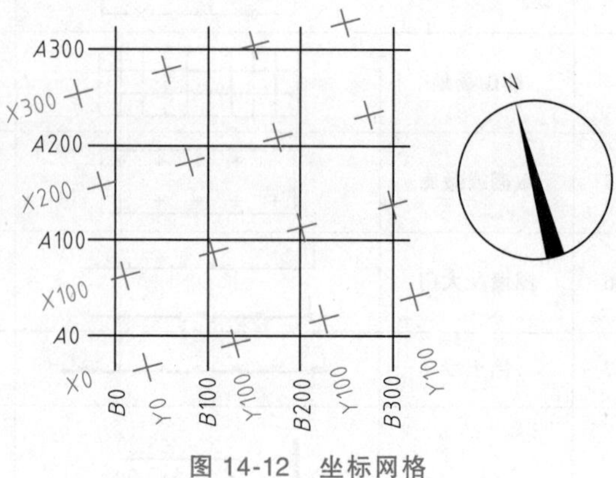

图 14-12　坐标网格

1) 测量坐标。采用与地形图同比例的 50m×50m 或 100m×100m 的细实线方格网。测量坐标网画成交叉十字线，直角坐标轴代号用“X、Y”表示，X 为南北方向轴线，X 的增量在 X 轴上；Y 为东西方向轴线，Y 的增量在 Y 轴上。

2) 建筑坐标。建筑物、构筑物平面两方向与测量坐标网不平行时常用。A 轴相当于测量坐标中的 X 轴，B 轴相当于测量坐标中的 Y 轴，选适当位置作坐标原点，画垂直的细实线。

当建筑总平面图上有测量和建筑两种坐标系统时，应在附注中注明两种坐标系统的换算公式。表示建筑物、构筑物位置的坐标，宜注其三个角的坐标；如建筑物、构筑物与坐标轴平行，可注其对角坐标。

(2) 根据既有建筑物或道路定位　对规模小的新建建筑物，一般根据既有建筑物或道路来定位，并以 m 为单位标注出定位尺寸。

4. 注写名称与层数

建筑总平面图上的建筑物、构筑物应注写名称，当图样比例小或图面无足够位置注写名称时，可用编号列表编注。房屋的层数注写在平面外轮廓线内右上角用小圆黑点或数字表示。

5. 标注尺寸与标高

新建房屋需绘制平面的外包尺寸，总长和总宽，以 m 为单位，标注新建道路的宽度，标注新建建筑物与既有建筑物或道路的距离等。

建筑总平面图中新建建筑物应标注室内外地面的绝对标高，以 m 为单位。绝对标高是指我国以黄海的平均海平面作为零点而测定的高度尺寸。标高符号形式和画法见表 14-1。

6. 风向频率玫瑰图

风向频率玫瑰图（简称风玫瑰图）用来表示该地区常年的风向频率和房屋的朝向。风玫瑰图是根据当地多年平均统计的各个方向吹风次数的百分数，按一定比例绘制的，与风力无关。风的吹向是指从外吹向中心，一般画出 16 个方向的长短线来表示该地区常年的风向频率。有箭头的方向为北向。实线表示全年风向频率，虚线表示按 6、7、8 三个月统计的夏季风向频率，如图 14-13 所示。

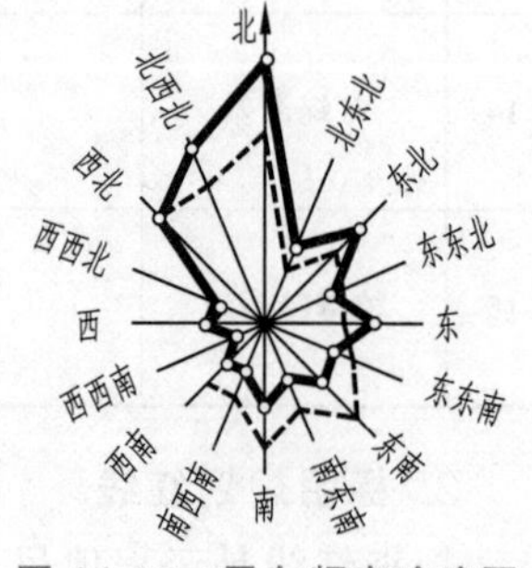

图 14-13　风向频率玫瑰图

7. 绘等高线和绿化布置等

绘地形地物，当地形不平，高低起伏时，可用等高线来表示地面标高的变化情况，还有道路、河流、池塘、既有建筑物和构筑物、护坡、水沟等，对规划区域的绿化布置要表明。此外，要注明技术经济指标，包括容积率、建筑密度与绿地率等。

14.3.3 建筑总平面图的阅读示例（Reading of Architectural Site Plan）

现以图 14-11 所示总平面图为例说明建筑总平面图的阅读方法。

1）从图中可知该平面图的比例是 1∶500。

2）图中标明规划红线。

3）坐标定位是直角坐标，轴代号用“X、Y”表示。

4）房屋的层数注写在左上角，用数字表示，6F 表示该房屋是 6 层。

5）房屋标注了平面的外包尺寸，总长是 53m，总宽是 15m。

6）建筑物的朝向用指北针表示。

7）表明规划区域的绿化布置、道路、生态停车位等。

建筑与环境关系的思考

14.4 建筑平面图（Architectural Plan）

14.4.1 图示方法（Graphical Method）

建筑平面图是假想用一水平剖切平面将建筑物沿门、窗洞以上的位置剖切后，移去上部，对剖切面以下部分从上向下作正投影所得的水平投影图，称为建筑平面图，简称平面图，如图 14-14 所示。平面图以层数命名，分为底层平面图、二层平面图……顶层平面图。如果中间各层平面布置相同，可用一个平面图表示，通常称为标准层平面图。

建筑平面图表示建筑物平面形状、大小、房间功能布局，墙、柱、门、窗的类型、位置及材料等，是施工放线、砌筑墙体、门窗安装、室内装修和编制预算、准备材料的重要依据。

14.4.2 图示内容（Graphical Contents）

1. 比例、图线、图例

建筑平面图的比例一般根据房屋的大小和复杂程度采用 1∶50、1∶100、1∶200。

平面图中的图线一般是剖切到的墙、柱断面用粗实线，没有剖切到的可见轮廓线用中实线，尺寸线、标高符号用细实线，定位轴线等用细单点长画线。

由于绘制建筑平面图的比例较小，所以在平面图中的一些建筑配件等都不能按真实的投影画出，而是用国家标准规定的图例来绘制。常用的图例见表 14-5。

2. 定位轴线

定位轴线确定了房屋各承重构件的定位和布置。定位轴线的画法在本章第 14.2 节中已详细介绍了。

表 14-5　建筑构件及配件常用图例

序号	名　称	图　例	备　注
1	楼梯	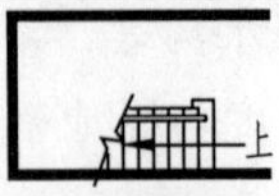 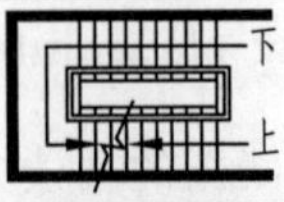 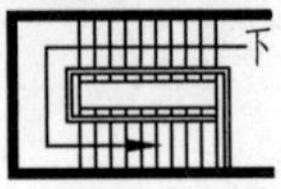	上图为底层楼梯平面,中图为中间层楼梯平面,下图为顶层楼梯平面
2	单扇门(包括平开或单面弹簧)	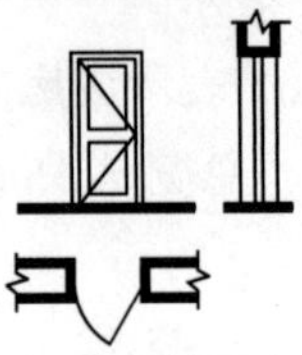	1)门的名称代号用 M 2)图例中剖面图左为内、右为外 3)立面图上开启方向线交角的一侧为安装合页的一侧,实线为外开,虚线为内开 4)平面图上门线应 90°或 45°开启,开启弧线宜绘出 5)立面图上的开启线在一般设计图中可不表示,在详图及室内设计图上应表示 6)立面形式应按实际情况绘制
3	双扇门(包括平开或单面弹簧)		
4	单层外开平开窗	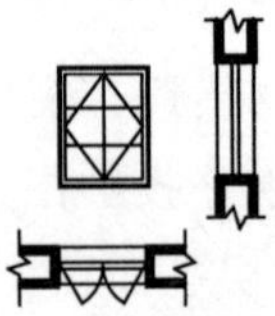	1)窗的名称代号用 C 表示 2)立面图中的斜线表示窗的开启方向,实线为外开,虚线为内开;开启方向线交角的一侧为安装合页的一侧,一般设计图中可不表示 3)平面图和剖面图上的虚线仅说明开关方式,在一般设计图中可不表示 4)立面形式应按实际情况绘制 5)小比例绘图时平、剖面的窗线可用单粗实线表示
5	推拉窗	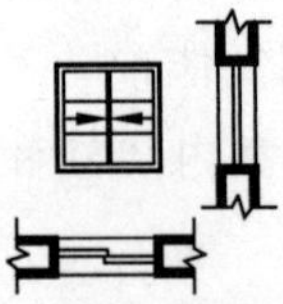	
6	门口坡道	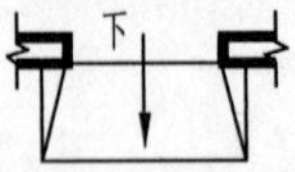	
7	通风道	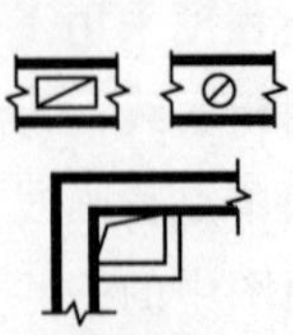	
8	电梯		电梯应注明类型,并绘出门和平衡锤的实际位置

3. 尺寸与标高

建筑平面图一般在左方及下方标注三道尺寸。

第一道尺寸：表示外轮廓的总尺寸即房屋两端外墙面的总长、总宽尺寸。

第二道尺寸：表示轴线间的距离，表明开间及进深尺寸。

第三道尺寸：表示细部位置及大小，如门、窗洞宽度、位置和墙柱的大小、位置等。

标注出室内外地面、楼面、卫生间、厨房、阳台等的标高，底层地面标高为±0.000m，其他楼层标高以此为基准，标注相对标高，标高以 m 为单位。

4. 门窗布置及编号

平面图中的门窗按规定的图例绘制并写上编号。门代号为 M，窗代号为 C，代号后写上编号，如 M1、M2、C1、C2 等。设计图首页中一般附有门窗表，表中列出门窗编号、尺寸、数量及所选的标准图集。

5. 底层、屋顶、楼梯的标注

底层平面图中应标明剖面图的剖切位置线和剖视方向，以及其编号和表示房屋朝向的指北针。

屋顶平面图中应表示出屋顶形状、天沟、屋面排水方向及坡度、分水线与落水口、其他构配件的位置等。

楼梯间用图例按实际梯段的水平投影画出，同时要标明梯段的走向和级数。

6. 详图索引符号、装修做法

当平面图上某一部分需用详图表示时，要画上索引符号。索引符号详见本章第 14.2 节（表 14-2）。

一般简单的装修可在平面图中直接用文字注明，复杂的工程需要另列材料做法表或另外绘制装修图。

7. 其他标注

房间应根据其功能注上名称。平面图上还要画出其他构件，如台阶、排水沟、散水、花坛、雨篷、雨水管、阳台、管线竖井、隔断、卫生器具、水池、橱柜等。平面图中不易标明的内容，如施工要求，可用文字加以说明。在底层平面图附近画出指北针，而指北针、散水、明沟及花池等在其他楼层平面图中不再重复画出。

14.4.3　建筑平面图的阅读（Reading of Architectural Plan）

现以图 14-14~图 14-16 所示三层别墅的平面图为例说明建筑平面图的阅读方法。

1. 一层平面图

1）一层平面图表示房屋底层的平面布局。从图中可知该平面图的比例是 1∶100。从指北针得知该房屋是坐北朝南的方向。

2）从图中定位轴线的编号和间距了解到各承重构件的位置和房间的大小。本图的横向轴线为①~⑨，纵向轴线为Ⓐ~Ⓛ。此房屋是框架结构，图中轴线上涂黑的部分是钢筋混凝土柱。墙用粗实线，尺寸线、楼梯踏步线等用细实线。

3）本图第一道尺寸表示外轮廓的总尺寸。第二道尺寸表示轴线间的尺寸，是说明开间和进深的尺寸，本层平面房间的开间有 4200mm、5400mm、3900mm 等，进深有 4800mm、6300mm 等。第三道尺寸表示各细部的位置及大小，如门窗洞宽和位置等。

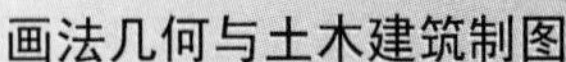

4）从图中可知室外标高为-0.450m，客厅、餐厅、卧室为±0.000m，储藏室为-0.600m，车库为-0.300m。

5）从图中门窗的图例和编号了解到门窗的类型及数量。一层平面图还画出剖面图的剖

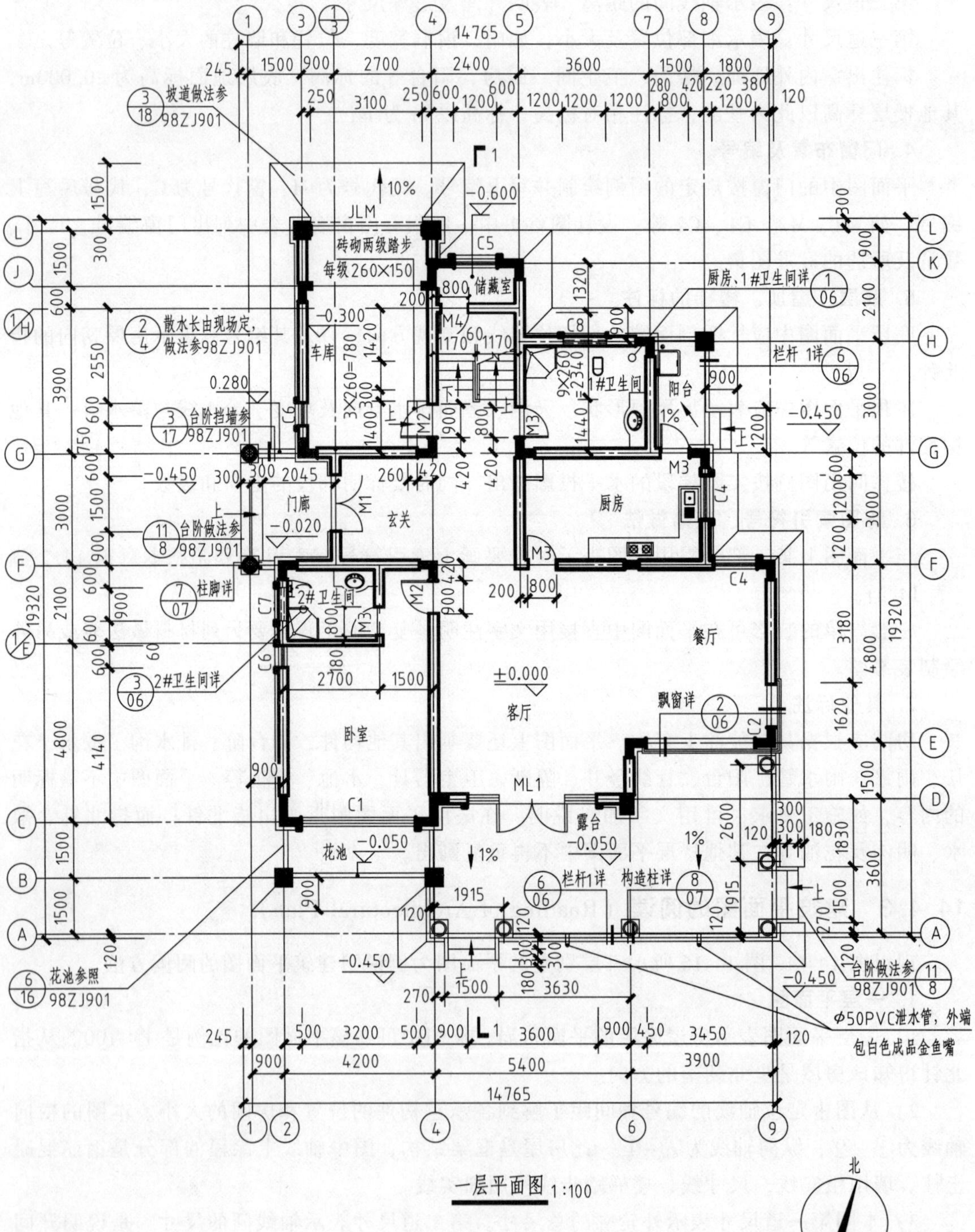

一层平面图 1:100

图 14-14　一层平面图

切位置线和剖视方向及其编号，如 1—1。

6）从图中可知一层房间的用途有门廊、玄关、卧室、客厅、餐厅、厨房、卫生间、楼梯、储藏室、车库。图中画出了卫生器具、水池、橱柜等。楼梯标明了梯段的走向和级数，还表示出室外台阶、散水、花池的位置和大小尺寸及所采用标准图集的索引符号。

2. 二层平面图

1）二层平面图的比例、定位轴线、图线、尺寸的标注、门窗的类型和编号基本与一层平面图相同。

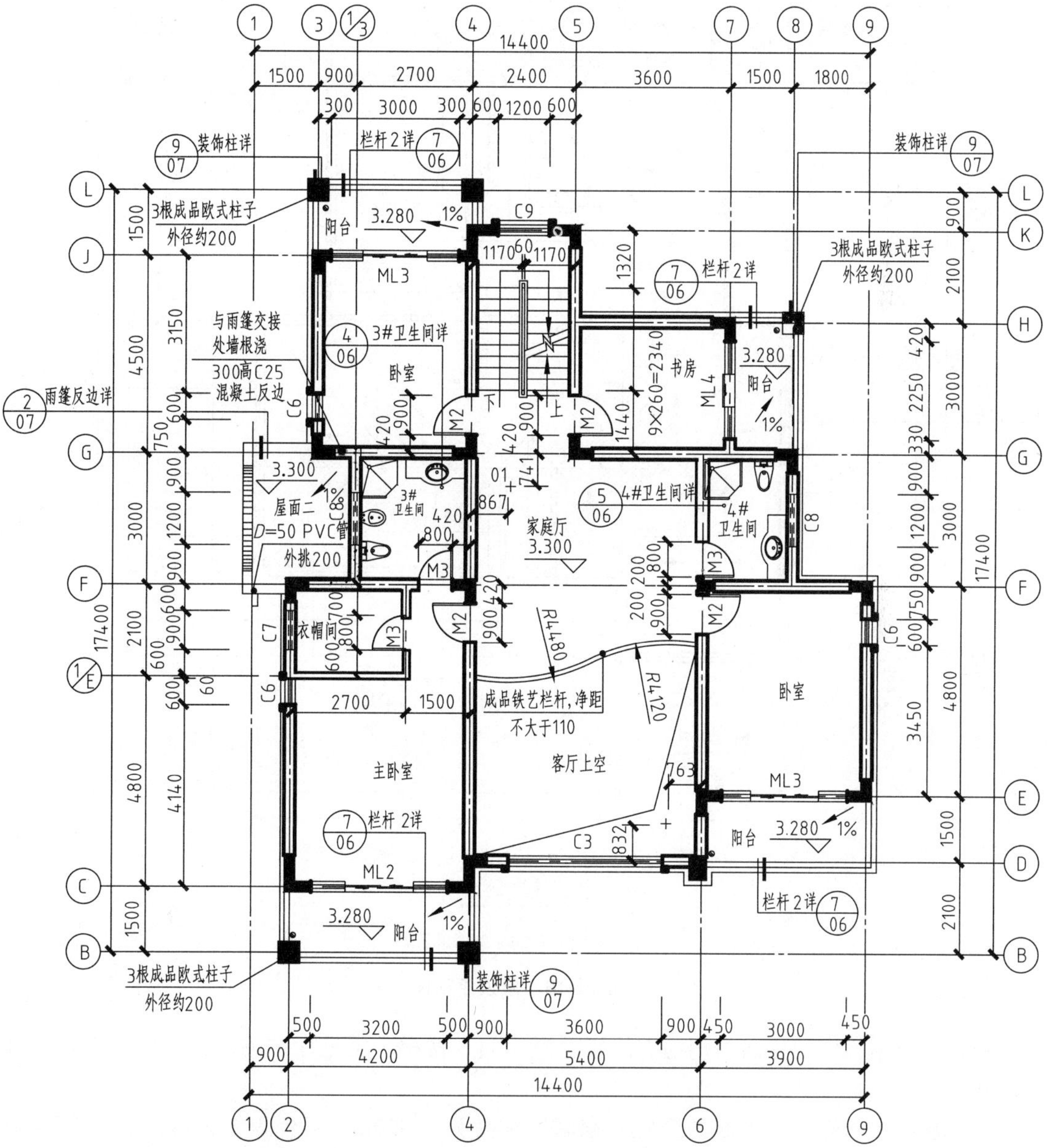

二层平面图　1:100

图 14-15　二层平面图

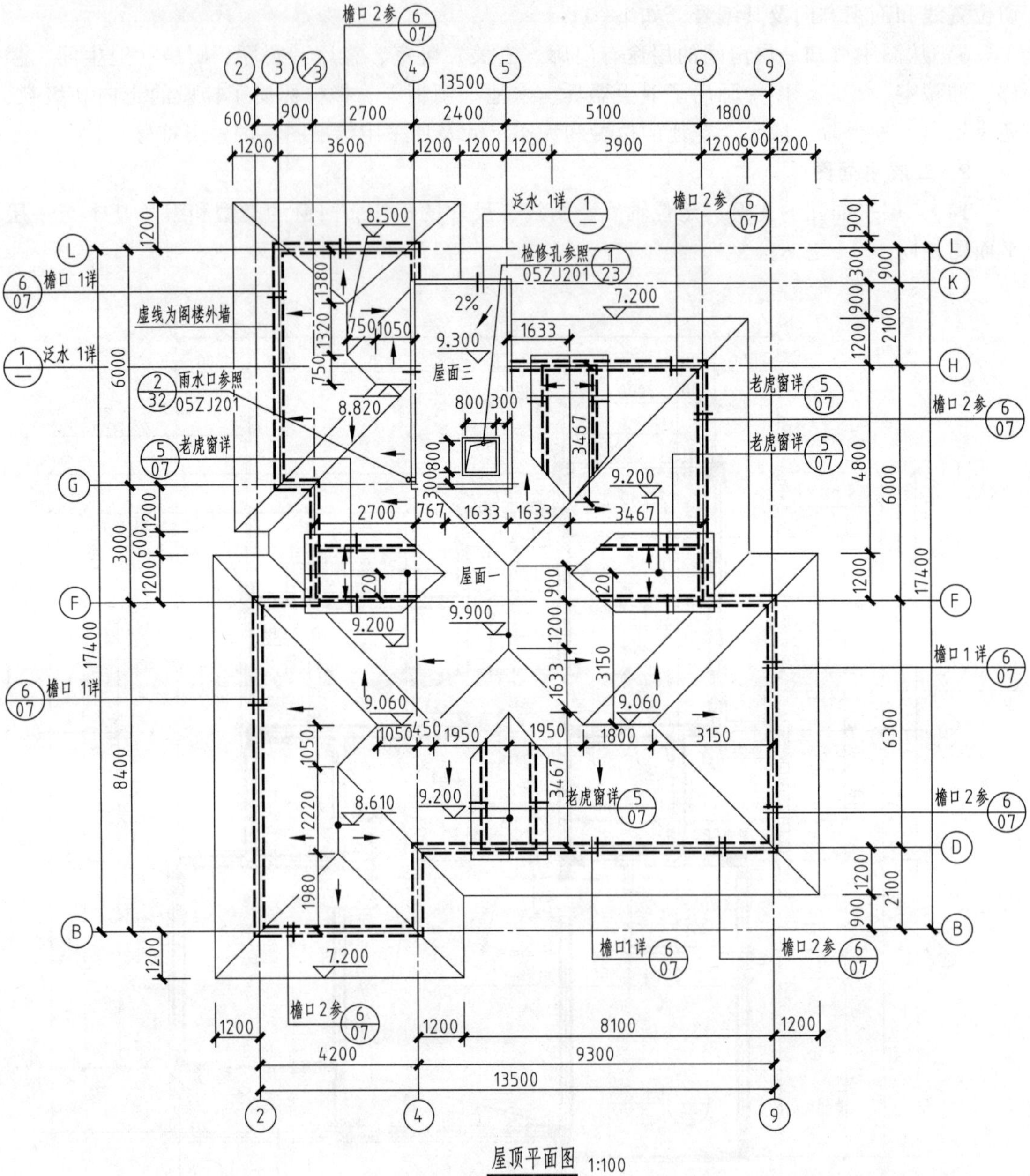

屋顶平面图 1:100

说明：屋顶正脊和斜脊做法分别参照05ZJ211 $\frac{1}{19}$ $\frac{2}{19}$。

图 14-16 屋顶平面图

2）二层平面图的房间的用途有卧室、卫生间、楼梯、家庭厅、书房，主卧有卫生间和衣帽间。

3）从图中可知二层平面的卧室、家庭厅标高为 3.300m，阳台为 3.280m。阳台标注有排水方向及坡度，阳台栏杆标注有所采用标准图集的索引符号。

3. 屋顶平面图

1）屋顶平面图的比例、定位轴线、图线、尺寸的标注与一层平面图基本相同。

2）屋顶平面图表示出屋顶形状、屋面排水方向等，标明了老虎窗、雨水口、檐口、检修孔所采用标准图集的索引符号。屋脊、檐口都标注标高。

14.4.4　建筑平面图的绘制（Drawing of Architectural Plan）

1）选择合适的比例，进行合理的图面布置。

2）定出轴线位置，并根据轴线绘制柱和墙体。

3）定门、窗洞的位置。

4）画细部，如门窗、楼梯、台阶、散水、花池、卫生器具等。

5）尺寸标注、标高、轴线编号、门窗编号、剖切符号、详图索引符号等。

6）按国标要求加深图线。

7）注写必要的文字说明及图名和比例。

14.5　建筑立面图（Architectural Elevation）

14.5.1　图示方法（Graphical Method）

建筑立面图是将建筑的各个立面按照正投影的方法投影到与之平行的投影面上所得到的正投影图，简称立面图，如图 14-18 所示。建筑物是否美观，很大程度上取决于它在主要立面的艺术处理。

立面图通常按建筑物的朝向来命名，如南立面图、北立面图、东立面图和西立面图；也可以按建筑物的主要入口或反映建筑物主要特征的立面为正立面图，其余称为背立面图或侧立面图；还可以按立面图的两端轴线的编号来命名，如①~⑨立面图，⑨~①立面图等。

建筑立面图主要反映建筑物的外貌、门窗形式和位置、墙面的装饰材料、色彩和做法等，是施工中建筑物的门窗尺寸、标高及外墙面装饰做法的依据。图 14-17 为某别墅建筑外形效果图。

图 14-17　某别墅建筑效果图

14.5.2 图示内容（Graphical Contents）

1. 比例、图线、图例

建筑立面图的比例一般与建筑平面图一致，采用 1∶50、1∶100、1∶200 等。

建筑立面图中的图线一般是最外轮廓线用粗实线（宽为 b），地坪线用加粗线（宽为 $1.4b$），门窗洞、阳台、台阶等轮廓线用中实线（宽为 $0.5b$），门窗分格线、墙面装饰线、尺寸线、标高符号用细实线（宽为 $0.25b$），定位轴线用细单点长画线。

由于绘制建筑立面图的比例较小，所以在立面图中的一些建筑配件等都不能按真实的投影画出，而是用国家标准规定的图例来绘制。常用的图例见表 14-5。

2. 定位轴线

建筑立面图中一般只绘制建筑两端的定位轴线及编号，以便与建筑平面图对照。

3. 尺寸与标高

建筑立面图上的尺寸主要标注标高尺寸，如室内外地面、台阶、窗台、门窗洞顶部、雨篷、阳台、檐口、屋顶等处的标高。标高注写在立面图的左侧或右侧，符号应大小一致，排列整齐。

4. 详图索引符号、装修做法

标出各部分构造、装饰节点详图的索引符号。用文字或列表说明外墙面的装修材料、色彩及做法。

5. 其他

画出室外地坪线及房屋的勒脚、台阶、门窗、雨篷、阳台、檐口、屋顶、墙面分格线和其他的装饰构件等。

14.5.3 建筑立面图的阅读（Reading of Architectural Elevation）

现以图 14-18～图 14-21 所示三层别墅的立面图为例说明建筑立面图的阅读方法。

1. ①～⑨立面图

1）①～⑨立面图是别墅的南立面图（图 14-18）。南立面是建筑物的主要立面，它反映了该建筑的外貌特征及装饰风格。从图中可知该图的比例是 1∶100。

2）从立面图中看到图的右侧标有标高和高度方向的细部尺寸，室外地面的标高为 -0.450m，室内标高为±0.000，二层楼面的标高为 3.300m，最高的屋脊线为 9.900m。房屋的外轮廓用粗实线，门窗、阳台等轮廓线用中粗实线，尺寸线、标高等用细实线。

3）从图中可知外墙装饰的主格调采用米黄色涂料为主。局部地方如一层窗台下用米黄色文化砖。坡屋顶用枣红色波纹瓦。

2. ⑨～①立面图

1）⑨～①立面图是别墅的北立面图（图 14-19）。从图中可知该图的比例是 1∶100。

2）从图中可知外墙装饰与南立面图基本一样。

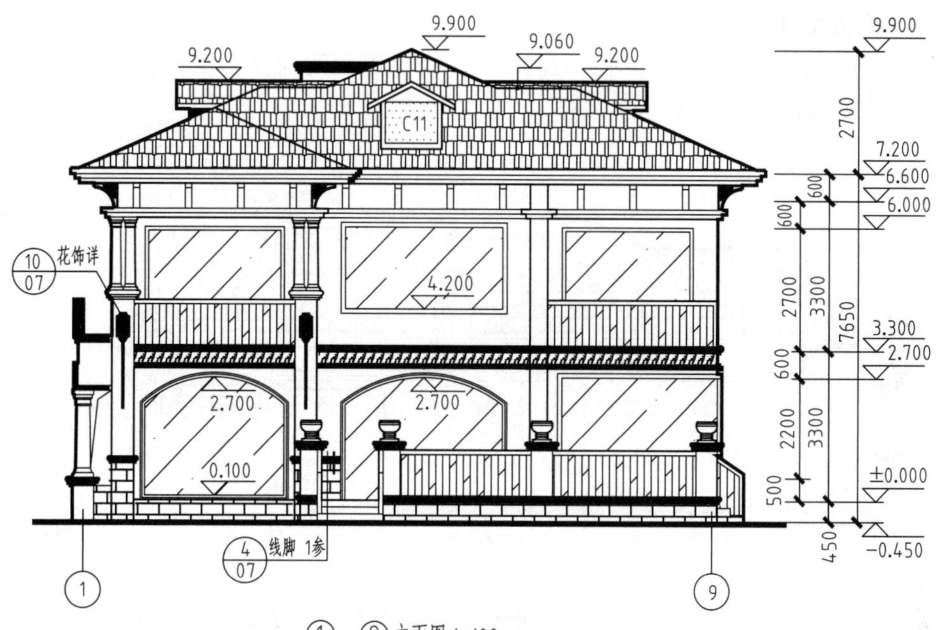

①～⑨立面图 1:100

立面材料图例

图例	材料	图例	材料
	米黄色文化砖		橘黄色涂料
	枣红色波纹瓦		米黄色涂料
	灰白色雕花板		玻璃

图 14-18　①~⑨立面图

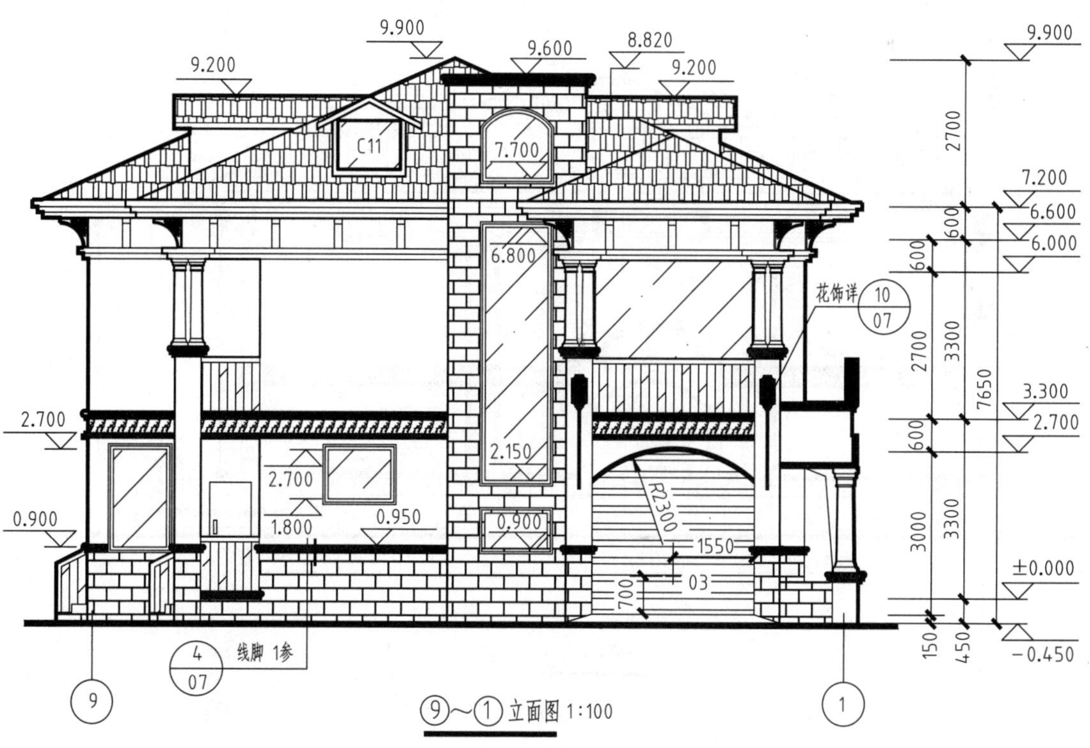

⑨～①立面图 1:100

图 14-19　⑨~①立面图

3. Ⓐ~Ⓛ立面图、Ⓛ~Ⓐ立面图

Ⓐ~Ⓛ立面图是东立面图（图 14-20），Ⓛ~Ⓐ立面图是西立面图（图 14-21），比例是 1∶100。外墙装饰与南立面图基本一样。

图 14-20　Ⓐ~Ⓛ立面图

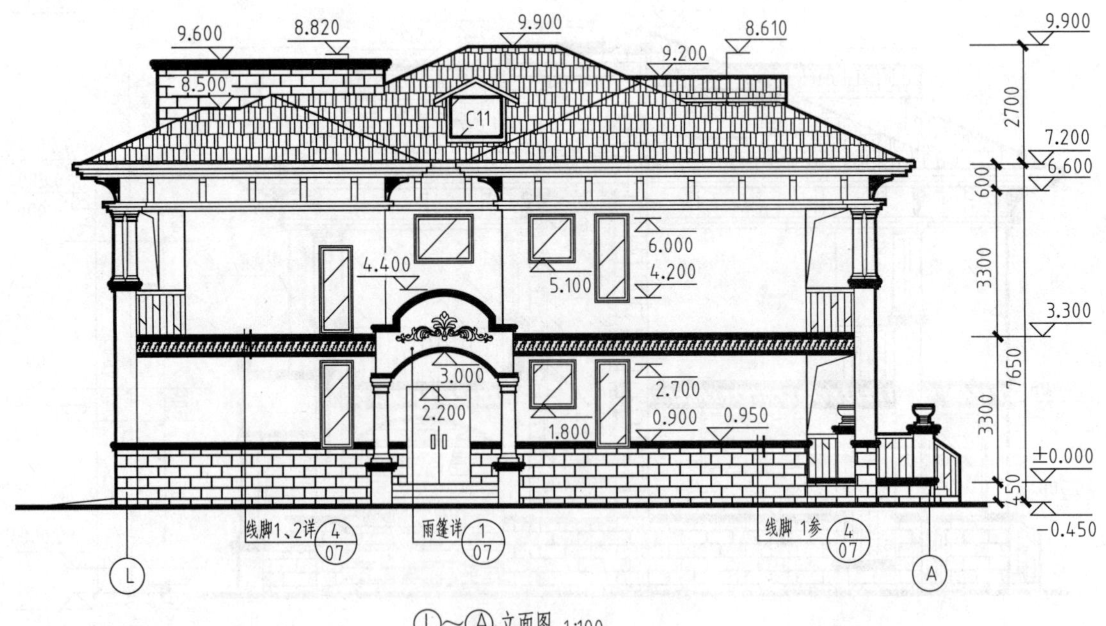

图 14-21　Ⓛ~Ⓐ立面图

14.5.4　建筑立面图的绘制（Drawing of Architectural Elevation）

1）选择合适的比例，进行合理的图面布置。

2）定出轴线位置，并根据轴线绘制墙体的外轮廓线。画出房屋的层高线。

3）定门、窗洞的位置。

4）画细部，如门窗、阳台、台阶、散水、花池、屋顶等。

5）尺寸标注、标高、轴线编号、详图索引符号等。

6）按国标要求加深图线。

7）注写必要的文字说明及图名和比例。

14.6　建筑剖面图（Architectural Section）

14.6.1　图示方法（Graphical Method）

建筑剖面图是指假想用一个或多个竖直平面去剖切房屋，将处在观察者和剖切平面之间的部分移去，将剩余部分投影到与剖切平面平行的投影面上所得到的正投影图，简称剖面图，如图 14-22 所示。

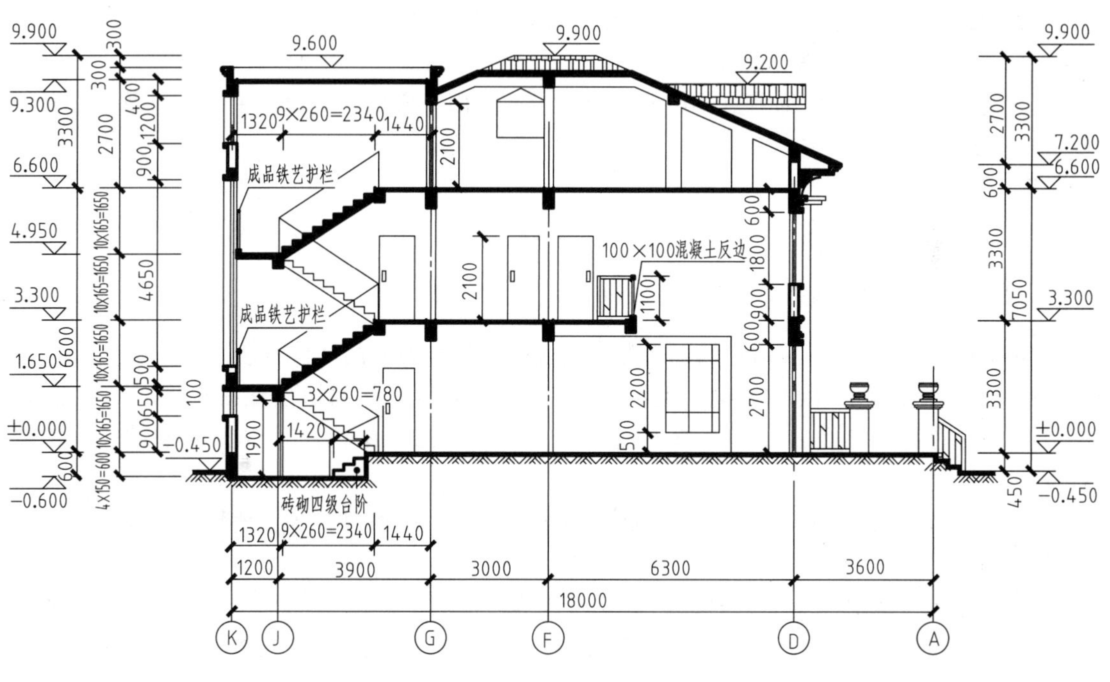

图 14-22　剖面图

建筑剖面图主要表示房屋内部的结构和构造形式、分层情况、各层高度、材料和各部分之间的联系等。在施工中建筑剖面图是进行分层砌筑墙体，铺设楼板、屋面板、楼梯及装修等的依据。剖面图与平面图、立面图相呼应，是施工图中最基本的图样。

剖面图的数量应根据房屋的复杂程度和施工的实际需要而定。剖面图的剖切位置选择能反映全貌、构造特征以及有代表性或有变化的部位，如门窗洞、楼梯等处。剖面图的图名应与平面图上所标注的剖切符号的编号一致，如1—1剖面图。

14.6.2 图示内容（Graphical Contents）

1. 比例、图线

建筑剖面图的比例一般与建筑平面图一致，采用1∶50、1∶100、1∶200等。

建筑剖面图中的图线一般是被剖切到的墙体、楼面、屋面、梁的断面线用粗实线；钢筋混凝土构件的断面通常涂黑表示；其他没剖到的可见轮廓线，如门窗洞、阳台、台阶、楼梯栏杆等轮廓线用中实线；尺寸线、标高符号、引出线等用细实线；定位轴线用细单点长画线。

2. 定位轴线

建筑剖面图中凡是剖到的承重墙、柱等要画出定位轴线，并注写上与平面图相同的编号。

3. 尺寸与标高

建筑剖面图上的尺寸与剖面图一样，一般标注三道尺寸，第一道尺寸为总高尺寸，表示从室外地坪到女儿墙压顶面的高度及坡屋顶到最高的屋脊线的高度。第二道尺寸为层高尺寸。第三道尺寸为细部尺寸，如室内外地坪、门窗洞、檐口等。

4. 详图索引符号、装修做法

标出各部分构造、装饰节点详图的索引符号。地面、楼面、屋面的装修材料及做法可用多层构造引出标注。

5. 其他

画出室外地坪线及房屋的勒脚、台阶、门窗、雨篷、阳台、檐口、屋顶等构件。

14.6.3 建筑剖面图的阅读（Reading of Architectural Section）

现以图14-22所示三层别墅的剖面图为例说明建筑剖面图的阅读方法。

1）从一层平面图（图14-14）上可以看到1—1剖面图的剖切位置在④~⑤轴线之间，1—1剖切面通过楼梯和客厅，反映出别墅从一层到三层、屋顶沿垂直方向的结构、构造特点。

2）从图中可知该图的比例是1∶100。室内外地坪线用加粗实线，地坪线以下不画。剖切到的楼面、屋面、楼梯、梁涂黑表示。

3）剖切到的墙体有Ⓓ、Ⓚ轴线的墙及以上的门窗洞。剖面图上的尺寸标注有左边的楼梯标注，从右边的尺寸标注可知室外地坪为-0.450m，层高为3.300m，房屋的总高为10.350m。

14.6.4 建筑剖面图的绘制（Drawing of Architectural Section）

1）选择合适的比例，进行合理的图面布置。

2）定出轴线位置，并根据轴线绘制墙体。画出房屋的层高线。

3）定门、窗洞的位置。

4）画细部，如门窗、阳台、台阶、屋顶等。

5）尺寸标注、标高、轴线编号等。

6）按国标要求加深图线。

7）注写必要的文字说明及图名和比例。

14.7　建筑详图（Architectural Details）

14.7.1　图示方法（Graphical Method）

由于建筑平、立、剖面图一般采用较小的比例绘制，因而某些建筑细部或构件的尺寸、做法及施工要求无法表明，根据施工需要，必须另外绘制比较大的图样，才能表达清楚。这种对建筑的细部或构配件，用较大的比例将其形状、大小、材料和做法，按正投影图的画法详细地表示出来的图样，称为建筑详图，简称详图，也可称为大样图或节点图。

建筑详图所画的节点部位，除了要在平、立、剖面图中的有关部位绘制索引符号外，还要在所画详图上绘制详图符号，以便对照查阅。对于套用标准图或通用详图的建筑构配件和细部节点，只要注明所套用图集的名称、页次和编号即可。

建筑详图是建筑平、立、剖面图的补充，是建筑细部的施工图，是施工的重要依据。

14.7.2　图示内容（Graphical Contents）

建筑详图一般可分为：构造详图，如屋面、檐口、墙身、楼梯、阳台、雨篷、散水等；配件和设施详图，如门窗、卫生设施等；装饰详图，如吊顶、柱头、花格窗、隔断等。

1. 比例、图线

建筑详图的比例一般采用 1∶50、1∶20、1∶10、1∶5 等。

建筑详图中，建筑构配件的断面轮廓线用粗实线，构配件的可见轮廓线用中实线，尺寸线、标高符号、引出线等用细实线，定位轴线用细单点长画线。

2. 定位轴线

建筑详图中一般应画出定位轴线，以便与建筑平、立、剖面图对照。

3. 尺寸与标高

建筑详图上的尺寸与平、立、剖面图一样，尺寸标注必须完整齐全。

14.7.3　建筑详图的阅读（Reading of Architectural Details）

现以图 14-23～14-25 所示三层别墅的老虎窗详图、檐口详图、雨篷详图为例说明建筑详图的阅读方法。

1. 老虎窗详图

1）图 14-23 的老虎窗详图是由图 14-16 所示的屋顶平面图中的索引符号$\frac{5}{07}$引出的。从图中可知该详图的比例是 1∶20。由于屋顶平面图编号为建施 4，老虎窗详图编号为$\frac{5}{4}$。

2）该图还用 *D—D* 剖面图表示了老虎窗纵向的细部构造，用钢筋混凝土图例表示了材料做法，正脊、檐口、泛水采用 05ZJ 标准图集，标出了索引符号。

3）该图第一道尺寸表示外轮廓的总尺寸。第二道尺寸表示细部尺寸，标有标高。

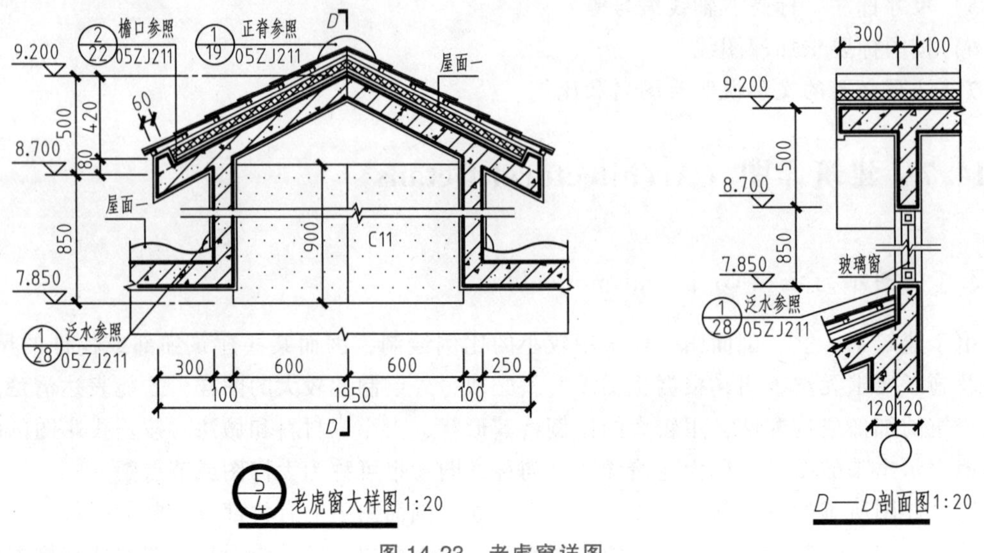

图 14-23　老虎窗详图

2. 檐口详图

1）图 14-24 的檐口详图是由图 14-16 所示的屋顶平面图中的索引符号 $\frac{6}{07}$ 引出的。从图中可知该详图的比例是 1∶20。

2）该图还用托花大样图表示了檐口的细部构造，用钢筋混凝土、砖图例表示了材料做法，滴水、檐口采用 98ZJ、05ZJ 标准图集，标出了索引符号。

3）该图第一道尺寸表示外轮廓的总尺寸。第二道尺寸表示细部尺寸，标注有标高。

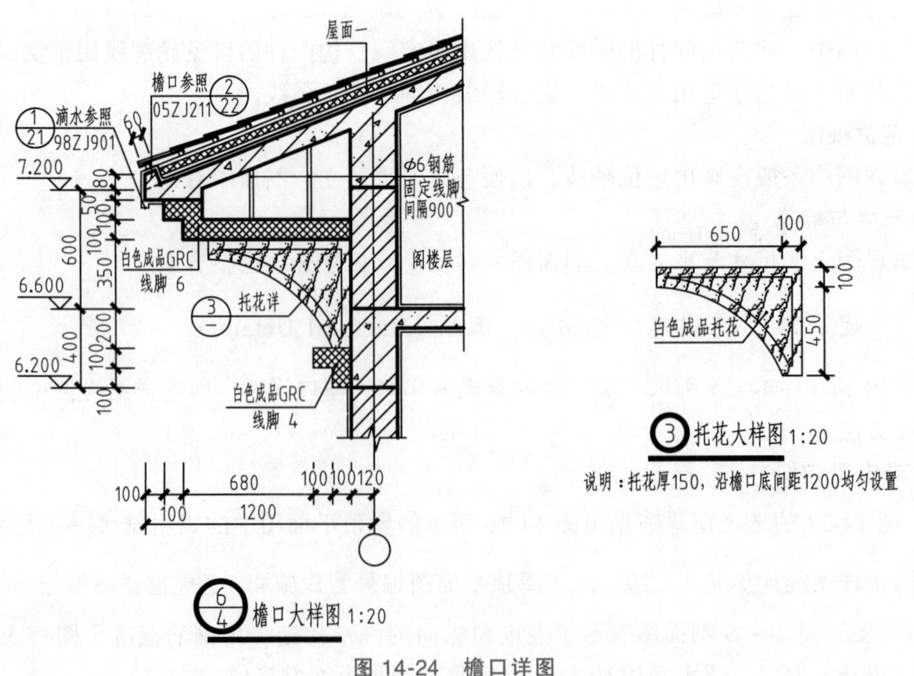

图 14-24　檐口详图

3. 雨篷详图

1）图 14-25 的雨篷详图是由图 14-21 所示的Ⓛ~Ⓐ立面图（编号建施 8）中的索引符号 $\frac{1}{07}$ 引出的。从图中可知该详图的比例是 1∶50，*B—B*、*C—C* 剖面图的比例是 1∶20。

2）该图还用 *B—B*、*C—C* 剖面图表示了雨篷的细部构造，用钢筋混凝土图例表示了材料做法，泛水采用 05ZJ 标准图集，标出了索引符号。

3）该图的位置在①轴和Ⓕ~Ⓖ轴间，第一道尺寸表示外轮廓的总尺寸。第二道尺寸表示细部尺寸，标注有标高。

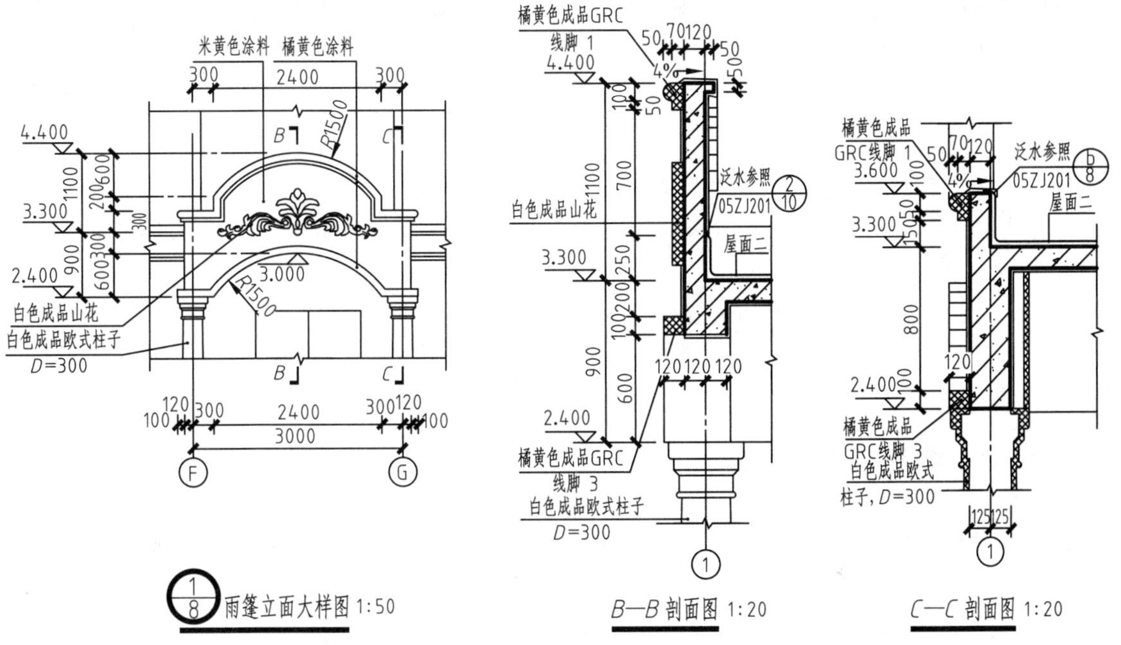

图 14-25　雨篷详图

14.7.4　建筑详图的绘制（Drawing of Architectural Details）

1）选择合适的比例，进行合理的图面布置。

2）定出轴线位置，并根据轴线绘制墙体等。

3）画细部构造，必要时还要引出大样图。

4）尺寸标注、标高、轴线编号等。

5）按国标要求加深图线。

6）注写必要的文字说明及图名和比例。

第 15 章　结构施工图
（Structural Working Drawing）

【学习目标】

1. 了解建筑结构工程图的内容和图示特点。

2. 掌握结构工程图的阅读和绘制方法；重点掌握钢筋混凝土梁柱构件配筋图的阅读和绘制方法。

3. 掌握阅读钢筋混凝土梁平法施工图的方法。

15.1　概述（Introduction）

建筑结构指的是用一定材料做成的在房屋中起承重和支撑作用的构件（如梁、板、柱、屋架、支撑和基础等），按一定的构造和连接方式组成的具有足够抵抗能力的结构体系，如图 15-1 所示。结构设计是根据建筑各方面的要求，进行结构选型和布置，再通过力学计算，确定这些构件的材料、形状、尺寸及构造等。表达一栋房屋的承重体系如何布局，各种承重构件的形状、尺寸及构造的图样，统称为结构施工图，简称结施图。

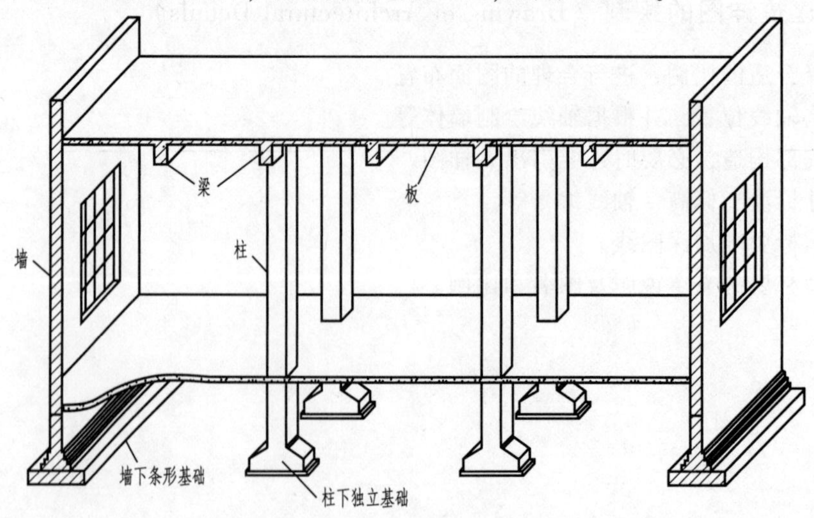

图 15-1　建筑结构体系

结构施工图是施工放线、基础开挖、制作和安装构件、编制施工计划及预算的重要依据。

15.1.1　结构施工图的内容（Contents of Structural Drawing）

一套完整的结构施工图包括的内容按施工的顺序，图纸编排如下：

1）图样目录。

2）结构设计说明，包括结构选用的材料、规格、强度等级、地质条件、抗震要求、施工技术要求、选用的标准图集和材料统计表等。

3）结构平面布置图，包括各楼层平面布置图、屋面结构平面图和基础平面布置图等。

4）构件详图，包括梁、板、柱及基础结构详图、楼梯结构详图、屋架和支撑结构详图等。

15.1.2　常用结构构件的代号（Typical Symbols of Structural Elements）

构件代号

房屋结构的基本构件，如板、梁、柱等，种类繁多，布置复杂，为了图示简明扼要，并把构件区分清楚，便于施工、制表、查阅，有必要对每类构件给予代号。部分常用构件代号见表15-1。

表15-1　常用构件代号（部分）

名　称	代　号	名　称	代　号
板	B	屋架	WJ
屋面板	WB	框架	KJ
楼梯板	TB	刚架	GJ
盖板	GB	支架	ZJ
剪力墙	Q	柱	Z
梁	L	框架柱	KZ
框架梁	KL	基础	J
屋面梁	WL	桩	ZH
吊车梁	DL	梯	T
圈梁	QL	雨篷	YP
过梁	GL	阳台	YT
连系梁	LL	预埋件	M
基础梁	JL	钢筋网	W
楼梯梁	TL	钢筋骨架	G

预应力钢筋混凝土构件的代号，在上列构件代号前加注“Y—”，例如Y—DL表示预应力钢筋混凝土吊车梁。

15.2 钢筋混凝土结构图（Reinforced Concrete Structure Drawing）

钢筋混凝土结构简介

15.2.1 钢筋混凝土结构简介（Brief Introduction to Reinforced Concrete Structure）

混凝土是将水泥、砂子、石子和水，按一定比例配合，经搅拌、注模、振捣、养护等工序而形成的“人工石料”。其抗压能力很高，而抗拉能力很低。图 15-2a 所示的素混凝土梁在受外力后，其下边缘因受拉很容易发生断裂。为了解决这个矛盾，常把钢筋放在构件的受拉区中使其受拉，使混凝土主要承受压力，这样将大大地提高构件的承载能力，从而减小构件的断面尺寸。图 15-2b 是在受拉区配置有适量钢筋的梁，受拉区的混凝土达到其抗拉强度时，钢筋继续承受拉力，使梁正常工作。这种配有钢筋的混凝土制作成的构件称为钢筋混凝土构件。

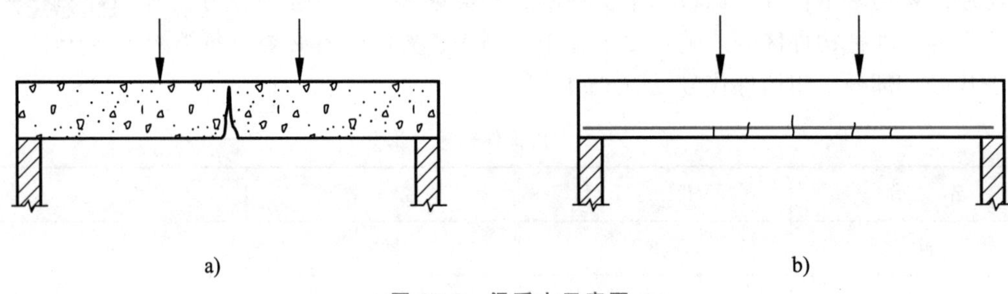

图 15-2　梁受力示意图

a）素混凝土梁　b）钢筋混凝土梁

钢筋混凝土构件的制作有现场浇筑和在工厂预制两种，分别称为现浇构件和预制构件。此外，有的构件在制作时通过张拉钢筋，预先对混凝土施加一定的压力，以提高构件强度和抗裂性能，称为预应力钢筋混凝土构件。

1. 钢筋的分类、等级和符号

钢筋按其产品材料性能不同分别给予不同的代号，以便标注和识别。常用钢筋品种符号列于表 15-2。

表 15-2　常用钢筋品种符号

钢筋品种	符号	直径 d/mm	抗拉强度标准值 f_{yk}/(N/mm^2)	备注
HPB300	Φ	6~22	300	光圆钢筋
HRB335	Φ̲	6~50	335	带肋钢筋
HRB400	Φ̲̲	6~50	400	带肋钢筋
RRB400	Φ̲̲^{R}	6~50	400	余热处理钢筋

注：HPB（Hot-rolled Plain Bar）为热轧光圆钢筋；HRB（Hot-rolled Ribbed Bar）为热轧带肋钢筋；RRB（Remained heat treatment Ribbed steel Bars）为余热处理钢筋。

2. 钢筋在构件中的作用

图 15-3a、b 分别是钢筋混凝土梁和钢筋混凝土预制板的构造。它们是由钢筋骨架和混

凝土结合成的整体。该骨架是采用各种形状钢筋用细钢丝绑扎或焊接而成，并被包裹在混凝土中。其他类型的钢筋混凝土构件的构造，与梁板基本相同。配置在其中的钢筋，按其作用可分为下列几种：

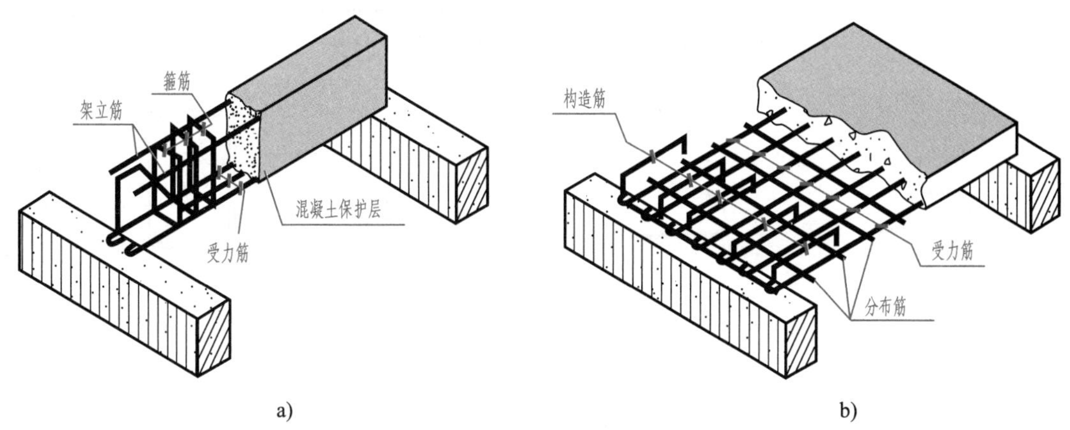

图 15-3　钢筋混凝土构件的构造

a）钢筋混凝土梁　b）钢筋混凝土板

1）受力筋——承受拉、压应力的钢筋，用于梁、板、柱等各种钢筋混凝土构件。梁、板的受力钢筋还分为直筋、弯起筋两种，弯起角度一般为45°或60°。

2）箍筋——固定各钢筋位置并承受剪力，多用于梁、柱内。

3）架立筋——用以固定梁内箍筋位置，构成梁内的钢筋骨架。

4）构造筋——因构件构造要求或施工安装需要而配置的钢筋。

5）分布筋——一般用于钢筋混凝土板，用以固定受力筋的位置，使荷载分布给受力钢筋并防止混凝土收缩和温度变化出现裂缝。

3. 钢筋的保护层和弯钩形式

为了保证钢筋与混凝土有一定的黏结力（握裹力），同时为防腐、防火，构件中的钢筋不能裸露，要有一定厚度的混凝土作为保护层。各种构件的混凝土保护层厚度应按表 15-3 选取。

表 15-3　纵向受力钢筋混凝土保护层最小厚度　　（单位：mm）

环境条件	构件类别	混凝土强度等级		
		≤C20	C25 及 C30	≥C35
室内正常环境	板、墙、壳	15		
	梁和柱	25		
露天或室内高湿度环境	板、墙、壳	35	25	15
	梁和柱	45	35	25

注：混凝土保护层厚度（钢筋外边缘至混凝土表面的距离），不应小于钢筋的直径，且应符合本表规定。

钢筋两端有带弯钩和不带弯钩两种，表面光圆钢筋（一般为 HPB300 级钢筋）带弯钩，以加强钢筋与混凝土的握裹力，避免钢筋在受拉时滑动；表面带纹路（螺纹、人字纹）钢筋与混凝土的黏结力强，两端一般不带弯钩。钢筋端部的弯钩形式有半圆弯钩、直钩，常用弯钩如图 15-4 所示。

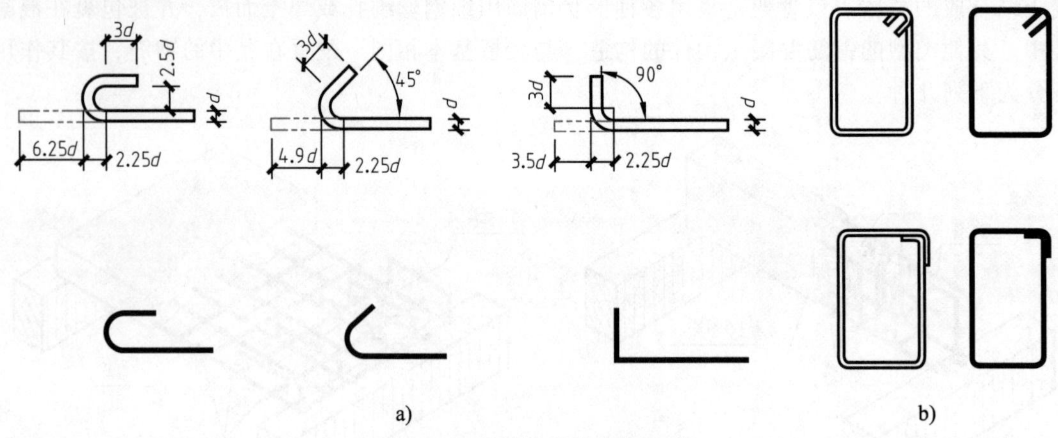

图 15-4　钢筋端部的弯钩形式

a）钢筋端部的弯钩　b）箍筋的弯钩

4. 钢筋混凝土结构图的内容和图示特点

（1）钢筋混凝土结构图的内容

1）结构布置图。它表示了承重构件的位置、类型、数量及钢筋的配置（后者用于现浇板）。

2）构件详图。它包括模板图、配筋图、预埋件图及材料统计表等。显示构件外形及预埋件的位置的投影图称为模板图。显示混凝土内部钢筋的配置（包括钢筋的品种、直径、形状、位置、长度、数量及间距等）的投影图称为配筋图。对于外形比较简单或预埋件较少的构件，常将模板图和配筋图合二为一表示为模板配筋图，也可简称为配筋图。

（2）钢筋混凝土结构图的图示特点

1）为了表达混凝土内部的钢筋，假想混凝土是透明体，使包含在混凝土中的钢筋成为“可见”，这种图称为配筋图。

2）在构件投影图中，其轮廓线用中或细实线表示，钢筋用粗实线和黑圆点（钢筋断面）表示，以突出钢筋配置情况。一般钢筋的常用图例见表 15-4。

表 15-4　一般钢筋常用图例

序号	名　　称	图　　例	说　　明
1	钢筋断面	●	
2	无弯钩的钢筋端部		长短钢筋投影重叠时可在短钢筋的端部用 45°短画线表示
3	预应力钢筋横断面	+	
4	预应力钢筋或钢绞线		用粗双点画线
5	带半圆形弯钩的钢筋端部		

（续）

序号	名　称	图　例	说　明
6	带直钩的钢筋端部		
7	带丝扣的钢筋端部		
8	无弯钩的钢筋搭接		
9	带半圆形弯钩的钢筋搭接		
10	带直钩的钢筋搭接		
11	套管接头（花篮螺栓）		

3）钢筋的标注方式。钢筋的标注应包括钢筋的编号、数量或间距、代号、直径及所在位置，通常应沿钢筋的长度标注或标注在有关钢筋的引出线上。梁、柱的箍筋和板的分布筋一般应注出间距，不注数量。只要钢筋的品种（代号）、直径、形状、尺寸有一项不同，就应另编一个号，编号注在直径为4~6mm的圆圈内。具体标注如图15-5所示，①4Φ22表示编号为1的钢筋是4根直径为22mm的HRB335级钢筋，④Φ8@200表示编号为4的钢筋是直径为8mm的HPB300级钢筋，每隔200mm布置一根。

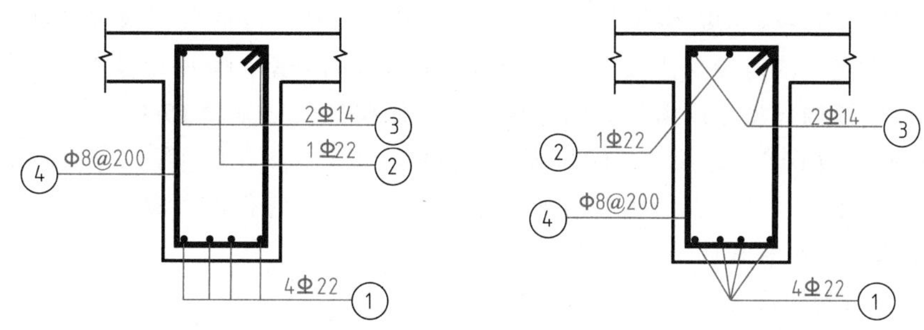

图15-5　钢筋的编号方式

4）当结构构件纵横向断面尺寸相差悬殊时，可在同一详图中选用不同的纵横向比例。

5）构件配筋较简单时，可采用局部剖切的方式在其模板图的一角绘出断开界线，并绘出钢筋布置，如图15-6所示。

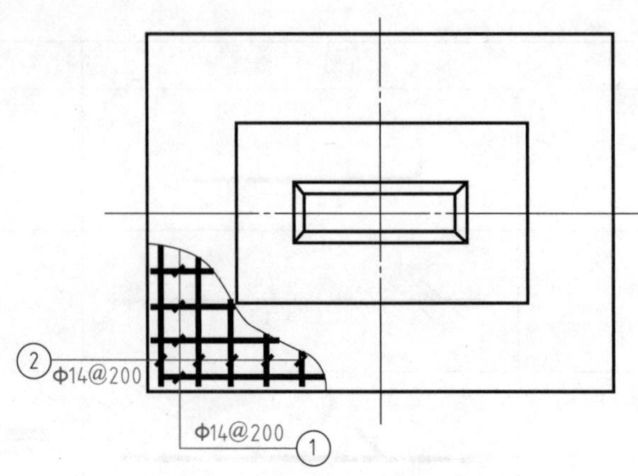

图 15-6 配筋图的简化画法

15.2.2 结构平面布置图（Structure Plan）

结构平面图是表示建筑物各构件平面布置的图样，分为基础平面图、楼层结构平面布置图、屋面结构平面布置图。

1. 图示方法及作用

楼层结构平面布置图是假想沿楼板将房屋水平剖开后，移去上部，把剩下的部分（下一层以上的部分）向 *H* 面投射，以显示该层的梁、板、柱和墙等承重构件的平面布置及现浇板的构造与配筋，便得到该楼层的结构平面布置图。该层的非结构层构造（如楼面做法、顶棚做法、墙身内外表面装修等）都不在结构图中表示，而是放在建筑图中。图 15-7 所示为某大学综合楼结构平面布置图。对多层建筑，一般分层绘制，布置相同的层可只绘一个标准层。构件一般应画出其轮廓线，对于梁、屋架和支撑等构件也可用粗点画线表示其中心位置。楼梯间及电梯间应另有详图表示，可在平面图上只用一条对角线表示其位置。

楼层结构平面布置图为现场安装和制作构件提供图样依据。

2. 图示内容

1）标注出与建筑图一致的轴线网及轴间尺寸。

2）显示梁、板、柱、墙等构件及楼梯间的布置和编号，包括预制板选型和排列，现浇板的配筋，构件之间的连接及搭接关系。结构图中构件的类型，宜用代号表示，代号后应用阿拉伯数字标注该构件型号或编号。国标规定的常用构件代号见表 15-1。

3）注明圈梁（QL）、过梁（GL）、雨篷（YP）和阳台（YT）等的布置和编号。若图线过多，构造又比较复杂，可与楼面布置图分离，单独画出它们的布置图。

4）注出楼面标高和板底标高及梁的断面尺寸。

5）注出有关剖切符号、详图索引符号。

6）附说明，在说明中写明选用的标准图集和材料强度等级等一些图中未显示的内容。

3. 结构平面图的阅读

现以图 15-7 的某大学综合楼结构平面布置图为例说明阅读结构平面图的方法。

1）先看图名及说明。由图名可知此图为结构平面布置图，绘图比例是 1∶100。由说明可知该层楼面板、过梁所选用的标准图，以及 L301、L302 详图的图号。

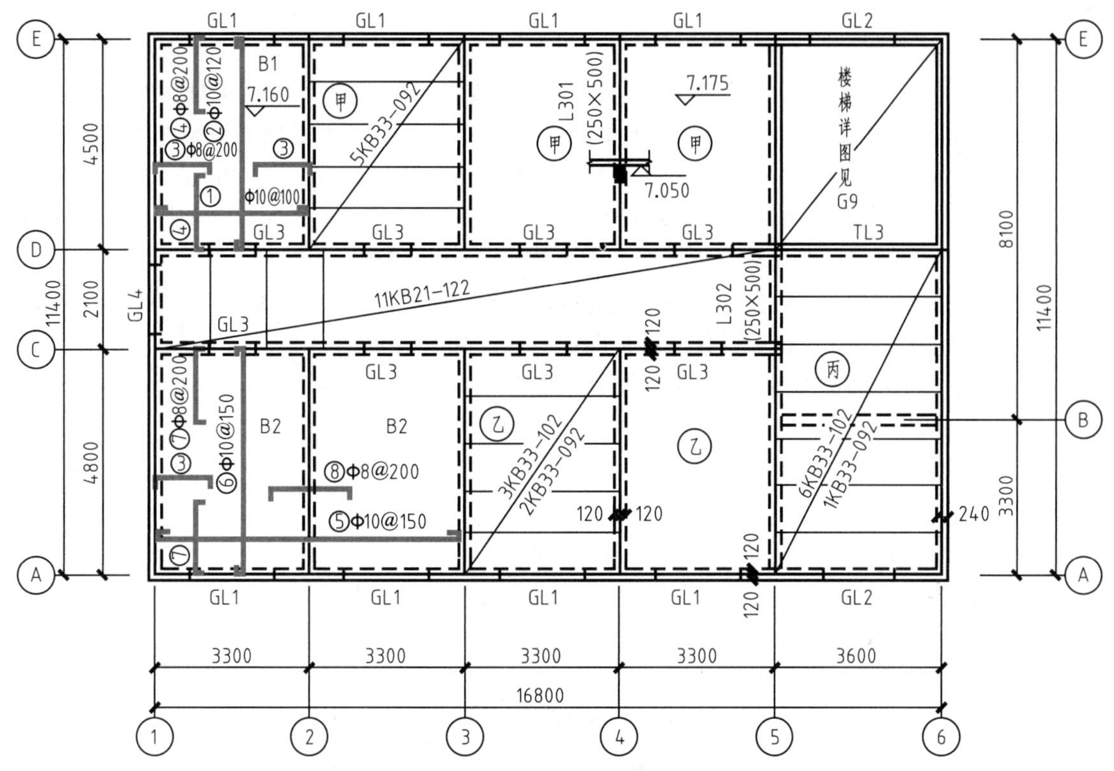

某大学综合楼结构平面布置图 1:100

说明：1.预应力钢筋混凝土多孔板 KB33—092、KB33—102、KB21—122，选自某省通用图，其节点构造详图见该通用图。

2.过梁GL1～GL4分别选自国标G322中的GLA7151、GLA7181、GLA4101、GLA7121。

3.L301、L302详图见图G7。

图 15-7　某大学综合楼结构平面布置图

2）为方便对照，结构平面图的轴线网及尺寸应与相应楼层建筑平面图相吻合。

3）从整体图看结构形式。楼面板均搭在墙上或梁上，所以这是砖墙竖向承重的砌体结构。

4）读图了解梁、板、楼梯间布置。该平面①-②/Ⓓ-Ⓔ 轴楼面板 B1 和①-③/Ⓐ-Ⓒ轴楼面板 B2 为现浇钢筋混凝土楼面，⑤-⑥/Ⓓ-Ⓔ开间为楼梯间，其余均为预制楼面板，编号甲、乙、丙。

梁：在④轴设有梁 L301，⑤轴梁 L302，Ⓓ轴楼梯梁 TL3。如梁 L301（250mm×500mm）表示该梁为三层楼面上编号为 1 的梁，其断面宽 250mm，高 500mm。

钢筋混凝土现浇板：板 B1 共配置 4 种钢筋，从每一编号钢筋的标注中可知其配置情况，如①ϕ 10@ 100 为板底受力筋，沿横向Ⓓ-Ⓔ轴布置，采用 HPB300 级钢筋，直径为 10mm，每隔 100mm 布置一根；④ϕ 8@ 200 为板面支座筋，沿纵向①-②轴布置，采用 HPB300 级钢筋，直径为 8mm，每隔 200mm 布置一根。①-②/Ⓐ-Ⓒ轴板 B2 共配置 5 种钢筋，其中钢筋⑤在①-③轴范围内通长设置；②-③/Ⓐ-Ⓒ轴楼板尺寸和配筋与①-②/Ⓐ-Ⓒ轴完全相同，故编号也是B2。

预制板：各开间预制板按铺设方式分为甲、乙、丙三种沿横向铺设，走道板沿纵向铺设。如③-④/Ⓐ-Ⓒ轴为乙种铺设开间，用一条对角线表示其铺设区域，从对角线上的标注可知板的类型、尺寸及数量。标注方式应遵守相应的标准图集。本图预制板是选用某省通用图，其标注方式如下：如3KB33-102表示3块预应力多孔板，跨度为3300mm，宽1000mm，其荷载等级为2级。从图中标注可知乙种开间铺设了两种板，3块1000mm宽和2块900mm宽，跨度均为3300mm、2级荷载的预应力多孔板。乙种开间在图中共有2个。

5）圈梁、过梁等的布置。从15-7图中可知该楼板以下，一层楼面以上布置了过梁GL1~GL4，每种过梁位置和总根数可以从图中得知，如GL1共有8根。

6）标高。板底标高7.050m，现浇板面标高为7.160m，预制板面标高为7.175m。

4. 绘图步骤

1）选比例和布图。比例一般采用1∶100，现浇板比例可用1∶50，通常选用与相应建筑平面图一致的比例。

2）画出与对应的建筑平面图完全一致的轴线。

3）定墙、柱、梁的大小、位置，用中实线表示剖到或可见的构件轮廓线，如能表达清楚，梁可用粗点画线表示，并用代号和编号标注出来。

4）画板的投影。

① 预制板的画法。在每个不同铺设区域用一条对角线表示该区域的范围，并沿对角线上（或下）方写出板的数量和代号。板铺设相同的区域，只详细铺设一个，其余用如甲、乙、丙等分类符号表示，分类符号写在直径为8mm或10mm的细实线圆圈内。

② 现浇板的画法。除了画出梁、柱、板、墙的平面布置外，主要应画出板的配筋图，表示受力钢筋的形状和配筋情况，并注明其编号、规格、直径、间距或数量等。每种规格的钢筋只画一根，按其立面形状画在钢筋安放的位置上。当配筋复杂时，图中每一组相同的钢筋可用图15-8a所示的方式表示该筋的起止范围。如图中有双层钢筋，底层钢筋弯钩应向上或向左画出，顶层钢筋弯钩应向下或向右画出（图15-8b、c）。配筋相同的板，只需将其中一块的配筋画出，其余可在相应板的范围内注明相同板的分类符号。

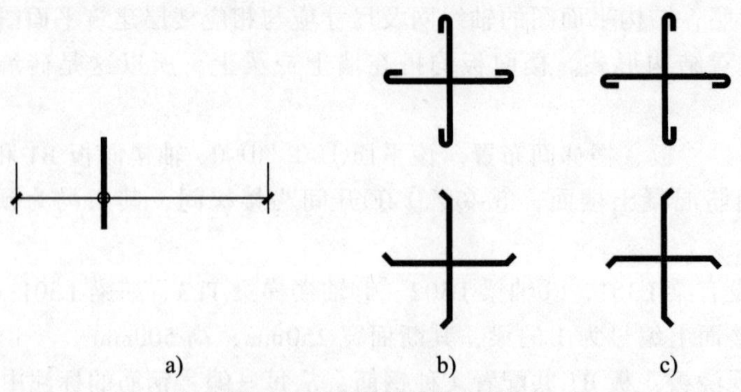

图15-8　钢筋的表达方法

a）板钢筋的简化表示法　b）底层钢筋　c）顶层钢筋

③ 可用重合断面方式，画出板与梁或墙、柱的连接关系，并注出其板底的结构标高，如图15-7位于④轴线上的重合断面所示。

5）画圈梁或过梁。用虚线表示其轮廓，也可用粗点画线表示其中心位置，并用代号表示。用一条对角线标出楼梯间范围，并注明楼梯间详图的图纸编号。

6）应标注的尺寸是：轴间距、轴全距、墙厚、板、梁和柱尺寸（梁断面尺寸一般注在代号后）。

7）附注必要的文字说明，写图名和比例。

15.2.3 构件详图（Component Detail）

1. 图示方法及作用

对于水平放置、纵横向尺寸都比较大的构件，其详图通常用平面图表示，如图15-7中的现浇板部分。有时还可附以断面图表示构件配筋的竖向布置情况。对于细长构件，如梁、柱构件详图常用构件的立面图及横向断面图表示，如图15-9梁配筋图所示。这些图样的作用就是表示构件的外形、钢筋和预埋件布置，作为制作和安装构件的图样依据。

2. 图示内容

以梁为例，来说明其图示内容。

（1）模板配筋图（简称配筋图）

1）立面图表示构件的立面轮廓、支撑情况、预埋件位置，并表示钢筋的立面形状及上下排列的位置，当箍筋均匀布置时，可只画出其中一部分投影。

2）断面图是构件的横向断面图，它表示出构件的上下和前后的排列、箍筋的形状、与其他钢筋的连接关系。在构件断面形状或钢筋有变化处都应画出断面图（但不宜在斜筋段内截取断面），还应表示预埋件的上下前后位置。

立面图和断面图都应注出相一致的钢筋编号、预埋件代号及规定的保护层厚度。

（2）钢筋详图　有时为了方便下料，还把各种钢筋“抽出来”，画成钢筋详图，通常在立面图的正下方用同一比例画出每种编号的钢筋各一根，并从构件最上部的钢筋开始，依次向下排列。在钢筋线上方注出其编号、根数、品种、直径及下料长度。

（3）钢筋表　为便于施工和统计用料，还可在图纸内或另页列出钢筋表，钢筋表的形式如图15-9所示，也可根据需要增减若干统计项目。

3. 梁结构详图的阅读

现以图15-9所示的梁的结构详图为例说明其读图方法。

（1）读图名　由立面图图名可知这是三层楼面上第1号梁，立面图用1：40比例绘制。该构件详图由一个立面配筋图和两个断面配筋图、钢筋详图及钢筋表组成。

（2）配筋图　把L301的立面图和1—1、2—2断面图对照阅读，这是一个钢筋混凝土单跨梁。该梁断面宽度为300mm，高为600mm，全长4900mm，两端分别搭在Ⓐ和Ⓑ轴砖墙上，在梁跨中距Ⓐ轴线2.4m处有一次梁，次梁将集中荷载传递给L301。立面图中虚线代表楼板、次梁和柱不可见的轮廓线。

梁的纵向钢筋：梁底部①号筋为2根直径20mm的HRB335级通长钢筋，两边伸入柱内锚固长度为570mm。梁顶部③号筋为2根直径为18mm的HPB300级通长钢筋，同时起到架立筋的作用。梁两端各加编号为②的1根直径18mm的HPB300级钢筋，并在距离Ⓐ柱边1.4m处截断。②、③号钢筋伸入柱内锚固长度为620mm。

梁的箍筋：由断面图及钢筋详图可知④号筋为矩形双肢箍筋，为直径8mm的HPB300

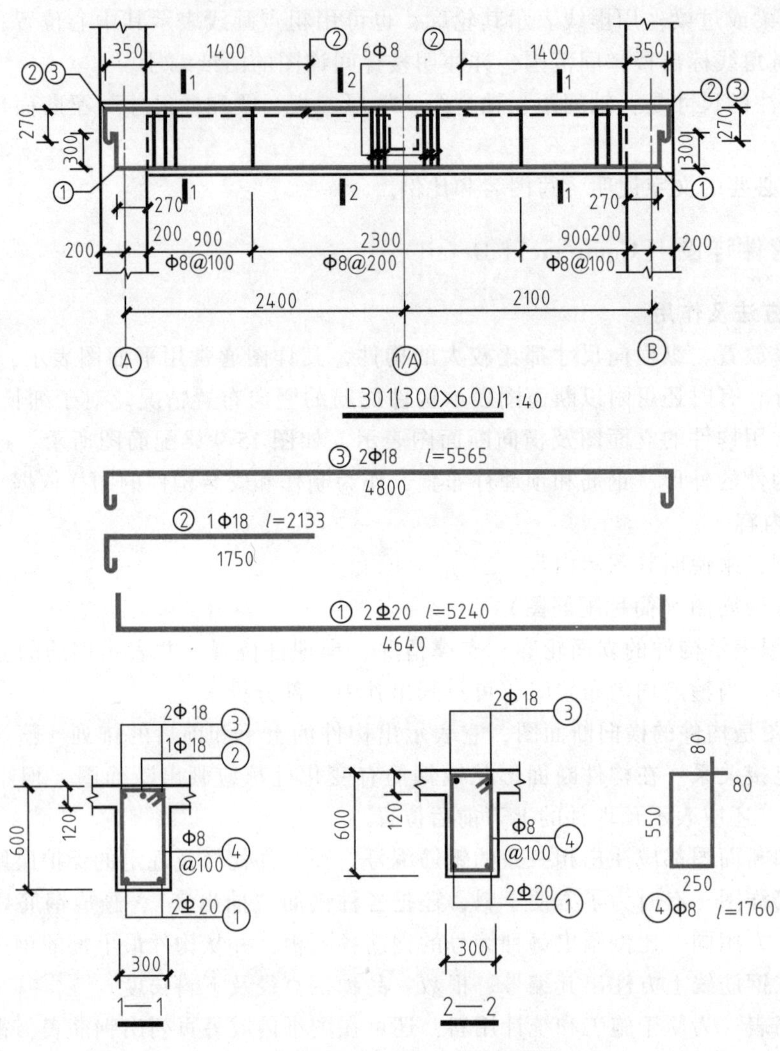

钢筋表

钢筋编号	简图	钢筋规格	钢筋长度/mm	根数	总长/m	重量/kg
①		Φ20	5240	2	10.480	25.89
②		Φ18	2133	2	4.266	8.53
③		Φ18	5565	2	11.130	22.26
④		Φ8	1760	29	51.040	20.16

图 15-9 钢筋混凝土梁结构详图

级钢筋，两端带有 135°弯钩。由立面图标注可知，在加密区为Φ8@100，非加密区为Φ8@200。加密区长度在距柱边 900mm 的范围内。第一根箍筋距柱边 50mm，在次梁两侧各有 3 根Φ8 的箍筋。

（3）钢筋详图　如图 15-9 所示，钢筋详图位于配筋图的下面，从构件中最上部的钢筋开始，依次向下排列，并和立面图中的同号钢筋对齐；同一号只画一根，在钢筋上方注出钢

筋的编号、根数、品种、直径及下料长度 l，在钢筋下方标注其水平投影长度。下料长度等于各段长度之和，如③号钢筋因两端有弯钩，180°弯钩为 6.25 倍钢筋直径（图 15-4）。下料长度等于钢筋水平投影长度加上两端伸入柱子的弯折锚固长度（取 $15d$），再加上两端的半圆弯钩长度，所以

$$l=(4800+15\times18\times2+6.25\times18\times2)\text{mm}=5565\text{mm}$$

（4）钢筋表　图 15-9 中列出了 L301 的钢筋表，由此可以读出各号钢筋的形状、规格、长度、根数、总长和重量。梁的混凝土等级、保护层厚度等，以及无法在图中表示出的内容，可从有关图纸的说明中了解到，这里从略。

4. 柱结构详图的阅读

钢筋混凝土柱结构详图的图示方法，基本上与梁相同。图 15-10 所示为预制钢筋混凝土柱详图，因其外形比较复杂，所以将模板图和配筋图分开画出，并画出了预埋件详图。另外，在制作、运输及安装等过程中，构件的翻身点和起吊点是至关构件安全受力的特殊点，所以应将这些点标记在模板图上或预埋件吊环上。此外这张图还附有说明、图标和图框，是一张较完整的钢筋混凝土构件详图。

（1）模板图　主要表示柱的外形、尺寸、标高，以及预埋件的位置等，作为制作、安装模板和预埋件的依据。从图中可以看出，该柱分为上柱和下柱两部分，上柱支承屋架，上下柱之间突出的牛腿，用来支承吊车梁。与断面图对照，可以看出上柱是方形实心柱，其断面尺寸为 400mm×400mm。下柱是工字形柱，其断面尺寸为 600mm×400mm。牛腿的 2—2 断面处的尺寸为 950mm×400mm，柱总高为 10.85m。柱顶处的 M-2 表示 2 号预埋件，它准备与屋架焊接。牛腿顶面处的 M-1 和在上柱离牛腿面 830mm 处的 M-2 预埋件，将与吊车梁焊接。预埋件的构造做法，另用详图表示。

（2）配筋图　包括立面图、断面图和钢筋详图。根据立面图、断面图和钢筋表可以看出，上柱的①号筋是 4 根直径为 22mm 的 HPB300 级钢筋，分放在柱的四角，从柱顶一直伸入牛腿内 800mm。下柱的②号筋是 4 根直径为 18 的 HPB300 级钢筋，也是分放在柱的四角。下柱左、右两侧中间各安放 2 根Φ16 的③号筋。下柱中间配的是④号筋 2Φ10。②、③和④都从柱底一直伸到牛腿顶部。柱左边的①号和②号筋在牛腿处搭接成一整体。牛腿处配置⑨号和⑩号弯筋，都是 4 根Φ12，其弯曲形状与各段长度尺寸详见⑨、⑩号筋详图。牛腿的钢筋布置参看立体图。2—2 断面图画出了①、②、③、④、⑨、⑩等钢筋的排列情况。

此处柱箍筋的编号，上柱是⑤号，下柱是⑦号和⑧号，在牛腿处是⑥号，在立面图上对其型号和分布范围均进行了标注。应该注意，牛腿变截面部分的箍筋，其周长要随牛腿断面的变化逐个计算。

（3）预埋件详图　M-1、M-2 详图分别表示预埋钢板的形状和尺寸，图中还表示了各预埋件的锚固钢筋的位置、数量、规格以及锚固长度等。

5. 构件详图的绘图步骤及要求

以梁为例说明结构详图的绘图方法。

1）确定图样数量、比例，布置图样，配筋立面图应布置在主要位置上，其比例一般为 1∶50、1∶30 或 1∶20。断面图可布置在任何位置上，并排列整齐，其比例可与立面图相同，也可适当放大。钢筋详图一般在立面图的下方，钢筋表一般布置在图纸右下角。

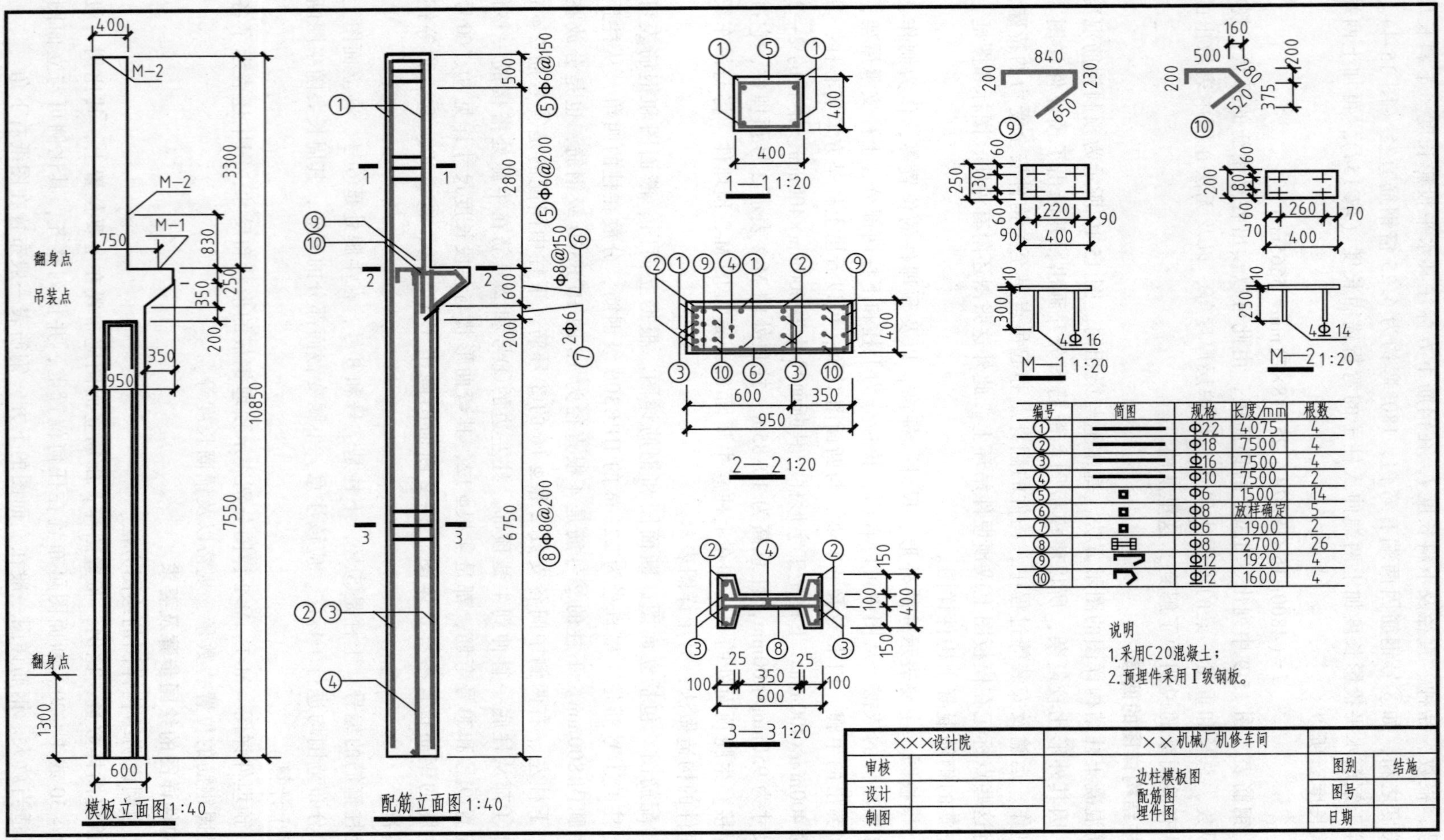

模板立面图1:40

配筋立面图1:40

1—1 1:20

2—2 1:20

3—3 1:20

M—1 1:20

M—2 1:20

编号	简图	规格	长度/mm	根数
①		Φ22	4075	4
②		Φ18	7500	4
③		Φ16	7500	4
④		Φ10	7500	2
⑤		Φ6	1500	14
⑥		Φ8	放样确定	5
⑦		Φ6	1900	2
⑧		Φ8	2700	26
⑨		Φ12	1920	4
⑩		Φ12	1600	4

说明

1.采用C20混凝土；

2.预埋件采用Ⅰ级钢板。

×××设计院		××机械厂机修车间	图别	结施
审核		边柱模板图 配筋图 埋件图	图号	
设计			日期	
制图				

图 15-10　预制钢筋混凝土柱详图

2）画配筋立面图，定轴线，画构件轮廓、支座和钢筋（纵筋用粗线画，箍筋用中粗线画），用中虚线表示与现浇梁有关的板、次梁，标注剖切符号。

3）画断面图，根据立面图的剖切位置，分别画出相应的断面图，先画轮廓，后画钢筋。表示钢筋断面的黑圆点位置要准确，与箍筋相邻时，要紧靠箍筋。

4）画钢筋详图，其排列顺序与立面图中钢筋从上到下的排列顺序一致。

5）标注钢筋，在钢筋引出线的端头画一直径 4~6mm 的圆圈，编号写入其中，在引出线上标出钢筋的数量、品种和直径。引出线可转折，但要整齐，避免交叉。通常在断面图上详细标注钢筋，在钢筋详图中，直接标注在钢筋线上方。

6）标尺寸、标高，立面图中应标注轴线间距、支座宽、梁高、梁长及弯起筋到支座边等尺寸。标注梁底、板面结构标高。断面图只标注梁高、宽尺寸。保护层厚度示意性地画出，且不注尺寸，而在文字说明中用文字写明。钢筋详图应注出各段长度、弯起角度（或弯起部分的长、高尺寸）及总尺寸。

15.3 基础图（Foundation Drawing）

支承建筑物的土层称为地基。通常把建在地基以上，房屋首层室内地坪（±0.000）以下的承重部分算作基础。基础的形式因上部结构承重系统不同及地质情况不同有多种。一般，墙承重时用条形（墙）基础，如图 15-11a 所示；柱承重时用独立基础，如图 15-11b 所示；当上部荷载很大而地基承载能力又差时，常把基础连成片，称为筏形基础，如图 15-11c 所示。

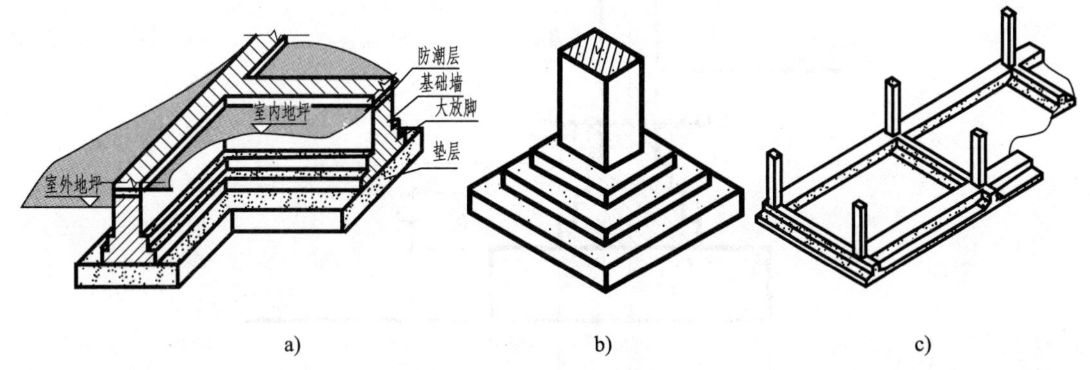

图 15-11 基础构造示意图

a）条形基础 b）独立基础 c）筏形基础

表达基础结构布置及构造的图称为基础结构图，简称基础图。基础图包括基础平面图和基础详图。

15.3.1 图示方法（Drawing Method）

为了把基础表达清楚，假想用贴近平行首层地坪的平面，把整个建筑物切断，去掉上部，只剩下基础，再把基础周围的土体去掉，使整个基础裸露出来。

基础平面图，是将裸露的基础向 H 面投射得到的俯视图，如图 15-12 所示。

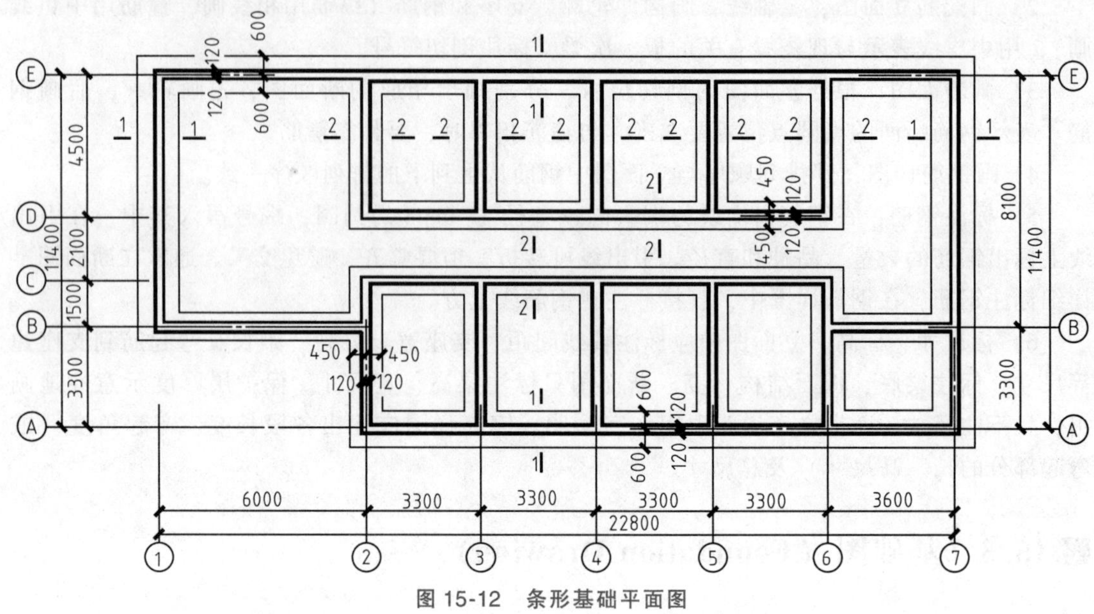

图 15-12 条形基础平面图

基础详图，是将基础垂直切开所得到的断面图。对独立基础，有时还附单个基础的平面详图，如图 15-13 所示。

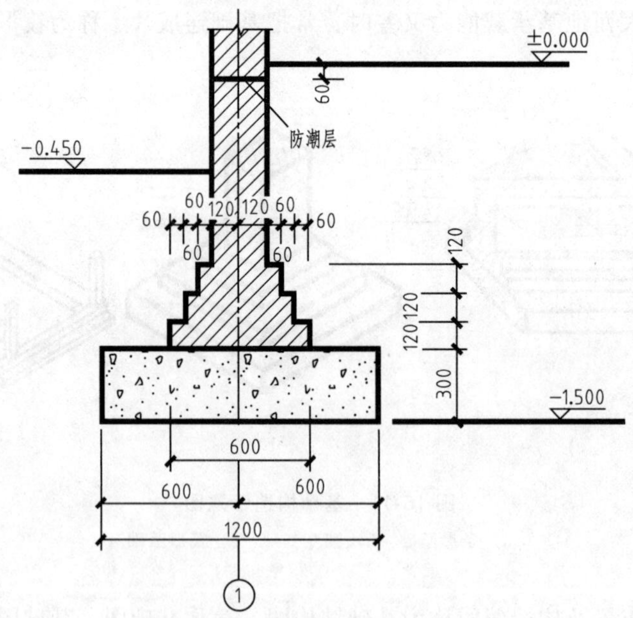

图 15-13 条形基础详图（1—1 断面图）

基础图是在房屋施工过程中，放灰线、挖基坑和砌筑基础的图样依据。

15.3.2 图示内容（Contents）

现以墙下条形基础、独立基础为例介绍图示内容。

(1) 基础平面图

1）标出与建筑图一致的轴线网及轴间距。

2）表达基础的平面布置。只需要画出基础墙、柱及基底平面轮廓即可，基础的细部轮廓可省略不画。当基础底面标高有变化时，应在基础平面图对应部位的附近画出一段基础的纵断面图，以表示基础底面高度的变化，并注出相应标高。

3）标注出基础梁、柱和独立基础等构件编号及条形基础的剖切符号。

4）标注轴线尺寸，墙、柱、基底与轴线的定位及定形尺寸。

5）表达由于其他专业的需要而设置的穿墙孔洞和管沟等的布置及尺寸、标高等。

（2）基础详图

1）表达基础的形状、尺寸、材料、构造及基础的埋置深度等。如图 15-13 中的 1—1 断面图为条形基础的内外墙详图，图 15-15 为柱下独立基础详图。

2）标注与基础平面图相对应的轴线、各细部尺寸、基底及室内外标高。

（3）施工说明　主要说明基础所用的各种材料、规格及一些施工技术要求。这些说明可写在结构设计说明中，也可写在相应的基础平面图和基础详图中。

15.3.3　基础图的阅读（Reading Foundation Drawing）

1. 条形基础

（1）基础平面图　图 15-12 为某砖墙承重房屋的基础平面图。从图中可看出，该房屋基础是沿着承重墙布置的条形基础。与该建筑平面图的轴网布置相同，轴线间总长 22.8m，总宽 11.4m。轴线两侧的中实线是剖切到的基础墙边线，细实线表达的是基础底边线。

以①轴外墙为例，墙厚 240mm，基础底左右边线距离①轴分别为 600mm，基础底的宽度为 1200mm。基础平面图中有 2 个序号的剖切编号（1—1 和 2—2），说明共有 2 种不同的条形基础断面图（即基础详图），其中一种基底宽 1200mm，一种基底宽 900mm。

（2）基础详图　图 15-13 中 1—1 断面图表示的是①～⑦轴的外墙基础详图，该详图显示基础为砖基础，基础垫层为 1200mm 宽，300mm 高的素混凝土垫层，其上是砖砌大放脚，每层高 120mm，两侧同时收入 60mm。室外地坪标高为-0.450m，基础底面标高为-1.500m，在距离±0.000m 向下 60mm 设一 1∶2.5 水泥砂浆防潮层。

2. 独立基础图

采用框架结构的房屋及工业厂房的基础常用独立柱基础。图 15-14 是某住宅的基础平面图，图中涂黑的长方块是钢筋混凝土柱，柱外细线方框表示该独立柱基础的外轮廓线，基础沿定位轴线布置，分别编号为 ZJ1、ZJ2 和 ZJ3。基础与基础之间设置基础梁，以中实线画出，它们的编号及截面尺寸标注在图的左半部分。如沿①轴的 JKL1-1、JKL1-2 等，用以支托在其上面的砖墙。

图 15-15 所示为独立基础详图 ZJ2，它由一个平面详图和 *A—A* 断面图组成，既是模板图，又是配筋图。对照两图阅读，可知该基础是四棱台形，基底尺寸为 1600mm×1200mm，锥台高 600mm。锥台顶面放出 50mm 宽的台阶，以支撑混凝土柱的模板。柱断面尺寸 500mm×200mm。基础下设 100mm 厚素混凝土垫层。从 *A—A* 图中可知地面标高-0.020m，基底标高-1.800m，其余细部尺寸如图 15-15 所示。

将 ZJ2 图中的局部剖面图与 *A—A* 断面图对照阅读可知基础底纵横向配置直径为 12mm

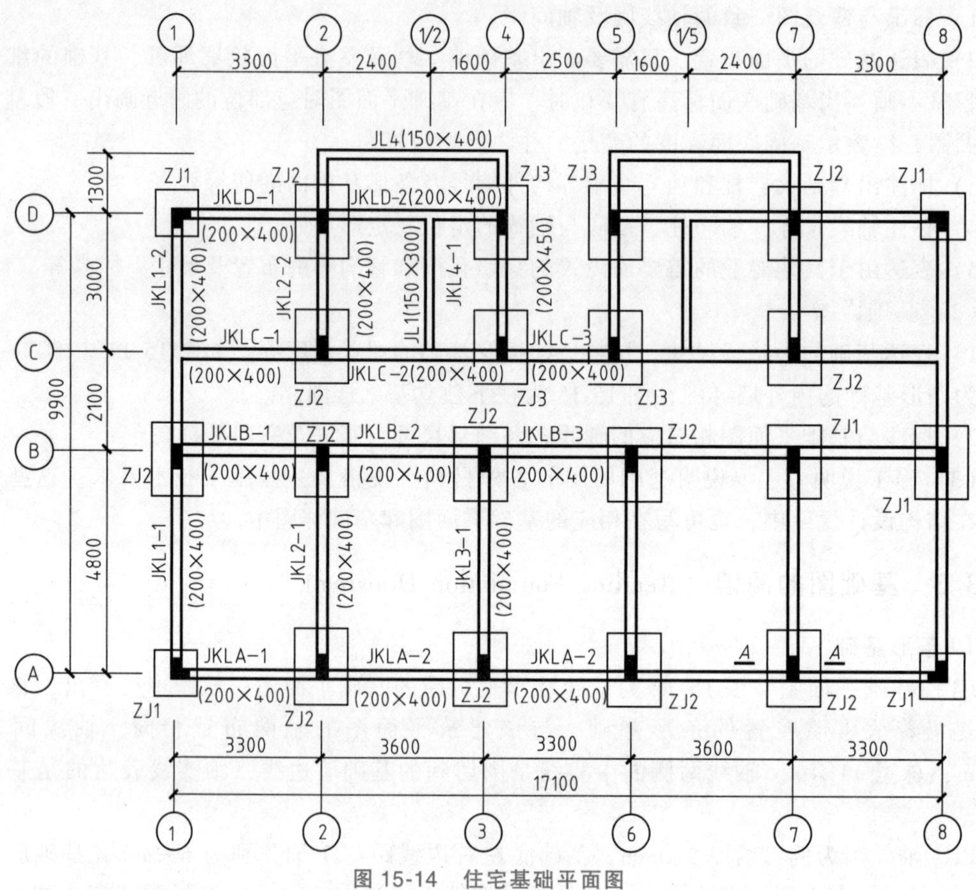

图 15-14　住宅基础平面图

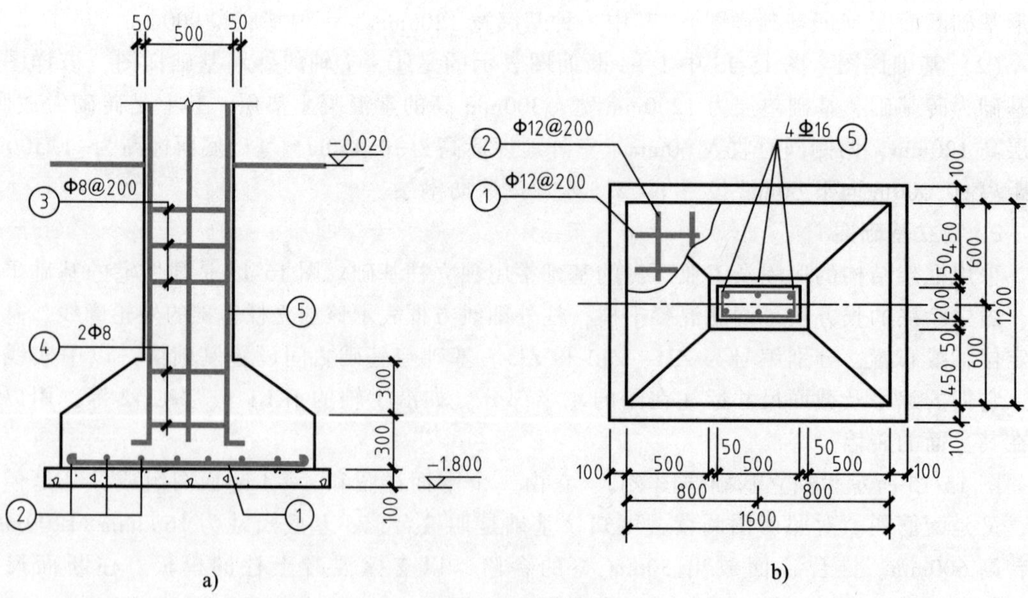

图 15-15　独立基础详图

a）A—A 断面图　b）局部剖面图

的 HPB300 级钢筋，间距 200mm，编号为①、②。柱内竖直配有编号为⑤的 4 根直径为 16mm 的 HRB335mm 钢筋，钢筋插入基础内，水平弯折。③号筋为柱箍筋，是直径为 8mm 的 HPB300mm 钢筋，每隔 200mm 布置一根。

基础的说明，如砖、砂浆和混凝土的强度等级，保护层厚度，钢筋搭接长度等，本图省略。

15.4 结构施工图平面整体表示法简介（Brief Introduction to Plane Integration Expression Method）

15.4.1 结构施工图平面整体表示法的基本规则（Basic Rules of Plane Integration Expression Method）

1996 年 11 月 28 日，中华人民共和国建设部批准由山东省建筑设计研究院和中国建筑标准研究所编制的《混凝土结构施工图平面整体表示方法制图规则和构造详图》（96G101）图集，作为国家建筑标准设计图集，在全国推广使用。

平面整体表示方法是把结构构件的尺寸和配筋等，整体直接表达在该构件（柱、梁、剪力墙）的结构平面布置图上，再配合标准构造详图，构成完整的结构施工图。它改变了传统的将构件从结构平面布置图中索引出来，再逐个绘制配筋详图的繁琐方法，大大简化了绘图过程，节省图纸量约 1/3。

按平法设计绘制的施工图，一般是由各类结构构件的平法施工图和标准构造详图两大部分构成。

在平面图上表示各构件尺寸和配筋的方式有三种：

1）平面注写方式——标注梁。

2）列表注写方式——标注柱和剪力墙。

3）截面注写方式——标注柱和梁。

按平法设计绘制结构施工图时，应将所有柱、墙、梁构件进行编号，编号中含有类型代号和序号等。

按平法设计绘制结构施工图时应当用表格或其他方式注明地下和地上各层的结构层楼（地）面标高、结构层高及相应的结构层号。

为了确保施工人员准确无误地按平法施工图进行施工，在具体工程的结构设计总说明中必须写明以下与平法施工图密切相关的内容。

1）注明所选用的平法标准图的图集号（如 22G101-1），以免图集升版后在施工中用错版本。

2）写明混凝土结构的使用年限。

3）当有抗震设防要求时，应写明抗震设防烈度及结构抗震等级，以明确选用相应抗震等级的标准构造图。

4）写明柱、墙、梁各类构件在其所在部位所选用的混凝土的强度等级和钢筋级别。

5）当标准构造详图有多种可选择的构造做法时，写明在何部位选用何种构造做法。

6）对混凝土保护层厚度有特殊要求时，写明不同部位的柱、墙、梁构件所处的环境类别。

该标准图集包括两大部分内容：平面整体表示法制图规则和标准构造详图。该方法适用于各种现浇钢筋混凝土结构的基础、柱、剪力墙、梁、板、楼梯等构件的施工图设计。下面对常用的板、梁、柱平法规则进行介绍。

15.4.2 板的配筋图画法（Reinforcement Drawing of Floor Slabs）

用板的平面配筋图表示板的配筋画法，即与传统一致。

15.4.3 梁的平法施工图（Plane Integration Expression Drawing of Beams）

梁平面整体配筋图是在各结构层梁平面布置图上，采用平面注写方式或截面注写方式表达。

1. 平面注写方式

平面注写方式是在梁平面布置图上，分别在不同编号的梁中各选择一根梁，在其上按规则要求直接注写梁几何尺寸和配筋具体数值来表达梁平面整体配筋图。

梁编号由梁类型、代号、序号、跨数及有无悬挑梁代号几项组成，应符合表 15-5 的规定。如 KL2（2A）300×650 表示编号为 2 的框架梁，其截面宽 300mm，高 650mm，为一端悬挑梁。

表 15-5 梁编号

梁类型	代号	序号	跨数及是否带有悬挑
楼层框架梁	KL	××	(××)、(××A)或(××B)
屋面框架梁	WKL	××	(××)、(××A)或(××B)
框支梁	KZL	××	(××)、(××A)或(××B)
非框架梁	L	××	(××)、(××A)或(××B)
悬挑梁	XL	××	(××)、(××A)或(××B)
井字梁	JZL	××	(××)、(××A)或(××B)

注：（××A）为一端悬挑，（××B）为两端有悬挑，悬挑不记入跨数。

梁的平面注写包括集中标注和原位标注。

(1) 集中标注　集中标注表示梁的通用数值，可以从梁的任何一跨引出。

集中标注的部分内容有四项必注值和一项选注值。四项必注值包括：梁的编号、截面尺寸、梁箍筋及梁上部贯通筋或架立筋根数。选注值为梁顶面标高，当梁顶面与楼层结构标高有高差时应注写。

图 15-16 所示为某框架梁的平法标注，其集中标注的五排符号含义如下：

第一排 KL2（2A）300×650，表示编号为 2 的框架梁为 2 跨，截面宽 300mm，高 650mm，一端悬挑梁。

第二排ϕ8@100/200（2），表示该梁的箍筋为直径 8mm 的 HPB300 级钢筋，沿着梁的长度在加密区间距 100mm，非加密区间距 200mm；（2）表示箍筋为两肢箍。

第三排 2Φ25；2Φ22，表示梁的上部贯通筋为 2 根直径 25mm 的 HRB335 级钢筋；梁的

下部贯通筋为2根直径22mm的HRB335级钢筋。

第四排G4ф10，表示梁的每个侧面各配置2ф10的构造钢筋。

第五排（-0.100），表示梁顶相对楼层标高低0.100m。

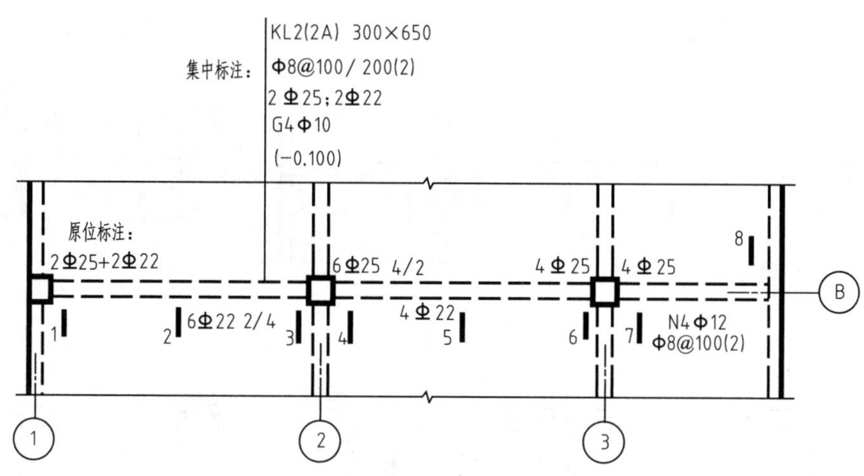

图 15-16 梁平面整体配筋平面注写方式

（2）原位标注 原位标注表示梁的特殊值。当集中标注中的某项数值不适用于梁的某部位时，则将该项数值原位标注，施工时原位标注取值优先。原位标注的部分规定如下：

1）梁上部或下部纵筋（含贯通筋）多于一排时，用斜线“/”将各排纵筋自上而下分开。如图15-16在①~②轴梁下中间段6ф22 2/4为该跨梁下部配置的钢筋，表示上一排纵筋为2ф22，下一排纵筋为4ф22，全部伸入支座（钢筋布置参见图15-17中2—2截面）。

2）当同排纵筋有两种直径时，用加号“+”将两种直径的纵筋相连，角筋写在前面。如图15-16，在①轴梁上部注写的2ф25+2ф22，表示梁支座上部有4根纵筋，2ф25放在角部，2ф22放在中部（钢筋布置参见图15-17中1—1截面）。

3）当梁中间支座两边的上部纵筋相同时，可仅在支座的一边标注配筋值，另一边省去不注。如图15-16的②轴梁上端。

4）当集中标注的梁断面尺寸、箍筋、上部贯通筋或架立筋，以及梁顶面标高之中的某一项（或几项）数值不适用于某跨或某悬挑部分时，则将其不同数值原位标注在该跨或该悬挑部分处，施工时，应按原位标注的数值优先取用。如图15-16所示，③轴右侧梁悬挑部分，下部标注ф8@100，表示悬挑部分的箍筋沿梁全长都为ф8间距100mm的两肢箍；N4ф12，取代集中标注的G4ф10，表示梁的每个侧面各配置2ф12的受扭钢筋。

2. 截面注写方式

截面注写方式是在分标准层绘制的梁平面布置图上，分别在不同编号的梁中各选一根梁用剖面号引出配筋图，并在其上注写截面尺寸和配筋具体数值来表达梁平法施工图。在断面配筋详图上注写断面尺寸 $b \times h$，上部筋、下部筋、侧面筋和箍筋的具体数值。图 15-17 所示为框架梁 KL2 的截面注写方式。

截面注写方式既可以单独使用，也可与平面注写方式结合使用。如布梁区域较密时，用截面注写方式可使图面较清晰。

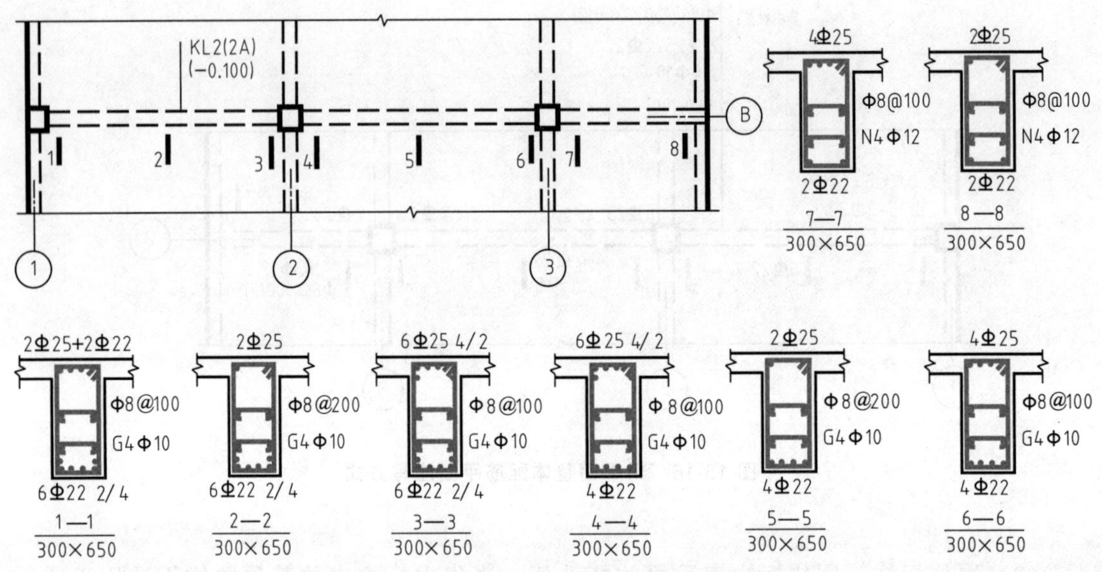

图 15-17 框架梁 KL2 平面整体配筋图截面注写方式

在解读梁平法施工图的基础上，还须查阅《混凝土结构施工图平面整体表示方法制图规则和构造详图（现浇混凝土框架、剪力墙、梁、板）》（22G101-1）中相关构造要求，计算梁支座上部非通长纵筋的截断位置，钢筋伸入支座的锚固长度，箍筋加密区的长度等，才可指导施工。如图 15-18 所示为抗震楼层框架梁 KL 纵向钢筋构造要求。

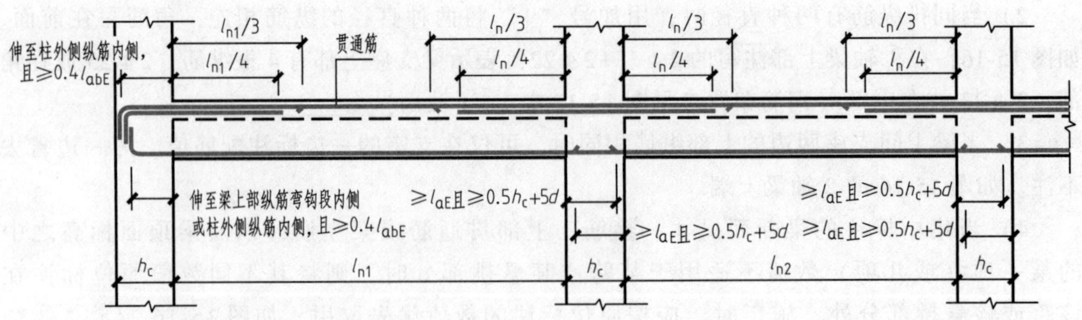

图 15-18 抗震楼层框架梁 KL 纵向钢筋构造

图 15-19 为某住宅楼一层梁平面整体配筋图。

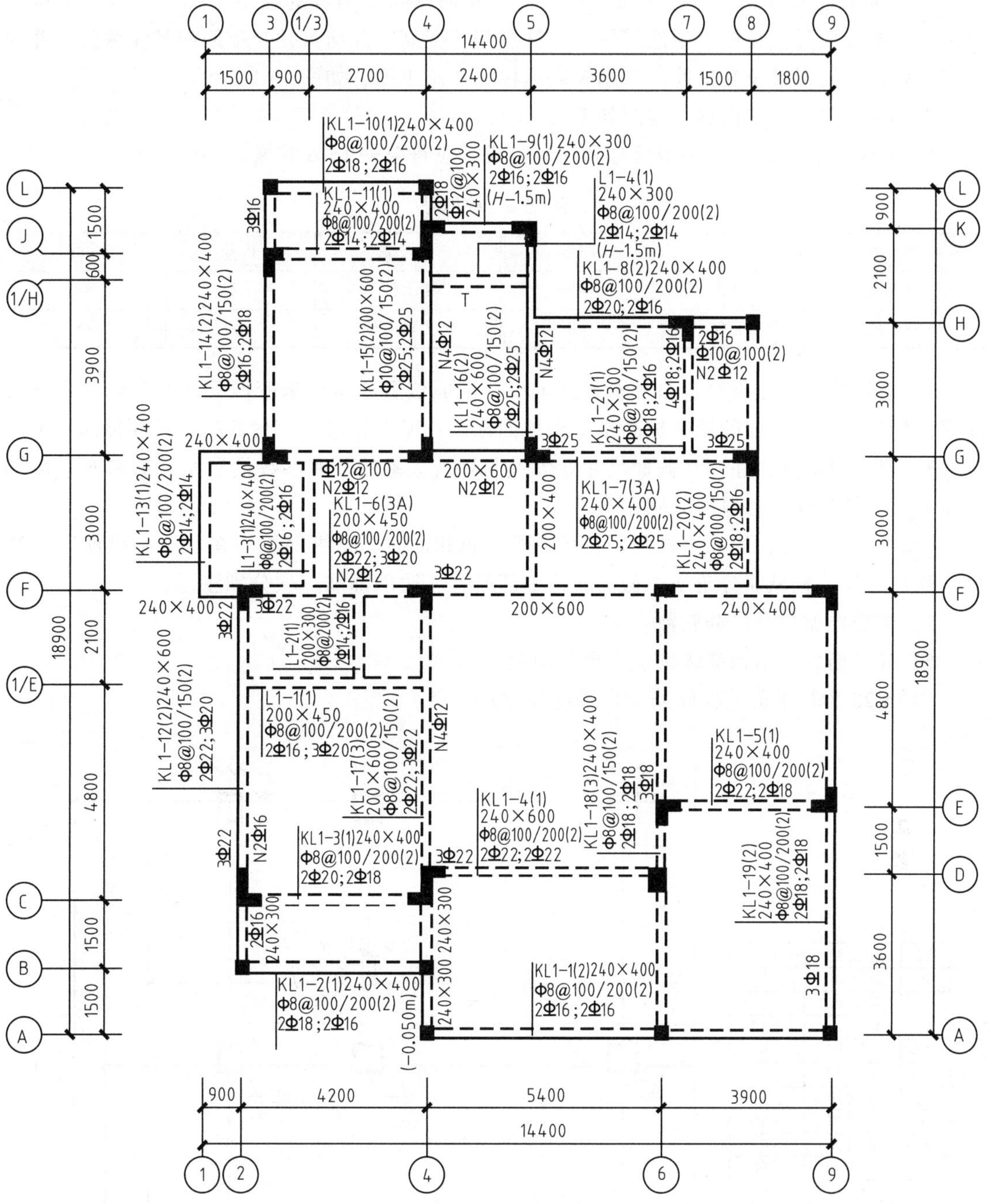

一层梁平面整体配筋图

图 15-19　梁平面整体配筋图平面注写使用举例

15.4.4　柱平法施工图的表示方法（Plane Integration Expression Drawing of Columns）

柱平法施工图是在柱平面布置图上采用列表注写方式或截面注写方式表达。

在柱平法施工图中，应按规定注明各结构层的楼面标高、结构层高及相应的结构层号。

（1）列表注写方式　在柱平面布置图上，分别在同一编号的柱中选择一个或几个截面标注几何参数代号；在柱表中注写柱号、柱段起止标高、几何尺寸与配筋的具体数值，并配合以各种柱截面形状及其箍筋类型图来表达柱平法施工图，如图 15-20 所示。

柱表注写包括六项内容，规定如下：

1）柱编号，柱编号由类型代号和序号组成。应符合表 15-6 的规定。

表 15-6　柱编号

柱类型	代号	序号	柱类型	代号	序号
框架柱	KZ	××	梁上柱	LZ	××
框支柱	KZZ	××	剪力墙上柱	QZ	××

2）各段柱的起止标高，自柱根部往上以变截面位置或截面未变但配筋改变处为界分段注写。框架柱和框支柱的根部标高指基础顶面标高，梁上柱的根部标高指梁顶面标高。

3）对于矩形柱，注写柱截面尺寸 $b \times h$ 及与轴线关系的几何参数代号 b_1、b_2和 h_1、h_2的具体数值，须对应于各段柱分别注写。

4）柱纵筋。当柱纵筋直径相同，各边根数也相同时，将纵筋注写在“全部纵筋”一栏中；除此之外，柱纵筋分角筋、截面 b 边中部筋和 h 边中部筋三项分别注写。

5）箍筋类型号及箍筋肢数。

6）柱箍筋，包括钢筋级别、直径与间距。

图 15-20 为柱平面整体配筋图列表注写方式示例。

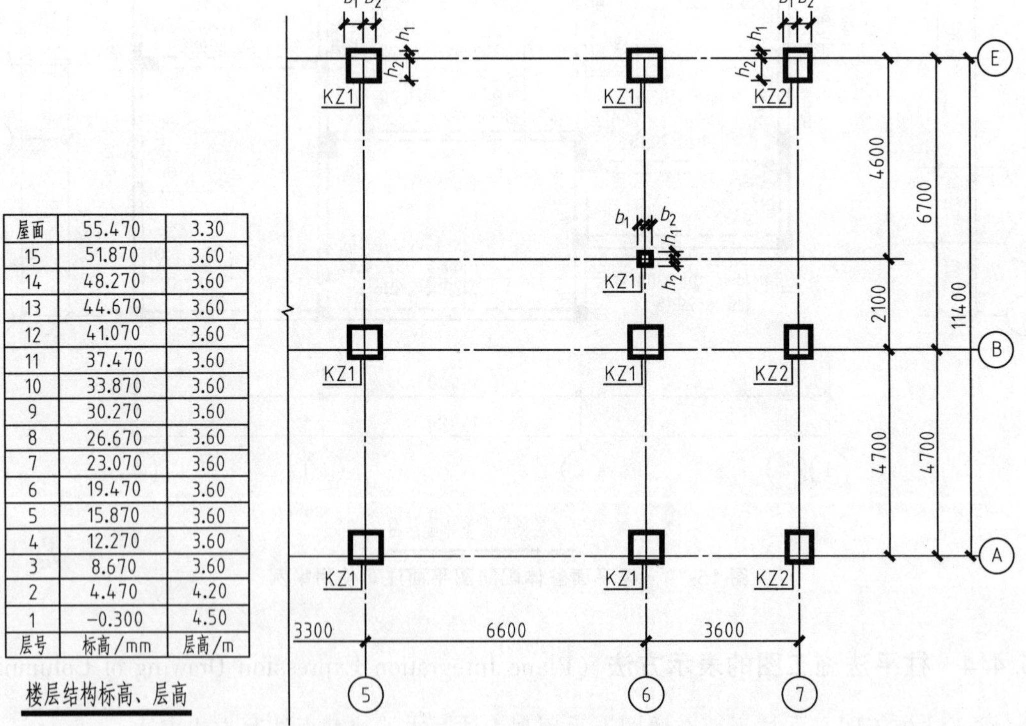

屋面	55.470	3.30
15	51.870	3.60
14	48.270	3.60
13	44.670	3.60
12	41.070	3.60
11	37.470	3.60
10	33.870	3.60
9	30.270	3.60
8	26.670	3.60
7	23.070	3.60
6	19.470	3.60
5	15.870	3.60
4	12.270	3.60
3	8.670	3.60
2	4.470	4.20
1	−0.300	4.50
层号	标高/mm	层高/m

楼层结构标高、层高

图 15-20　柱平面整体配筋图列表注写方式示例

h　b　箍筋类型1(4×4)　　h　b　箍筋类型2(5×4)　　h　b　箍筋类型3

柱表

柱号	标高	$b\times h$	b_1	b_2	h_2	h_1	角筋	b边一侧中部筋	h边一侧中部筋	箍筋类型号	箍筋	备注
KZ1	-0.030～26.670	750×700	375	375	150	550	4Φ25	5Φ25	4Φ22	2	Φ10@100/200	采用焊接封闭箍
	26.670～55.470	650×600	325	325	150	450	4Φ25	5Φ22	4Φ22	1	Φ8@100/200	
KZ2	-0.030～26.670	650×600	325	325	150	450	4Φ25	2Φ25	4Φ25	1	Φ8@100/200	
	26.670～55.470	550×500	275	275	150	350	4Φ22	2Φ22	4Φ22	1	Φ8@100/200	

图 15-20　柱平面整体配筋图列表注写方式示例（续）

（2）柱的截面注写方式　在分标准层绘制的柱平面布置图的柱截面上，分别在同一编号的柱中选择一个截面，以直接注写截面尺寸和配筋具体数值的方式来表达柱平法施工图。在一个柱平面布置图上可用加小括号“( )”和尖括号“<>”来区分和表达不同标准层的注写数值。图 15-21 为柱平面整体配筋图截面注写方式示例。

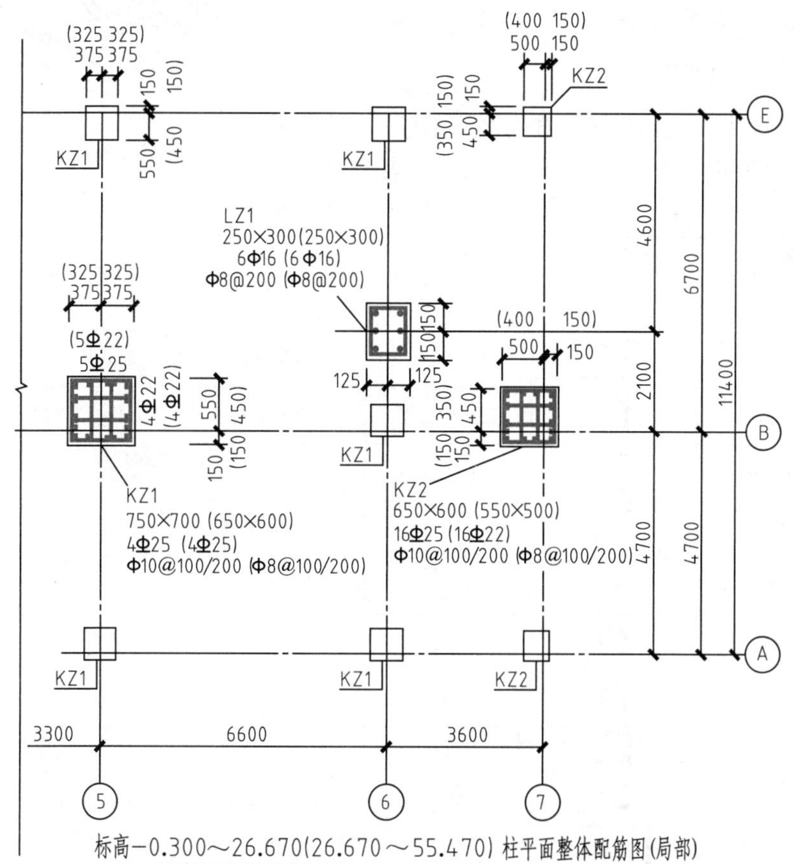

KZ1、KZ2标高 -0.300～26.670(26.670～55.470) 均采用焊接封闭箍

图 15-21　柱平面整体配筋图截面注写方式示例

15.4.5 标准构造详图（Standard Constructional Detail Drawing）

对不同类型的梁、柱按规则进行编号后，则不同类型的梁、柱构造可与“平法”标准中的规定、标准构造详图建立对应关系。如支座钢筋伸出长度、支座节点构造等采用相应的规定或构造详图即可符合现行国家规范、规程。对于标准中未包括的特殊构造、特殊节点构造应由设计者自行设计绘制。

15.5 钢结构图（Steel Structure Drawing）

钢结构是由各种形状的型钢经焊接或螺栓连接而成的结构体系或承重构件，主要用于大跨度建筑和高层建筑。图 15-22 为一钢柱柱脚，它是由钢板焊接而成的。

钢结构构件图主要表达型钢的种类、形状、尺寸及连接方式。它是制作、安装构件的图样依据。钢结构图的表达，除了用图形外，多数还要标注各种符号、代号和图例等。相关的国标规定如下。

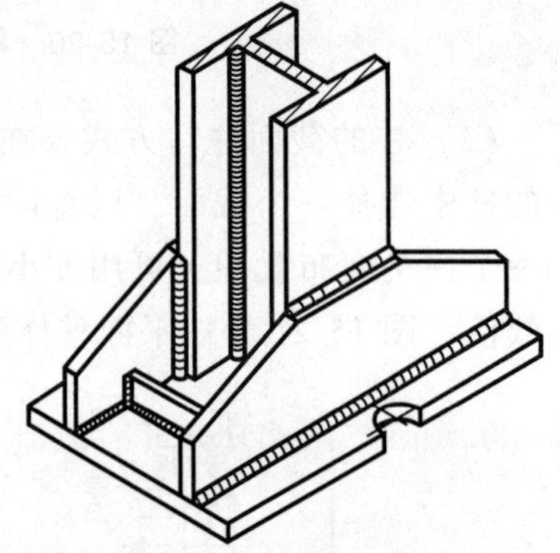

图 15-22 钢柱柱脚示意图

15.5.1 型钢及其标注方法（Shape Steel and Its Dimensioning）

钢结构的钢材是由轧钢厂按标准规格（型号）轧制而成，通称型钢。几种常用型钢的类别及其标注方法见表 15-7。

表 15-7 常用型钢的标注方法

序号	名称	截面	标注	说　明
1	等边角钢		∟ $b \times t$	肢宽 b×肢厚 t，如∟ 100×10，表示肢宽 100mm，肢厚 10mm 的角钢
2	不等边角钢		∟ $B \times b \times t$	B 为长肢宽，b 为短肢宽，t 为肢厚，如∟ 100×80×8
3	槽钢		⊏ N，Q ⊏ N	N 为外廓高度，如⊏ 20；轻型槽钢加注 Q 字
4	工字钢		I N，Q I N	N 为外廓高度，并按腹板厚度不同分为 a、b、c 三类，如I 25a；轻型工字钢加注 Q 字
5	扁钢		—$b \times t$	宽度 b×厚度 t，如—100×8
6	钢板		$\frac{-b \times t}{l}$	l 为板长
7	钢管		$DN \times \times$ $d \times t$	DN 为内径，d 为外径，t 为管壁厚
8	圆钢		ϕd	
9	薄壁方钢		B□$b \times t$	薄壁型钢加注 B 字，t 为壁厚
10	薄壁等肢角钢		B∟ $b \times t$	
11	薄壁槽钢		B⊏ $h \times b \times t$	
12	起重机钢轨		⊥QU××	××为起重机钢轨型号

15.5.2 螺栓、孔、电焊铆钉图例（Legends of Bolds, Holes and Welding Rivets）

钢结构构件图中的螺栓、孔、电焊铆钉，应符合表 15-8 规定的图例。

表 15-8 螺栓、孔、电焊铆钉图例

序号	名称	图例	说明
1	永久螺栓	M φ	1. 细“十”线表示定位线 2. M 表示螺栓型号 3. φ 表示螺栓孔直径 4. d 表示膨胀螺栓、电焊铆钉直径 5. 采用引出线标注螺栓时，横线上标注规格，横线下标注螺栓孔直径
2	高强螺栓	M φ	
3	安装螺栓	M φ	
4	胀锚螺栓	d	
5	圆形螺栓	φ	
6	长圆形螺栓	φ b	
7	电焊螺栓	d	

15.5.3 焊缝代号及标注方法（Symbols and Dimensioning of Weld Seam）

焊接的钢结构，常见的焊接接头有对接接头、搭接接头、T 形接头和角接接头等。焊缝的形式主要有对接焊缝、点焊缝和角焊缝，如图 15-23 所示。

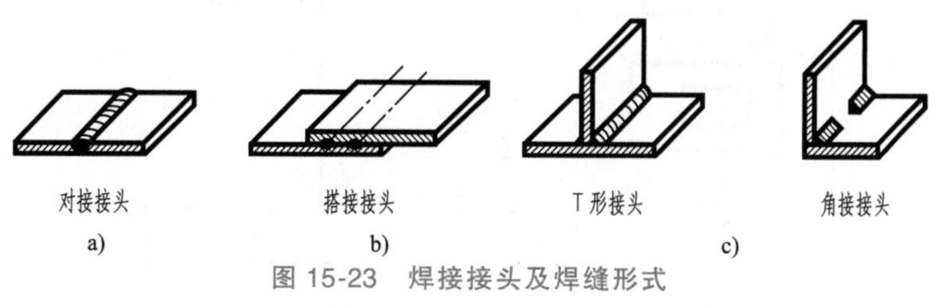

图 15-23 焊接接头及焊缝形式

a）对接焊缝 b）点焊缝 c）角焊缝

1. 焊缝代号

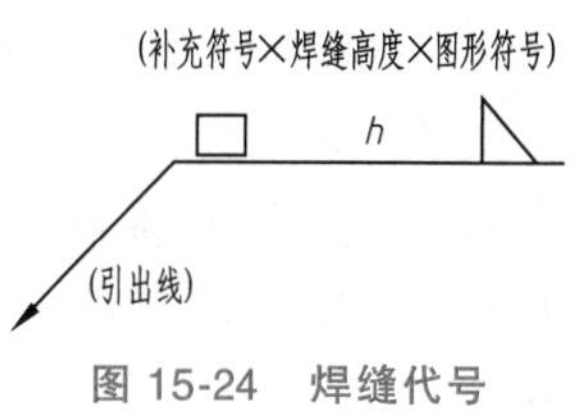

图 15-24 焊缝代号

现行焊缝代号在国标《焊缝符号表示法》（GB/T 324—2008）中做了规定。规定焊缝代号主要由基本符号、补充符号、引出线及焊缝尺寸符号等组成，如图 15-24 所示。图形符号表示焊缝断面的基本形式，补充符号表示焊缝某些特征的辅助要求，引出线则表示焊缝的位置。

（1）基本符号　基本符号是表示焊缝横断面形状的符号，近似于焊接横断面的形状。常用焊缝的基本符号、图示法及标注法示例，见表15-9。

表15-9　常用焊缝的基本符号、图示法及标注法

焊缝名称	基本符号	焊缝形式	图示法	符号标注
I形焊缝	‖			
V形焊缝	V			
角焊缝	◺			
点焊缝	○			

（2）补充符号　补充符号是用来补充说明对焊缝的要求的符号。常用的补充符号见表15-10。

表15-10　常用的补充符号

名称	形式	符号	说明
平面符号		—	表示焊缝表面齐平
凸起符号		⌒	表示焊缝表面凸起
三面焊缝符号		⊏	表示三面焊缝的开口方向与三面焊缝的实际方向基本一致
周围焊缝符号		○	表示环绕工件周围焊缝
现场焊缝		▶	表示在现场或工地上进行焊接

（3）引出线　引出线采用细实线绘制，一般由带箭头的指引线和横线组成，如图15-25所示。引出线用来将整个代号指到图样上的有关焊缝处，横线一般应与标题栏平行。横线的上面和下面用来标注各种符号和尺寸。必要时，在横线的末端加一尾部，作为其他说明之用，如焊接方法等。

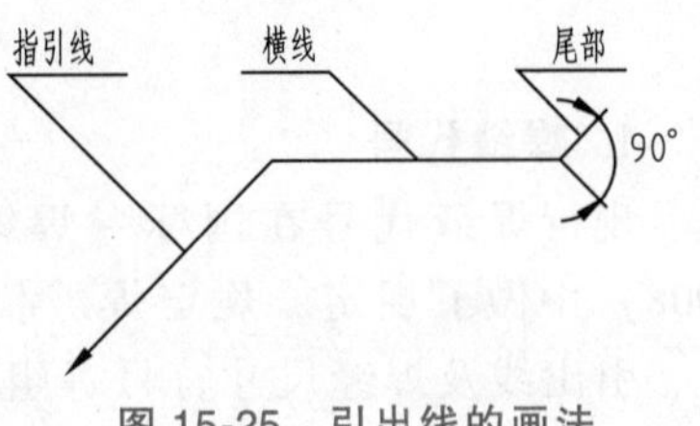

图15-25　引出线的画法

（4）焊缝的尺寸符号 焊缝尺寸一般不标注，只有当设计或生产需要时才标注。常用的焊缝尺寸符号见表15-11。

表15-11 常用的焊缝尺寸符号

名　称	符　号	名　称	符　号
板材厚度	δ	焊缝间距	e
坡口角度	α	焊脚尺寸	K
对接间隙	b	焊点直径	d
钝边高度	p	焊缝宽度	c
焊缝长度	l	焊缝增高量	h

2. 施焊方式的字母符号

施焊方式很多，常见的有电弧焊、接触焊、电渣焊、点焊等，其中以电弧焊应用最为广泛。在许多情况下，要求在图纸上把施焊方式标注出来。标注时，应标在引出线的尾部。若所有焊缝的施焊方式都相同，也可在技术要求中统一注明，而不必在每条焊缝上一一注出。常用施焊方式的字母符号见表15-12。

表15-12 常用施焊方式的字母符号

施焊方式	字母符号	施焊方式	字母符号
手工电弧焊	RHS	激光焊	RJG
埋弧焊	RHM	气焊	RQH
丝级电渣焊	RZS	烙铁钎焊	QL
电子束焊	RDS	加压接触焊	YJ

3. 有关焊缝标注的其他规定

1）单面焊缝的标注。当指引线的箭头指向焊缝所在的一面时，应将图形符号和尺寸标注在横线的上方，如图15-26a所示；当箭头指在焊缝所在的另一面（相对应的那边）时，应将图形符号和尺寸符号标注在横线的下方，如图15-26b所示；表示环绕工作件周围的焊缝时，其围焊焊缝符号为圆圈，绘在引出线的转折处，并标注焊脚尺寸 K，如图15-26c所示。

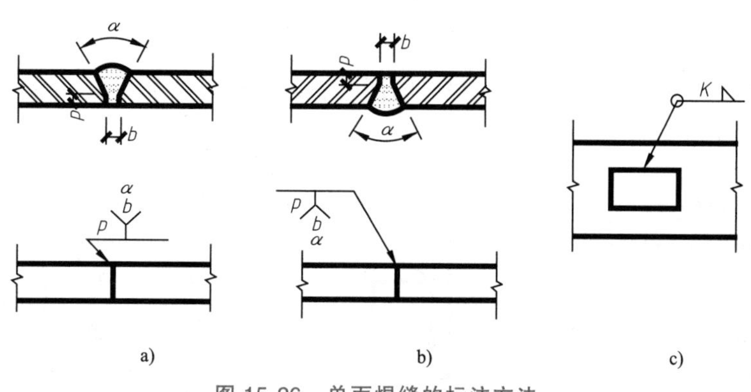

图15-26 单面焊缝的标注方法

2）双面焊缝的标注。应在横线的上下方都标注符号和尺寸，上方表示箭头所在面的符号和尺寸，下方表示另一面的符号和尺寸，如图 15-27a 所示；当两面尺寸相同时，只需在横线上方标注尺寸，如图 15-27b、c、d。

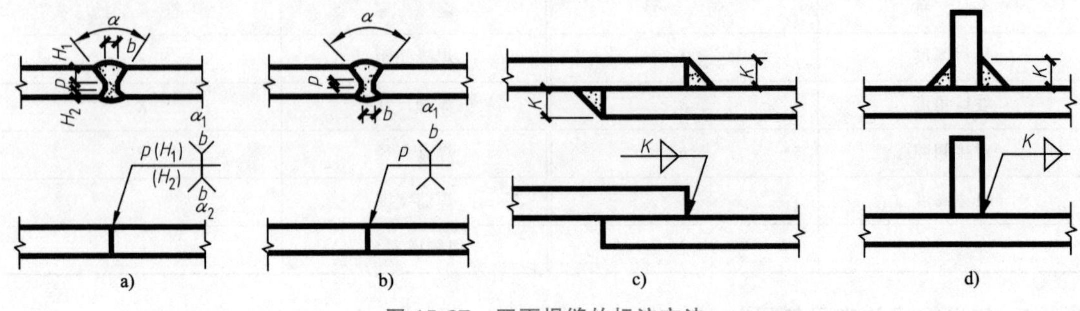

图 15-27　双面焊缝的标注方法

3）三个或三个以上的焊缝互相焊接的焊缝不得作为双面焊缝，其符号和尺寸应分别标注，如图 15-28 所示。

4）相互焊接的两个焊件中，当只有一个焊件带坡口时（加单边 V 形），箭头必须指向带坡口的焊件，如图 15-29 所示。

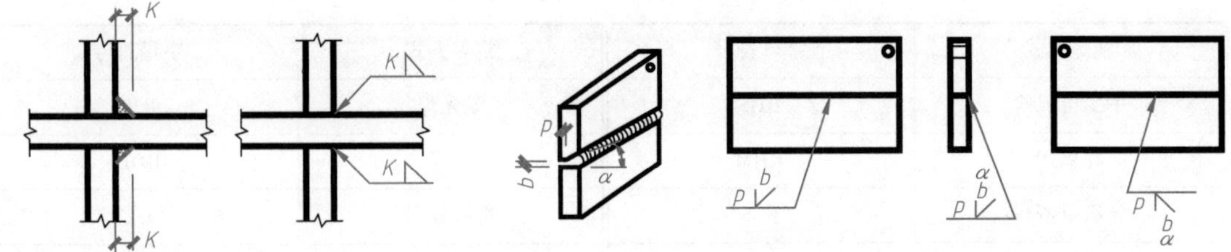

图 15-28　三个以上焊件的焊缝标注方法　　图 15-29　一个焊件带坡口的焊缝标注方法

5）相互焊接的两个焊件，当为单面带双边不对称坡口焊缝时，箭头必须指向坡口较大的焊件，如图 15-30 所示。

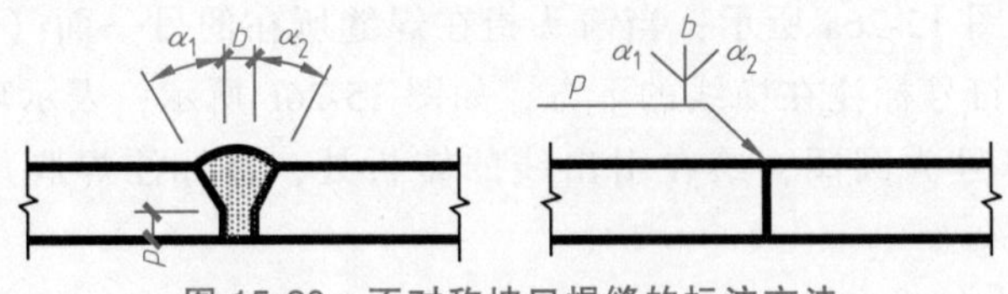

图 15-30　不对称坡口焊缝的标注方法

6）当焊缝分布不规则时，在标注焊缝的同时，宜在焊缝处加粗线（表示可见焊缝）或栅线（表示不可见焊缝），如图 15-31 所示。

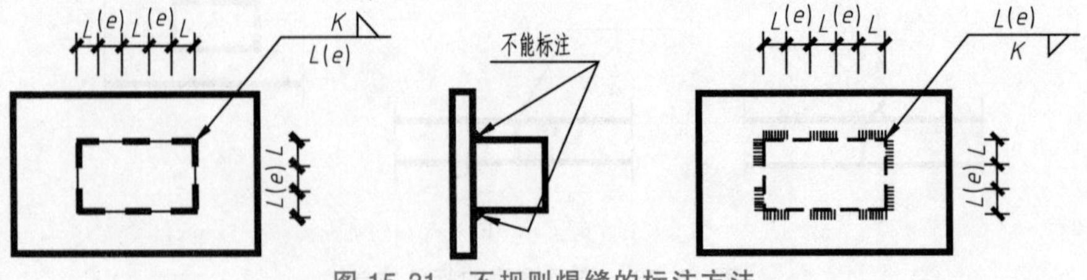

图 15-31　不规则焊缝的标注方法

7）在同一图形上，当焊缝形式、断面尺寸和辅助要求均相同时，可只选择一处标注代号，并加注“相同焊缝符号”。相同焊缝符号及其标注方法如图 15-32a 所示。

8）在同一图形上，当有数种相同焊缝时，可将焊缝分类编号标注，在同一类焊缝中，可选择一处标注代号，分类编号可采用 A、B、C 等，如图 15-32b 所示。

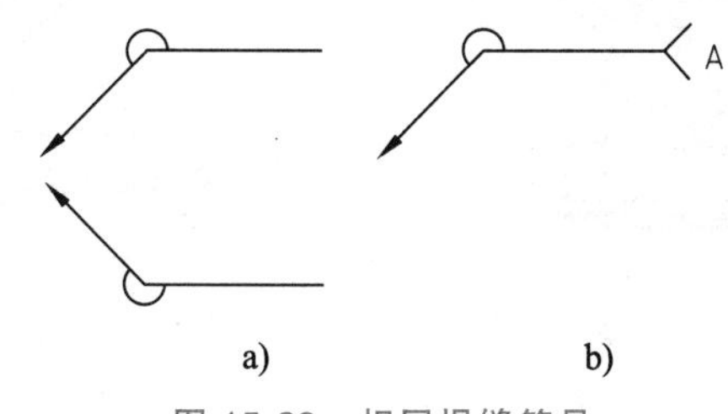

图 15-32　相同焊缝符号

9）图形中较长的贴角焊缝（如焊接实腹梁的翼缘焊缝），可不用引出线标注，而直接在贴角焊缝旁标出焊缝高度值，如图 15-33a 所示。

10）熔透角焊缝的符号及其标注如图 15-33b 所示。

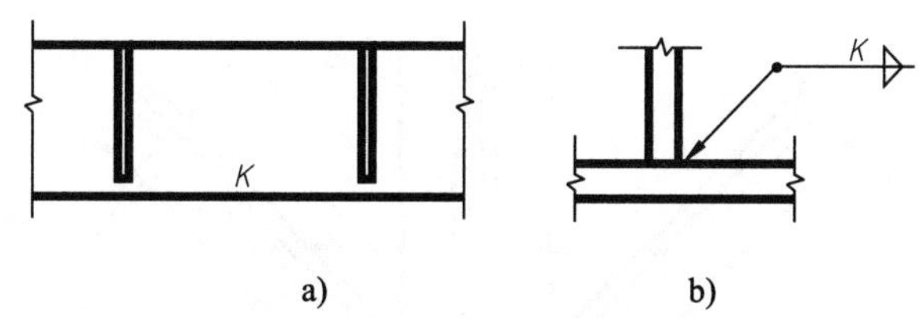

图 15-33　较长焊缝和熔透角焊缝的标注方法

a）较长焊缝的标注方法　b）熔透角焊缝的标注方法

11）局部焊缝应按图 15-34 所示的方法标注。

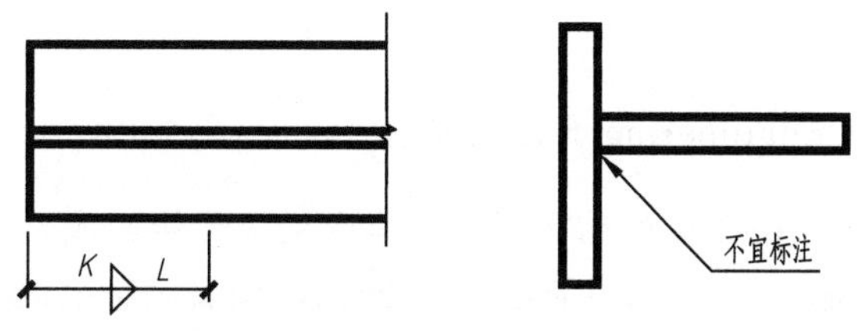

图 15-34　局部焊缝的标注方法

4. 钢结构图的尺寸标注

钢构件的尺寸标注，除了遵守尺寸标注的一般规定外，还应遵守《建筑结构制图标准》（GB/T 50105—2010）的以下规定。

1）节点尺寸，应注明节点板的尺寸和各杆件螺栓孔中心或中心距，以及杆件端部至几何中心线交点的距离，如图 15-35a 所示。

2）不等边角钢的构件，必须注出角钢一肢的尺寸，如图 15-35b 所示。

3）双型钢组合截面的构件，应注明缀板的数量及尺寸，如图 15-36 所示。引出横线上方标注缀板的数量及缀板的宽度、厚度，引出横线下标注缀板的长度尺寸。

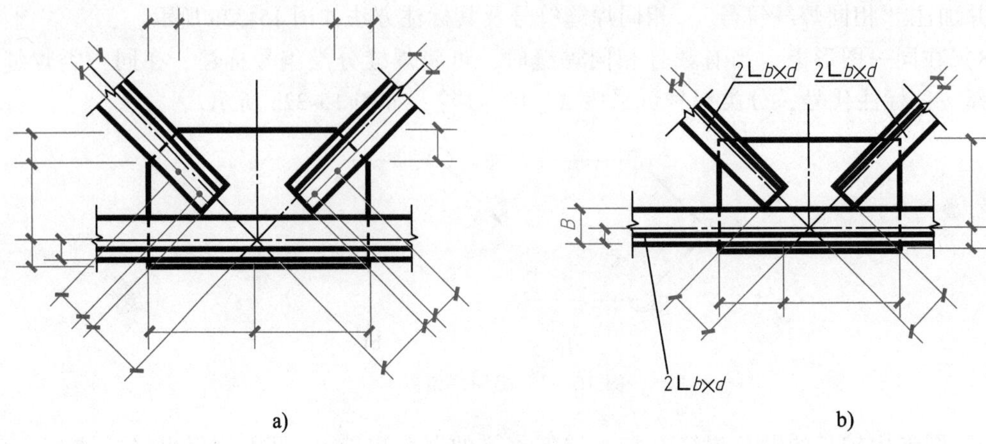

图 15-35　节点尺寸的标注方法

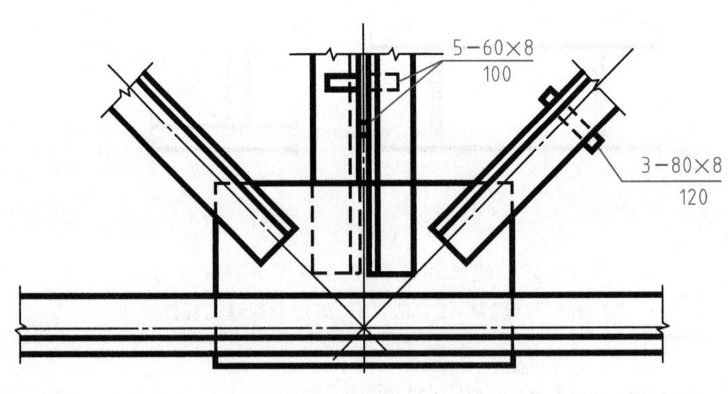

图 15-36　缀板的标注方法

15.5.4　工程实例（Engineering Example）

图 15-37 为一实腹式钢吊车梁的结构图。该梁由钢板焊接而成。图中带圆圈的指引符号是焊件的编号。由于比例较小，在 1—1 和 2—2 断面内没有画金属的材料图例。该图仅表示焊缝的标注方法。

15.5.5　绘图步骤（Drawing Steps）

以图 15-37 所示实腹式钢吊车梁图为例简述绘图步骤。

1）确定图样数量，选择比例 1∶20，布图样，为方便绘图，尽可能按制图的标准布图位置布图。

2）按规定的比例画出梁上各钢板的轴线及轮廓线。先画立面图，再画平面图，最后画剖面图。

3）标注焊缝代号、尺寸和板代号。

4）注写尺寸、标高及有关文字说明。

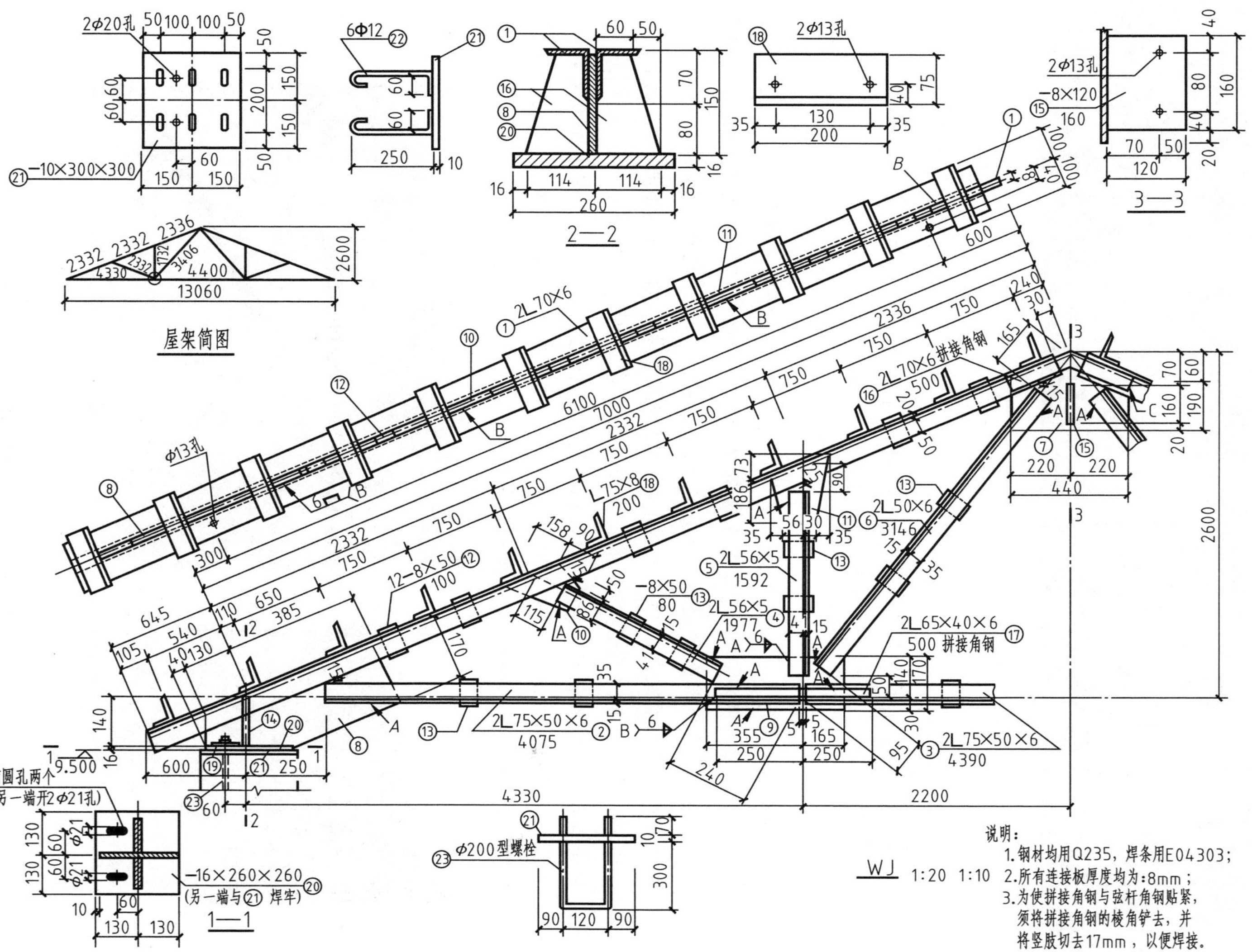

WJ　1:20　1:10

说明：
1. 钢材均用Q235，焊条用E04303；
2. 所有连接板厚度均为：8mm；
3. 为使拼接角钢与弦杆角钢贴紧，须将拼接角钢的棱角铲去，并将竖肢切去17mm，以便焊接。

图 15-37　实腹式钢吊车梁的结构图

第 16 章　道路路线工程图
（Engineering Drawings of Road Route）

【学习目标】

1. 了解道路路线工程图的形成、内容和图示特点。
2. 掌握阅读路线平面图、纵断面图和路基横断面图的方法。

道路是供车辆行驶和行人通行的窄而长的带状结构物。道路由于其所在位置及作用不同，分为公路和城市道路两种。公路是指连接各城镇、乡村和工矿的主要供汽车行驶的道路，如图 16-1a 所示。公路根据交通量、使用功能及性质分为五个等级，即高速公路，一、二、三和四级公路。城市道路指的是位于城市范围以内的道路，如图 16-1b 所示。城市中修建的道路（街道）则有不同于公路的要求，需要考虑城市规划、市容市貌、居住环境、生活设施、交通管理、运输组织等。一般城市道路可分为快速路、主干路、次干路及支路等。本章参考《道路工程制图标准》（GB/T 50162—1992）对道路工程图作简要介绍，道路图除应符合本标准的规定外，尚应符合国家现行有关标准的规定。

a)

b)

图 16-1　公路与城市道路

道路的位置和形状与所在地区的地形、地貌、地物及地质有很密切的关系。由于道路路线有竖向高度变化（上坡、下坡、竖曲线）和平面弯曲（向左、向右、平曲线）变化，所

以实质上从整体来看道路路线是一条空间曲线。

由于路线是一条空间曲线，因此，道路工程图的图示方法与一般的工程图样不完全相同，它使用地形图作为平面图，用展开的路线纵断面图和路基横断面图代替立面图和侧面图。

16.1 公路路线工程图（Engineering Drawings of Highway Route）

公路路线工程图包括：路线平面图、路线纵断面图、路基横断面图。

16.1.1 路线平面图（Route Plan）

1. 图示方法

路线平面图是从上向下投影所得到的水平投影图，也就是利用标高投影法所绘制的道路沿线周围区域的地形图。

2. 画法特点和表达内容

路线平面图主要表示道路的走向、线形（直线和曲线）、公路构造物（桥梁、隧道、涵洞及其他构造物）的平面位置，以及沿线两侧一定范围内的地形、地物等情况。

图 16-2 所示为某公路从 K0+700～K1+400 段的路线平面图，其路线平面图内容分为地形和路线两部分。

（1）地形部分

1）比例：道路路线平面图所用比例一般较小，通常在城镇区为 1∶500 或 1∶1000，山岭区为 1∶2000，丘陵区和平原区为 1∶5000 或 1∶10000。本例选用 1∶2000 的比例。

2）方向：在路线平面图上应画出指北针或测量坐标网，用来指明道路在该地区的方位与走向。

3）地形：平面图中地形主要是用等高线表示，本图中每两根等高线之间的高差为 2m。根据图中等高线的疏密可以看出，该地区东西向地势较陡，南北向较平。

4）地物：在平面图中，地形图上的地物如河流、房屋、道路、桥梁、农田、电力线和植被等，都是按规定图例绘制的。常见的地物图例见表 16-1。对照图例可知，该地区西侧有一条河向东延伸，沿河流两侧北面地势低洼且平坦，地形主要是荒坡薄地，南面有一居民点。

表 16-1 路线平面图中地物的常用图例

名称	符号	名称	符号	名称	符号
房屋		涵洞		水稻田	
棚房		桥梁		草地	
大车路		学校	文	果地	
小路		水塘	塘	旱地	
堤坝		河流		菜地	
人工开挖		高压电力线 低压电力线		阔叶树	
窑		铁路		树林	

K0+700～K1+400	
第 1 页	共 5 页

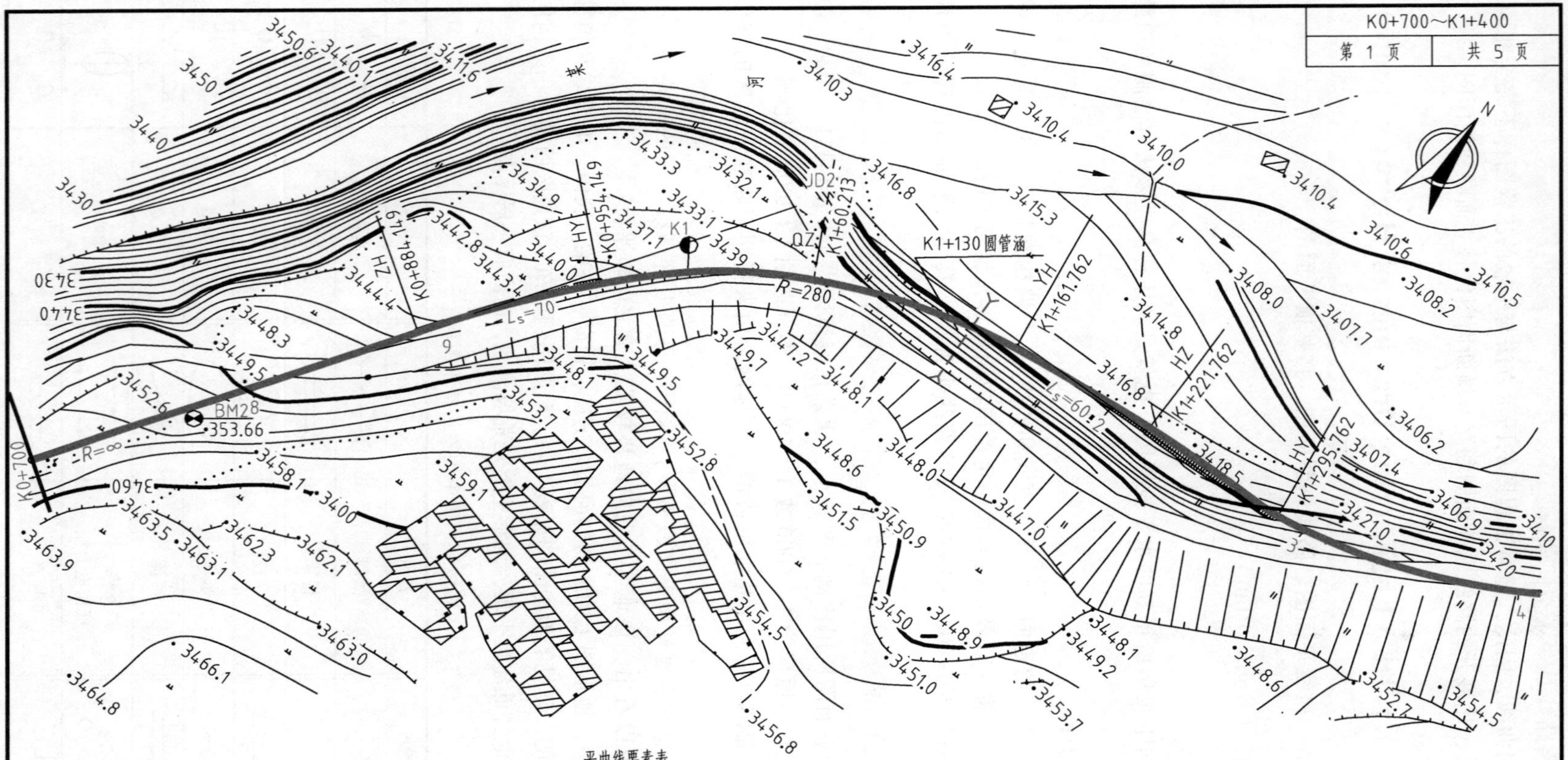

平曲线要素表

交点号	交点坐标		交点桩号	转角值	曲线要素值/m					
	X(N)	Y(E)			半径	缓和曲线长度	切线长度	曲线长度	外矢距	校正值
BP	218628.484	450585.427	K0+000							
JD2	218928.295	451092.508	K1+56.150	54°58′25.1″(Y)	280	70/60	184.143/179.592	337.613	32.248	19.841

说明

本图比例 1:2000

×××设计院	某段公路施工设计图	路线平面图	设计		复核		审核		图号		日期	

图 16-2 路线平面图

5）水准点：沿路线附近每隔一段距离，就在图中标有水准点的位置，用于路线的高程测量。如⊗ BM2/353. 66，表示路线的第 2 个水准点，该点高程为 353. 66m。

（2）路线部分

1）设计路线：由于道路的宽度相对于长度来说尺寸小得多，只有在较大比例的平面图中才能将路宽画清楚，在这种情况下，路线只需要用粗实线沿着路线中心表示。

2）里程桩：在平面图中路线的前进方向总是从左向右。道路路线总长度和各段之间的长度用里程桩表示。里程桩号的标注应从路线的起点至终点，按从小到大，从左向右的顺序编号。里程桩有公里桩和百米桩两种，公里桩宜注在路线前进方向的左侧，用符号“◐”表示，公里数注写在符号的上方，如“K1”表示离起点 1km。百米桩宜标注在路线前进方向的右侧，用垂直于路线的细短线表示，数字注写在短线的端部，例如在 K1 公里桩的前方注写的“2”，表示桩号为 K1+200，说明该点距路线起点为 1200m。

3）平曲线：道路路线在水平面上的投影为规律的直线段和曲线段。路线的转弯处的平面曲线称为平曲线，用交角点编号表示第几转弯。如图 16-2 所示 JD2 表示第 2 号交角点，参照图下方的平曲线要素表，其右偏角 $\alpha = 54°58'25.1''$。

图 16-3 所示是平曲线设置的两种类型，JDn 中的 n 表示第 n 号交点，α 为偏角（α_y 为右偏角，α_z 为左偏角），它是路线前进时向右或向左偏转的角度。弯道曲线按设计半径 R 设置，其相应的半径（R）、切线长（T）、缓和曲线长（L_s）、曲线长（L）、外矢距（E）及偏角（α），统称平曲线要素。图 16-3a 为不设缓和曲线的平曲线，路线平面图中标出曲线起点 ZY（直圆）、中点 QZ（曲中）和曲线终点 YZ（圆直）三个特征桩。图 16-3b 为设缓和曲线的平曲线，它从直线到定圆曲线（R）之间有一段过渡曲线称缓和曲线，设缓和曲线的弯道各特征桩为 ZH（直缓）、HY（缓圆）、QZ（曲中）、YH（圆缓）、HZ（缓直）五个特征桩。

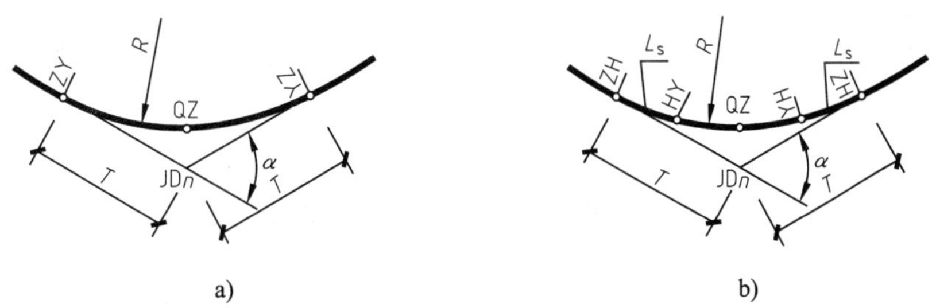

图 16-3 平曲线要素

a）不设缓和曲线的平曲线 b）设缓和曲线的平曲线

由图 16-2 下方的平曲线要素表知道，在交角点 JD2 处向右转弯，$\alpha_y = 54°58'25.1''$，圆曲线半径 $R = 280\text{m}$，缓和曲线长 L_s（两处）= 70m/60m，切线长 T（两处）= 184. 143m/179. 592m，曲线长 $L = 337.613\text{m}$，外矢距 $E = 32.248\text{m}$。

3. 平面图的拼接

由于道路很长，不可能将整个路线平面图画在同一张图纸内，通常需分段绘制，使用时再将各张图拼接起来。每张图的右上角应画有角标，角标内应注明该张图的序号和总张数。平面图中路线的分段宜在整数里程桩处断开。相邻图拼接时，路线中心对齐，接图线重合，并以正北方向为准，如图 16-4 所示。

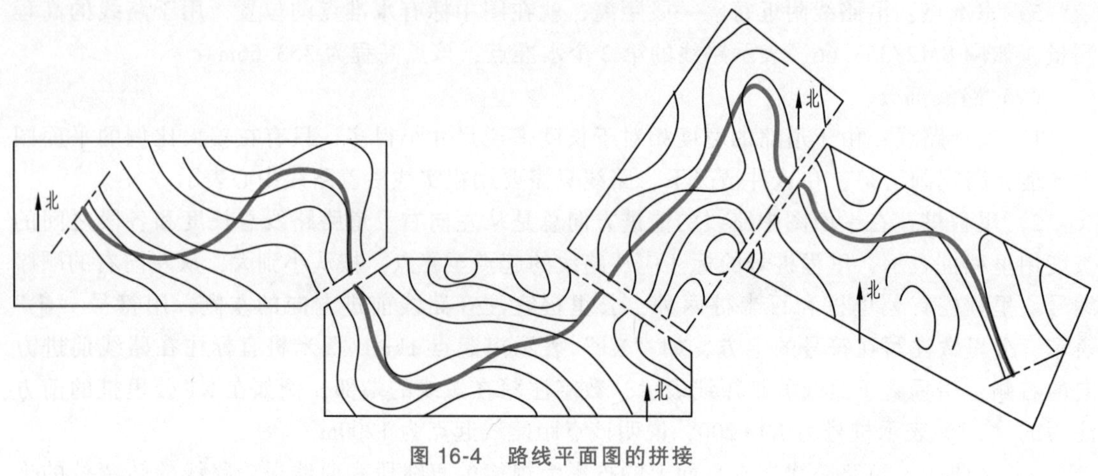

图 16-4　路线平面图的拼接

16.1.2　路线纵断面图（Longitudinal Sections of Route）

1. 图示方法

路线纵断面图是假想用铅垂面沿道路中心线剖切，如图 16-5 所示，然后展开成平行于投影面的平面，向投影面作正投影获得的。由于道路路线是由直线和曲线组合而成的，所以纵向剖切面既有平面又有柱面，为了清楚地表达路线的纵断面情况，需要将此纵断面拉直展开，并绘制在图纸上，这就形成了路线纵断面图。图 16-6 是西藏某公路从 K0+700～K1+400 段的纵断面图。

图 16-5　路线纵断面图形成示意图

2. 画法特点和表达内容

路线纵断面图主要表达道路的纵向设计线形，以及沿线地面的高低起伏状况。路线纵断面图包括图样和资料表两部分，一般图样画在图纸的上部，资料表布置在图纸的下部。

（1）图样部分

1）比例：纵断面图的水平方向表示路线的长度，竖直方向表示设计线和地面的高程。由于路线的高差比路线的长度尺寸小得多，如果竖向高度与水平长度用同一种比例绘制，很难把高差明显地表示出来，所以绘图时一般竖向比例要比水平比例放大 10 倍，如本图的水平比例为 1∶2000，而竖向比例为 1∶200，这样画出的路线坡度就比实际大，看上去也较为明显。为了便于画图和读图，一般还应在纵断面图的左侧按竖向比例画出高程标尺。

2）设计线和地面线：在纵断面图中道路的设计线用粗实线表示，原地面线用细实线表示，设计线是根据地形起伏和公路等级，按相应的工程技术标准而确定的，设计线上各点的高程通常是指路基边缘的设计高程。地面线是根据原地面上沿线各点的实测高程而绘制的。

3）竖曲线：设计线是由直线和竖曲线组成的，在设计线的纵向坡度变更处，为了便于车辆行驶，按技术标准的规定应设置圆弧竖曲线。竖曲线分为凸形和凹形两种，在图中分别用符号（┌┬┐）和（└┴┘）表示。符号中部的竖线应对准变坡点，竖线左侧标注变坡点的里程桩号，竖线右侧标注变坡点的高程。符号的水平线两端应对准竖曲线的始点和终点，竖曲线要素（半径 R、切线长 T、外矢距 E）的数值标注在水平线上方。在图 16-6 中的变坡点 K1+

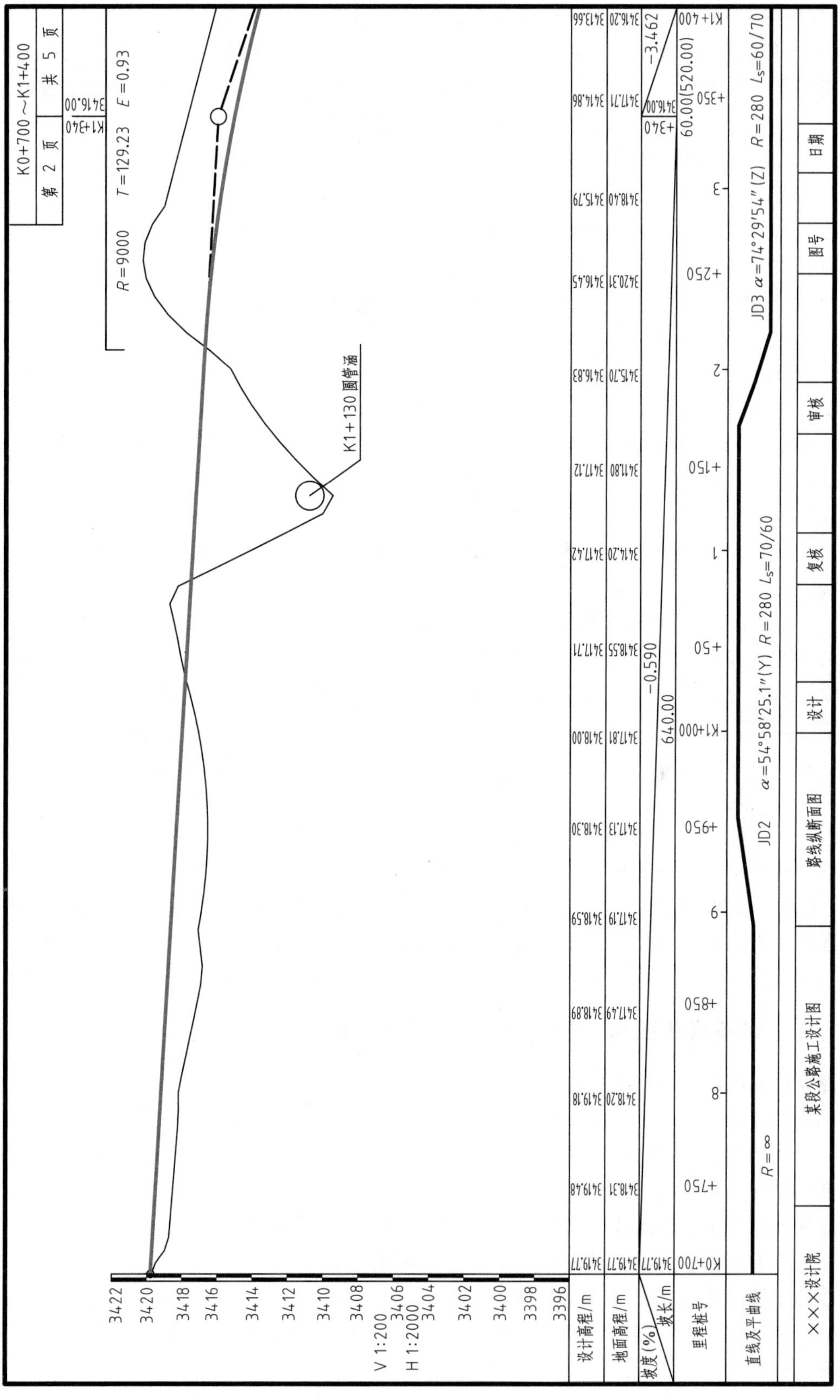

K0+700～K1+400	
第 2 页	共 5 页

K1+340 3416.00

$R=9000$　$T=129.23$　$E=0.93$

K1+130 圆管涵

V 1:200
H 1:2000

3422, 3420, 3418, 3416, 3414, 3412, 3410, 3408, 3406, 3404, 3402, 3400, 3398, 3396

里程桩号	K0+700	+750	8	+850	9	+950	K1+000	+50	1	+150	2	+250	3	+350	K1+400
设计高程/m	3419.77	3419.48	3419.18	3418.89	3418.59	3418.30	3418.00	3417.71	3417.42	3417.12	3416.83	3416.45	3415.79	3414.86	3413.66
地面高程/m	3419.77	3418.31	3418.20	3417.49	3417.19	3417.13	3417.81	3418.55	3414.20	3411.80	3415.70	3420.31	3418.40	3417.71	3416.20

坡度(%)/坡长/m：3419.77　−0.590　640.00　+340　3416.00　−3.462　60.00(520.00)

直线及平曲线：$R=\infty$　JD2　$\alpha=54°58'25.1''$(Y)　$R=280$　$L_s=70/60$　JD3　$\alpha=74°29'54''$(Z)　$R=280$　$L_s=60/70$

×××设计院	某段公路施工设计图	路线纵断面图	设计		复核		审核		图号		日期	

图 16-6　路线纵断面图

340，高程为 3416.00m 处设有凸形竖曲线（$R=9000\text{m}$，$T=129.23\text{m}$，$E=0.93\text{m}$）。

4）工程构筑物：道路沿线的工程构筑物如桥梁、涵洞、隧道等，应在设计线的上方或下方用竖直引出线标注，竖直引出线应对准构筑物的中心位置，并注出构筑物的名称和里程桩号。如在图 16-6 中标出圆管涵的位置（圆管涵图例用○表示）。

5）水准点：沿线设置的测量水准点都应按所在里程位置标出，并标出其编号、高程和路线的相对位置，本例采用坐标控制点高程，纵断面图上未示出。

（2）资料表部分　绘图时图样和资料表应上下对齐布置，以便阅读。资料表主要包括以下项目和内容：

1）地质概况。根据实测资料，在图中注出沿线各段的地质情况，为设计、施工提供资料。

2）坡度、坡长。设计线的纵向坡度和水平投影长度，可在坡度坡长栏目内表示，也可以在图样纵坡设计线上直接表示。如图 16-6 所示，由图样纵坡设计线可看出 K0+700～K1+400 有坡长 640m，坡度为-0.59%的下坡，K1+340 为变坡点，接着有坡度为-3.462%，坡长为 520m 的下坡（受图幅限制图中只画出 60m 长，未画出终止点），桩号设凸形竖曲线一个，其竖曲线半径 $R=9000\text{m}$，切线长 $T=129.23\text{m}$，外矢距 $E=0.93\text{m}$。

3）高程：表中有设计高程和地面高程两栏，分别表示设计线和地面线上各点（桩号）的高程。

4）挖填高度：设计线在地面线下方时需要挖土，设计线在地面线上方时需要填土，挖或填的高度值应是各点（桩号）对应的设计高程与地面高程之差的绝对值。如图中 K0+750 处的设计高程为 3419.48，地面高程为 3418.31m，其填土高度则为 1.17m。

5）里程桩号：沿线各点的桩号是按测量的里程数值填入的，单位为 m，桩号从左向右排列。在平曲线的起点、中点、终点和桥涵中心点等处可设置加桩。

6）平曲线：为了表示该路段的平面线形，通常在表中画出平曲线的示意图。直线段用水平线表示，道路左转弯用凹折线表示，如“⅂⎿⎾”，右转弯用凸折线表示，如“⏌⏋⎾”。当路线的转折角小于规定值时，可不设平曲线，但需画出转折方向，“∨”表示左转弯，“∧”表示右转弯。“规定值”按公路等级而定，如四级公路的转折角≤5°时，不设平曲线。通常还需注出交角点编号、偏角角度值和曲线半径等平曲线各要素的值。如图中的交角点 JD2，向右转折，α 为 54°58′25.1″，圆曲线半径 R 为 280m，缓和曲线长 L_s 为 70m 和 60m。

16.1.3　路基横断面图（Cross Sections of Route）

路基横断面图是用假想的剖切平面，垂直于路中心线剖切而得到的图形，主要用于表达路线的横断面形状、填挖高度、边坡坡长，以及路线中心桩处横向地面的情况。通常在每一中心桩处，根据测量资料和设计要求，顺次画出每一个路基横断面图，作为计算公路的土石方量和路基施工的依据。

在横断面图中，路面线、路肩线、边坡线、护坡线均用粗实线表示，路面厚度用中粗实线表示，原有地面线用细实线表示，路中心线用细点画线表示。

横断面图的水平方向和高度方向宜采用相同比例，一般比例为 1∶200、1∶100 或 1∶50。路线横断面图一般以路基边缘的高程作为路中心的设计高程。路基横断面图的基本形式有三种：

（1）填方路基 如图16-7a所示，整个路基全为填土区称为路堤。填土高度等于设计高程减去地面高程。填方边坡一般为1∶1.5。

（2）挖方路基 如图16-7b所示，整个路基全为挖土区称为路堑。挖土深度等于地面高程减去设计高程。挖方边坡一般为1∶1。

（3）半填半挖路基 如图16-7c所示，路基断面一部分为填土区，一部分为挖土区。

在路基横断面图的下方应标注相应的里程桩号、填土高度 h_T 或挖土深度 h_W，以及填方面积 A_T 和挖方面积 A_W。

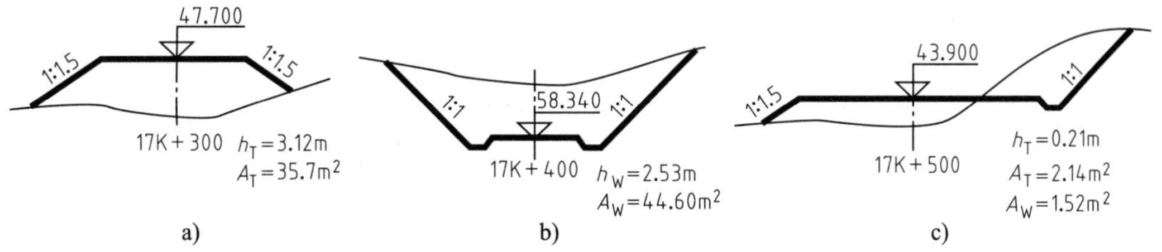

图16-7 路基横断面图的基本形式

a）填方路基 b）挖方路基 c）半填半挖路基

在同一张图纸内绘制的路基横断面图，应按里程桩号顺序排列，从图纸的左下方开始，先由下而上，再自左向右排列，如图16-8所示。

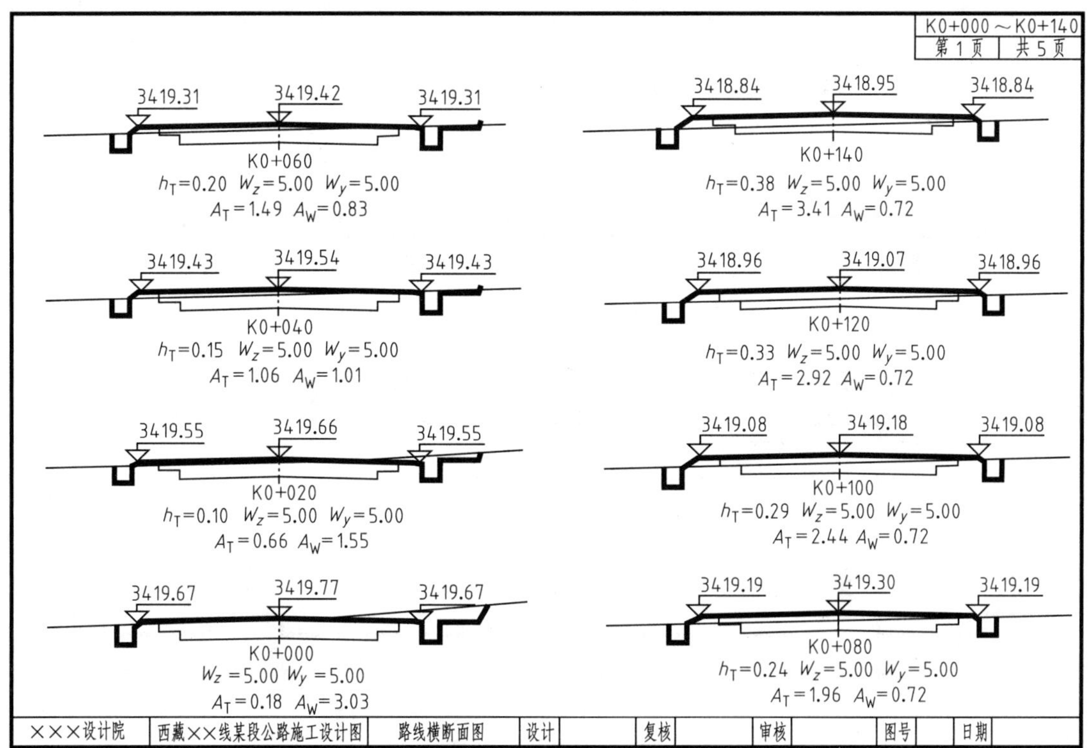

图16-8 路基横断面图

■ 16.2 城市道路路线横断面图、平面及纵断面图（Cross Sections, Plan and Longitudinal Sections of Urban Road Routes）

城市道路主要包括：机动车道、非机动车道、人行道、分隔带（在高速公路上也设有分隔带）、绿化带、交叉口和交通广场及各种设施等。在交通高度发达的现代化城市，还建有架空高速道路、地下道路等。

城市道路的线形设计结果也是通过横断面图、平面图和纵断面图表达的，它们的图示方法与公路路线工程图完全相同。不同的是城市道路所处的地形一般比较平坦，并且城市道路的设计是在城市规划与交通规划的基础上实施的，交通性质和组成部分比公路复杂得多，因此可以说城市道路比公路复杂。

16.2.1 横断面图（Cross Sections）

城市道路横断面图是道路中心线法线方向的断面图。城市道路横断面图由车行道、人行道、绿化带和分离带等部分组成。

1. 城市道路横断面布置的基本形式

根据机动车道和非机动车道不同的布置形式，道路横断面的布置有以下四种基本形式：

1）“一块板”断面。把所有车辆都组织在一车道上行驶，但规定机动车在中间，非机动车在两侧，如图 16-9a 所示。

2）“两块板”断面。用一条分隔带或分隔墩从中央分开，使往返交通分离，但同向交通仍在一起混合行驶，如图 16-9b 所示。

3）“三块板”断面。用两条分隔带或分隔墩把机动车与非机动车交通分离，把车行道

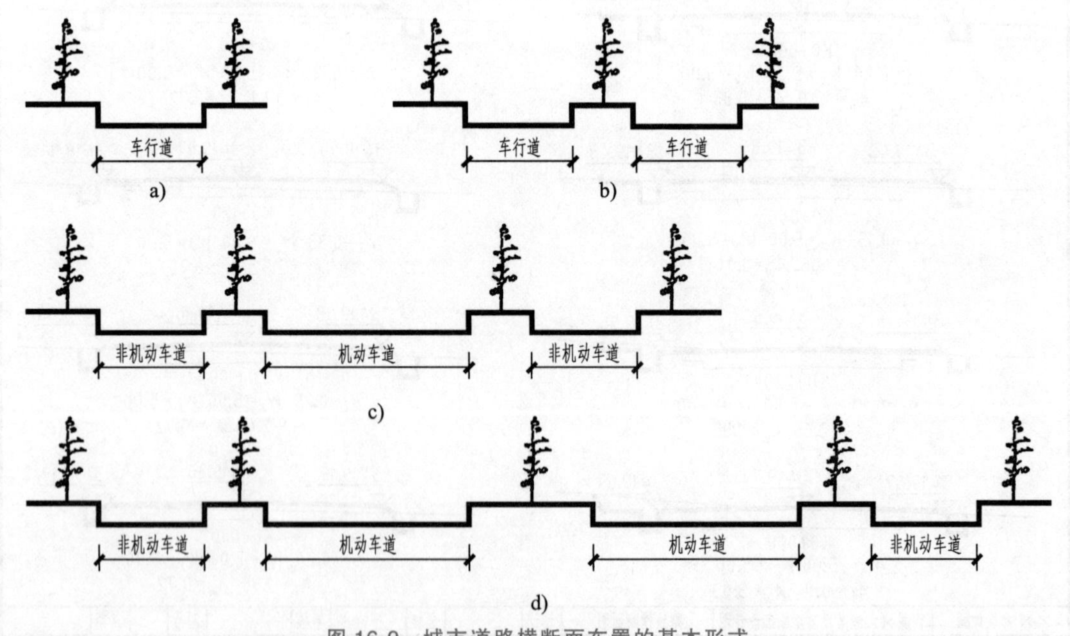

图 16-9 城市道路横断面布置的基本形式

a）一块板 b）两块板 c）三块板 d）四块板

分隔为三块：中间为双向行驶的机动车道，两侧为方向彼此相反的单向行驶非机动车道，如图 16-9c 所示。

4）“四块板”断面。在“三块板”的基础上增设一条中央分离带，使机动车分向行驶，如图 16-9d 所示。

2. 横断面图的内容

断面设计的最后结果用标准横断面设计图表示，图中要表示出横断面各组成部分及相互关系。图 16-10 表示了某段路采用了“四块板”断面形式，使机动车与非机动车分道单向行驶。两侧为人行道，中间有多条绿带及路灯。图中表示了各组成部分的宽度。

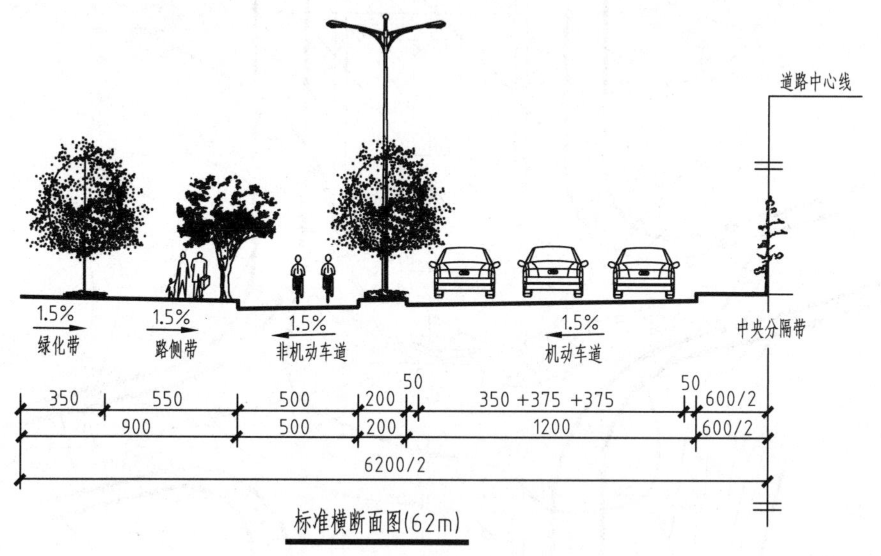

图 16-10 标准断面设计简图

16.2.2 平面图（Plan）

城市道路平面图与公路路线平面图基本相同，主要用来表示城市道路的方向、平面线形、行车道布置，以及沿路两侧一定范围内的地形和地物情况。

现以图 16-11 为例，按道路情况和地形地物两部分，分别说明城市道路路线平面图的读图要点。

1. 道路部分

1）城市道路中心线用点画线绘制，在道路中心线标有里程。从图中看出主干道中心线与支道中心线的交点在 K0+844. 039 处。

2）城市道路平面图的绘图比例较公路路线平面图大，常用比例为 1∶500、1∶1000，所以车行道、人行道、分隔带的分布和宽度均按比例画出。从图中可看出：主干道为“四块板”断面形式。中间分隔带宽 4m，车行道宽有 12m 和 14m 两种，每条车道标出了设计行车路线（如：1 左 3 直，表示 1 条左转车道，3 条直行车道），机动车与非机动车之间的分隔带宽 2m，非机动车道宽有 5m 和 7m 两种，人行道宽有 7m 和 9m 两种。

3）道路的走向用坐标网符号“十”和指北针来确定，从指北针方向可知，主干道走向是北偏东。

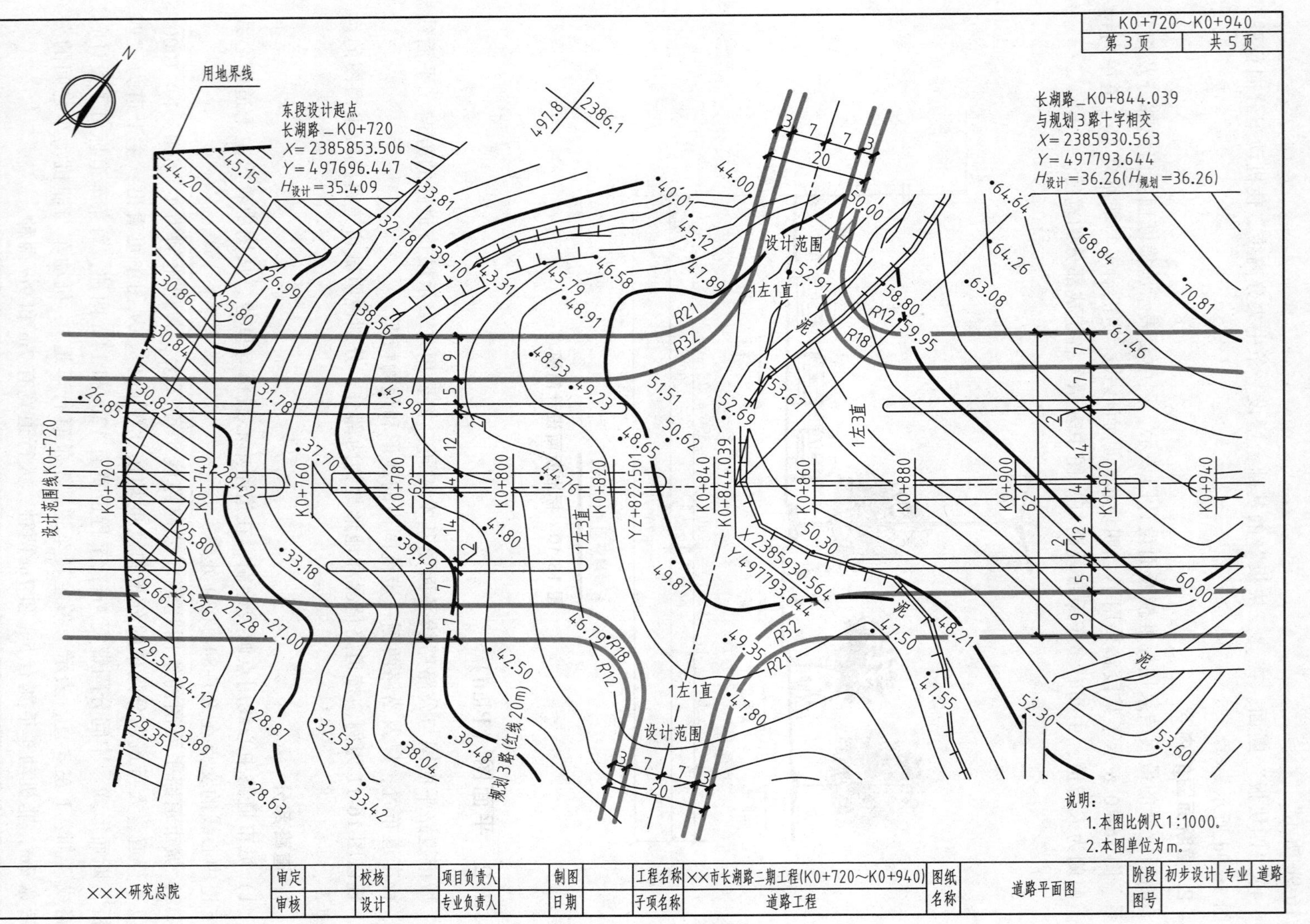

图 16-11　城市道路平面图

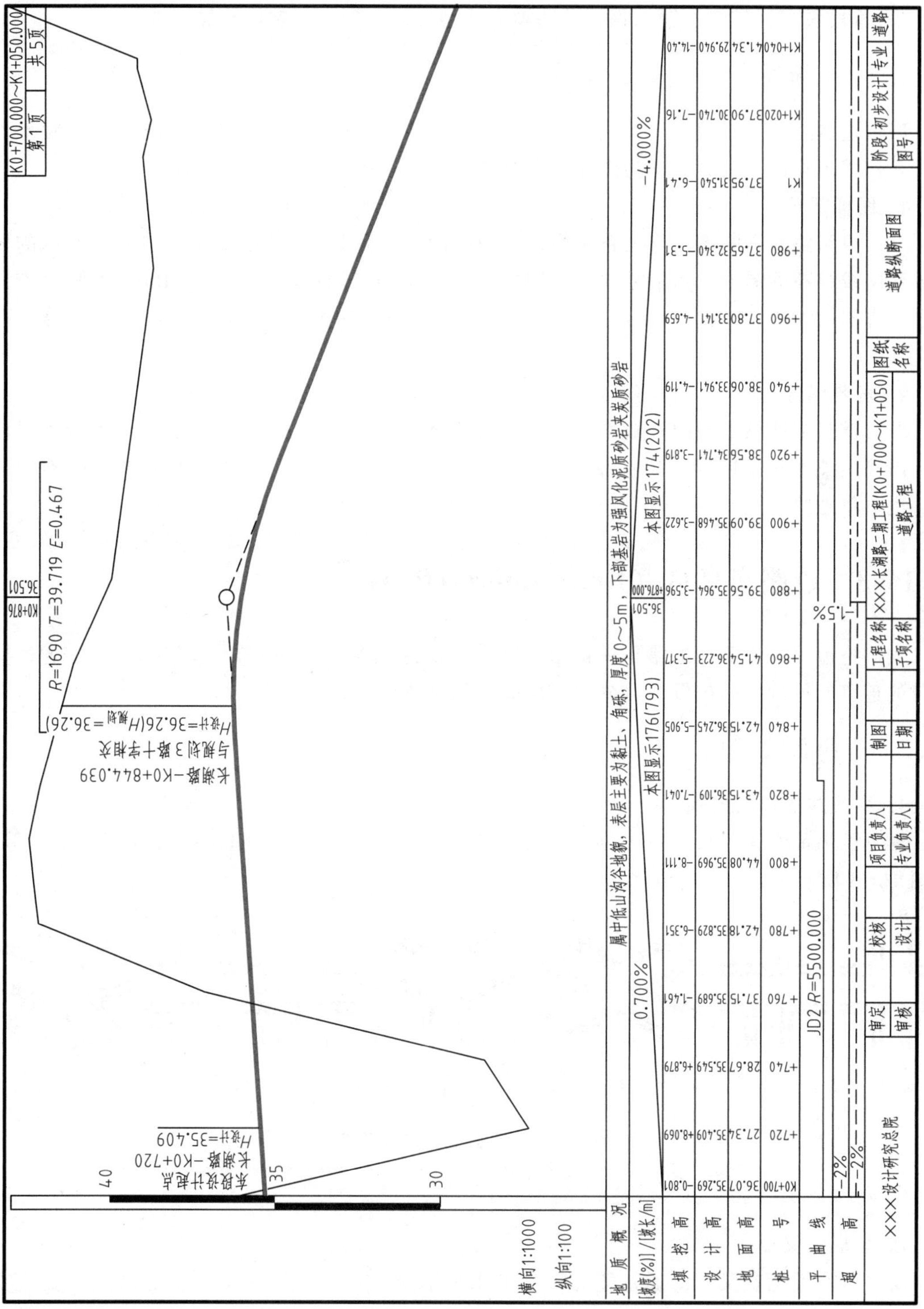

K0+700.000～K1+050.000　第1页　共5页

横向1:1000
纵向1:100

东段设计起点
长湖路-K0+720
$H_{设计}$=35.409

长湖路-K0+844.039
与规划3路十字相交
$H_{设计}$=36.26($H_{规划}$=36.26)

K0+876　36.501

R=1690 T=39.719 E=0.467

地质概况	属中低山沟谷地貌，表层主要为黏土、角砾，厚度0～5m，下部基岩为强风化泥质砂岩夹炭质砂岩																	
[坡度(%)]/[坡长/m]	0.700% 本图显示176(793)									36.501 +876.000	-4.000% 本图显示174(202)							
填挖高	-0.801	+8.069	+6.879	-1.461	-6.351	-8.111	-7.041	-5.905	-5.317	-3.596	-3.622	-3.819	-4.119	-4.659	-5.31	-6.41	-7.16	-14.40
设计高	35.269	35.409	35.549	35.689	35.829	35.969	36.109	36.245	36.223	35.964	35.468	34.741	33.941	33.141	32.340	31.540	30.740	29.940
地面高	36.07	27.34	28.67	37.15	42.18	44.08	43.15	42.15	41.54	39.56	39.09	38.56	38.06	37.80	37.65	37.95	37.90	41.34
桩号	K0+700	+720	+740	+760	+780	+800	+820	+840	+860	+880	+900	+920	+940	+960	+980	K1	K1+020	K1+040
平曲线	JD2 R=5500.000																	
超高	-2% -2%									-1.5%								

×××设计研究总院	审定		校核		项目负责人		制图		工程名称	×××长湖路二期工程(K0+700～K1+050)	图纸名称	道路纵断面图	阶段	初步设计	专业	道路
	审核		设计		专业负责人		日期		子项名称	道路工程			图号			

图 16-12　城市道路路线纵断面图

2. 地形地物部分

1）因城市道路所在的地势一般较平坦，除等高线外，还用了大量的地形点表示高程。

2）本段属郊区扩建二期工程，沿路没有占用民房、厂房、农作物等用地。

16.2.3 纵断面（Vertical Sections）

城市道路路线纵断面图与公路路线纵断面图一样，也是沿道路中心线剖切展开后得到的，其作用也相同，内容也分为图样和资料两部分。

1. 图样部分

城市道路路线纵断面图与公路路线纵断面图的表达方法完全相同。在图 16-12 所示的城市道路路线纵断面图中，水平方向的比例采用 1∶1000，竖直方向采用 1∶100，即竖直方向比水平方向放大了 10 倍。该段道路有一段竖向变坡段，在 K0+844.039 处与规划 3 路十字相交。

2. 资料部分

城市道路路线纵断面图资料部分的内容与公路路线纵断面图基本相同，在转弯处做了超高，即路面外侧高于内侧的单向横坡 1.5%。对于城市道路的排水系统可在纵断面图中表示，也可单独绘制。

16.3 道路交叉口（Road Intersections）

人们把道路与道路、道路与铁路相交时所形成的公共空间部分称作交叉口。根据通过交叉口的道路所处的空间位置，可分为平面交叉和立体交叉。

16.3.1 平面交叉口（Plane Intersections）

1. 平面交叉口的形式

常见的平面交叉口形式有十字形、T 字形、X 字形、Y 字形、错位交叉和复合交叉等，如图 16-13 所示。

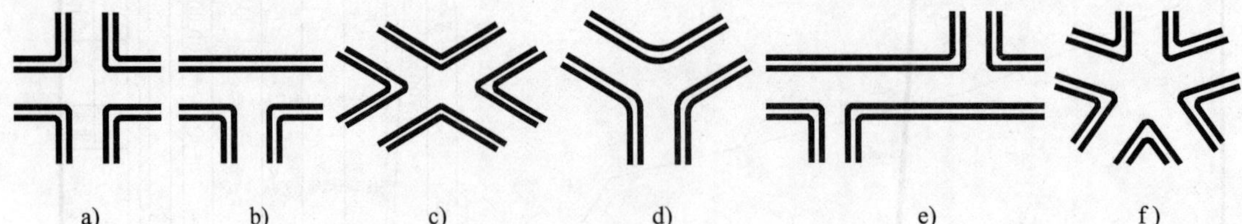

图 16-13　平面交叉口的形式

a）十字形　b）T 字形　c）X 字形　d）Y 字形　e）错位交叉　f）复合交叉

2. 环形交叉口

为了提高平面交叉口的通过能力，常采用环形交叉口。环形交叉（俗称转盘）是在交叉中央设置一个中心岛，用环道组织交通，使车辆一律绕岛逆时针单向行驶，直至所去路口离岛驶出。中心岛的形状有圆形、椭圆形、卵形等。

16.3.2　立体交叉口（Interchanges）

立体交叉口是指交叉道路在不同标高相交时的道口，在交叉处设置跨线桥，一条路在桥上通过，另一条路在桥下通过，两条道路上的车流互不干扰，各自保持较高行车速度安全通过交叉口，如图 16-14 所示。立体交叉的形式很多，分类方法也很多。根据交通功能和匝道布置方式，立体交叉分为分离式和互通式两大类。

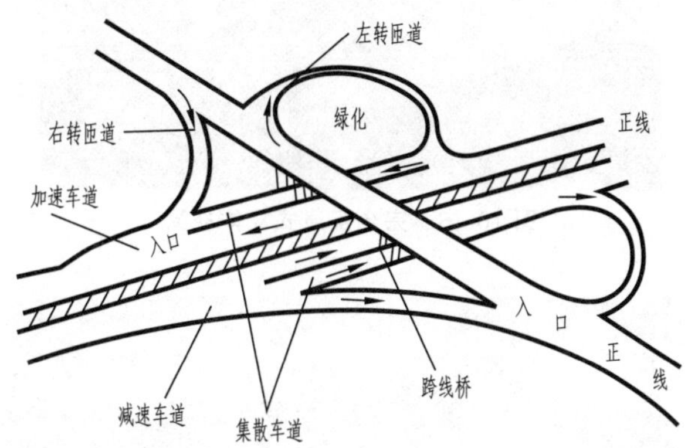

图 16-14　立体交叉（部分）的基本组成

1. 分离式立体交叉

指相交道路不互通，不设置任何匝道的立体交叉，如图 16-15 所示。

图 16-15　分离式立体交叉

2. 互通式立体交叉

指设置匝道满足车辆全部或部分转向要求的立体交叉。互通式立体交叉，按照交通流线的交叉情况和道路互通的完善程度分为完全互通式、部分互通式两种。

完全互通式立体交叉中所有交通方向均能通行，而且不存在平面交叉，如图 16-16 所示。

立体交叉中有一个或一个以上转向交通不能通行，或存在一处或一处以上平面交叉时，称为部分互通式立体交叉，如图 16-17 所示。

图 16-16　完全互通式立体交叉

图 16-17　部分互通式立体交叉

第 17 章　桥、隧、涵工程图 (Engineering Drawings of Bridges, Tunnels and Culverts)

【学习目标】

1. 了解桥梁、隧道、涵洞工程图的内容和图示特点。

2. 掌握阅读桥梁、隧道、涵洞工程图样的方法，重点掌握绘制桥梁布置图及其构件图的方法。

17.1　桥梁工程图（Engineering Drawings of Bridges）

当路线跨越河流山谷及道路互相交叉时，为了保持道路的畅通，一般需要架设桥梁。桥梁的种类很多，按结构形式分为梁式桥（图 17-1）、拱桥（图 17-2）、刚架桥、桁架桥、悬索桥（图 17-3）、斜拉桥（图 17-4）等。按建筑材料分为钢桥、钢筋混凝土桥、石桥、木桥等。桥梁工程图是桥梁施工的主要依据，它主要包括：桥位平面图、桥位地质断面图、桥位总体布置图、构件结构图和大样图等。图 17-5 所示为三孔梁桥的基本组成，中间一跨为梁和拱的结合体系，两侧边孔为梁式体系。

图 17-1　梁式桥

图 17-2　拱桥

图 17-3　悬索桥

图 17-4　斜拉桥

17.1.1　桥梁工程图的图示内容（Graphic Contents of Bridge Engineering Drawing）

建造一座桥梁，从设计到施工要绘制很多图样，这些图样大致可分为下面四类。本章统一以××大桥为例说明桥梁工程图的特点，为了便于学习阅读专业图，图中进行了简化处理。

1. 桥位平面图

桥位平面图也称桥位地形图，是桥梁及其附近区域的水平投影图，主要表示桥梁和路线

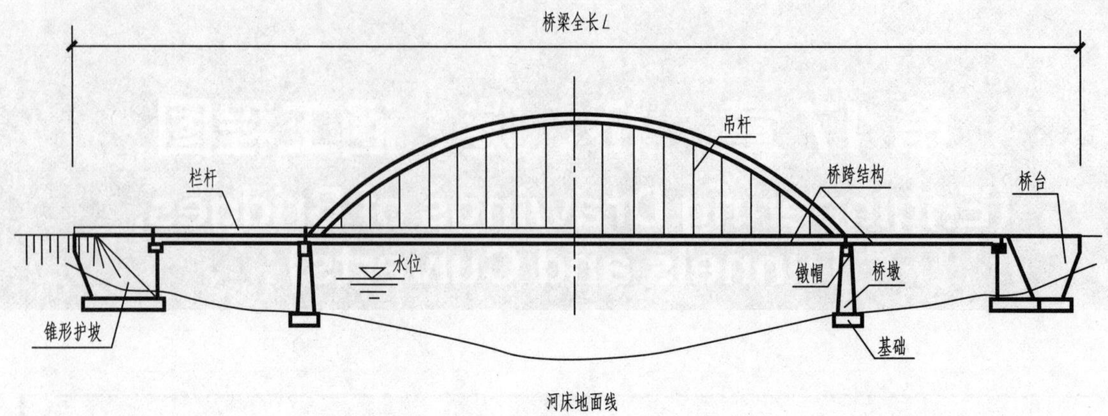

图 17-5　桥梁的基本组成

连接的平面位置，其画法与道路平面图相同。它是通过地形测量绘出桥位处的道路、河流、水准点、钻孔及附近的地形和地物，以便作为桥梁设计、施工定位的根据。这种图一般采用较小的比例，如 1∶500，1∶1000，1∶2000 等。

图 17-6 所示是××大桥桥位平面图，大桥位于路线 K49+208.96 处。地貌形态为山间河流地貌，地形起伏较大，两侧桥台处自然坡度较陡，约 20°~35°，山坡上植被发育一般，多为旱地和林地。桥位平面图中的植被、水准符号等均应以正北方为准，而图中文字方向则可按路线要求及总图标方向来决定。

2. 桥位地质断面图

桥位地质断面图是根据水文调查和钻探所得的水文资料，绘制桥位处的地质断面图，包括河床断面线、最高水位线、常水位线和最低水位线，以便作为设计桥梁、桥台、桥墩和计算土石方工程数量的根据。

图 17-7 所示为桥位处地质断面图，由于桥梁所在地形坡度起伏较大，水平与垂直方向比例均采用 1∶1000。图中用代号标明了各位置的地质情况：桥址区旧路附近有人工填筑土层（Q_4^{ml}），坡地表层分布残坡积层（Q_4^{el+dl}），沟谷底部表层分布冲洪层（Q_4^{al+pl}），下伏基岩为含砾泥质砂岩及含砾砂质泥岩及其风化层。图中画出了九个钻孔 ZK0~ZK8 的位置及相关信息，如：ZK0 为 0 号钻孔深 40.4m，孔底高程 165.21m，孔顶高程 205.61m，里程桩号 K49+048.5。

3. 桥梁总体布置图

桥梁总体布置图是表示桥梁上部结构（主梁或主拱圈、桥面系）、下部结构（桥台、桥墩、基础）和附属结构（栏杆、灯柱）三部分组成情况（图 17-8）的总图。它主要表明桥梁的形式、跨径、孔数、总体尺寸和各主要构件的位置及相互关系情况，一般由立面图、平面图和剖面图组成。

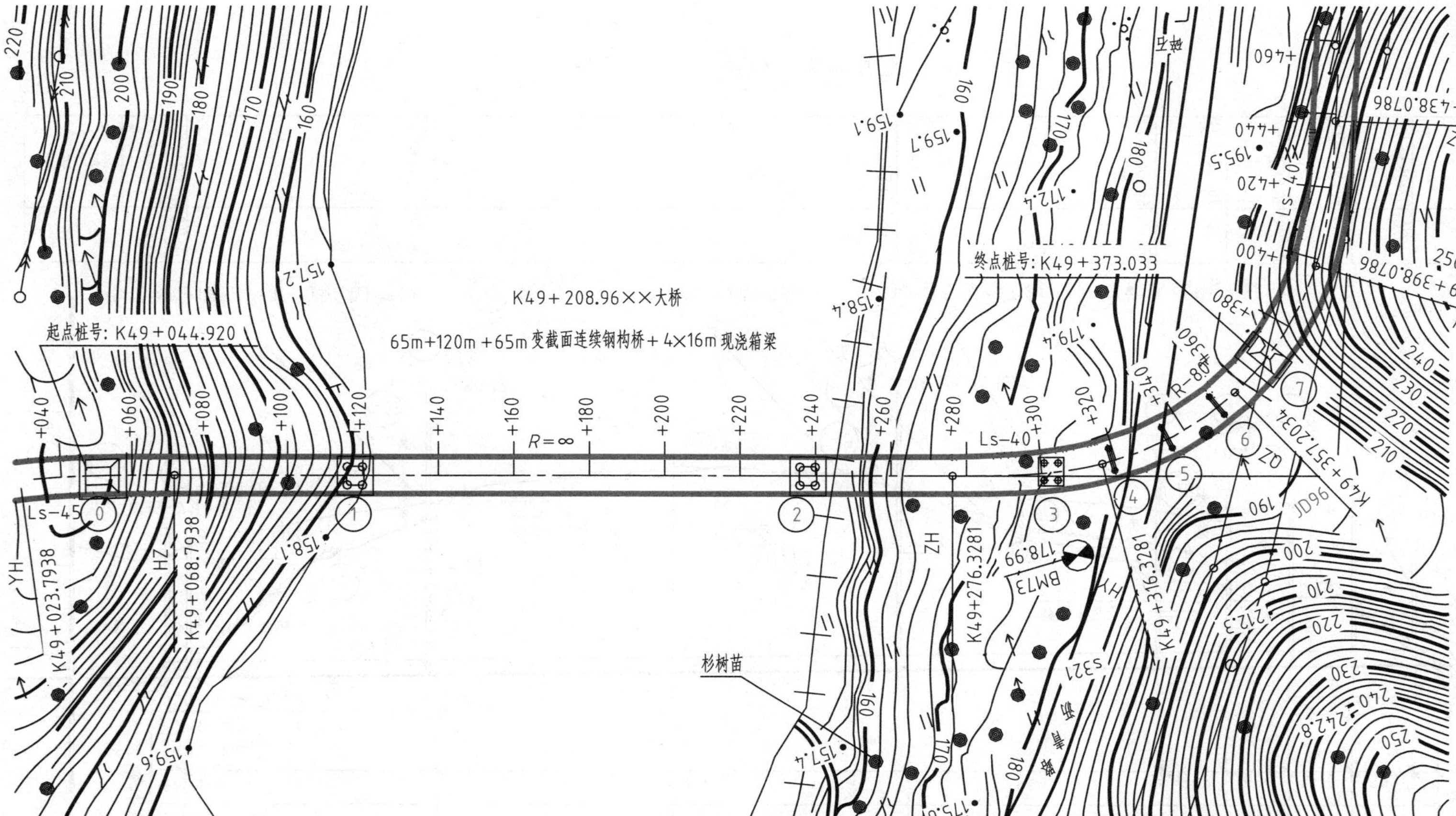

K49+208.96××大桥

65m+120m+65m变截面连续钢构桥+4×16m现浇箱梁

起点桩号：K49+044.920

终点桩号：K49+373.033

说明：

1.本图尺寸单位均以m计，比例为1:2000。

2.本图坐标采用西安80坐标系，高程采用85国家高程基准。

图 17-6　××大桥桥位平面图

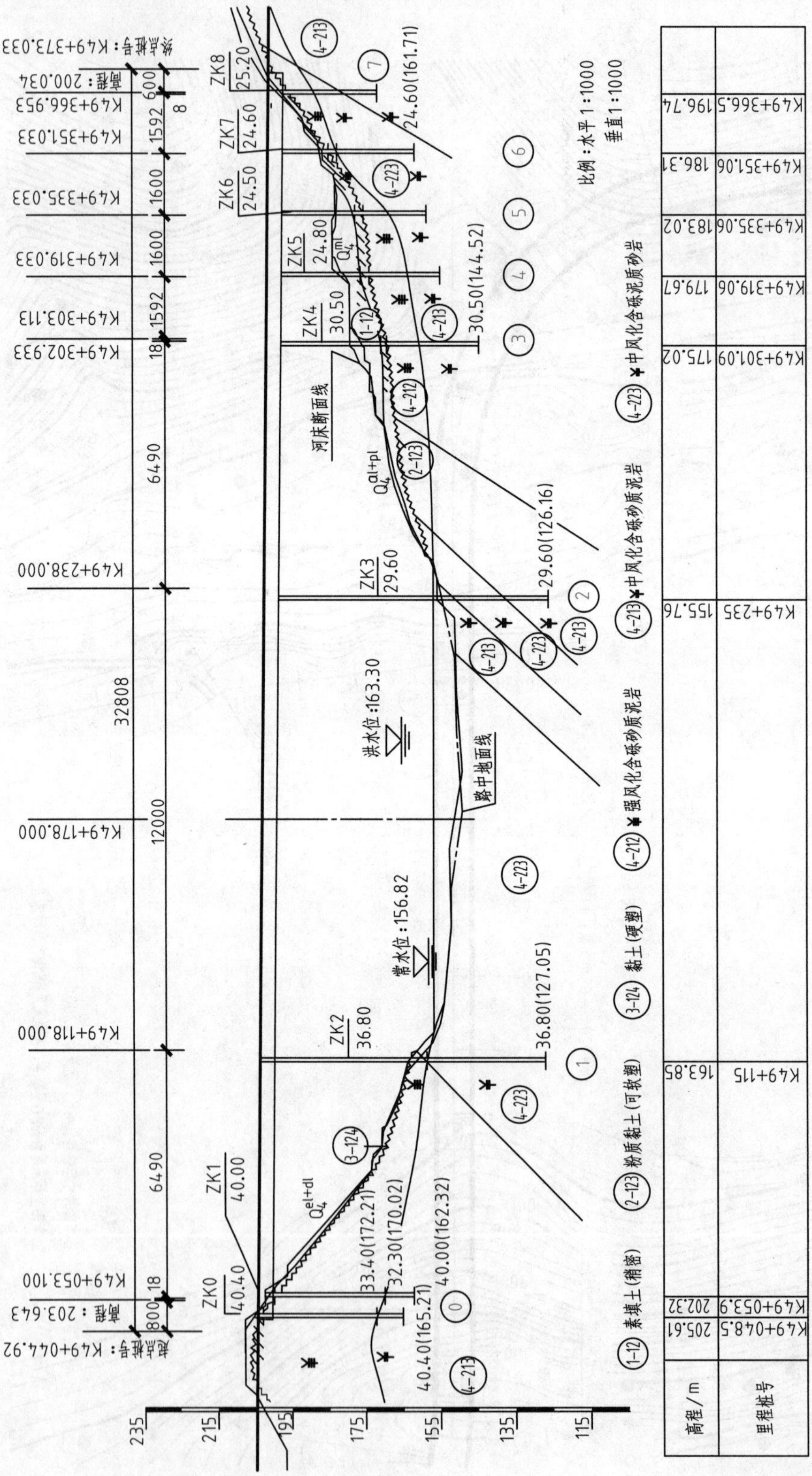
起点桩号：K49+044.92
高程：203.643
K49+053.100
K49+118.000
K49+178.000
K49+238.000
K49+302.933
K49+303.113
K49+319.033
K49+335.033
K49+351.033
K49+366.953
高程：200.034
终点桩号：K49+373.033
800
18
6490
12000
32808
6490
18
1592
1600
1600
1592
8
600
ZK0 40.40
ZK1 40.00
ZK2 36.80
ZK3 29.60
ZK4 30.50
ZK5 24.80
ZK6 24.50
ZK7 24.60
ZK8 25.20
40.40(165.21)
33.40(172.21)
32.30(170.02)
40.00(162.32)
36.80(127.05)
29.60(126.16)
30.50(144.52)
24.60(161.71)
常水位:156.82
洪水位:163.30
河床断面线
路中地面线
比例：水平1:1000
垂直1:1000
①-12 素填土(稍密)
②-123 粉质黏土(可软塑)
③-124 黏土(硬塑)
④-212 强风化含砾砂质泥岩
④-213 中风化含砾砂质泥岩
④-223 中风化含砾泥质砂岩
高程/m
里程桩号
205.61 K49+048.5
202.32 K49+053.9
163.85 K49+115
155.76 K49+235
175.02 K49+301.09
179.67 K49+319.06
183.02 K49+335.06
186.31 K49+351.06
196.74 K49+366.5

图 17-7 桥位处地质断面图

图 17-9 为某大桥的桥梁总体布置图，绘图比例采用1∶1000，为满足通航及水库泄洪要求，主桥设有 3 孔，孔跨分别为 65m、120m、65m；引桥为 4 孔，各 16m。主桥梁宽度为 10m，由于引桥平面位于曲线内，路面加宽到 11.25m。其中主桥上部结构为预应力混凝土连续刚构，下部结构主桥的桥墩墩身采用等截面箱形空心墩配承台，过渡墩为矩形实心墩配承台，基础采用群桩基础；引桥上部结构为 4×16m 钢筋混凝土现浇连续箱梁，下部结构采用桩柱式桥墩，基础采用钻孔桩基础，桥梁全长 328.08m。

图 17-8　桥梁的组成

（1）立面图　立面图左侧设有标尺（以 m 为单位），便于阅读和绘制。由于该桥主桥在直线段上，引桥在曲线段上，因而该桥立面图用展开外形视图表示。主桥上部结构为（65+120+65）m 三跨预应力混凝土变高连续刚构箱梁，箱梁根部高度 7.3m，跨中高度 2.8m，纵坡分别为 0.3%的上坡和 1.94%的下坡，梁上方的细实线表示桥面铺装厚度位置。在 0 号桥台、3 号桥墩、7 号桥台处共设 3 道伸缩缝，人行道、栏杆未画出。下部结构表达了左、右侧桥台及 1 号~6 号桥墩关键部位的标高。图中画出了河床的断面形状及上、下游护岸的要求和各种水位。河床断面线以下的桥台、桩结构用虚线绘制。桥梁墩台挡块内侧、背墙与预制梁对应位置及可能发生构件刚性撞击的位置均设有橡胶缓冲块。

（2）平面图　桥梁的平面图画出了路线的线形，主桥在直线段上，桥面宽 10m；引桥平面位于曲线内，宽度为 11.25m，引桥道路中心线和箱梁中心线错开 0.625m。桥台是把上部结构揭去后画的，均采用扩大基础 U 形桥台，0 号台采用三级基础，7 号台采用两级扩大基础。所有桥墩是沿着墩身切开向下投影得到的。1 号、2 号桥墩为主桥桥墩，墩身采用双薄壁墩并与箱梁固接，对照立面图可知，顺桥薄壁厚为 1.5m，横桥向宽 6.5m，薄壁净距为 2.4m，双薄壁之间采用连续板进行连接，基桩按纵向两排、横向两排布置，单线每墩共 4 根桩。3 号桥墩为主桥、引桥过渡墩，实体式矩形桥墩承台桩基础，双排 4 根桩基。4 号~6 号引桥桥墩均为柱式桥墩，墩柱分两级设计，对照立面图可知，其直径靠墩底为 1.4m，靠墩顶为 1.2m，柱间横桥向中心距均为 6.25m，采用群桩基础。

（3）横剖面图　根据立面图中所标注的剖切位置可以看出，*A—A* 剖面在 1 号墩处剖切，*B—B* 剖面在 3 号墩处剖切，*C—C* 剖面在 4 号墩处剖切，*D—D* 剖面在左岸桥台处剖切，*E—E* 剖面在右岸桥台处剖切。各种位置的剖切都是为了表达不同部位桥面的宽度、做法，对应主要构件的构造及高程。如图 17-9 所示是 *A—A* 剖面图（其他剖面图未画出），比例为 1∶200，主要表达 1 号桥墩处桥面总宽度为 10m（净 9m+2×0.5m 防撞护栏），主墩承台厚 4.5m，基础采用桩径 2.5m 的钻孔灌注桩，基桩按纵向两排、横向两排布置。

（4）主桥、引桥上部构件标准断面图　桥梁实际设计时，为了方便施工，一般还画出桥梁上部构件标准断面图，图 17-10 为主桥、引桥上部构件的标准断面。由于主桥上部构件按二次抛物线变化，因而主桥用 1/2 跨中和 1/2 根部断面表示，引桥直接画出断面图。主桥

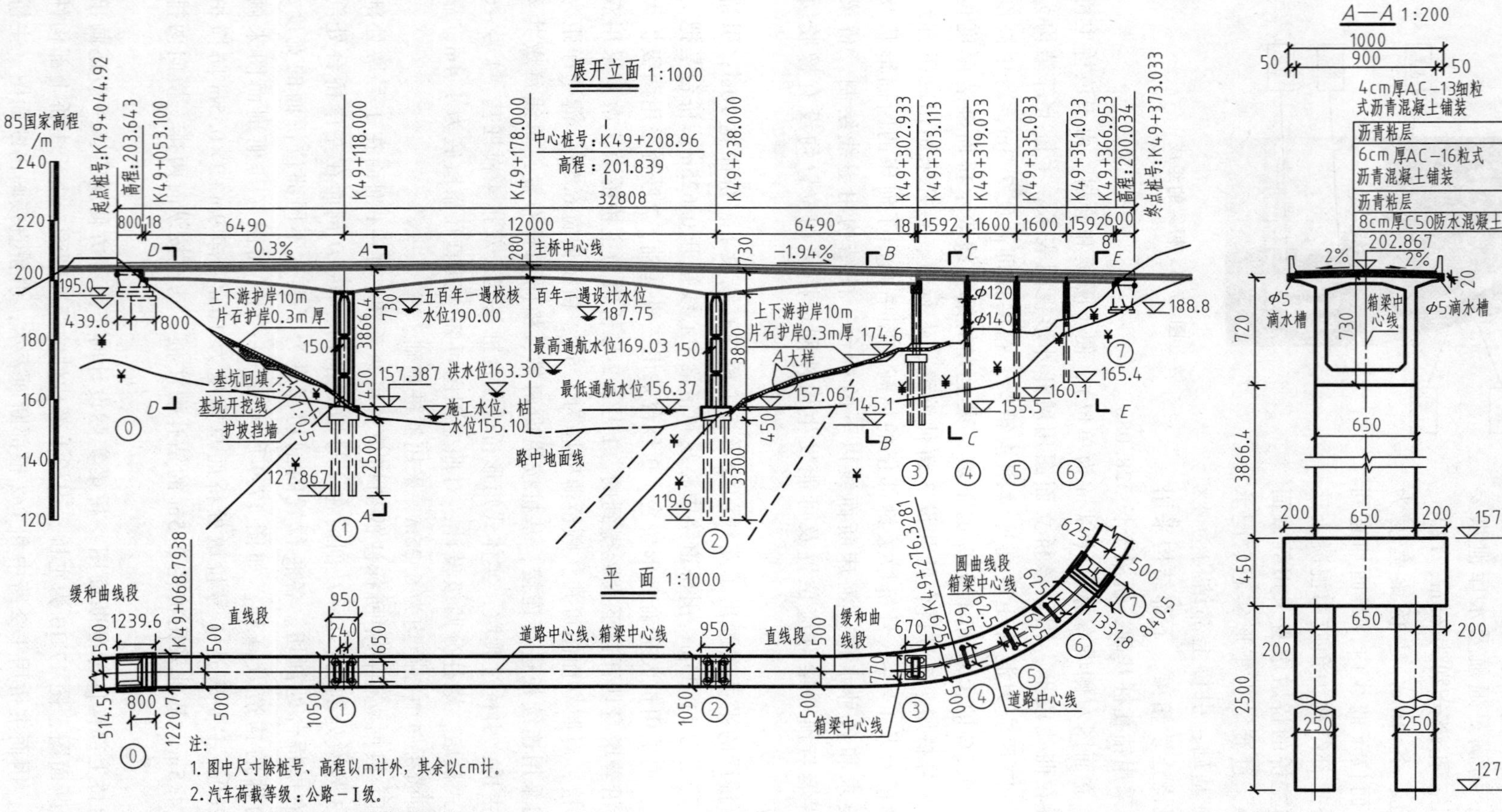

展开立面 1:1000

平 面 1:1000

A—A 1:200

注：

1. 图中尺寸除桩号、高程以m计外，其余以cm计。
2. 汽车荷载等级：公路－Ⅰ级。
3. 设计洪水频率1/100，通航等级为Ⅳ级。
4. 本桥主桥平面位于直线上，引桥位于道路曲线范围内，纵面位于竖曲线内，具体曲线要素见路线部分设计图。
5. 本桥上部主桥采用(65+120+65)m预应力混凝土变截面连续钢构桥，引桥采用16m现浇钢筋混凝土箱形梁，桥跨为(65+120+65)m+(4×16)m；主桥下部结构主墩采用双薄壁墩并与箱梁固结，承台群桩基础；0#桥台采用U形桥台、扩大基础，引桥过渡桥墩采用直立式薄壁墩、承台桩基础，引桥桥墩采用桩柱式桥墩。
6. 本桥在0#台、3#墩顶设置SXF－240型伸缩缝，7#桥台设置一道GQF80型伸缩缝。
7. 本桥桥宽为10m=0.5m防撞墙+9.0m行车道+0.5m防撞墙。
8. 桩基础施工时，如果实际地质情况与地质勘察报告不相符，应及时报业主并经设计单位确认后方可调整设计。钻孔资料详见《工程地质勘察报告》。
9. 1#桥墩施工时基坑开挖后做好护坡挡墙施工，然后施工桥墩承台及桥墩。
10. 其他未详部分参照相关规范执行。

图 17-9　某大桥的桥梁总体布置图

上部构件路面铺装构造用文字引出说明，其他部位前面已经详细描述，在此从略。从图中可以看出，引桥上部构件桥面已经加宽到 11.25m（净 10.25m+2×0.5m 防撞护栏），为预应力钢筋混凝土现浇连续箱梁，桥面横坡：2%。桥面铺装：采用 8cm 厚 C50 防水混凝土+10cm 沥青混凝土组合铺装，具体施工做法参考图中说明。

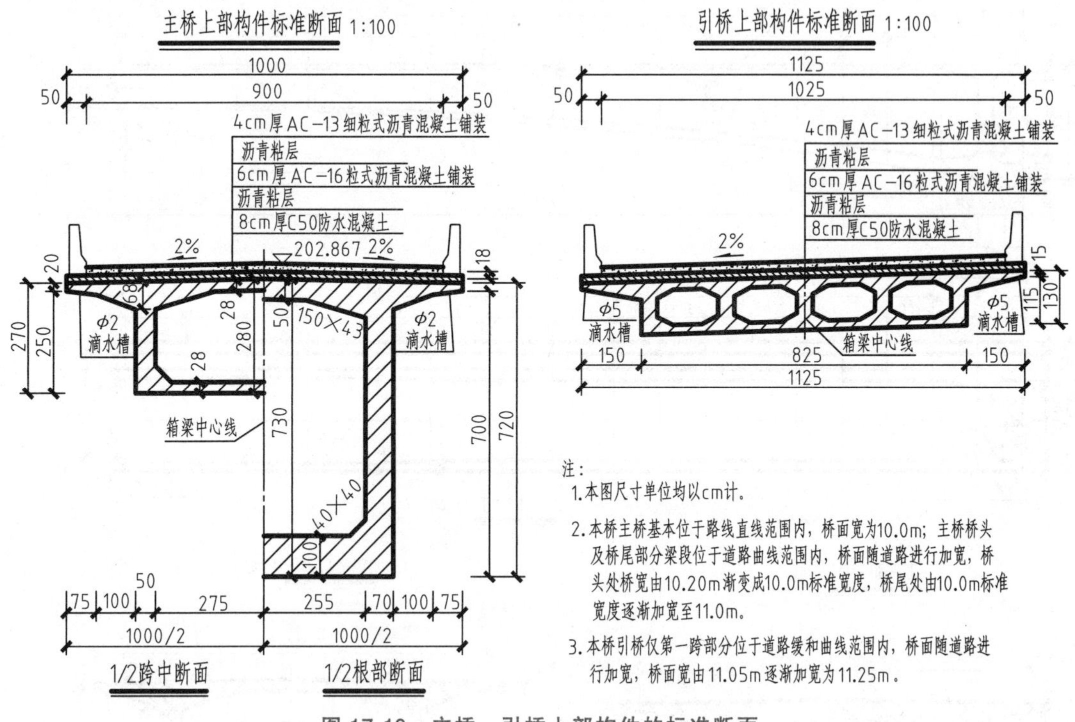

图 17-10　主桥、引桥上部构件的标准断面

4. 构件结构图

在桥型布置图中，由于比例较小，不可能将桥梁各种构件都详细地表示清楚。为了满足实际施工和制作的需要，还必须用较大比例画出各构件（通常是指主梁图、桥墩图、桥台图、配筋图等）的形状、大小和钢筋构造。构件图常用的比例为 1∶10~1∶100，当需要局部放大时，比例可采用 1∶2~1∶10。由于受篇幅所限，下面介绍几种主要构件图的画法。

（1）主桥箱梁构造图　主桥、引桥箱梁是该桥梁上部结构中最主要的受力构件，它两端搁置在桥墩或桥台上，主桥上部结构为（65+120+65）m 三跨预应力混凝土变高连续刚构箱梁，现以 120m 的中跨挂篮为例。如图 17-11 为中跨 120m（画一半 60m）箱梁的一般构造，由立面图、1/2Ⅰ—Ⅰ和 1/2Ⅱ—Ⅱ断面合成的平面图、Ⅲ—Ⅲ断面、Ⅳ—Ⅳ断面组成，表达了该梁的形状、构造和尺寸。箱梁根部高度 7.3m，跨中高度 2.8m，箱梁根部底板厚 150cm，跨中底板厚 28cm，箱梁高度以及箱梁底板厚度按二次抛物线变化。箱梁腹板根部厚 70cm，跨中厚 50cm，箱梁腹板厚度从根部至跨中分两个直线段变化。箱梁顶板厚度 28cm，0 号节段顶板厚 50cm。主桥箱梁上设置通风孔，通风孔直径 10cm，每隔 2~3m 设置一对，分别布置在块件跨中截面中性轴附近的腹板上，箱梁 0#块处的横隔梁边缘处两边底板上分别设置 D=10cm 排水圆孔。在边跨现浇段一侧箱梁底板上设置了一个检修预留孔，直径 180cm。箱梁顶宽 10.0m，底宽 6.5m，顶板悬臂长度 1.75m，悬臂板端部厚 20cm，根部厚

68cm。箱梁顶设有 2%的双向横坡，箱梁浇筑分段长度依次为：12.0m 长 0 号段+7×3.0m+8×4.0m，边跨、中跨合龙段长均采用 2.0m，具体施工做法详见图中说明。

立面（箱梁中心线剖面）1:200

1/2 I—I 1:200

1/2 II—II 1:200

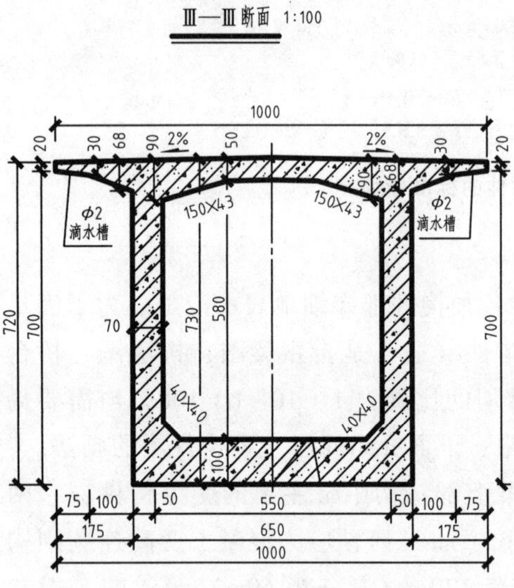

III—III 断面 1:100

IV—IV 断面 1:100

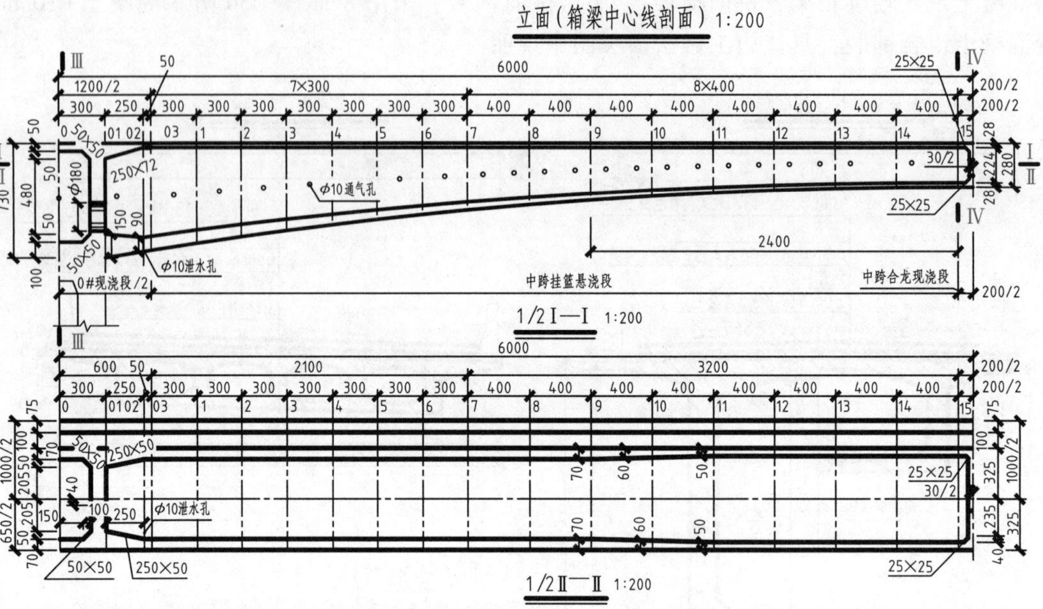

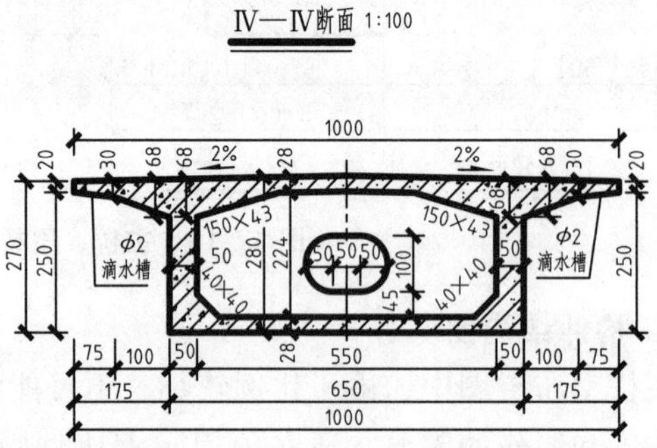

附注：

1. 本图尺寸均以cm计。
2. 0#块采用拼装托架立模现浇，16#段采用吊架现浇，其余各段采用挂篮悬浇施工。
3. 箱梁采用C50混凝土，浇注箱梁混凝土时应注意预埋通风孔、泄水管及箱梁合拢段劲性连接件、防撞护墙、伸缩缝、施工用孔道及其预埋件。
4. 箱梁从IV—IV断面至根部断面，下缘曲线及底板厚均按二次抛物线变化，公式分别为：梁高$h=2.8+A_x$，其中$A_x=4.5/56.0$，底板厚$d=0.28+B_x$，其中$B_x=0.62/53.5$。尺寸表中梁高h为单箱中心线处高度值。
5. 伸缩缝预留槽尺寸为$h\times b=65\times 8$，端部翼板加厚段的细部构造尺寸详见《箱梁边跨现浇段一般构造图》。

图 17-11　主桥中跨箱梁的一般构造（1/2）

（2）桥台构造图　桥台属于桥梁的下部结构，主要是支承上部的板梁，并承受路堤填土的水平推力。图 17-12 为 0 号桥台的一般构造，用立面图、平面图、左侧面图和帽梁大样图表示。该桥台采用扩大基础 U 形桥台，三级基础，每级基础厚为 1.5m，桥台侧墙长 8m，背墙与预制梁对应位置设有橡胶缓冲块避免发生构件刚性撞击。具体施工做法详见图中说明，桥台的承台等处的配筋图略。

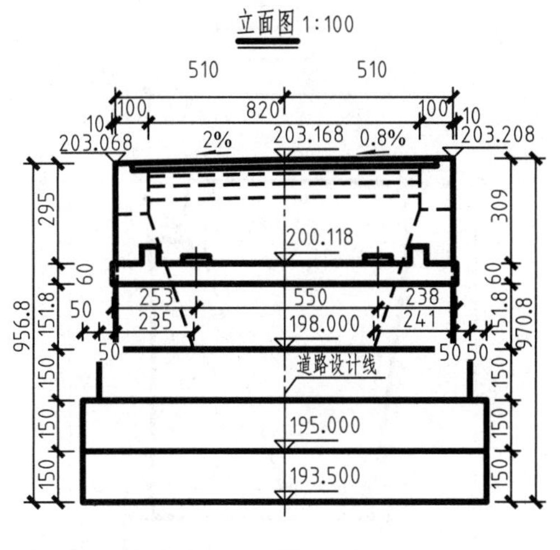

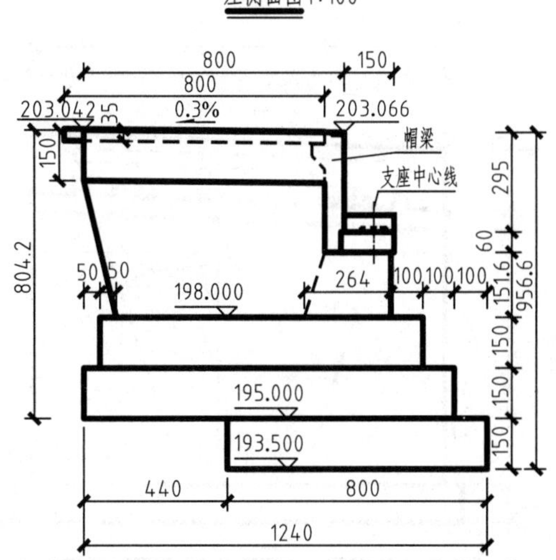

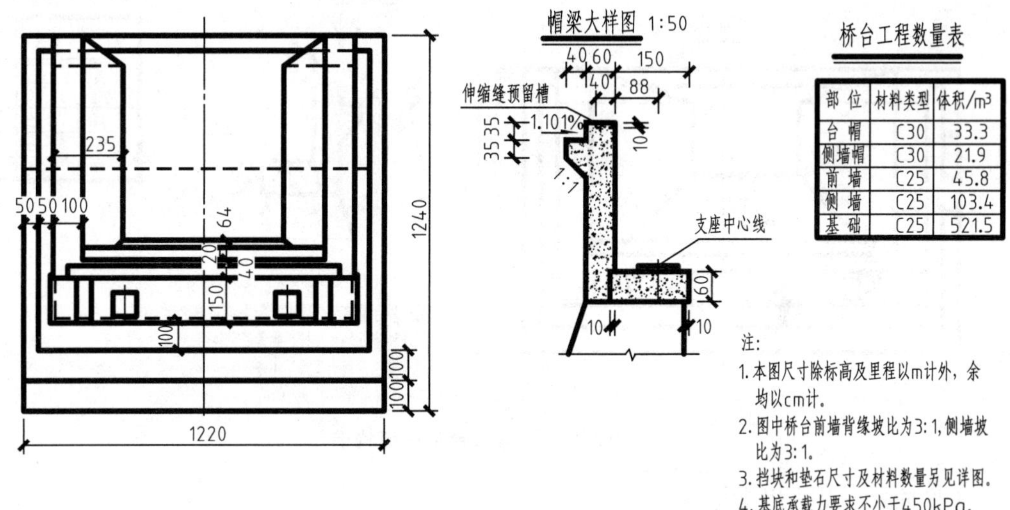

桥台工程数量表

部 位	材料类型	体积/m³
台 帽	C30	33.3
侧墙帽	C30	21.9
前 墙	C25	45.8
侧 墙	C25	103.4
基 础	C25	521.5

注：
1. 本图尺寸除标高及里程以m计外，余均以cm计。
2. 图中桥台前墙背缘坡比为3:1，侧墙坡比为3:1。
3. 挡块和垫石尺寸及材料数量另见详图。
4. 基底承载力要求不小于450kPa。

图 17-12 0 号桥台的一般构造

图 17-13 为 7 号桥台的一般构造，用立面图、平面图、左侧面图和帽梁大样图表示。该桥台采用扩大基础 U 形桥台，两级扩大基础，每级基础厚为 1m，桥台侧墙长为 6m，背墙与预制梁对应位置设有橡胶缓冲块避免发生构件刚性撞击。具体施工做法详见图中说明。

（3）1 号桥墩构造图　图 17-14 为 1 号桥墩的一般构造，该桥墩为主桥桥墩，绘制了桥墩的立面图、侧面图、Ⅰ—Ⅰ和Ⅱ—Ⅱ剖面图。墩身采用双薄壁墩并与箱梁固接，顺桥薄壁厚为 1.8m，横桥向宽 6.5m。薄壁净距为 2.4m，双薄壁之间采用连续板进行连接。主墩承台厚 4.5m，基础采用桩径 2.5m 的钻孔灌注桩，桩基按纵向两排，横向两排布置，单线每

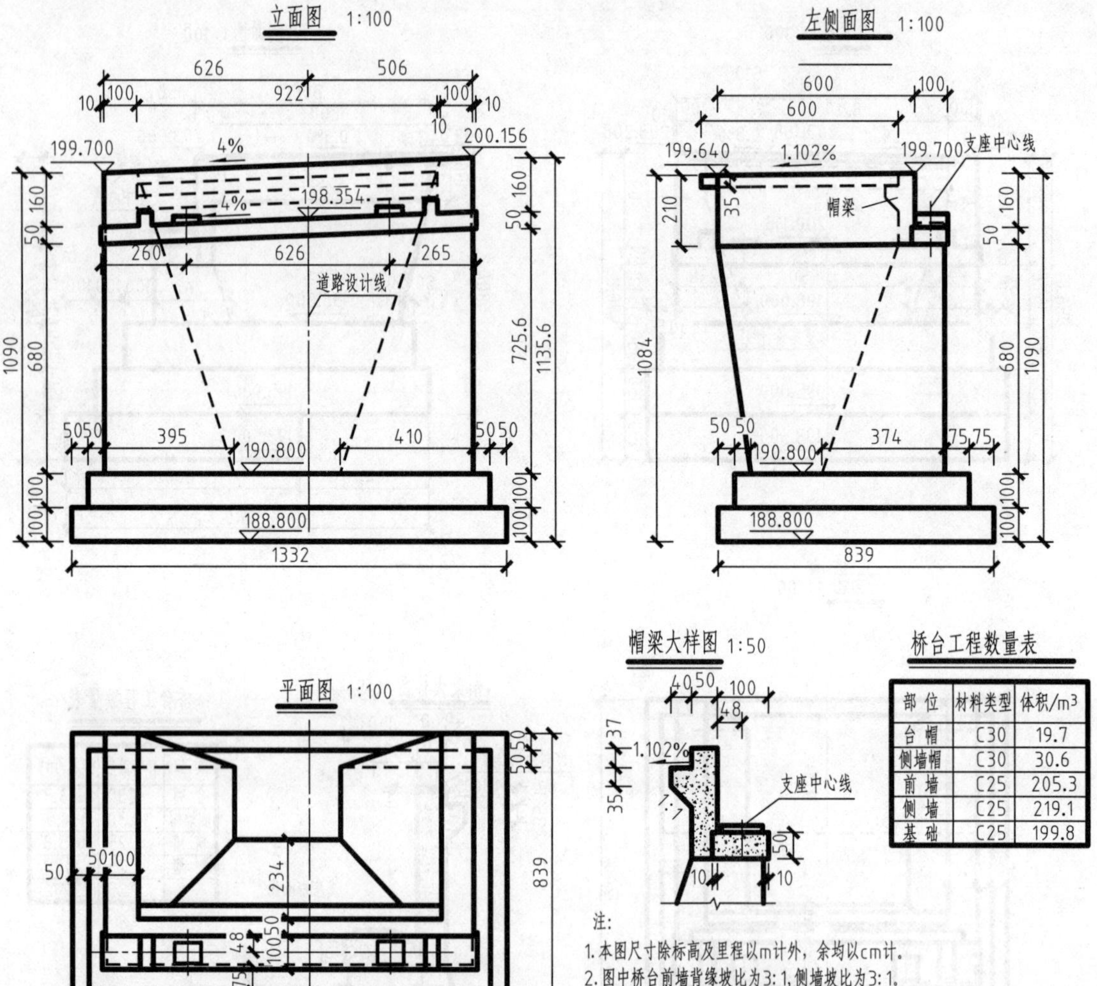

立面图 1:100

左侧面图 1:100

帽梁大样图 1:50

平面图 1:100

桥台工程数量表

部位	材料类型	体积/m³
台帽	C30	19.7
侧墙帽	C30	30.6
前墙	C25	205.3
侧墙	C25	219.1
基础	C25	199.8

注：
1. 本图尺寸除标高及里程以m计外，余均以cm计。
2. 图中桥台前墙背缘坡比为3:1，侧墙坡比为3:1。
3. 挡块和垫石尺寸及材料数量另见详图。
4. 桥台基底承载力要求不小于450kPa，嵌入强风化含砾砂质泥岩不小于2.0m。

图 17-13　7 号桥台的一般构造

墩共 4 根桩，桩基采用支撑桩设计。

（4）3 号引桥箱梁横梁钢筋结构图　图 17-15 所示为 3 号桥墩处横梁钢筋配筋图，图 17-16所示为钢筋成型图及明细表（为方便读图，精简处理了原设计图），由Ⅰ—Ⅰ、Ⅱ—Ⅱ、Ⅲ—Ⅲ断面图，Ⅳ—Ⅳ剖面图，以及钢筋详图组成。由于箱梁内钢筋较多，除了画出骨架 A、骨架 B 外，Ⅲ—Ⅲ断面、Ⅳ—Ⅳ剖面图采用了简化画法，即通过尺寸标注体现箍筋（13、13a、13b 号钢筋）在不同位置疏密要求不同。Ⅰ—Ⅰ、Ⅱ—Ⅱ断面图也因为画出了骨架 A、骨架 B 钢筋图而大大简化。通过钢筋明细表及成型图，可以看出该梁内配有 13 种受力钢筋，3 种箍筋，通过钢筋明细表和材料数量表，可以统计一片支点横梁所用钢筋材料，方便对该工程造价进行核定，具体施工做法详见图中说明。

以上介绍了桥梁中一些主要构件的画法，实际上绘制的构件图和详图还有很多，但表示方法基本相同，故不赘述。

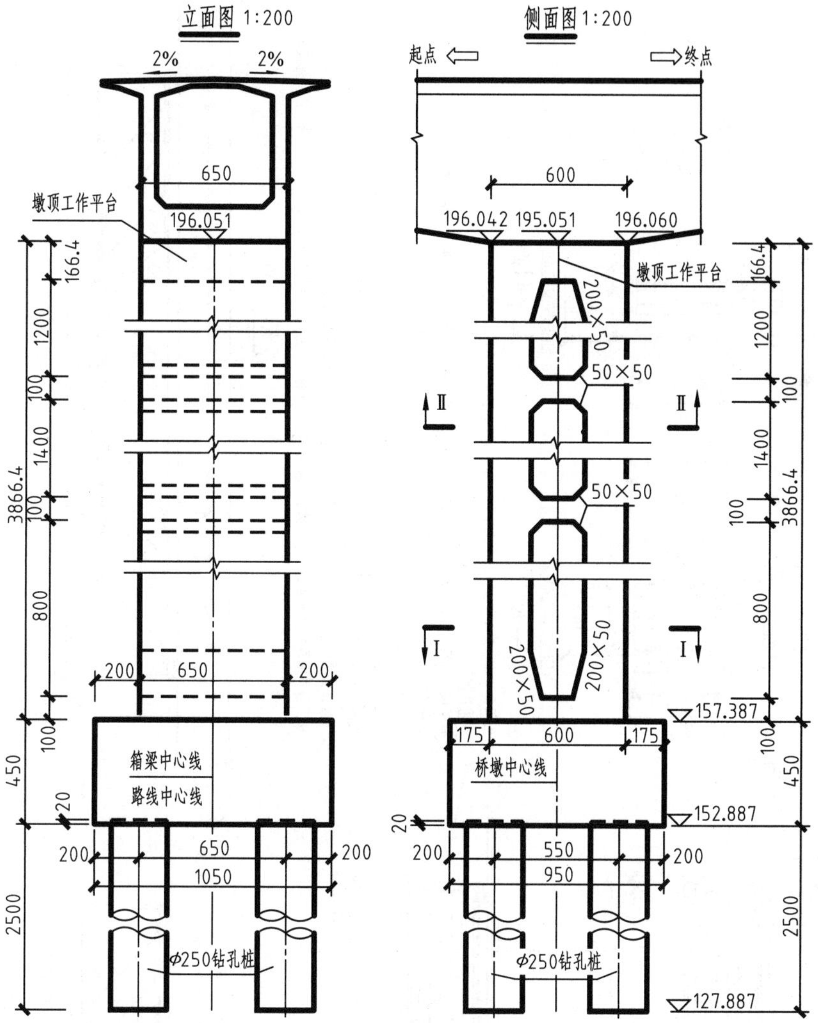

立面图 1:200

2%　2%

650

墩顶工作平台

196.051

166.4　1200　100　1400　100　800　3866.4

200　650　200

100　450　20

箱梁中心线

路线中心线

200　650　200

1050

2500

Φ250钻孔桩

侧面图 1:200

起点　终点

600

196.042　195.051　196.060

墩顶工作平台

200×50

50×50

50×50

200×50　200×50

Ⅱ　Ⅱ

Ⅰ　Ⅰ

166.4　1200　100　1400　100　800　3866.4

157.387

175　600　175

桥墩中心线

100　450

152.887

20

200　550　200

950

2500

Φ250钻孔桩

127.887

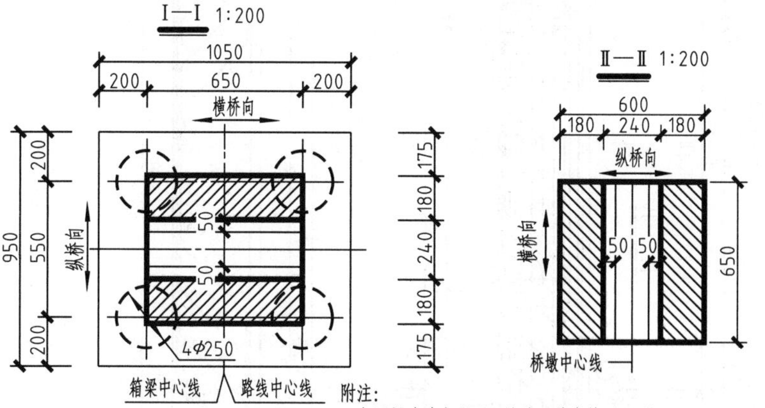

Ⅰ—Ⅰ 1:200

1050

200　650　200

横桥向

纵桥向

950　200　550　200

175　180　240　180　175

50　50

4Φ250

箱梁中心线　路线中心线

Ⅱ—Ⅱ 1:200

600

180　240　180

纵桥向

横桥向

50　50

650

桥墩中心线

桥墩混凝土数量表

项目	材料 ＼ 桥墩位置	1#
墩身	C40混凝土/m³	966.7
承台	C30混凝土/m³	448.9
基桩	C30混凝土/m³	490.6

附注：

1. 本图尺寸除高程以m计外，其余均以cm计。
2. 在墩顶下双薄壁墩内部设置两道横隔板，以加强墩身刚度。
3. 桥墩桩基为嵌岩桩，嵌入基岩不小于5m，施工时若地质资料与工程地质勘察报告不符，应与有关单位协商酌情处理。
4. 桥墩基础开挖边坡防护量已计入主桥工程数量表中。

图 17-14　1 号桥墩的一般构造

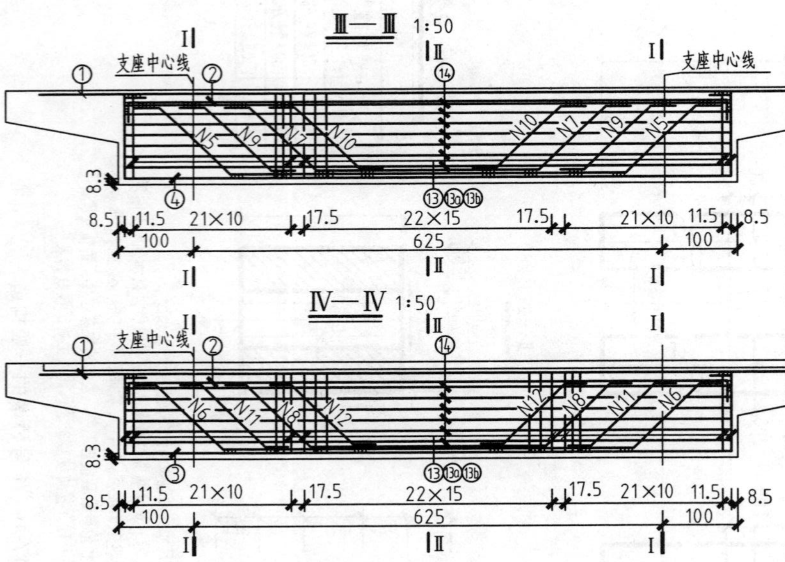

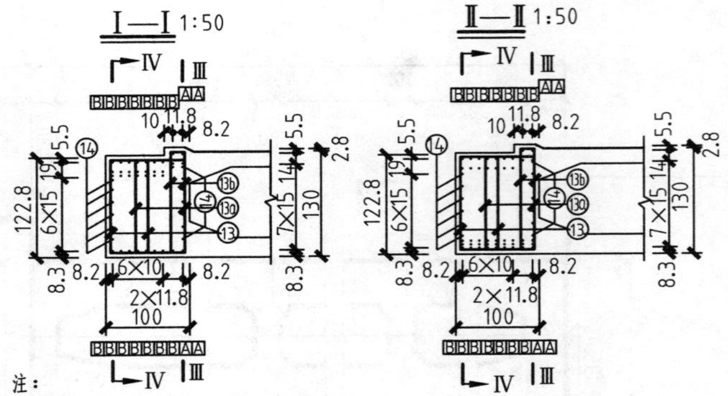

Ⅲ—Ⅲ 1:50

Ⅳ—Ⅳ 1:50

Ⅰ—Ⅰ 1:50

Ⅱ—Ⅱ 1:50

注：

1. 本图尺寸除钢筋直径以mm为单位外，余均以cm计。
2. 本图适用于3号墩处支点横梁。
3. 钢筋绑扎过程中若有干扰，可适当移动本图钢筋，但不能任意截断钢筋或减少钢筋根数。
4. 钢筋焊缝采用双面焊缝，焊缝长度不小于5d。
5. 施工时注意预埋支座钢板，具体另见有关图纸。
6. 混凝土用量已计入《箱梁普通钢筋构造图》。
7. 本图未示箱梁内其他钢筋，具体另见有关图纸。
8. 中横梁梁高较箱梁高出 2.8cm，总高为132.8cm，施工时注意切勿遗漏。
9. 施工过程中若发现箱梁纵向骨架钢筋与横梁骨架钢筋有干扰可以适当调整纵向N8 和N10钢筋，但不得截断。

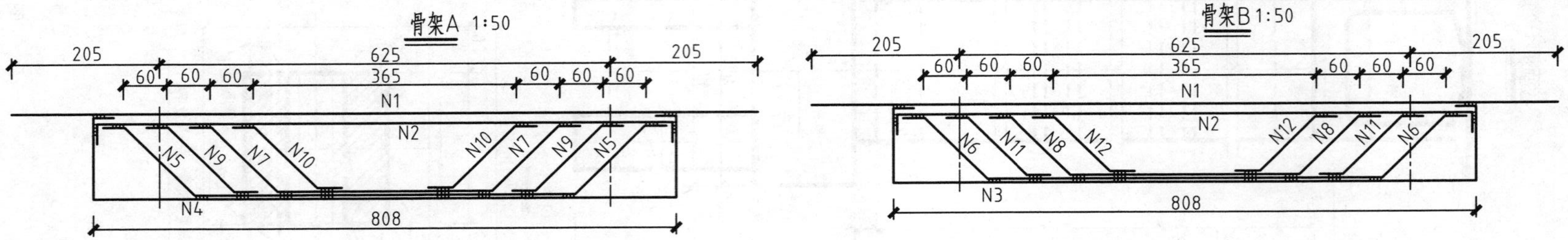

骨架A 1:50

骨架B 1:50

图 17-15　3 号桥墩处横梁钢筋配筋图

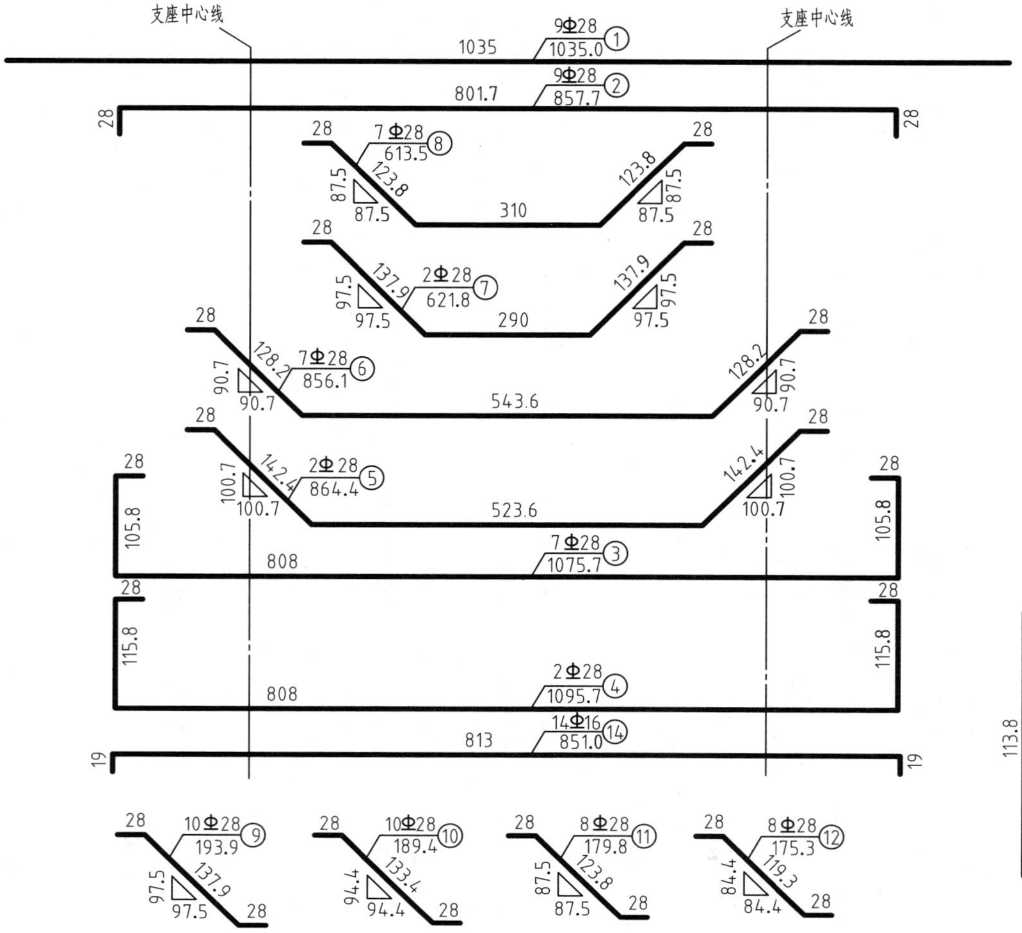

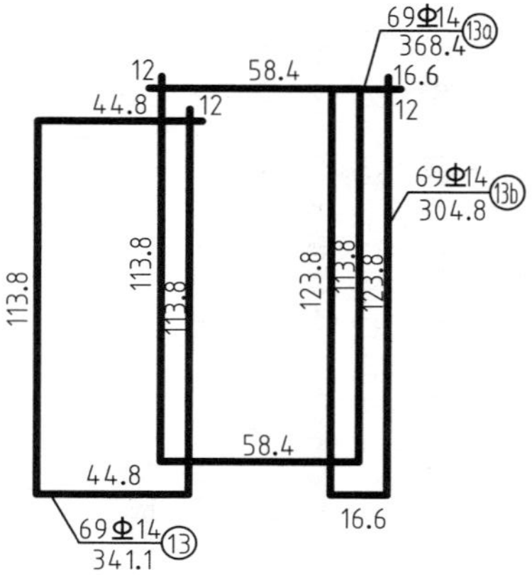

支点横梁钢筋明细表

编号	直径/mm	单根长/cm	根数	共长/m	单位重/(kg/m)	共重/kg
1	Φ28	1035.0	9	93.15	4.830	449.9
2	Φ28	857.7	9	77.19	4.830	372.8
3	Φ28	1075.7	7	75.30	4.830	336.7
4	Φ28	1095.7	2	21.92	4.830	105.9
5	Φ28	864.4	2	17.29	4.830	83.5
6	Φ28	856.1	7	59.93	4.830	289.5
7	Φ28	621.8	2	12.44	4.830	60.1
8	Φ28	613.5	7	42.95	4.830	207.4
9	Φ28	193.9	10	19.39	4.830	93.7
10	Φ28	189.4	10	18.94	4.830	91.5
11	Φ28	179.8	8	14.38	4.830	69.5
12	Φ28	175.3	8	14.02	4.830	67.7
13	Φ14	341.1	69	235.36	1.210	284.3
13a	Φ14	368.4	69	307.07	1.210	307.1
13b	Φ14	304.8	69	254.06	1.210	254.1
14	Φ16	851.0	14	119.14	1.580	188.2

材料数量表

项目	直径/mm	总重/kg
一片支点横梁合计	Φ14	845.5
	Φ16	188.2
	Φ28	2255.1

图 17-16　钢筋成型图及明细表

17.1.2 桥梁工程图的阅读（Reading Bridge Engineering Drawings）

桥梁形体庞大，结构复杂，其工程图繁多。在阅读桥梁工程图时，需应用前面介绍的基本投影原理、形体分析方法及结施图中钢筋混凝土和钢结构相关知识来帮助读图。

1. 读图方法

(1) 分解整体　一座桥梁由多种构件组成，阅读桥梁工程图时，先看桥型布置图，将各部分区分开，了解每个构件的总体形状和大小。

(2) 形体分析　用形体分析方法将构件的整体划分为不同的基本形体和经叠加或挖切成的组合形体，如将桥墩分为棱柱体、圆柱体等。

(3) 投影分析　在桥型布置图或构件结构图中，按投影规律找出各投影图之间的投影关系。根据剖切位置搞清剖面图、断面图中各部分投影，帮助想象空间形体的形状。

(4) 归纳综合　根据形体分析和投影分析看懂各个构件局部形状，汇总组成整体。

2. 读图步骤

1）看标题栏和文字附注说明，了解桥梁名称、种类、主要技术指标、画图比例、尺寸单位及施工措施等。

2）看桥位图，了解桥梁的位置与周围地形地物的关系，以及桥梁的作用。

3）看桥型布置图，弄清各投影图的关系。对于剖面图、断面图，则要找出剖切线位置和投射方向。先看立面图、纵剖面图，了解桥型、孔数、跨径大小、墩台数目、总长、总高、河床断面及地质情况，各种水位的标高。在对照平面图和横断面图时，了解桥梁的宽度，车行道、人行道尺寸和主梁的断面形式、尺寸，墩、台形状和尺寸，对桥梁全貌有一个初步的认识。

4）分别阅读构件结构图和详图，搞清构件的全部构造。

5）阅读工程数量表、钢筋明细表和图中文字说明、材料断面符号等，了解桥梁各部分使用的建筑材料及数量等。

3. 读图举例

图 17-17 为白沙河大桥的总体布置图，绘图比例采用 1∶100，该桥为三孔钢筋混凝土空心板简支梁桥，桥长 34.90m，桥宽 14m，中孔跨径 13m，两边孔跨径 10m。桥中设有两个柱式桥墩，两端为重力式混凝土桥台，桥台和桥墩的基础均采用钢筋混凝土预制打入桩。桥上部承重构件为钢筋混凝土空心板梁。

(1) 立面图　由半立面和半纵剖面合成，左半立面图为左侧 0 号桥台、1 号桥墩、板梁、人行道栏杆等主要部分的外形视图。右半纵剖面图是沿桥梁中心线纵向剖开而得到的，2 号桥墩、右侧 3 号桥台、板梁和桥面均应按剖开绘制。图中画出了河床的断面形状，在半立面图中，河床断面线以下的结构如桥台、桩等用虚线绘制，在半剖面图中地下的结构均画为实线。由于预制桩打入地下较深的位置，不必全部画出，为了节省图幅，采用了断开画法。图中标出了桥梁各重要部位如桥面、梁底、桥墩、桥台、桩尖等处的高程，以及常水位（即常年平均水位）。

(2) 平面图　用分层剖切表示，左半平面图是从上向下投影得到的桥面水平投影图，主要画出了车行道、人行道、栏杆等的位置。由所注尺寸可知，桥面车行道净宽为 10m，两边人行道各为 2m。右半部采用的是剖切画法（或分层揭开画法），假想把上部结构移去后，

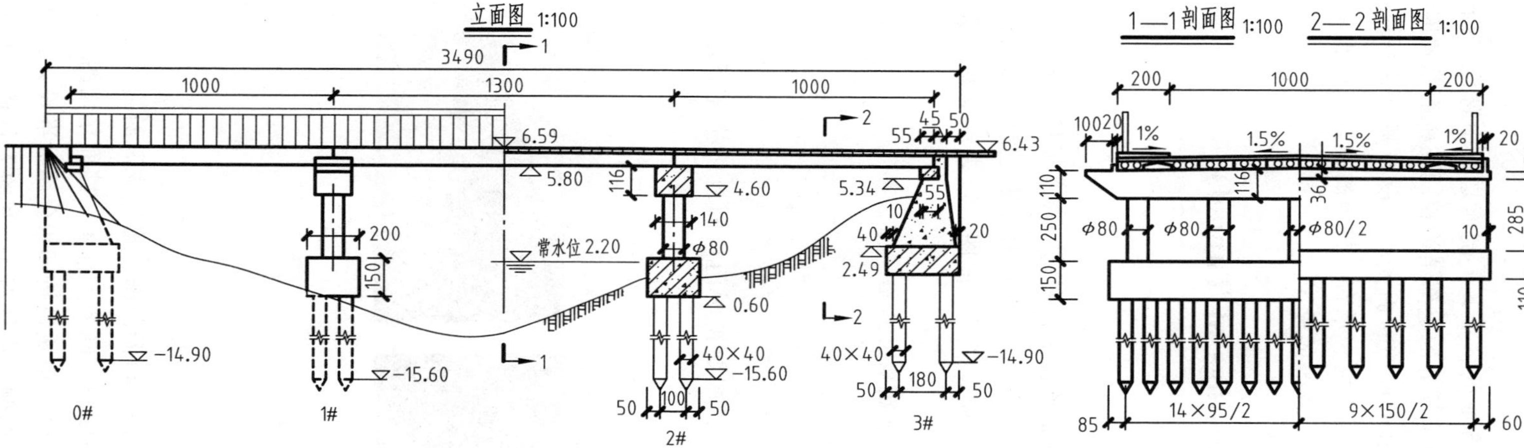

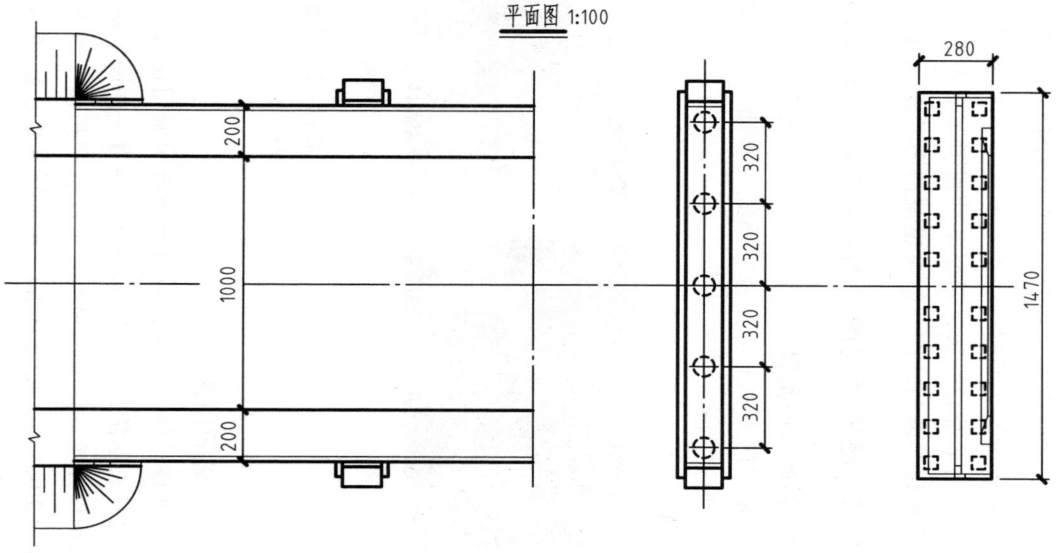

立面图 1:100

1—1剖面图 1:100　2—2剖面图 1:100

平面图 1:100

说明：

1. 本图尺寸除标高以m计外，其余均以cm计。
2. 图中标高为黄海标高。
3. 设计荷载标准为汽车−20级、挂车−100级。

图 17-17　白沙河大桥总体布置图

画出 2 号桥墩和右侧桥台的平面形状和位置。桥墩中的虚线圆是立柱的投影，桥台中的虚线正方形是下面方桩的投影。

(3) 横剖面图　由 1/2Ⅰ—Ⅰ和 1/2Ⅱ—Ⅱ剖面合成的，Ⅰ—Ⅰ剖面是在中跨位置剖切的，Ⅱ—Ⅱ剖面是在边跨位置剖切的。桥梁中跨和边跨部分的上部结构相同，桥面总宽度为 14m，是由 10 块钢筋混凝土空心板拼接而成，图中由于板的断面太小，没有画出其材料符号。在Ⅰ—Ⅰ剖面图中画出了桥墩各部分，包括墩帽、立柱、承台、桩等的投影。在Ⅱ—Ⅱ剖面图中画出了桥台各部分，包括台帽、台身、承台、桩等的投影。

■ 17.2　隧道工程图（Engineering Drawings of Tunnel）

17.2.1　概述（Introduction）

隧道是公路穿越山岭的狭长的构筑物。中间的断面形状很少变化，隧道工程图除用平面图表示其地理位置外，表示构造的主要图样有隧道洞门图、横断面图（表示洞身断面形状和衬砌）以及避车洞图等。洞身衬砌形状比较单一，通常只用断面图即可表示清楚，洞门的形状、构造都很复杂，需要多种视图才能表达清楚。

下面以某隧道为例介绍隧道洞门图的图示特点，供初学者参考。

17.2.2　隧道洞门图（Tunnel Portal Drawings）

1. 隧道洞门类型

隧道洞门大体上可分为端墙式、翼墙式、仰斜式，主要视洞门口的地质状况而定。图 17-18 为隧道洞门三种类型。

a)　　b)

c)

图 17-18　隧道洞门

a）端墙式　b）翼墙式　c）仰斜式

2. 隧道洞门图

下面以该隧道为例，通过隧道进出洞门位置图、进出口洞门图、出口成洞面临时支护示意图简易表达隧道图的图示特点。隧道平面图、纵断面图、围岩大样图、路面结构图、路缘排水沟设计图等与前面道路路线工程图相似，此处略过。该隧道按四级公路标准设计，设计速度为 20km/h，长约 100m。由于时速低、距离短，两侧又设计有 1m 宽的人行道，因此隧道中没有设计人行避车洞。

（1）进出洞门位置图　图 17-19 是该隧道的进出口洞门位置简图，主要用三个简图和主要工程数量表来表示，采用 1∶10 的比例绘图。从平面布置图中可以看出隧道进口、出口采用翼墙式洞门，在边仰坡外 5~10m 处设截水天沟，防止山坡雨水冲刷坡面。坡面雨水通过洞门墙顶水沟排入地表低的一侧引至截水天沟或路基水沟排走。进出口平面图中洞门外的曲线是椭圆，从纵断面图和横断面图中可知，它是洞门 10∶1 的斜坡平面与半径 *R*570 圆柱的截交线。从进出口附近横断面图可以看出，进出口路堑边坡坡率土方为 1∶1，土石方边坡采用 1∶0.25，隧道两洞口端的路线基本上与地形等高线正交。从进出口附近纵断面图可以看出，洞门直墙坡度为 10∶1，洞门顶帽为五边形断面形状，路面设有 2.71%单向纵坡，设有黏土隔水层，初期支护采用 ϕ22mm 砂浆锚杆，长 3m。

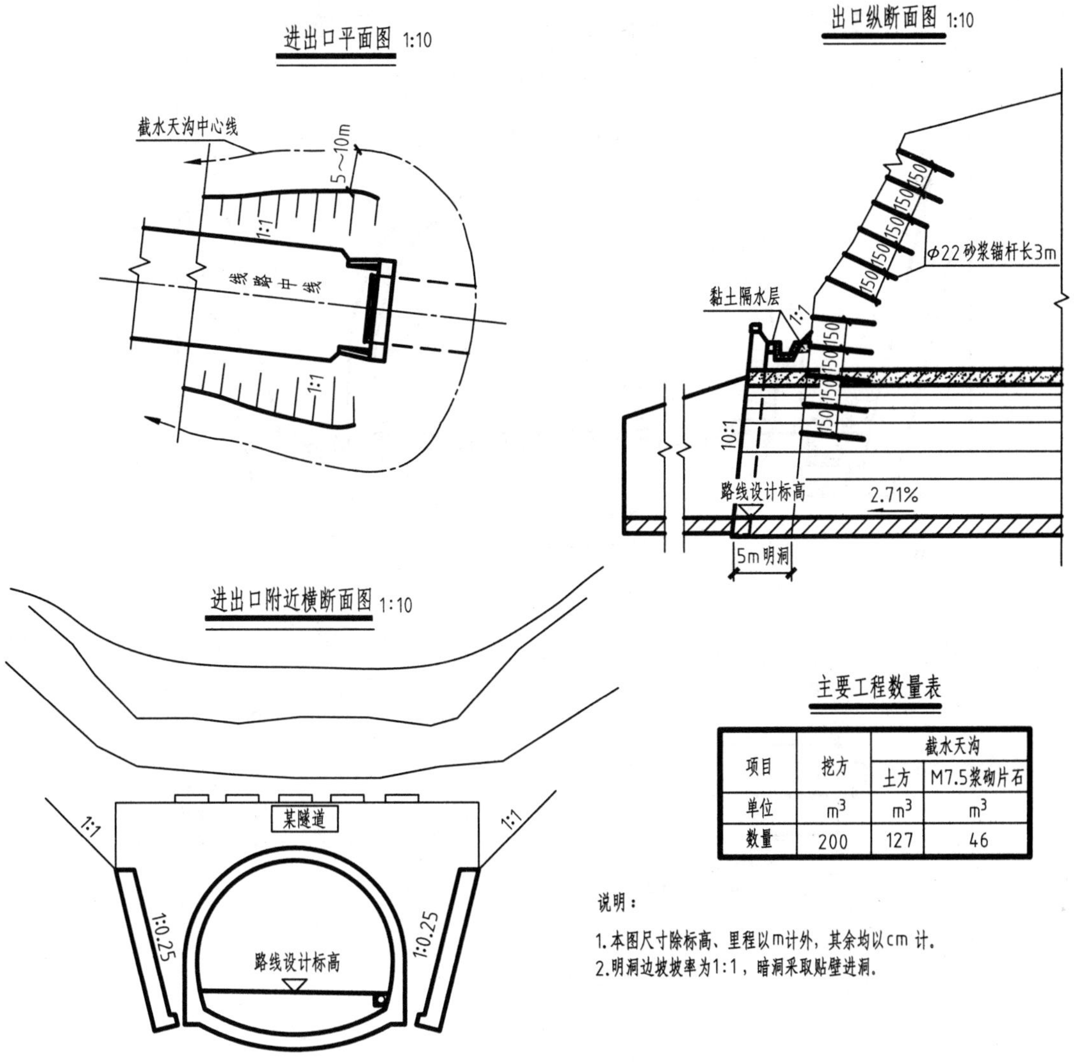

主要工程数量表

项目	挖方	截水天沟	
		土方	M7.5浆砌片石
单位	m^3	m^3	m^3
数量	200	127	46

说明：

1. 本图尺寸除标高、里程以m计外，其余均以cm 计。
2. 明洞边坡坡率为1:1，暗洞采取贴壁进洞。

图 17-19　进出口洞门位置简图

（2）进出口洞门图　图 17-20 是隧道洞门的正面投影图和名牌图，不论洞门是否左右对称，洞门两边都应画全。从图中可以看出，隧道洞门为翼墙式，隧道公路限界横断面宽度为1×8m（车行道）+2×1m（人行道）= 10m，净高为 6.8m。圆拱形洞口，拱部为单心半圆，半径 5.2m，侧墙为大半径圆弧，半径 7.8m。拱圈衬砌厚 50cm，仰拱衬砌厚 75cm。洞门上方虚线，表示洞口顶部有坡度为 2% 的排水沟，箭头表示流水方向。路面设有 1.5% 的横坡，两侧翼墙坡度为 1 : 0.25，两侧路基水沟断面形状、大小参考图中尺寸。为了稳定仰坡、防止落石，洞门顶帽采用 150cm×50cm 规格的五边形断面形状、间隔 50cm 分布的缘石。用局部视图表示进出口名牌的规格及位置所在。

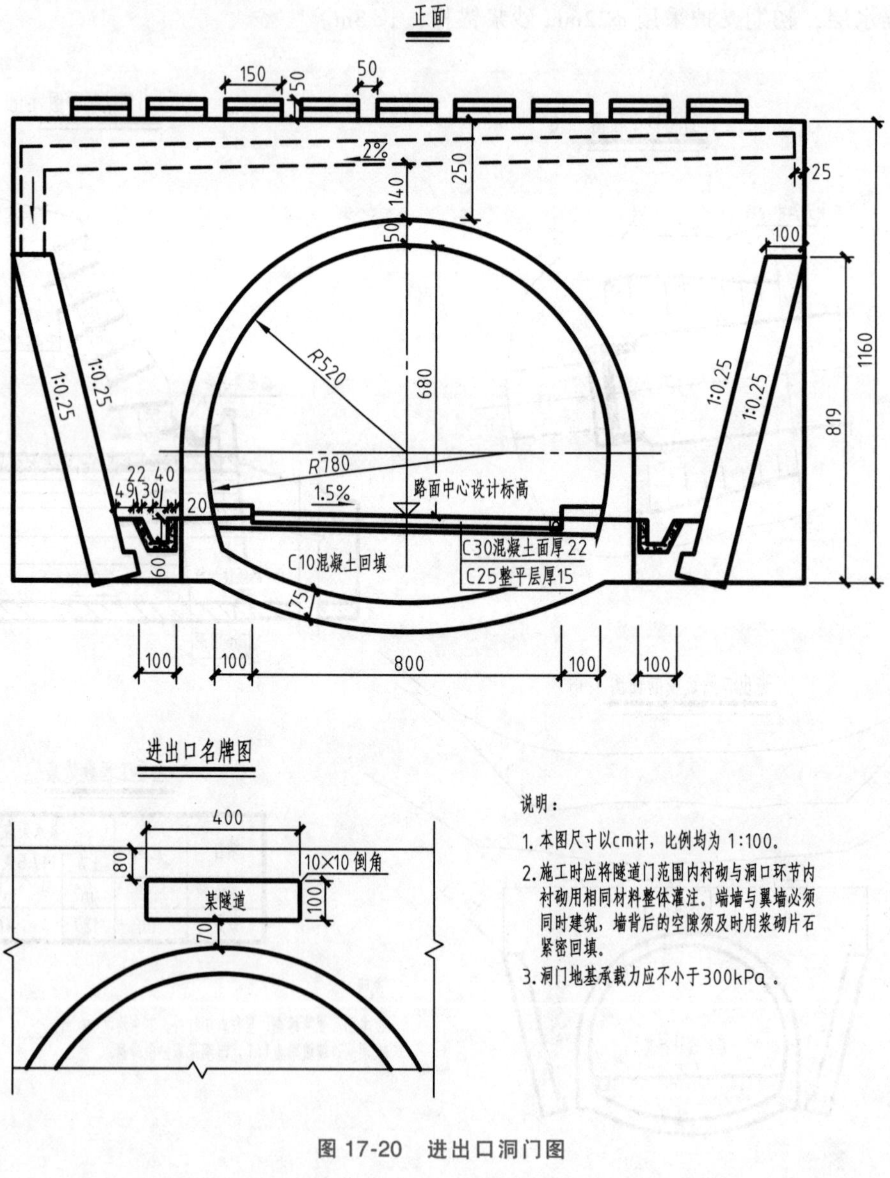

图 17-20　进出口洞门图

（3）出口成洞面临时支护示意图　图 17-21 表达了出口成洞面临时支护的钢筋、混凝土等建筑材料分布情况及用量情况。

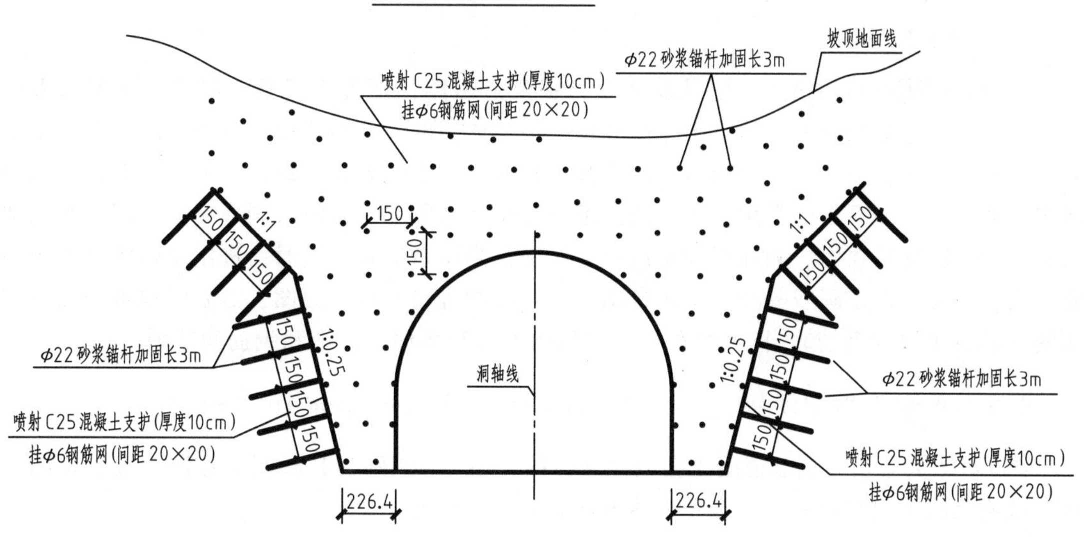

主要工程数量表

项目	材料	单位	数量
端墙	M7.5水泥砂浆砌块石	m^3	165.7
	C20混凝土帽石	m^3	4.05
挡墙	M7.5水泥砂浆砌块石墙身	m^3	249.8
	M7.5水泥砂浆砌片石侧沟	m^3	16.8
护坡	C25喷射混凝土	m^3	31.5
	Φ22砂浆锚杆	kg	1582.4
	Φ6钢筋网	kg	749.3

附注：

1. 本图尺寸以cm计。
2. 名牌与标牌字体不限，涂红漆。
3. 标牌用大理石制成，上刻设计单位、施工单位名称及建成年月。
4. 隧道进出口石头边坡挖除后坡比采用1:0.5。

图 17-21　出口洞门成形前临时支护示意图

17.3　涵洞工程图（Engineering Drawings of Culvert）

17.3.1　概述（Introduction）

涵洞是公路工程中宣泄小量水流的构筑物。根据《公路工程技术标准》（JTG B01—2014）规定，凡单孔跨径小于5m、多孔跨径总长小于8m以及圆管涵、箱涵不论管径或跨径大小，孔数多少，均称为涵洞。涵洞按所用建筑材料可分为钢筋混凝土涵、混凝土涵、石涵、砖涵、木涵等；按构造形式可分为圆管涵、盖板涵、拱涵、箱涵等；按洞身断面形状可分为圆形涵、拱形涵、矩形涵、梯形涵等；按孔数可分为单孔、双孔、多孔等；按洞口形式可分为一字式（端墙式）、八字式（翼墙式）、领圈式（平头式）、阶梯式等。

17.3.2 涵洞工程图的图示特点（Graphic Features of Engineering Drawings of Culvert）

涵洞是窄而长的构筑物，它从路面下方横穿过道路，埋置于路基土层中。在图示表达时，一般是不考虑涵洞上方的覆土，或假想土层是透明的，这样才能进行正常的投影。尽管涵洞的种类很多，但图示方法和表达内容基本相同。以水流方向为纵向，从左向右，以纵剖面图代替立面图。平面图常用掀土画法，不考虑洞顶的覆土，有时可画成半剖面图，水平剖切面通常设在基础顶面。侧面图即是洞口立面图，当洞口形状不同时，进出水口的侧面图均要画出，也可以用点画线分开，采用各画一半合成的进出水口立面图，需要时也可增加横剖面图（垂直于纵向剖切）。除此之外，还应按需要画出翼墙断面图和钢筋构造图。

17.3.3 涵洞工程图示例（Example of Culvert Engineering Drawings）

图 17-22 为常用的钢筋混凝土盖板涵立体图。图 17-23 则为其涵洞工程图，现以该图为例，说明涵洞工程图的图示特点和表达方法。

1. 立面图

从左到右以水流方向为纵向，用纵剖面图表达，表示了洞身、洞口、基础、路基的纵断面形状以及它们之间的连接关系。洞顶上路基填土厚度要求不小于 50cm，进出水口分别采用端墙式和翼墙式，锥形护坡、八字翼墙的纵坡均与路基边坡相同，均按 1∶1.5 放坡；涵洞净高 134cm，盖板厚 16cm，设计流水坡度为 1%，截水墙高 100cm。盖板及基础所用材料也在图中表示出来，图中未示出沉降缝位置。

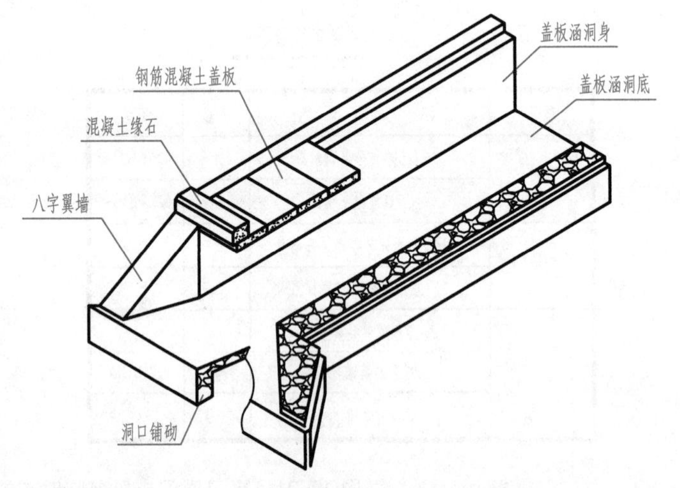

图 17-22 钢筋混凝土盖板涵立体图

2. 平面图

采用半平面图和半剖面图来表达进出水口的形式和平面形状、大小，缘石的位置、翼墙角度，墙身及翼墙的材料等。如图所示，涵洞轴线与路中心线正交。涵顶覆土虽未考虑，但路基边缘线应予画出，并以示坡线表示路基边坡。为了便于施工，分别在端墙、翼墙和洞身位置作 1—1、2—2、3—3、4—4 和 5—5 剖切，用放大比例画出断面图，以表示墙身和基础的详细尺寸、墙背坡度及材料等，洞身 2—2 横断面图表明了涵洞洞身的细部构造及其盖板尺寸。

3. 侧面图

侧面图按习惯称洞口立面图，它是涵洞洞口的正面投影图，主要反映了缘石、盖板、洞口、护坡、截水墙、基础等的侧面形状和相互位置关系。由于进出水洞口形式不同，所以用点画线分开，各画 1/2 进水口（一字式）和 1/2 出水口（八字式）正面图组合而成。

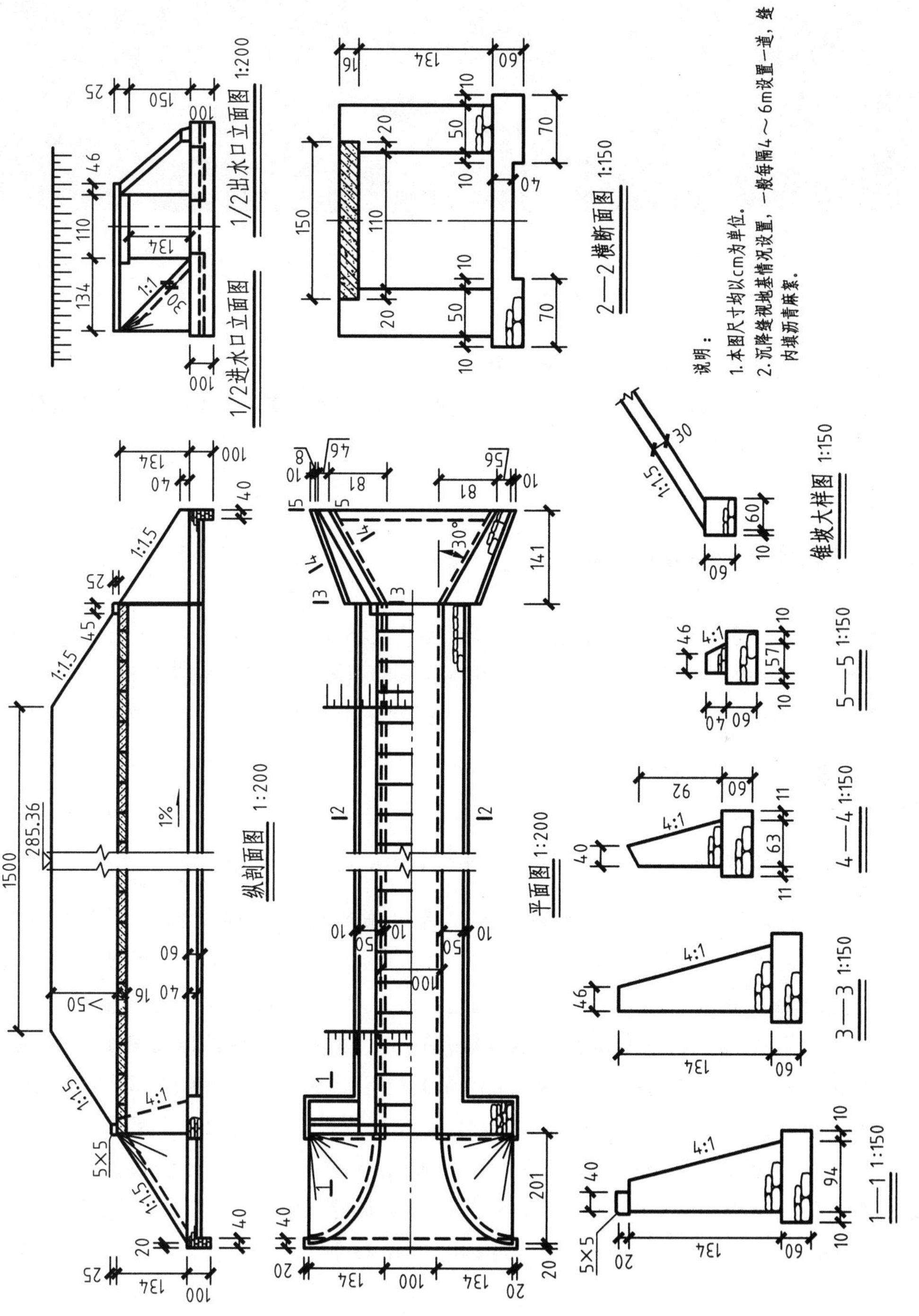

纵剖面图 1:200

1/2进水口立面图　1/2出水口立面图 1:200

平面图 1:200

2—2横断面图 1:150

1—1 1:150　3—3 1:150　4—4 1:150　5—5 1:150

锥坡大样图 1:150

说明：

1. 本图尺寸均以cm为单位。
2. 沉降缝视地基情况设置，一般每隔4～6m设置一道，缝内填沥青麻絮。

图 17-23　盖板涵构造图

第 18 章　水利工程图
(Hydraulic Engineering Drawings)

【学习目标】

1. 了解水利工程图的内容和图示特点。

2. 掌握阅读水利工程图样的方法，重点掌握阅读枢纽布置图及绘制其构件图的方法。

■ 18.1　概述（Introduction）

表达水利工程规划、布置和水工建筑物的形状、大小及结构的图样称为水利工程图，简称水工图。水工图的内容包括视图、尺寸、图例符号和技术说明等，它是反映设计思想、指导施工的重要技术资料。本章参考《水利水电工程制图标准》（SL 73.1、73.2—2013）对常见的水利工程图作简要介绍，水工图除应符合本标准的规定外，尚应符合国家现行有关标准的规定。

18.1.1　水工建筑物简介（Introduction to Hydraulic Structures）

为利用或控制自然界的水资源而修建的工程设施称为水工建筑物。一项水利工程，常从综合利用水资源出发，同时修建若干个不同作用的建筑物，这种建筑物的综合体称为水利枢纽。图 18-1 所示为我国大型水利枢纽——三峡水利工程全貌。该枢纽主要由拦河坝、发电站、船闸（垂直升船机、双线五级船闸）、泄洪坝、冲沙闸等建筑物组成。拦河坝是挡水建筑物，用以拦截河流，抬高上游水位，形成水库和落差，图中标出坝长 2309.5m。电站是利用上游、下游水位差及流量进行发电的建筑物。升船机是用以克服水位差产生的通航障碍的建筑物。双线五级船闸用于航运，垂直升船机用于过船。泄洪坝是用以泄洪及排放上游水流，进行水位和流量调节的建筑物，图中标出泄洪坝长 483m。冲沙闸是用以排放水库泥沙的建筑物。图中在泄水闸底孔及船闸处均布置有排沙底孔。

18.1.2　水工建筑物中常见结构（Common Structure of Hydraulic Structures）

在水工建筑物中常设置以下结构，如图 18-2 所示。

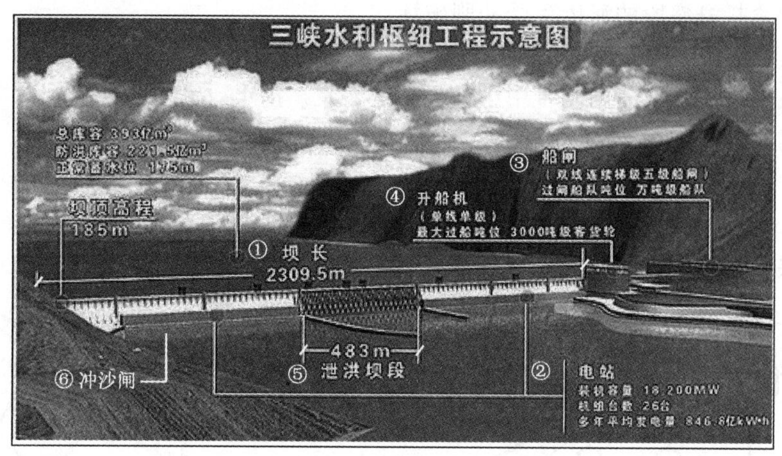

图 18-1　三峡水利枢纽示意图

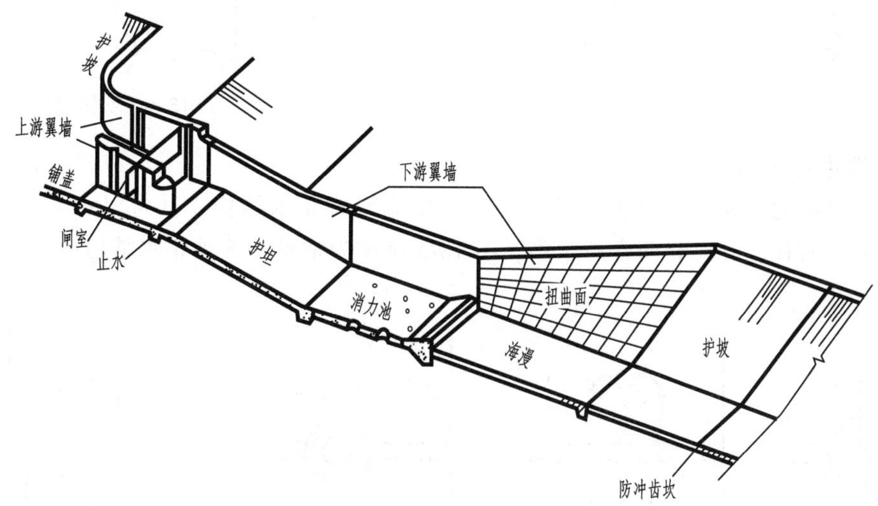

图 18-2　立体图

1. 上、下游翼墙

水闸、船闸等过水建筑物的进出口处两侧的导水墙称为翼墙。

2. 铺盖

铺盖是铺设在上游河床之上的一层防冲、防渗保护层，它紧靠闸室或坝体，其作用是减少渗透，保护上游河床，提高闸、坝的稳定性。

3. 护坦及消力池

经闸、坝流下的水带有很大的冲击力，为防止下游河床受冲刷，保证闸、坝的安全，在紧接闸、坝的下游河床上，常用钢筋混凝土做成消力池。水流至池中，产生翻滚，消耗大部分能量。消力池的底板称为护坦，上设排水孔，用以排出闸、坝基础的渗透水，降低底板所承受的渗透压力。

4. 海漫及防冲槽（或防冲齿坎）

经消力池流出的水仍有一定的能量，因此常在消力池后的河床再铺设一段砌块石护底，用以保护河床和继续消除水流能量，这种结构称为海漫。海漫末端设干砌块石防冲槽或防冲齿坎，以保护紧接海漫段的河床免受冲刷破坏。

5. 廊道

廊道是在混凝土坝或船闸闸首中，为了满足灌浆、排水、输水、观测、检查及交通等的要求而设置的结构，如图 18-3 所示。

6. 分缝

对于较长的或大体积的混凝土建筑物，为防止因温度变化或地基不均匀沉降而引起的断裂，一般需要人为地设置结构分缝（伸缩缝或沉降缝）。图 18-4 所示为混凝土大坝的分缝。

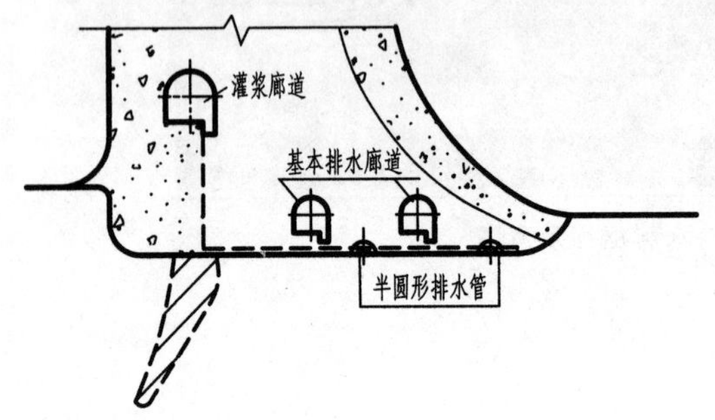

图 18-3　廊道断面图

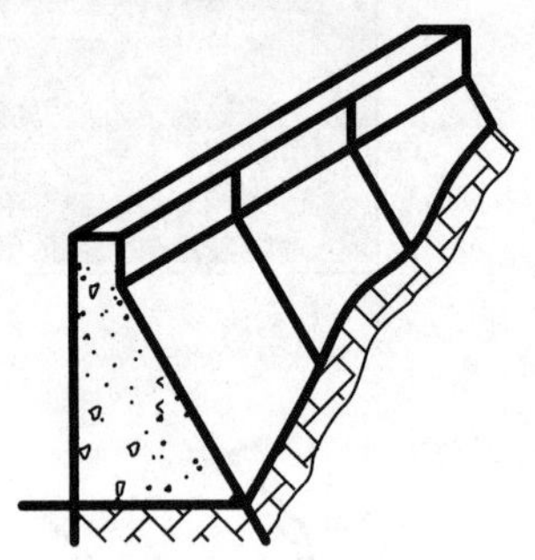
图 18-4　坝体分缝

7. 分缝中的止水

为防止水流的渗漏，在水工建筑物的分缝中应设置止水结构，其材料一般为金属止水片、油毛毡、沥青、麻丝和沥青芦席等，图 18-5 所示为常见的五种止水结构的断面。

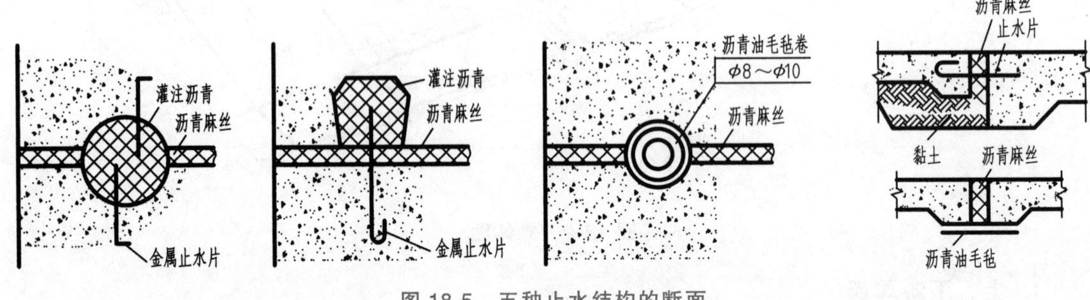

图 18-5　五种止水结构的断面

■ 18.2　水工图的分类及特点（Classification and Characteristic of Hydraulic Engineering Drawings）

18.2.1　水工图的分类（Classification of Hydraulic Engineering Drawings）

水利工程的兴建一般需在勘测的基础上经历规划、设计、施工、验收等阶段，每个阶段对水工图有不同的要求，需要绘制相应的图样。

图样的基本类型有：规划图、枢纽布置图（或总体布置图）、建筑物结构图和施工图等。在施工过程中，有时需要对原设计进行修改，根据工程建成以后的实际情况画出的图样称为竣工图。

1. **规划图**

规划图反映水利资源开发的整体布局，拟建工程、在建工程和计划建工程的分布位置等。规划图有流域规划图、灌溉规划图和水利资源综合利用规划图等。图 18-6 是红水河流域规划图，该河为中国珠江水系干流西江的上游，图中示出了在河道上拟建的七个水电站。

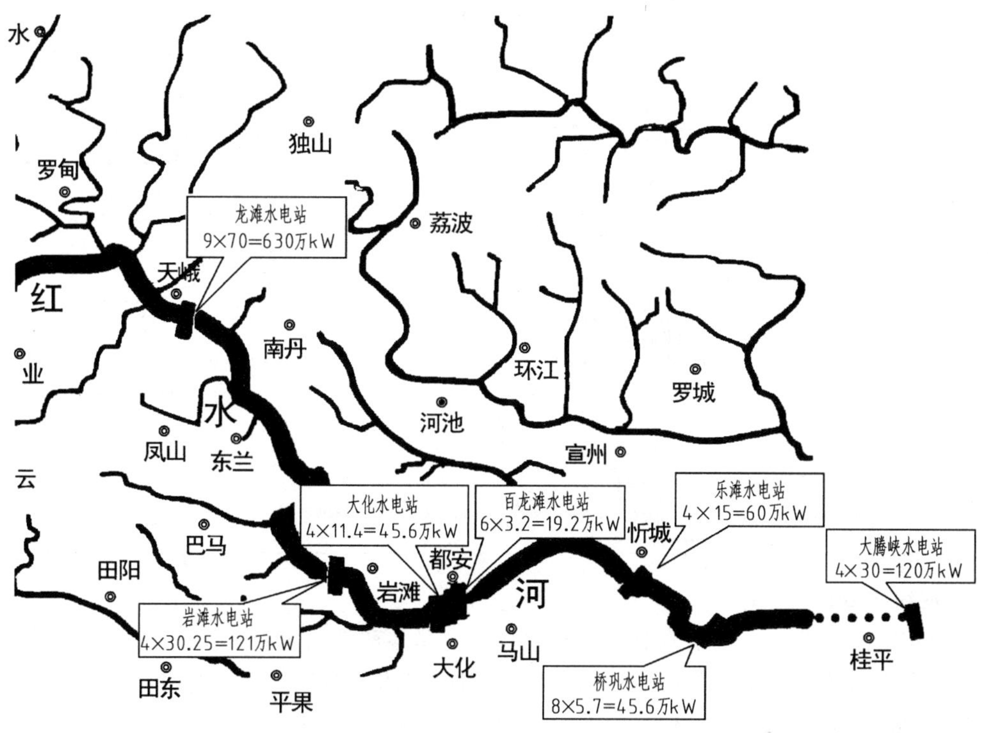

图 18-6 流域规划图

规划图的特点是：

1）表示的范围大，图形的比例小，比例一般为 1∶5000～1∶10000，甚至更小。

2）建筑物一般采用示意图表示。表 18-1 为水工建筑物常用平面图例。

表 18-1 水工建筑物常用平面图例

序号	名称		图例	序号	名称		图例
1	水库	大型		5	水电站	大比例尺	
		小型				小比例尺	
2	混凝土坝			6	变电站		
3	土、石坝						
4	水闸			7	水力加工站、水车		

（续）

序号	名　称		图　例	序号	名　称	图　例
8	泵站			14	筏道	
9	水文站		Q	15	鱼道	
10	水位站		G	16	溢洪道	
11	船闸			17	渡槽	
12	升船机			18	急流槽	
13	码头	栈桥式		19	隧洞	
		浮式				

2. 枢纽布置图

枢纽布置图主要表示整个水利枢纽布置情况，是各建筑物定位、施工放线、土石方施工及施工总平面布置的依据。如图 18-7 所示，枢纽布置图一般包括如下内容：

1）水利枢纽所在地区的地形、河流及流向、地理方位（指北针）等。

2）各建筑物的相互位置关系。

3）建筑物与地面的交线、填挖方边坡线。

4）铁路、公路、居民点及有关的重要建筑物。

5）建筑物的主要高程和主要轮廓尺寸。

枢纽布置图有以下特点：

1）枢纽平面布置图必须画在地形图上。

2）为了使图形主次分明，结构上的次要轮廓线和细部构造一般均省略不画，或采用示意图表示这些构造的位置、种类和作用。

3）图中尺寸一般只标注建筑物的外形轮廓尺寸及定位尺寸、主要部位的高程、填挖方坡度。

3. 建筑物结构图

建筑物结构图是表达水利枢纽建筑中某一建筑物的形状、大小、结构和材料等内容的图样，包括结构布置图、分部和细部构造图、钢筋混凝土结构图等（这类图的数量最多）。

建筑物结构图包括如下内容：

1）建筑物的结构形状、尺寸及材料。

2）建筑物各分部和细部的构造、尺寸及材料。

3）工程地质情况及建筑物与地基的连接方式。

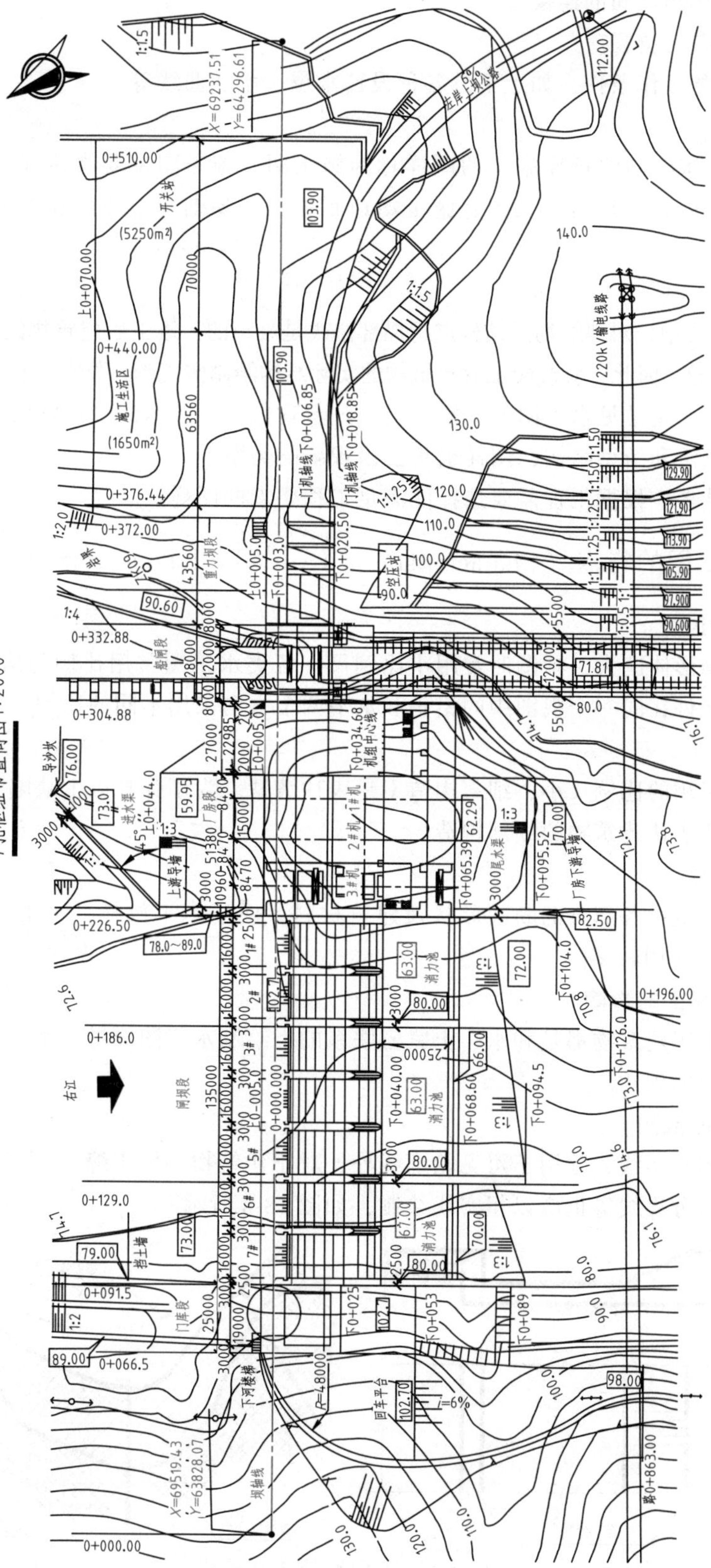

7孔枢纽布置简图1:2000

图 18-7 枢纽布置图

4）相邻结构物之间的连接方式。

5）附属设备的位置。

6）建筑物的工作条件，如上下游各种设计水位、水面曲线等。

4. 施工图

按照设计要求绘制的指导施工的图样称为施工图。施工图主要表达施工程序、施工组织、施工方法等内容。常用施工图有施工场地布置图、基础开挖图、混凝土分期分块浇筑图、钢筋图等。

5. 竣工图

工程施工过程中，对建筑物的结构进行局部修改是难免的，竣工后建筑物的实际结构与建筑物结构图存在差异。因此，应按竣工后建筑物的实际结构绘制竣工图，供存档和工程管理用。

上述内容仅仅是常见水工图的一般分类。随着现代科学技术的飞跃发展，工程上将不断采用新的施工方法和新型结构，图样也将会出现新的类型。

总之，设计者应根据工程需要选择能满足工程要求的图样。

18.2.2 水工图的特点（Characteristic of Hydraulic Engineering Drawings）

1. 比例尺小

水工建筑物形体庞大，画图时常用小比例尺，各类水工图常用比例与房屋建筑图相似。特殊情况下，允许在同一个视图中的铅垂和水平两个方向采用不同的比例。

2. 详图多

因画图所采用的比例尺小，细部构造不易表达清楚。为了弥补以上缺陷，水工图中常采用较多的详图来表达建筑物的细部构造。

3. 断面图多

为了表达建筑物各部分的断面形状及建筑材料，便于施工放样，水工图中断面图（特别是移出断面）应用较多。

4. 考虑水和土的影响

任何一个水工建筑物都是和水、土紧密联系的，绘制水工图应考虑水流方向，并注意对建筑物上下部分的表达。

5. 粗实线的应用

水工图中的粗实线，除用于可见轮廓线外，对于建筑物的施工缝、沉陷缝、温度缝、防震缝、不同材料分界线等也应以粗实线绘制，如图 18-8 所示。

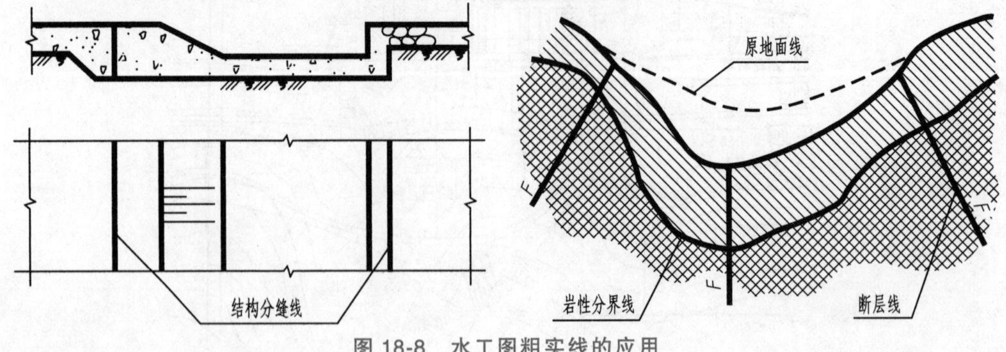

图 18-8 水工图粗实线的应用

■ 18.3 水工图的表达方法（Expression Method of Hydraulic Engineering Drawings）

18.3.1 一般规定（General Provisions）

1）建筑物或构件的图样按正投影法绘制。

2）常用符号的画法规定如图 18-9 所示：图线宽可取 0.35～0.5mm；水流方向符号中 B 可取 10～15mm，指北针符号中 B 可取 16～20mm。

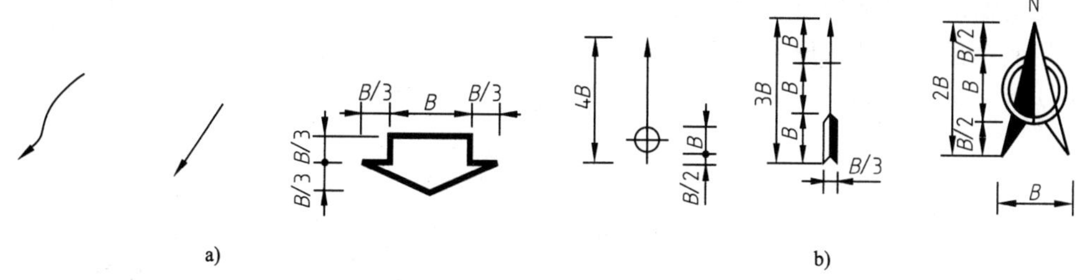

图 18-9 常用符号

a）水流方向符号 b）指北针符号

3）河流的上下游和左右岸。河流以挡水建筑物为界，在其逆水流方向一侧的河段称为上游，另一侧河段称为下游。以顺水方向为准，左边的河岸称为左岸，右边的河岸称为右岸。习惯上，把河流的流向布置成自上而下，或自左而右，如图 18-10 所示。

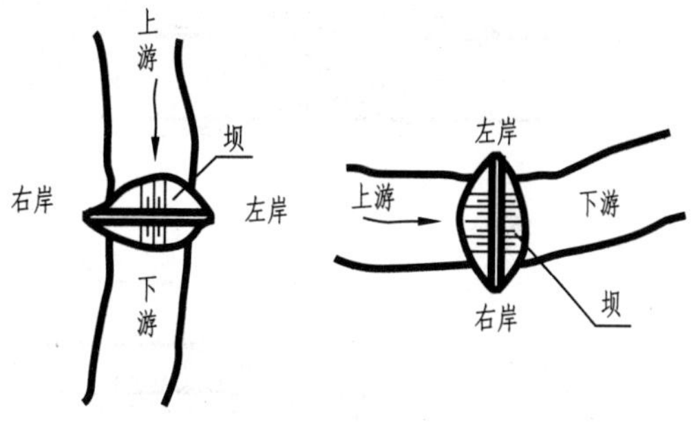

图 18-10 左右岸及上下游定义

18.3.2 视图（Views）

1. 视图

物体向投影面投影时所得的图形为视图。

视图名称：水工图中六个基本视图为正视图、俯视图、左视图、右视图、仰视图和后视图。俯视图也称平面图，正视图、左视图、右视图和后视图也称为立面图或立视图。顺水流方向的视图，可称为上游立面图，逆水流方向的视图可称为下游立面图。

2. 剖视图

假想用剖切平面剖开物体，将处在观察者和剖切平面之间的部分移去，而将其余的部分向投影面投影所得的图形称为剖视图。在水工图中剖切面平行于建筑物轴线作剖切所得图样称为纵剖视图，垂直于建筑物轴线作剖切所得图样称为横剖视图。

3. 断面图（也称剖面图）

假想用剖切平面将物体切断，仅画出物体与剖切平面接触部分的图形称断面图，简称断面，也可称为剖面图。断面图主要表达建筑物某一组成部分的断面形状和建筑材料等。水工图中视图的名称一般写在视图的上方，如图 18-11 所示。

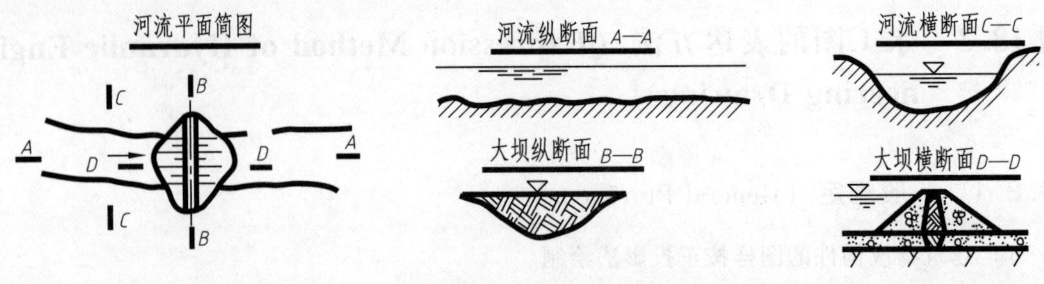

图 18-11　水工剖面图

4. 详图

当建筑物的局部结构由于图形太小而表达不清楚时，可将物体的部分结构用大于原图所采用的比例画出，这种图形称为详图。详图可以画成视图、剖视图、断面图，它与被放大部分的表达方式无关，如图 18-12 所示。

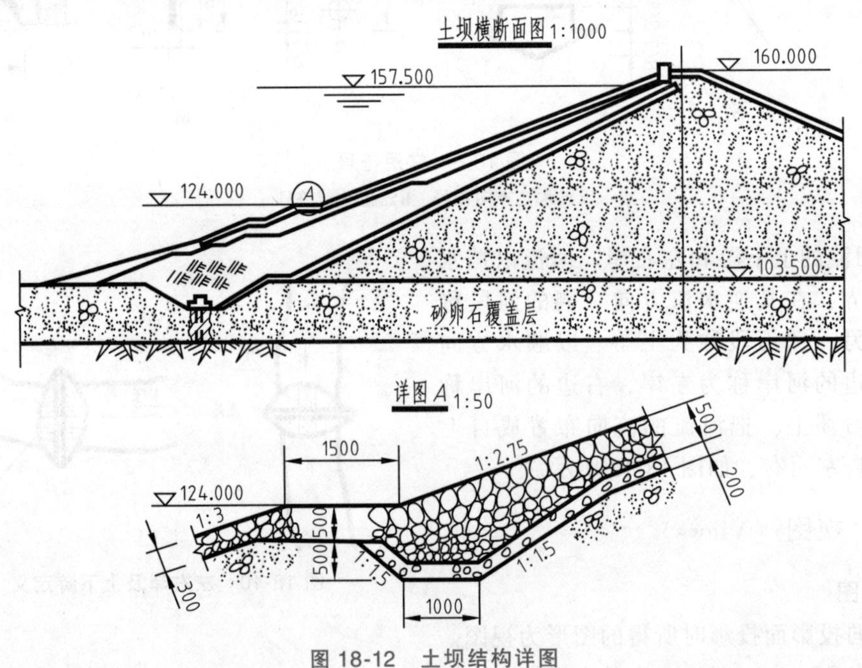

图 18-12　土坝结构详图

18.3.3　习惯画法及规定（Conventional Drawing Method and Provisions）

前面介绍的表示物体的一些常用方法及有关简化画法在水工图中都是适用的。但是水工图有其本身的一些特点，现补充介绍如下：

1. 拆卸画法

当视图、剖视图中所要表达的结构被另外的结构或填土遮挡时，可假想将其拆掉或搬掉，再进行投影。如图 18-13 平面图中，对称线上半部分桥面板及胸墙被假想拆掉、填土被假想搬走。

2. 合成视图

对称或基本对称的图形，可将两个相反方向的视图、剖视图或剖面图各画出对称的一

半，并以对称线为界，合成一个图形。如图 18-13 中 *B—B*、*C—C* 合成视图。

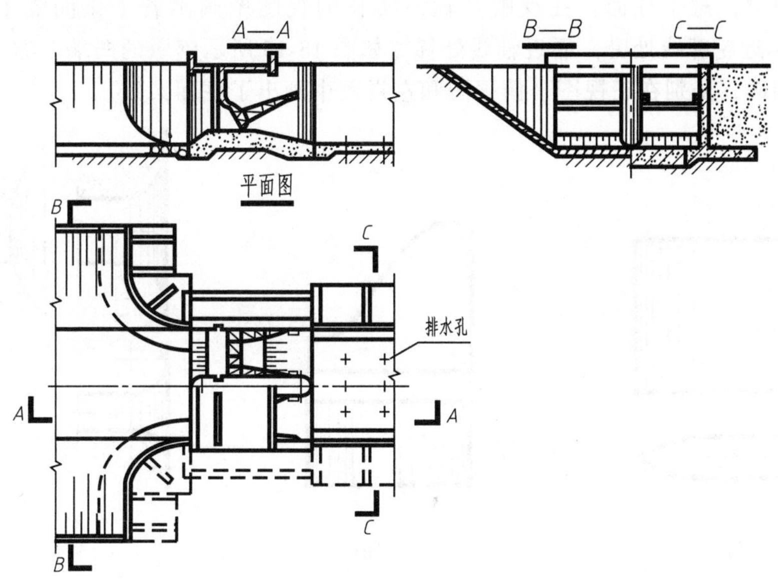

图 18-13 拆卸画法和合成视图

3. 展开画法

当建筑物的轴线是曲线或折线时，或沿轴线切开并向剖切面投影，然后将所得的剖视图展开在一个平面上，这种剖视图称为展开剖视，在图名后应标注“展开”二字，如图 18-14 所示弯渠道，它的平面图中心线为直线和曲线合成，它的立面图是展开画的纵剖视图。

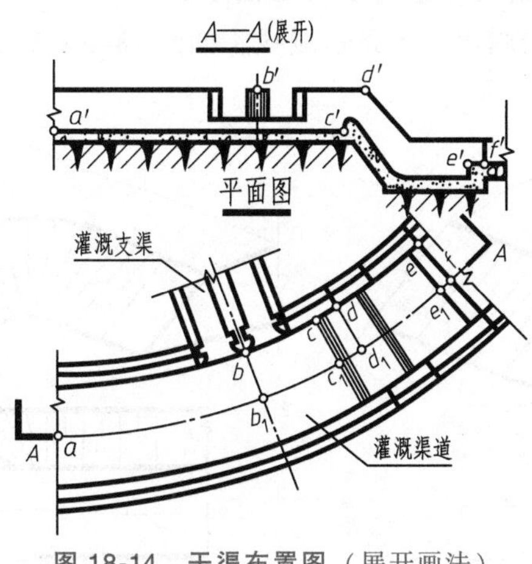

图 18-14 干渠布置图（展开画法）

■ 18.4 水工图中常见曲面的画法（Drawing Method of common Curved Surfaces in Hydraulic Engineering Drawings）

水工建筑物的某些表面为曲面，常见的如柱面、锥面、渐变面及扭面等。在水工图中，除画出它们的投影外，还需在其投影范围内画出若干条素线，以使图形更为清晰。

1. 柱面

在水工图中，对于柱面，在反映其轴线实长的视图中画出若干条间隔不等的直素线(细实线)，靠近轮廓线处密，靠近轴线处稀。如图 18-15 所示闸墩的两端、溢流坝顶柱面部分及进水口端部，分别在正视图、俯视图和左视图中画出了柱面素线。

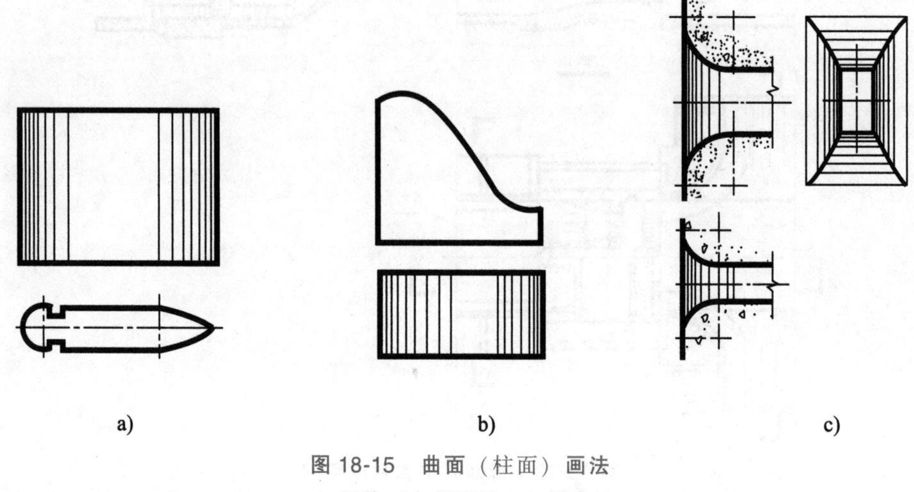

图 18-15 曲面（柱面）画法

a）闸墩 b）溢流坝 c）进水口

2. 锥面

对于锥面，有两种画法：

1）在其反映轴线实长的视图中画若干条有疏密之分的直素线，在反映锥底圆弧实形的视图中则画若干条均匀的直素线，如图 18-16a 所示。

2）在锥面的各视图中均画出若干条示坡线，如图 18-16b 所示。注意锥面示坡线方向应指向锥顶。

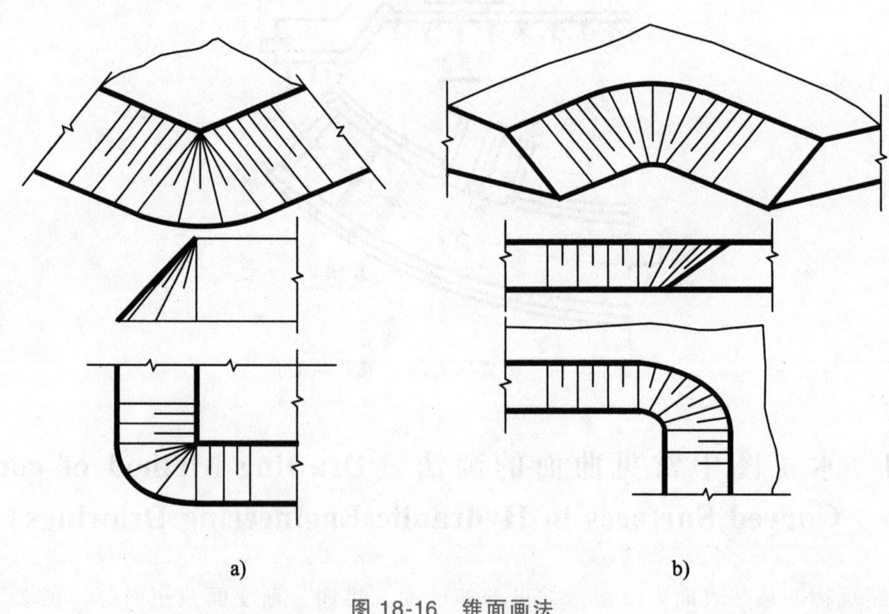

图 18-16 锥面画法

a）方法一 b）方法二

3. 扭面

扭面也是一种渐变面。渠道的断面为梯形，水工建筑物的过水断面为矩形，两者之间常以一光滑曲面过渡，这个曲面就是扭面，扭面所在部分结构（如进出口段）称为扭面过渡段，如图 18-17b 立体图所示。

1）扭面的形成。一条直母线沿两条交叉直导线移动，且始终平行于一个导面，所形成的曲面称为扭面。画图时，不仅要画出其导线、曲面边界线及外形轮廓线的投影，一般还要用细实线画出若干素线的投影。

2）扭面的画法。扭面经常用于水闸、船闸或渡槽与渠道的连接处。如图 18-17a 所示，渠道两侧边坡是斜面，水闸侧墙面是直立的，为使水流平顺，在连接处采用了扭面。图中画出了它的两组素线，一组为水平线（如 *BC* 线），一组为侧平线（如 *AB* 线）。

在水利工程图中，习惯于在俯视图上画出水平素线的投影，在左视图上画出侧平素线的投影，而在正视图（剖视）上不画素线，只写“扭曲面”或“扭面”。

在实际工程中，这种翼墙不仅迎水面做成扭面，其背水（挡土）面也做成扭面，如图 18-17b 中的 *MNKL* 面，其导面与迎水面的导面相同。

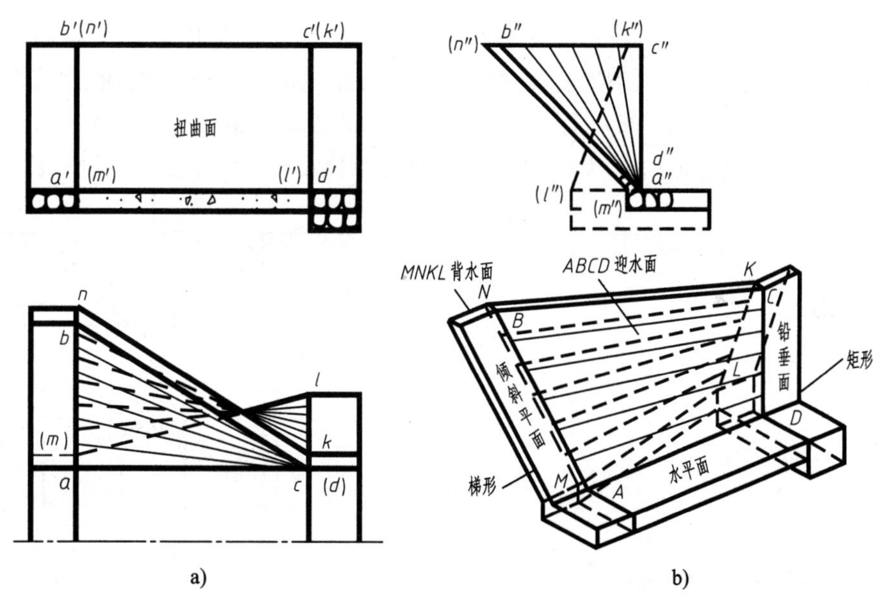

图 18-17 扭面画法

a）扭面三面投影图 b）立体图

■ 18.5 水工图的尺寸标注（Dimensioning of Hydraulic Engineering Drawing）

水工建筑物施工时，其结构的大小是以图中标注的尺寸为依据的，故尺寸是水工图中重要的内容之一。水工建筑物可以看作大型的组合体，因此，前面所讲的有关组合体尺寸注写的要求、方法和规则，都是适用的，不同的是水工图中线性尺寸标注还可采用箭头为起止符号，但要注意同一张图纸中宜采用一种尺寸起止符号的形式。水工图的尺寸注法，由于有施工放样的要求，故有其本身的一些特点，现补充介绍如下：

1. 枢纽基准点和基准线的尺寸注法

要确定水工建筑物在地面上的位置，首先必须根据测量坐标系确定枢纽的基准点和基准线的位置。枢纽中各建筑物的位置均以它为基准进行放样定位。如图 18-18 所示水利枢纽平面图，基准点坝 A 的位置 X 为 6196. 161，Y 为 7962. 716，坝轴线位置是根据坝 A 和坝 B 两基准点的连线确定的，坝轴线是枢纽的基准线。

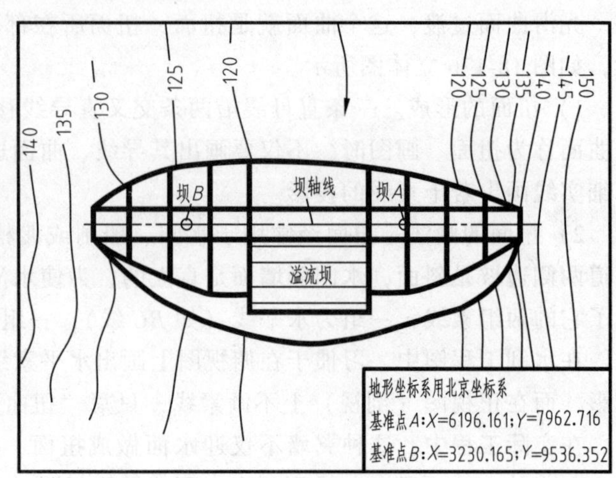

图 18-18　枢纽基准点尺寸标注

2. 标高（高程）的注法

标高符号一般采用如图 18-19 所示的符号，标高数字一律注写在标高符号的右边。水面标高（简称水位）的符号如图 18-19c、d 所示，水面线以下绘三条细实线。平面图中的标高符号采用如图 18-20 所示的形式，用细实线画出。当图形较小时可将符号引出绘制。标高数字以 m 为单位，应注写到小数点后第三位；总布置图或其他尺寸以 cm 为单位，标高数值可注写到小数点后第二位。

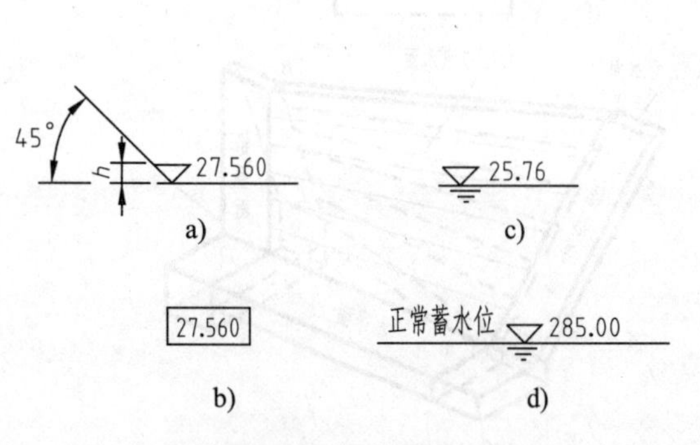

图 18-19　标高符号

a）立面图标高符号　b）平面图标高符号

c、d）水位标高符号

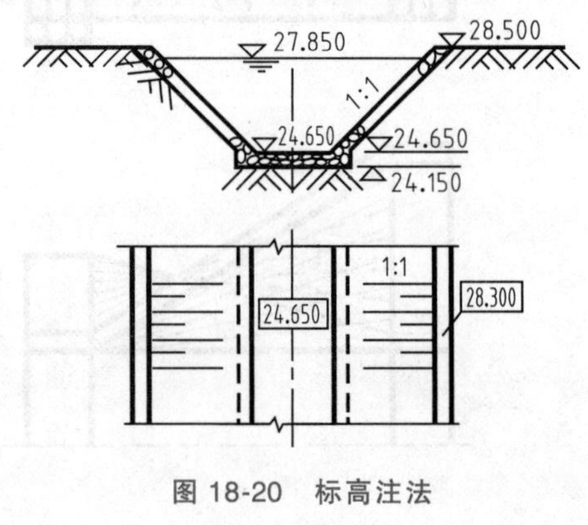

图 18-20　标高注法

3. 圆、圆弧及非圆曲线尺寸的注法

标注圆的直径和圆弧的半径时，其尺寸线必须通过圆心，箭头指到圆弧。标注非圆曲线的尺寸时，一般用非圆曲线上各点的坐标值表示，如图 18-21 所示。

4. 桩号的注法

建筑物、道路等的宽度方向或其轴线、中心线长度方向的定位尺寸，可采用“桩号”的方法进行标注，标注形式为 $k±m$，k 为公里数，m 为米数。在建筑物的立面图（包括纵剖视图）中其桩号尺寸一律按其水平投影长度进行标注。桩号数字一般垂直于定位尺寸方向或轴线方向注写，且标注在其同一侧；当轴线为折线时，转折点处的桩号数字应重复标注，

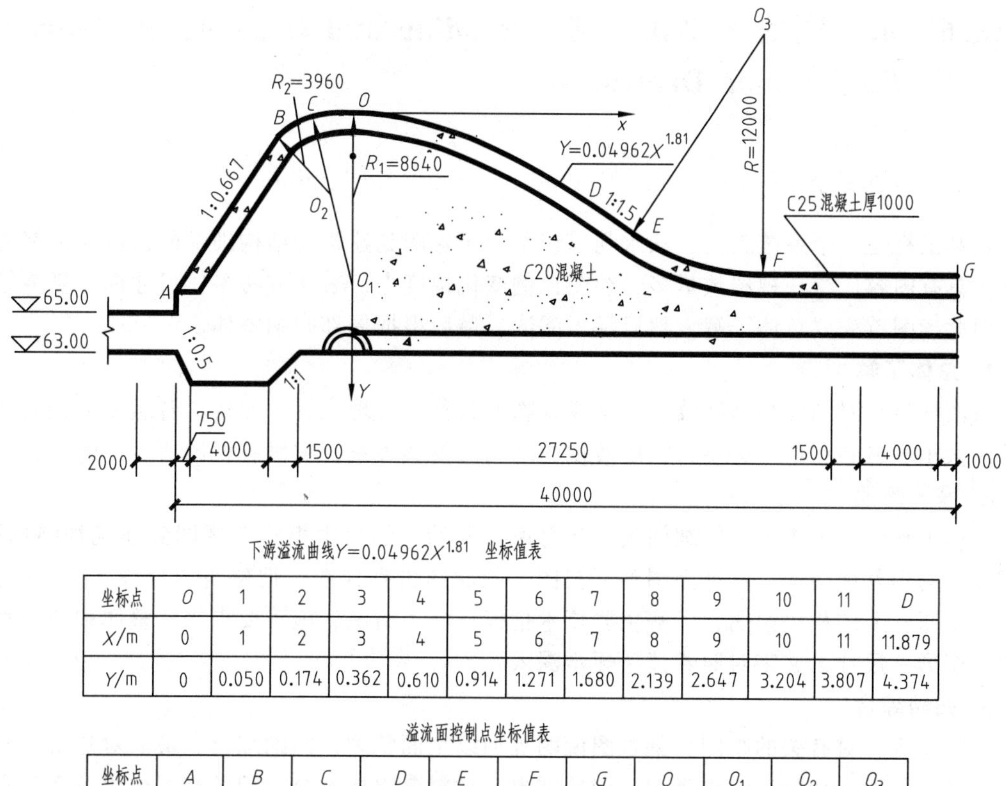

下游溢流曲线$Y=0.04962X^{1.81}$ 坐标值表

坐标点	O	1	2	3	4	5	6	7	8	9	10	11	D
X/m	0	1	2	3	4	5	6	7	8	9	10	11	11.879
Y/m	0	0.050	0.174	0.362	0.610	0.914	1.271	1.680	2.139	2.647	3.204	3.807	4.374

溢流面控制点坐标值表

坐标点	A	B	C	D	E	F	G	O	O_1	O_2	O_3
X/m	−9.0	−3.852	−2.07	11.879	14.830	20.950	31	0	0	−1.122	20.950
Y/m	8.924	1.226	0.252	4.374	5.985	8	8	0	8.64	4.096	−4.0

图 18-21 圆弧、非圆曲线尺寸标注

如图 18-22 所示。

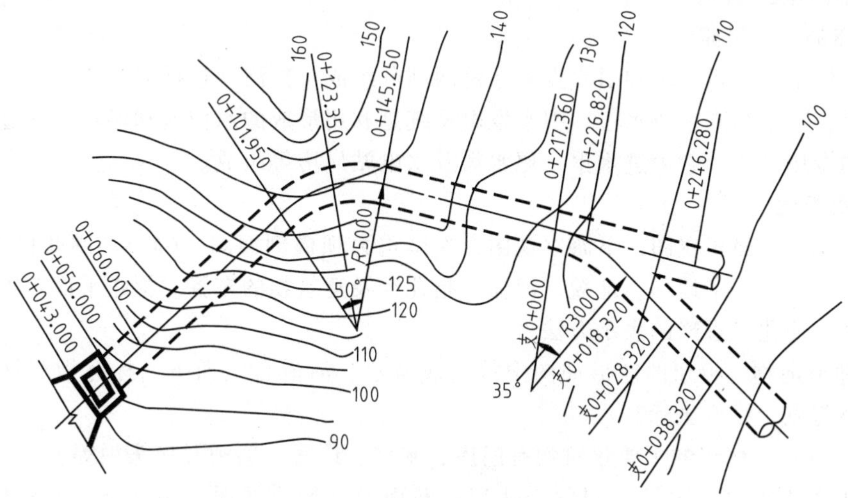

图 18-22 桩号的标注方法

18.6 水工图的阅读和绘制（Reading and Drawing of Hydraulic Engineering Drawings）

18.6.1 阅读的方法（Reading Method of Hydraulic Engineering Drawings）

水利工程是一个系统工程，从水利枢纽平面布置图到建筑物结构细部的构造详图都需要绘制，具有内容广泛，视图数量多，绘图比例变化幅度大，表达方法多，尺寸标注复杂等特点。因此读图首先要总体了解，然后深入阅读，最后根据局部归纳整体。

1. 总体了解

按图样目录对图样粗略阅读，了解建筑物的名称、地理位置、作用，各组成部分的结构形状、大小、材料和相互关系，找出各视图之间的投影关系，明确各视图所表达的内容。

2. 深入阅读

总体了解后，再进一步仔细阅读。从总说明开始，然后由枢纽布置图到建筑物结构图，由主要结构到其他结构，从平面图到剖视图、剖面图再到详图，把建筑物分段、分层阅读，再根据各图样上的相关说明，了解主要技术指标、施工措施、施工要求等。整体和细部对照着读，图形、尺寸、文字对照着读，逐步深入。

3. 归纳综合

经过阅读，对有关的视图、剖视图说明等加以全面整理，归纳综合，最后对建筑物的大小、形状、位置、功能、结构类型、构造特点、材料各组成部分之间的相互位置关系等有一个完整详细的了解。

18.6.2 读图举例（A Reading Example）

水利工程是一个系统工程，视图数量多，受图幅限制，现以某河电站的 7 孔枢纽布置图，下游立视图，左岸重力坝横剖面图及 6#、7#闸孔横剖面图为例，如图 18-7、图 18-23、图 18-24、图 18-25 所示。

1. 枢纽的功能及组成

枢纽主体工程由拦河坝和引水发电系统两部分组成。拦河坝包括非溢流坝和溢流坝，用于拦截河流，蓄水抬高上游水位。引水发电系统是利用形成的水位差和流量，通过发电机组进行发电的专用工程，它由进水渠、尾水渠及水电站厂房等组成。

2. 视图表达

整个枢纽有平面布置图，下游立视图，左岸重力坝横剖面图，6#、7#闸孔横剖面图等。枢纽平面布置图表达了地形、地貌、河流、指北针及建筑物的布置。枢纽平面布置图较多地采用了示意、简化、省略的表示方法。

（1）地形地物　枢纽的地形如图中等高线所示，河流自上而下，标有指北针，坝上标明了桩号及起点、终点坐标。

（2）建筑物　枢纽的主要建筑物有门库、闸坝、厂房、船闸及接头坝等。

（3）下游立视图　下游立视图表达河谷断面及其地质情况，溢流坝、左右岸接头坝、厂房、船闸、回车平台、安装间及开关站的立面布置和主要高程，如图 18-23 所示。

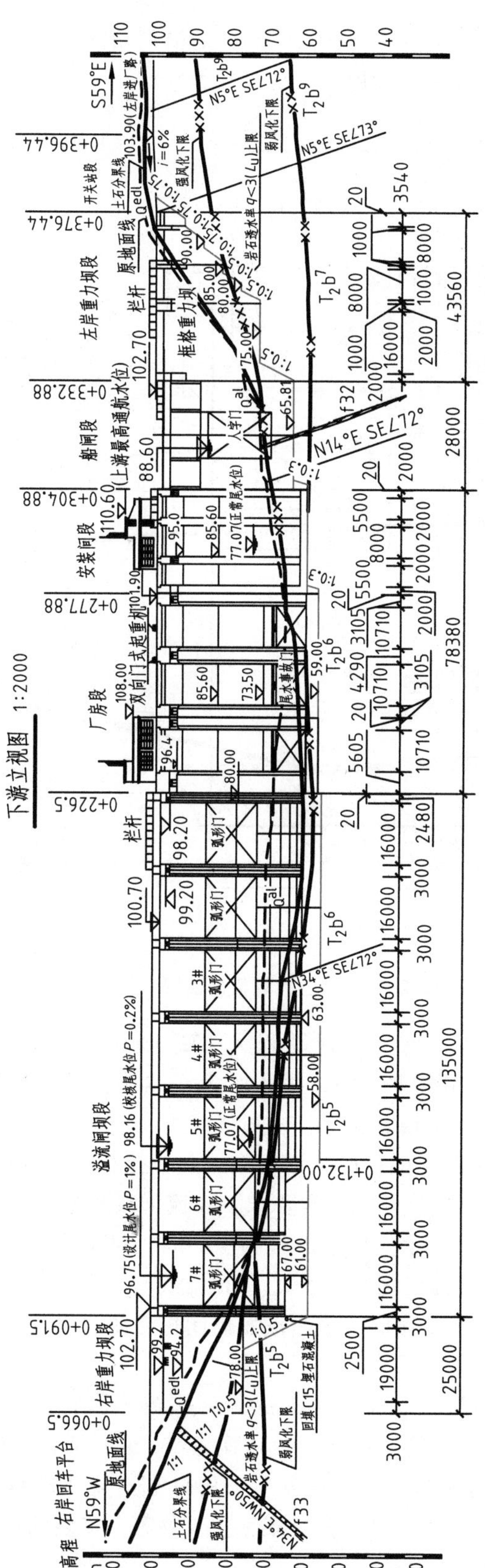

下游立视图　1:2000
高程/m
S59°E
N59°W
右岸回车平台
原地面线
右岸重力坝段
溢流闸坝段
厂房段
安装间段
船闸段
左岸重力坝段
开关站段
框格重力坝
栏杆
双向门式起重机
0+066.5
0+091.5
0+132.00
0+226.5
0+277.88
0+304.88
0+332.88
0+376.44
0+396.44
96.75(设计尾水位P=1%)
98.16(校核尾水位P=0.2%)
77.07(正常尾水位)
88.60(上游最高通航水位)
102.70
100.70
110.60
108.00
101.90
103.90(左岸进厂路)
弧形门
尾水事故门
人字门
强风化下限
弱风化下限
土石分界线
岩石透水率q<3(Lu)上限
回填C15埋石混凝土
N5°E SE∠72°
N5°E SE∠73°
N14°E SE∠72°
N34°E SE∠72°
N34°E NW50°
f32
f33
135000
78380
28000
43560
25000

图 18-23　下游立视图

（4）重力坝　图 18-24 为左岸重力坝在 0+342.9 处的横剖面图，从图中可看出坝体的断面形状、尺寸大小、关键位置高程、岸边护坡大小及各种水位。

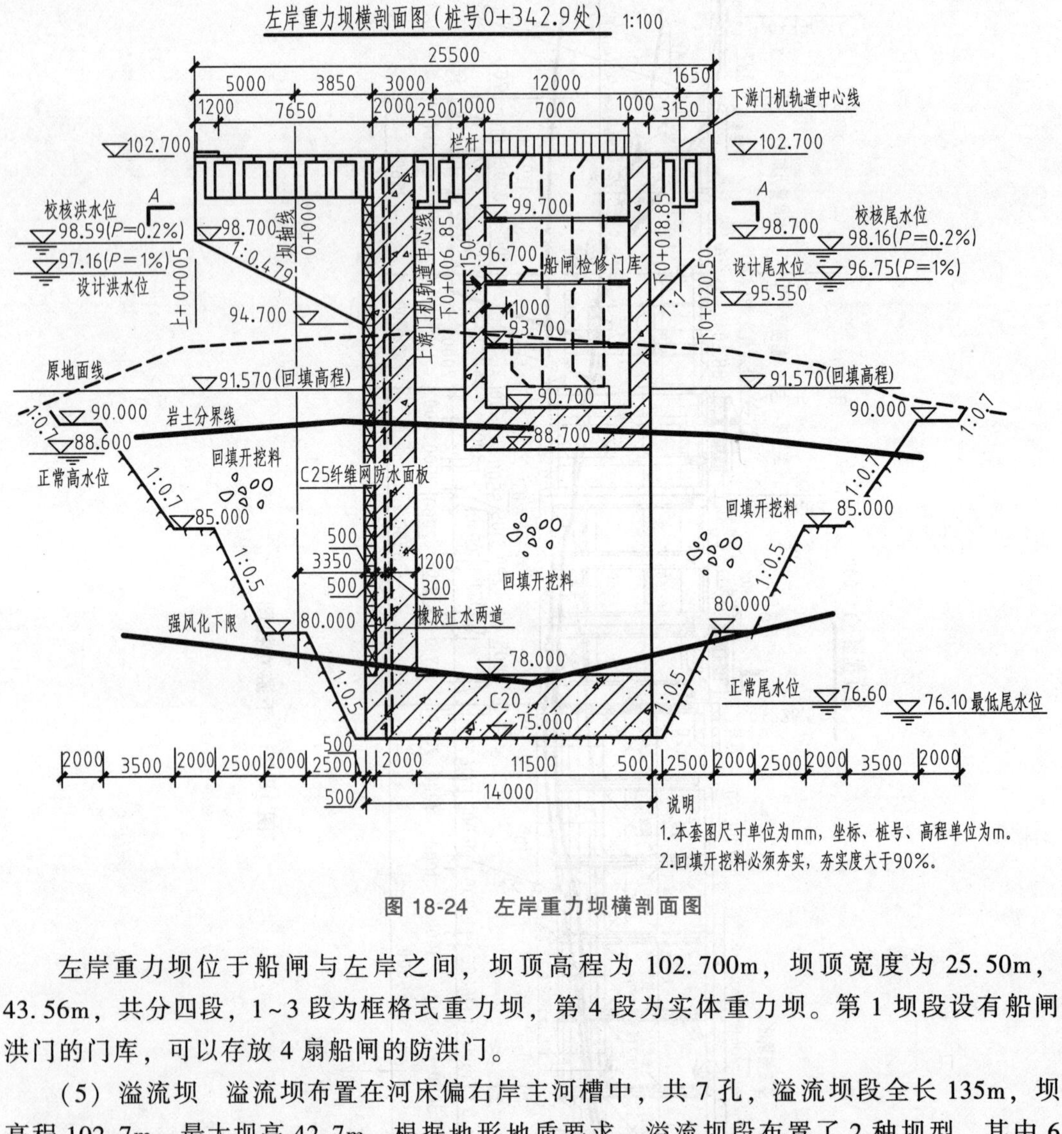

左岸重力坝横剖面图（桩号0+342.9处） 1:100

说明
1.本套图尺寸单位为mm，坐标、桩号、高程单位为m。
2.回填开挖料必须夯实，夯实度大于90%。

图 18-24　左岸重力坝横剖面图

左岸重力坝位于船闸与左岸之间，坝顶高程为 102.700m，坝顶宽度为 25.50m，长 43.56m，共分四段，1~3 段为框格式重力坝，第 4 段为实体重力坝。第 1 坝段设有船闸防洪门的门库，可以存放 4 扇船闸的防洪门。

（5）溢流坝　溢流坝布置在河床偏右岸主河槽中，共 7 孔，溢流坝段全长 135m，坝顶高程 102.7m，最大坝高 42.7m。根据地形地质要求，溢流坝段布置了 2 种坝型，其中 6#、7#闸孔为第Ⅰ种坝型，如图 18-25 所示。堰顶高程为 75.0m，建基面高程为 63.0m；1#~5#闸孔为第Ⅱ种坝型（书中省略），溢流坝每孔净宽 16m。

溢流堰顶设置弧形钢闸门作为工作门，采用液压启闭机启闭。设有检修闸门，启闭时由坝顶双向门式起重机操作。

消能方式选用底流式消能，消力池长度为 25m。6#、7#闸孔消力池底板高程为 67.0m，消力尾槛顶高程为 70.0m；1#~5#闸孔消力池底板高程为 63.0m，消力尾槛顶高程为 66.0m。

（6）厂房及升压站　本水电站为河床式电站，采用灯泡贯流式机组，发电厂房从上游至下游依次布置进水建筑物、主厂房、副厂房、尾水建筑物等，安装间位于厂房左侧。坝顶高程为 102.70m，厂房总长度为 78.38m。

6#、7#闸孔横剖面图(Ⅰ型) 1:200

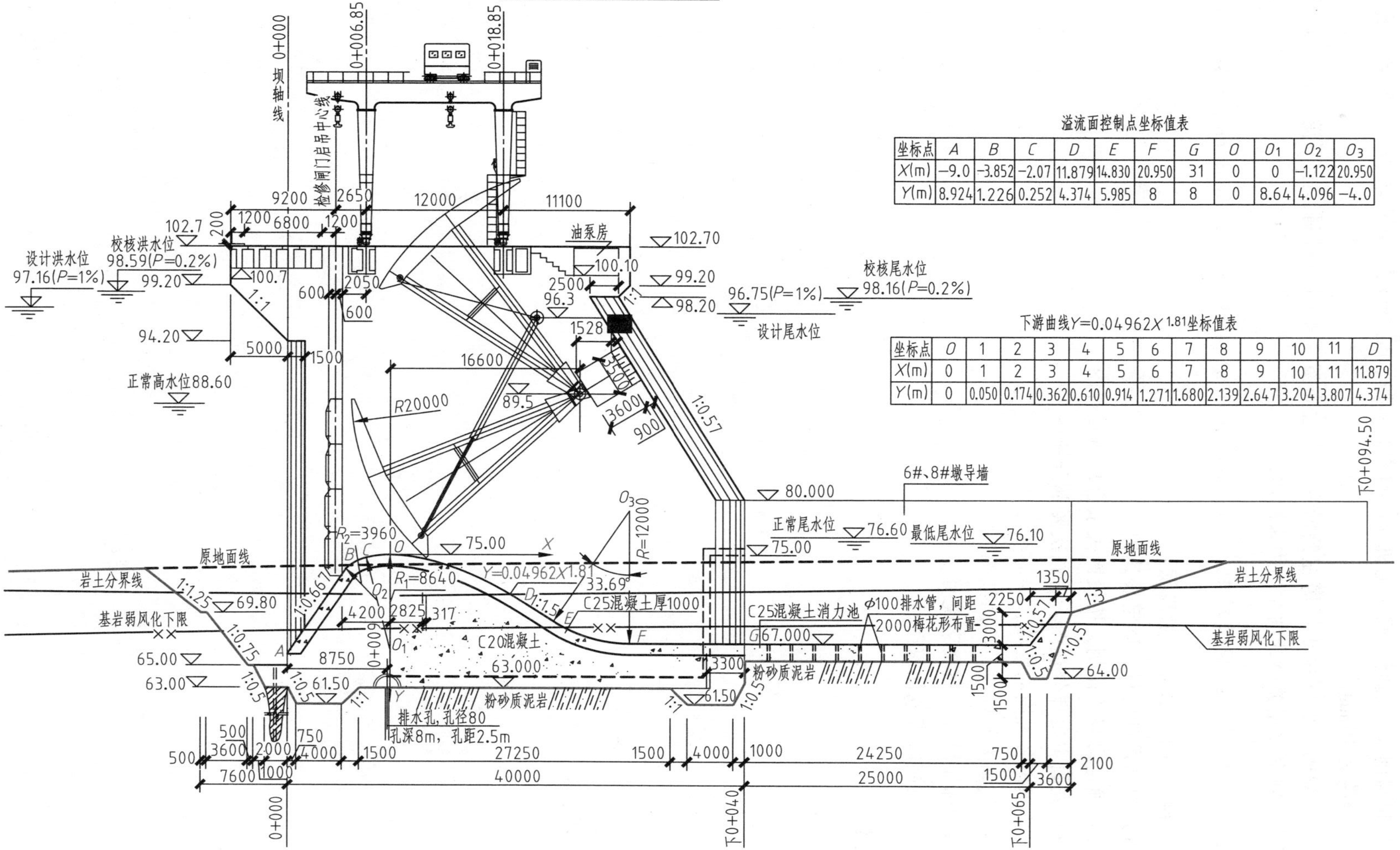

溢流面控制点坐标值表

坐标点	A	B	C	D	E	F	G	O	O_1	O_2	O_3
X(m)	−9.0	−3.852	−2.07	11.879	14.830	20.950	31	0	0	−1.122	20.950
Y(m)	8.924	1.226	0.252	4.374	5.985	8	8	0	8.64	4.096	−4.0

下游曲线$Y=0.04962X^{1.81}$坐标值表

坐标点	O	1	2	3	4	5	6	7	8	9	10	11	D
X(m)	0	1	2	3	4	5	6	7	8	9	10	11	11.879
Y(m)	0	0.050	0.174	0.362	0.610	0.914	1.271	1.680	2.139	2.647	3.204	3.807	4.374

图 18-25 6#、7#闸孔横剖面图

厂房与闸坝、船闸之间，主机间段与安装间段，机组段在2#机与3#机之间各设置分缝一道，分缝宽20mm。

（7）船闸　船闸位于厂房左侧沿左岸岸边布置，受图幅限制，上下游引道、上闸首、下闸首、闸室等相关设计图在书中未画出。

18.6.3　水利工程图的绘制（Drawing Method of Hydraulic Engineering Drawings）

绘制水利工程图的一般步骤：

1）根据设计资料，确定表达内容。

2）确定恰当的比例，按投影关系合理布置视图。

3）先画主要部分视图，后画次要部分视图。

4）画出各视图的轴线、中心线。

5）先画大轮廓线，后画细部。

6）标注尺寸，写文字说明。

7）按制图规范加深图线。

第19章 建筑给水排水工程施工图 (Construction Drawing of Building Water Supply and Sewerage Engineering)

【学习目标】

1. 掌握建筑给水排水工程施工图的规定表达和图纸内容。

2. 熟悉建筑给水排水工程总平面图、平面图、系统图、大样图的图示内容和图示方法，能结合建筑工程施工图，读懂建筑给水排水工程施工图。

3. 了解建筑给水排水系统的组成与工程图的作用。

19.1 概述（Introduction）

1. 建筑给水排水系统组成

建筑给水系统由室外给水管至室内各配水点的管道及其附件组成，包括引入管、给水管道、给水设备、配水设施、给水附件和计量仪表等。

建筑排水系统由各污水、废水收集设备将室内的污水、废水及雨水排出至室外窨井的管道及附件组成，包括卫生器具和生产设备的受水器、排水管道、清通设备和通气管道，以及根据需要而设置的污废水提升设备和局部处理构筑物。

2. 建筑给水排水工程图的作用

建筑给水排水工程图主要用于表达给水排水管道类型、平面布置、空间位置和相应卫生设施的形状、大小、位置、安装方式等。

3. 建筑给水排水工程图的组成

一套完整的建筑给水排水工程施工图包括的图样内容如下：

①图样目录；②主要设备材料表；③设计说明；④图例；⑤平面图；⑥系统图（轴测图）；⑦施工详图。

19.2 建筑给水排水工程施工图规定表达（Prescribed Expression of Construction Drawing of Building Water Supply and Sewerage Engineering）

绘制给水排水工程图必须遵循国家标准《房屋建筑制图统一标准》（GB/T 50001—2017）及《建筑给水排水制图标准》（GB/T 50106—2010）等相关制图标准。

1. 图线

图线的宽度 b，应根据图纸的类型、比例和复杂程度，按现行国家标准《房屋建筑制图统一标准》（GB/T 50001—2017）中的规定选用。线宽 b 宜为 0.7mm 或 1.0mm。

建筑给水排水专业制图，常用的各种线型宜符合表 19-1 的规定。

表 19-1　线型

名称	线型	线宽	用　　途
粗实线	————	b	新设计的各种排水和其他重力流管线
粗虚线	- - - - -	b	新设计的各种排水和其他重力流管线的不可见轮廓线
中粗实线	————	$0.7b$	新设计的各种给水和其他压力流管线；原有的各种排水和其他重力流管线
中粗虚线	- - - - -	$0.7b$	新设计的各种给水和其他压力流管线及原有的各种排水和其他重力流管线的不可见轮廓线
中实线	————	$0.5b$	给水排水设备、零(附)件的可见轮廓线；总图中新建的建筑物和构筑物的可见轮廓线；原有的各种给水和其他压力流管线
中虚线	— — — —	$0.5b$	给水排水设备、零(附)件的不可见轮廓线；总图中新建的建筑物和构筑物的不可见轮廓线；原有的各种给水和其他压力流管线的不可见轮廓线
细实线	————	$0.25b$	建筑的可见轮廓线；总图中原有的建筑物和构筑物的可见轮廓线；制图中的各种标注线
细虚线	— — — —	$0.25b$	建筑的不可见轮廓线；总图中原有的建筑物和构筑物的不可见轮廓线
单点长画线	—·—·—	$0.25b$	中心线、定位轴线
折断线	—\/—	$0.25b$	断开界线
波浪线	～～	$0.25b$	平面图中水面线；局部构造层次范围线；保温范围示意线

2. 比例

常用比例，见表 19-2。

表 19-2　常用比例

名　　称	比　　例	备　　注
区域规划图 区域位置图	1 : 50000、1 : 25000、1 : 10000、1 : 5000、1 : 2000	宜与总图专业一致
总平面图	1 : 1000、1 : 500、1 : 300	宜与总图专业一致
管道纵断面图	竖向 1 : 200、1 : 100、1 : 50 纵向 1 : 1000、1 : 500、1 : 300	—
水处理厂(站)平面图	1 : 500、1 : 200、1 : 100	—
水处理构筑物、设备间、卫生间、泵房平、剖面图	1 : 100、1 : 50、1 : 40、1 : 30	—

（续）

名　　称	比　　例	备　　注
建筑给水排水平面图	1∶200、1∶150、1∶100	宜与建筑专业一致
建筑给水排水轴测图	1∶150、1∶100、1∶50	宜与相应图样一致
详图	1∶50、1∶30、1∶20、1∶10、1∶5、1∶2、1∶1、2∶1	—

比例应用的其他情况：

1）在管道纵断面图中，竖向与纵向可采用不同的组合比例。

2）在建筑给水排水轴测系统图中，如局部表达有困难时，该处可不按比例绘制。

3）水处理工艺流程断面图和建筑给水排水管道展开系统图可不按比例绘制。

3. 标高

1）室内工程应标注相对标高，室外工程宜标注绝对标高，当无绝对标高资料时，可标注相对标高，但应与总图专业一致。

2）压力管道应标注管中心标高；重力流管道和沟渠宜标注管（沟）内底标高。标高单位以 m 计时，可注写到小数点后第二位。

3）建筑物内的管道也可按本层建筑地面的标高加管道安装高度的方式标注管道标高，标注方法应为 *H*+×. ××，*H* 表示本层建筑地面标高。

标高的表达方式，如图 19-1～图 19-4 所示。

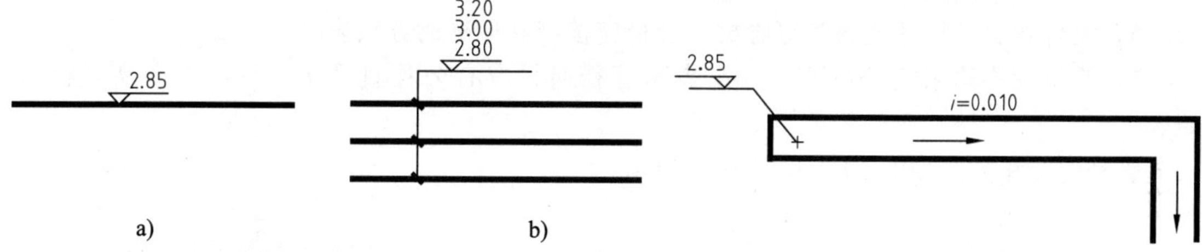

图 19-1　平面图中管道标高标注法

a）单一管道标高标注　b）多管道标高连续标注

图 19-2　平面图中沟渠标高标注法

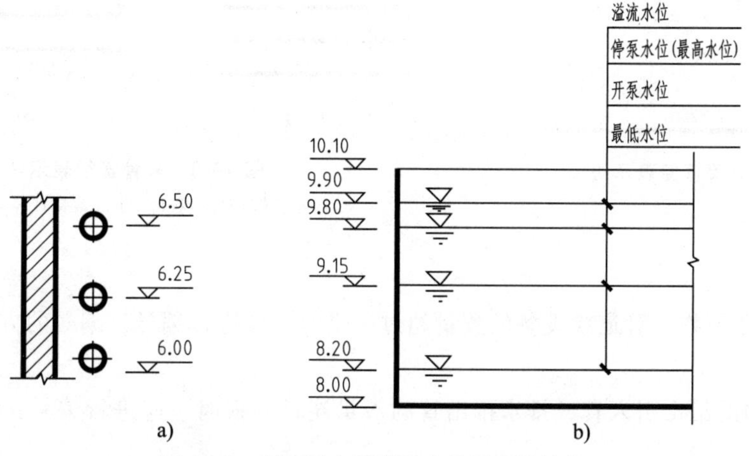

图 19-3　剖面图中管道及水位标高标注法

a）圆洞中心线标高标注　b）水平标高标注

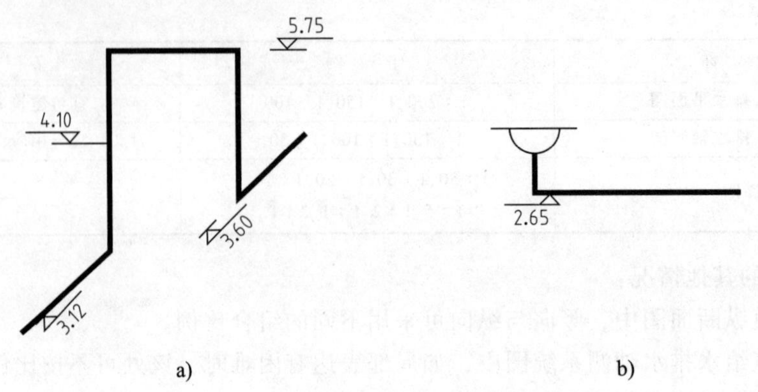

图 19-4　轴测图中管道标高标注法

a）给水管系统图标高标注　b）地漏排水管底部标高标注

4. 管径

管径的单位应为 mm。管径的表达方法应符合下列规定：

1）水煤气输送钢管（镀锌或非镀锌）、铸铁管等管材，管径宜以公称直径 *DN* 表示。

2）无缝钢管、焊接钢管（直缝或螺旋缝）等管材，管径宜以外径 *D*×壁厚表示。

3）铜管、薄壁不锈钢管等管材，管径宜以公称外径 *Dw* 表示。

4）建筑给水排水塑料管材，管径宜以公称外径 *dn* 表示。

5）钢筋混凝土（或混凝土）管，管径宜以内径 *d* 表示。

6）复合管、结构壁塑料管等管材，管径应按产品标准的方法表示。

7）当设计中均采用公称直径 *DN* 表示管径时，应有公称直径 *DN* 与相应产品规格对照表。

管径的标注方式如图 19-5 和图 19-6 所示。

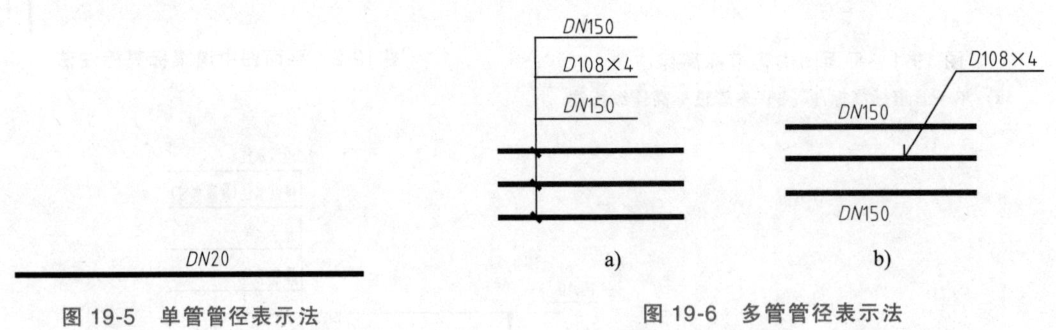

图 19-5　单管管径表示法

图 19-6　多管管径表示法

a）多管管径连续标注　b）多管管径分开标注

5. 编号

当图样中建筑物、管道或设备的数量超过一个时，应进行编号，编号的方法及标注方式如下。

1）建筑物的给水引入管或排水排出管的数量超过一根时，应进行编号，编号方法如图 19-7 所示。

2）建筑物内穿越楼层的立管，其数量超过一根时，应进行编号，编号方法如图 19-8

所示。

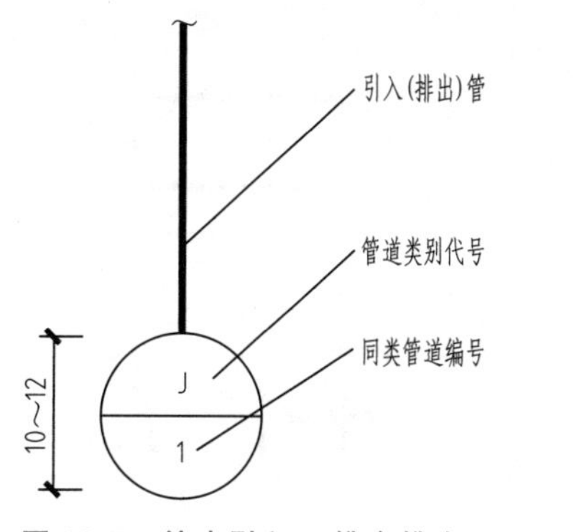

图 19-7　给水引入（排水排出）管编号表示法

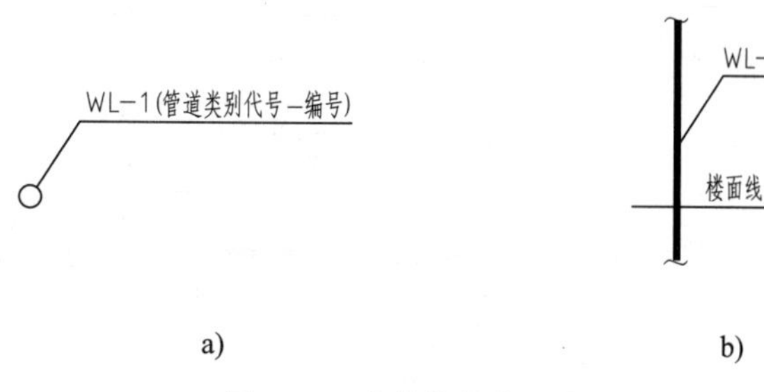

图 19-8　立管编号表示法
a）立管编号平面图表示法　b）立管编号剖面图、系统图表示法

6. 常用给水排水图例

建筑给水排水图上的管道、卫生器具、设备等均按照《建筑给水排水制图标准》（GB/T 50106—2010）使用统一的图例来表示。在《建筑给水排水制图标准》中列出了管道、管道附件、管道连接、管件、阀门、给水配件、消防设施、卫生设备及水池、小型给水排水构筑物、给水排水设备、仪表共11类图例，制图时可参照引用。这里仅给出一些常用图例，见表19-3和表19-4。

表 19-3　常用管道、阀门图例

名称	图　例	名称	图　例
生活给水管	——J——	污水管	——W——
热水给水管	——RJ——	雨水管	——Y——
热水回水管	——RH——	废水管	——F——
保温管		通气管	——T——
管道立管	XL-1 平面　XL-1 系统　X为管道类别 L为立管 1为编号	防护套管	
闸阀		球阀	
角阀		止回阀	
截止阀		减压阀	
水力液位控制阀		浮球阀	平面　系统
延时自闭冲洗阀		感应式冲洗阀	

注：分区管道用加注角标方式表示，如J1、J2、RJ1、RJ2等。

表 19-4　常用管道连接和部分设备、配件图例

名称	图　例	名称	图　例
法兰连接		法兰堵盖	
承插连接	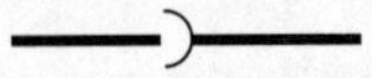	管堵	
弯折管	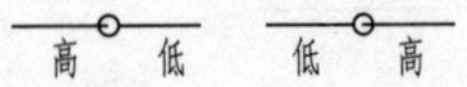 高　低　低　高	管道交叉	 低　高
水嘴	平面　系统	混合水嘴	
浴盆带喷头混合水嘴		蹲便器脚踏开关	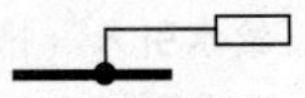
立式洗脸盆	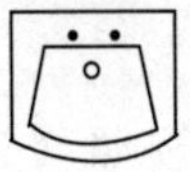	浴盆	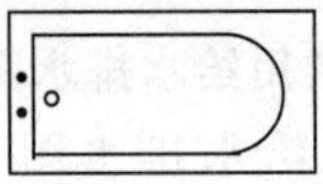
立式小便器		蹲式大便器	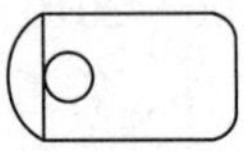
污水池		坐式大便器	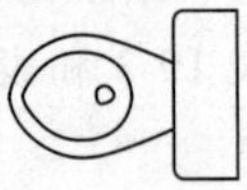
小便槽	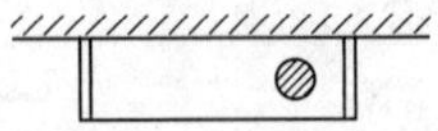	淋浴喷头	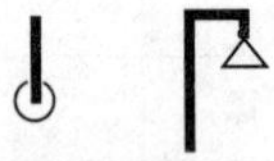

■ 19.3　建筑给水排水工程总平面图和平面图（Site Plan and Plan of Building Water Supply and Sewerage Engineering）

19.3.1　建筑给水排水总平面图（Site Plan of Building Water Supply and Sewerage Engineering）

在总平面图中，需要图示如下内容：

①比例；②建筑物及各种附属设施；③管道及附属设备；④管径、检查井编号及标高；⑤指北针或风玫瑰图；⑥图例；⑦施工说明。

19.3.2　建筑给水排水平面图（Plan of Building Water Supply and Sewerage Engineering）

1. 图示方法及内容

1）平面图是采用正投影作图方法来绘制的单线管道图。

2）建筑物轮廓线、轴线号、房间名称、楼层标高、门、窗、梁柱、平台和绘图比例

等，均应与建筑专业一致，但图线应用细实线绘制。

3）给水排水平面图应表达给水、排水管线和设备的平面布置情况。各种功能管道、管道附件、卫生器具、用水设备，均应用各种图例表示；各种横干管、立管、支管的管径、坡度等，均应标出。

4）一般来说给水和排水管道可以在一起绘制。若图纸管线复杂，也可以分别绘制。

5）建筑内部设有给水排水设备的平面图中，底层及地下室必须绘出；顶层若有高位水箱等设备，也必须单独绘出。建筑中间各层，如卫生设备或用水设备的种类、数量和位置都相同，绘一张标准层平面布置图即可；否则，应逐层绘制。

6）敷设在该层的各种管道和为该层服务的压力流管道均应绘制在该层的平面图上；敷设在下一层而为本层器具和设备排水服务的排水管应绘制在本层平面图上。如有地下层时，各种排出管、引入管可绘制在地下层平面图上。

7）各层平面布置图上，各种管道、立管应编号标明，且同一立管编号应一致。

8）同一张图纸内绘有多个平面图时应按建筑层次由低层至高层、由下而上的顺序布置。

2. 平面图的作图要点

（1）底层给水排水平面图

1）底层的给水排水平面图需单独画出并画全，如图19-9所示。完整地表达出室内外设施、管道连接及走向；建筑部分用细实线绘制，卫生器具用中实线绘制主要轮廓；建筑物的尺寸仅标注出轴线间尺寸。

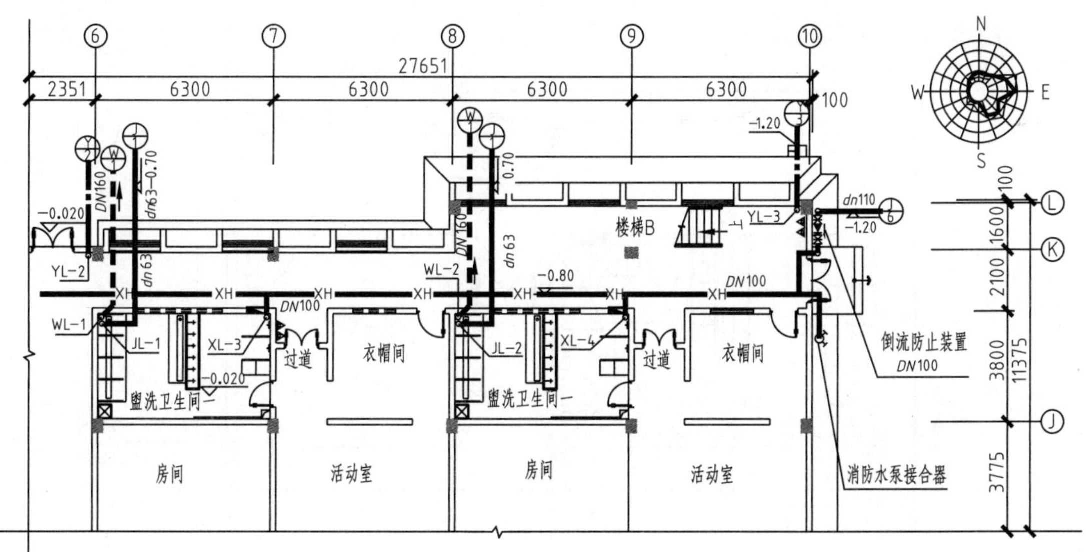

图19-9　底层给水排水平面图

2）平面图中管线的管材及连接方式在施工说明中表达，不图示；给水管用粗实线绘制，排水管用粗虚线，立管画空心小圆圈（或黑圆点，ϕ3mm左右）；可见与不可见管按可见画；上下重叠管可画成平行；明装管可画入墙内，但在施工说明中写明明装。

3）给水系统引入管、污废水系统室外排出管只画在底层管道平面图中。

4）平面图中一般均不标注卫生器具和管道的布置尺寸及管道长度；除立管、引入管、排出管外，管道的管径、坡度等均注写在轴测图中，不在平面图中标注。

5）每个管道系统要进行编号，如图19-10所示。如盥洗卫生间一中的1号给水系统，J表示类别给水，1表示编号，圆和分割线为细实线，圆直径为$\phi10 \sim \phi12$mm。各立管系统要进行编号，如1号给水立管为JL-1，1号污水立管为WL-1，3号消防立管为XL-3。

6）其他部分参照《建筑给水排水制图标准》（GB/T 50106—2010）中的规定图例符号来作图。

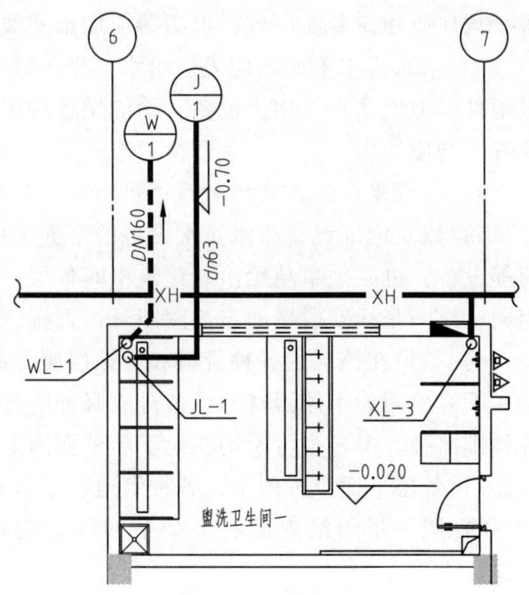

图 19-10　底层给水排水平面图（局部）

（2）二层给水排水平面图　不需画整个楼层，只需画出盥洗房间范围的平面图，因此以相关轴线为界画相关局部，并应与建筑平面图一致。图19-11所示为轴线⑥~⑧、K~J间的二层给水排水平面图。

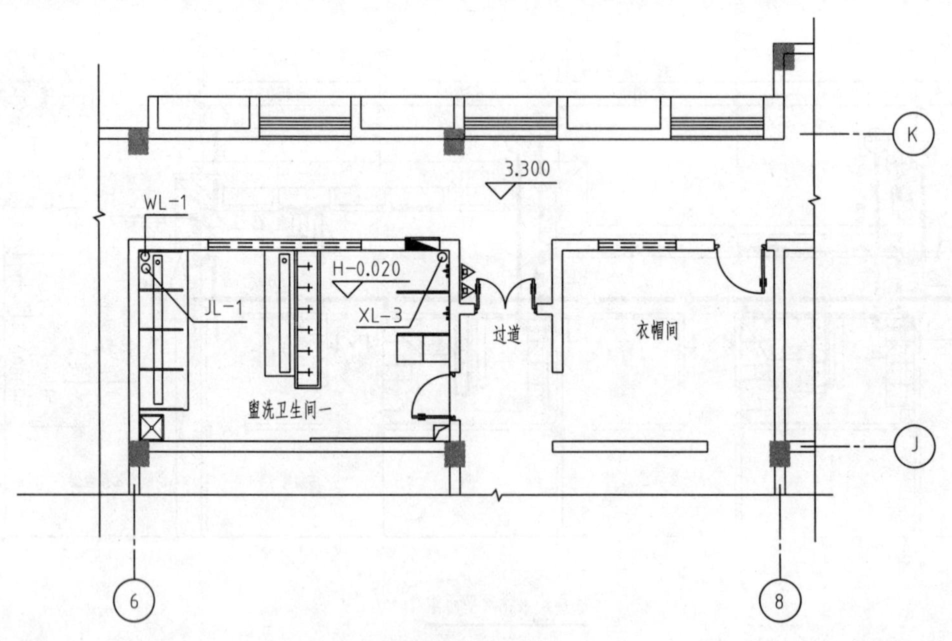

图 19-11　二层给水排水平面图

（3）屋面给水排水平面图　屋面给水排水平面图可单独画，简单时可画于顶层管道平面图中。屋面形状、伸缩缝或沉降位置、图面比例、轴线号等应与建筑专业一致，但图线应

采用细实线绘制。同一建筑的楼层面如有不同标高时，应分别注明不同高度屋面的标高和分界线。绘制出雨水汇水天沟、雨水斗、分水线位置、屋面坡向、每个雨水斗的汇水范围，以及雨水横管和主管等。标注雨水管管径、坡度，绘制污废水管通气管的位置并注明立管编号，屋顶设有消防和其他管路设施时也应绘制出。图 19-12 所示为屋面给水排水平面图。

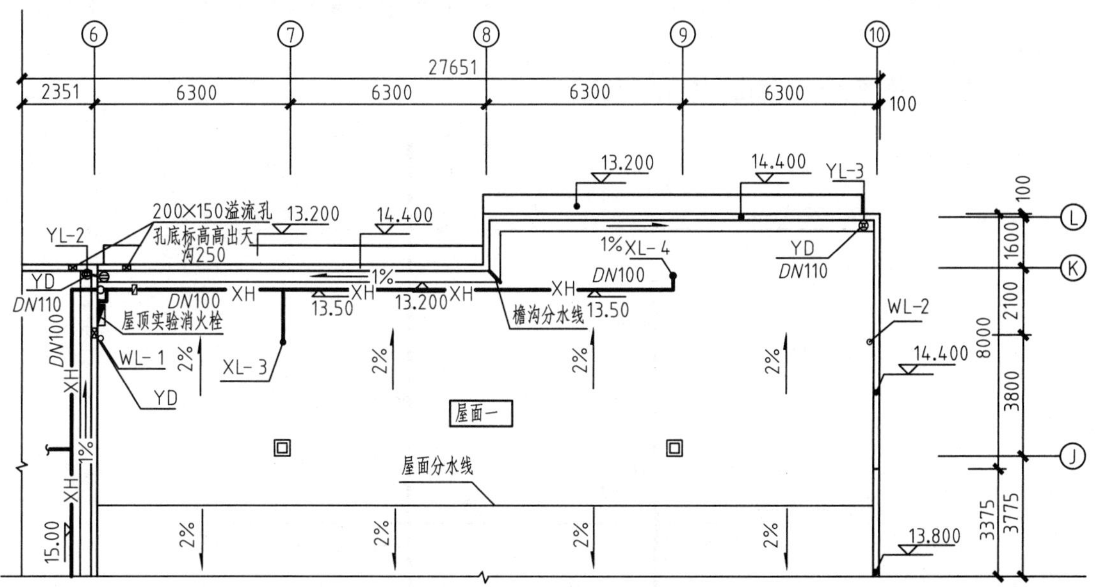

图 19-12 屋面给水排水平面图

3. 平面图的作图步骤

1）画建筑平面图。用选定的比例抄绘建筑平面图，应先画定位轴线，再画墙身和门窗洞，最后画其他构配件。

2）布置卫生器具。

3）画给水排水管道平面图。一般先画主管，然后画给水引入管和排水排出管，最后按照水流方向画出各主管、支管及管道附件。

4）画必要的图例。

5）标注必要的尺寸、标高、编号，注写必要的文字说明及图名和比例。

19.4 建筑给水排水管道系统图（Drawing of Building Water Supply and Sewerage Pipeline System）

管道系统图应表示出管道内的介质流经的设备、管道、附件、管件等连接和配置情况。

19.4.1 管道展开系统图（Drawing of Pipeline Deployment System）

管道展开系统图可不受比例和投影法则限制，一般高层建筑和大型公共建筑宜绘制。

1）规定画法和图示内容。

①应绘出楼层（含夹层、跃层、同层升高或下降等）地面线，并在楼层地面线左端标注楼层层次和相对应楼层地面标高。②立管排列应以建筑平面图左端立管为起点，顺时针方向自左向右按立管位置及编号依次顺序排列。③横管应与楼层线平行绘制，并应与相应立管连接，为环状管道时两端应封闭，封闭线处宜绘制轴线号。④立管上的引出管和接入管应按所在楼层用水平线绘出，可不标注标高（标高应在平面图中标注）。⑤立管、横管及末端装置等应标注管径。

2）展开系统图实例，如图 19-13 所示。

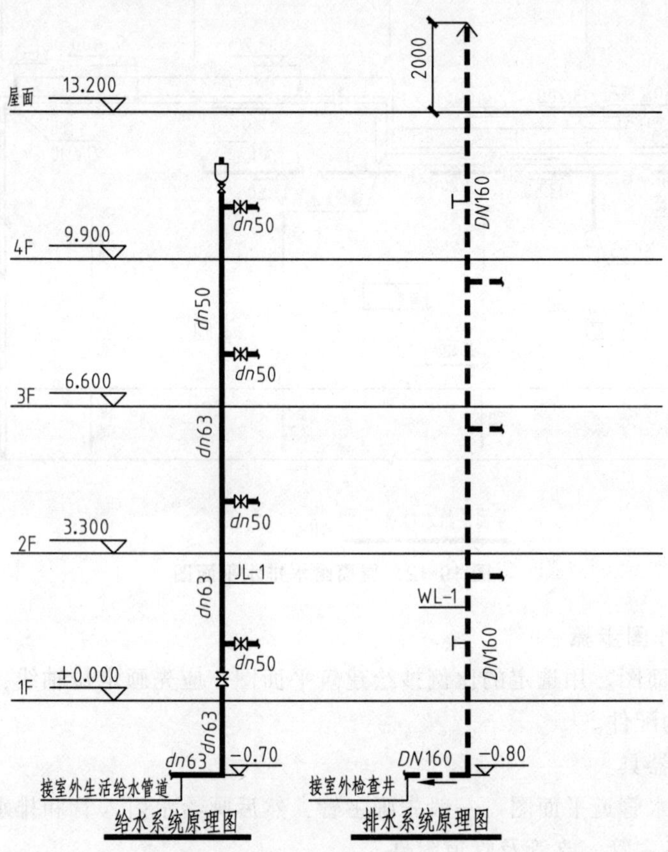

图 19-13　给水排水管道展开系统图

19.4.2　管道轴测系统图（Axonometric Drawing of Pipeline System）

卫生间放大图应绘制管道轴测图。多层建筑宜绘制管道轴测系统图。

1. 规定画法和图示内容

1）轴测系统图应以 45°正面斜轴测的投影法绘制。

2）管道轴测系统图布图方向与比例应与相应的平面图相同。

3）系统图一般按给水、排水、热水等系统单独绘制，每一独立系统按每根给水引入管

或排水排出管分组绘制。

4）轴测系统图中布置完全相同的支管、立管，可不重复绘出，仅在折断处用文字注明同某处即可。当空间交叉的管道在图中相交时，应判别其可见性，在交叉处可见管道应连续画出，而把不可见管道断开。

5）轴测系统图应绘出楼层地面线，并应标注出楼层地面标高。

6）轴测系统图应绘出横管水平转弯方向、标高变化、接入管或接出管及末端装置等。

7）轴测系统图应将平面图中对应的管道上的各类阀门、附件、仪表等给水排水要素按数量、位置、比例一一绘出；应标注各管段的管径、坡度、控制点标高或距楼层面垂直尺寸及立管和系统编号，并与平面图一致。

8）引入管和排出管均应标出所穿建筑外墙的轴线号、引入管和排出管编号、建筑室内地面线与室外地面线，并标出相应标高。

2. 轴测图实例

（1）给水轴测图　图19-14为盥洗卫生间一的楼层给水轴测图。给水立管为JL-1，楼层给水横干管管径*dn*40，沿着给水水流方向依次是：一支经管径*dn*25的横支管向大便槽冲洗水箱和支管尽端的污水池水嘴供水；另一支经管径*dn*32的横支管向小便槽冲洗水箱、盥洗槽的6个水嘴及支管尽端的2个淋雨水嘴供水。图中用图例表示出水龙头、淋浴器莲蓬头、冲洗水箱等各种附件，标注给水管道及附件安装标高和安装样式、给水管管径及给水立管编号、图名、比例。如大小便槽冲洗水箱安装样式见卫生设备安装图集09S304。楼层地面标高为*H*。

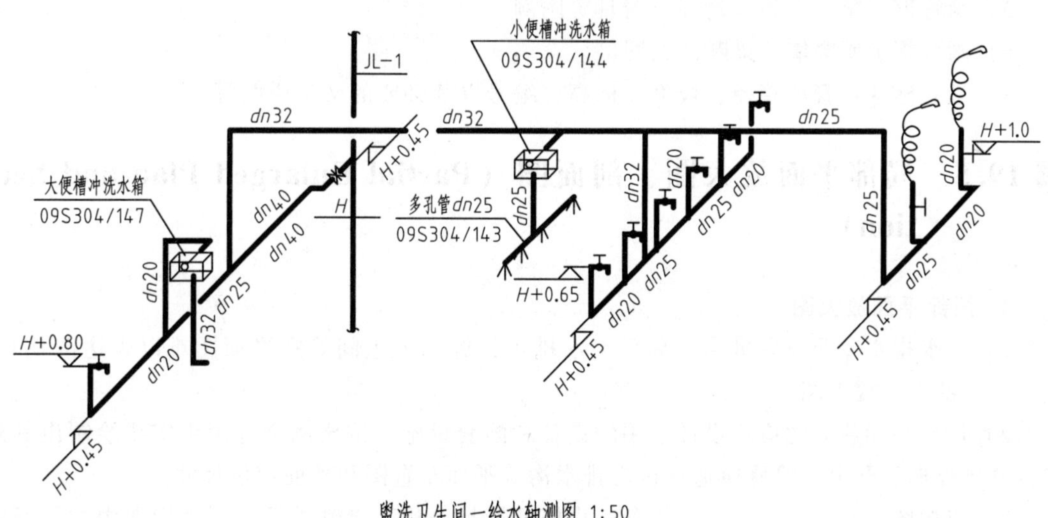

图19-14　盥洗卫生间给水轴测图

（2）排水轴测图　图19-15为盥洗卫生间一的楼层排水轴测图。排水立管为WL-1，楼层排水横干管管径为*DN*160，排水横支管上只需用图例画出器具排水管和存水弯，具体连接的排水卫生洁具类型需结合该楼层的卫生间平面图识读。标注与立管连接处排水横管标高、各段排水横管管径和坡向及排水立管编号、图名、比例。识读排水轴测系统图时，一般按卫生器具或排水设备的存水弯、器具排水管、横支管、立管、排出管的顺序进行。

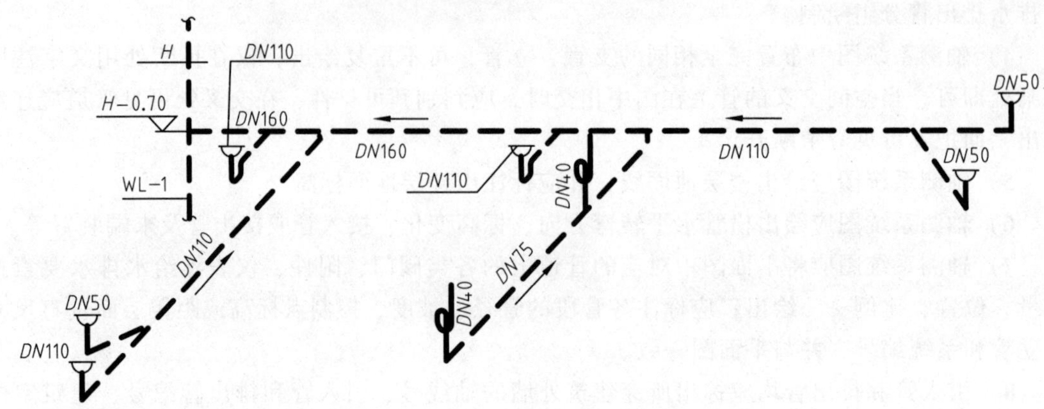

图 19-15　盥洗卫生间排水轴测图

3. 系统轴测图的作图步骤

1）首先画出轴测轴。

2）画立管或者引入管、排出管。

3）画立管上的各地面、楼面。

4）画各层平面上的横管。

5）画管道系统图上相应附件、器具等图例。

6）画各管道所穿墙、梁断面的图例。

7）最后标注各管段管径、坡度、标高、编号以及必要的文字说明等。

19.5　局部平面放大图、剖面图（Partial Enlarged Plan and Section）

1. 局部平面放大图

1）给水排水专业设备机房、局部给水排水设施和卫生间等在平面图难以表达清楚时，应绘制局部平面放大图。

2）局部平面放大图应将设计选用的设备和配套设施，按比例全部用细实线绘制出其外形或基础外框、配电、检修通道、机房排水沟等平面布置图和平面定位尺寸。

3）应按图例绘出各种管道与设备、设施及器具等相互接管关系及在平面图中的平面定位尺寸；如管道用双线绘制时，应采用中粗实线按比例绘出，管道中心线应用单点长画细线表示。

4）各类管道上的阀门、附件应按图例、比例、实际位置绘出，并标注出管径。

5）局部平面放大图应以建筑轴线编号和地面标高定位，并与建筑平面图一致。

6）卫生间平面放大图应绘制管道轴测图，并按平面放大图在上，从左向右排列，相应的管道轴测图在下，从左向右布置。

图 19-16 所示为一盥洗卫生间平面放大图，其对应的给水管道轴测图和排水管道轴测图

分别如图 19-14 和图 19-15 所示。

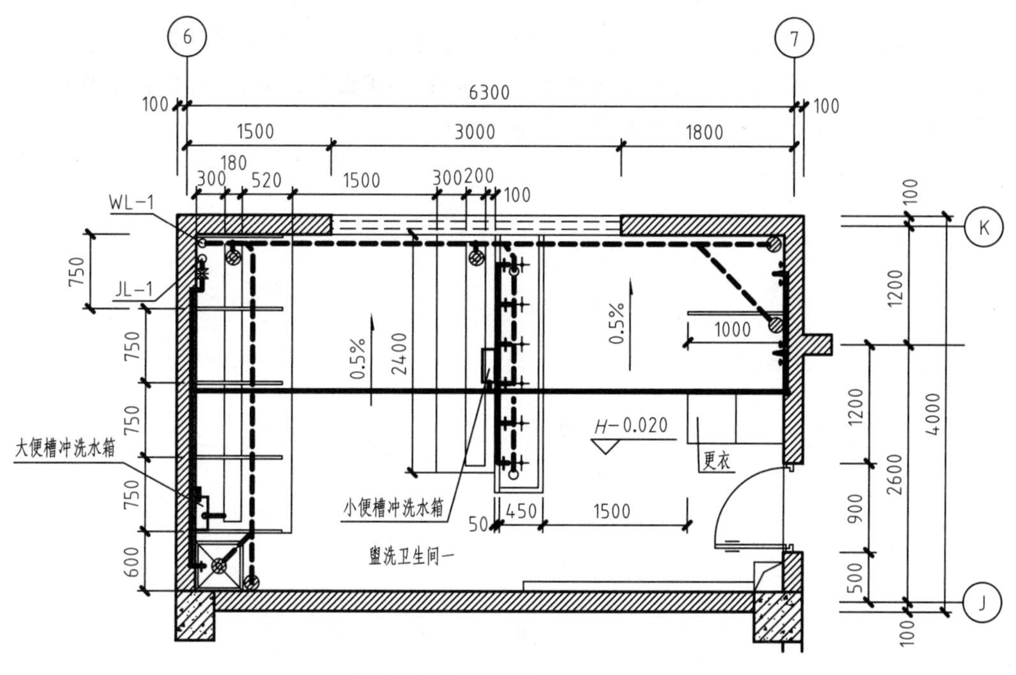

图 19-16　盥洗卫生间平面放大图

2. 剖面图

1）设备、设施数量多，各类管道重叠、交叉多，且用轴测图难以表示清楚时，应绘制剖面图。仅表示某楼层管道密集处的剖面图，宜绘制在该层平面图内。

2）剖面图的建筑结构外形应与建筑结构专业一致，应用细实线绘制。

3）剖面图应在剖切面处按直接正投影法绘制出沿投射方向看到的设备和设施的形状、基础形式、构筑物内部的设备设施和不同水位线标高、设备设施和构筑物各种管道连接关系、仪器仪表的位置等。

4）应表示出设备、设施和管道上的阀门、附件和仪器仪表等位置及支架（或吊架）形式；应标注出设备、设施、构筑物、各类管道的定位尺寸、标高、管径，以及建筑结构的空间尺寸。

3. 安装图和详图

1）无定型产品可供设计选用的设备、附件、管件等应绘制制造详图。无标准图可供选用的用水器具安装图、构筑物节点图等，也应绘制施工安装图。

2）设备、附件、管件等制造详图，应以实际形状绘制总装图，并对各零部件进行编号，再对零部件绘制制造图。该零部件下面或左侧应绘制包括编号、名称、规格、材质、数量、重量等内容的材料明细表；其图线、符号、绘制方法等应按现行国家标准的有关规定绘制。

3）设备及用水器具安装图应按实际外形绘制，并对安装图各部件进行编号，标注安装尺寸代号，同时在该安装图右侧或下面绘制包括相应尺寸代号的安装尺寸表和安装所需的主要材料表。

4）构筑物节点详图应与平面图或剖面图中的索引号一致，对使用材质、构造做法、实际尺寸等应按现行国家标准《房屋建筑制图统一标准》（GB/T 50001—2017）的规定绘制多层共用引出线，并在各层引出线上方用文字进行说明。

参考文献

[1] 李鑫. 建筑制图标准学用指南［M］. 北京：中国质检出版社，中国标准出版社，2017.

[2] 杨振宽. 技术制图与机械制图标准应用手册［M］. 北京：中国质检出版社，2013.

[3] 李勇. 技术制图国家标准应用指南［M］. 北京：中国标准出版社，2008.

[4] 中国建筑标准设计研究院. 房屋建筑制图统一标准：GB/T 50001—2017［S］. 北京：中国建筑工业出版社，2018.

[5] 长江勘测规划设计研究有限责任公司. 水利水电工程制图标准　基础制图：SL 73.1—2013［S］. 北京：中国水利水电出版社，2013.

[6] 长江勘测规划设计研究有限责任公司. 水利水电工程制图标准　水工建筑图：SL 73.2—2013［S］. 北京：中国水利水电出版社，2013.

[7] 中国建筑标准设计研究院. 建筑给水排水制图标准：GB/T 50106—2010［S］. 北京：中国建筑工业出版社，2010.

[8] 交通部公路规划设计院，北京市市政设计研究院. 道路工程制图标准：GB 50162—1992［S］. 北京：中国计划出版社，1993.

[9] 中国建筑标准设计研究院. 混凝土结构施工图：平面整体表示方法制图规则和构造详图　现浇混凝土框架、剪力墙、梁、板：22G101—1［S］. 北京：中国标准出版社，2022.

[10] 何斌，陈锦昌，王枫红. 建筑制图［M］. 7版. 北京：高等教育出版社，2014.

[11] 陈倩华，王晓燕. 土木建筑工程制图［M］. 北京：清华大学出版社，2011.

[12] 庞璐，李炽岚. 水利工程制图［M］. 北京：中国水利水电出版社，2010.

[13] 印翠凤. 水利工程制图［M］. 2版. 南京：河海大学出版社，2002.

[14] 林国华. 画法几何与土建制图［M］. 北京：人民交通出版社，2001.

[15] 杜廷娜. 土木工程制图［M］. 北京：机械工业出版社，2004.

[16] 大连理工大学工程图学教研室. 机械制图［M］. 6版. 北京：高等教育出版社，2007.

[17] 王增长. 建筑给水排水工程［M］. 6版. 北京：中国建筑工业出版社，2010.

[18] 赵景伟，魏秀婷，张晓玮. 建筑制图与阴影透视［M］. 2版. 北京：北京航空航天大学出版社，2012.

[19] 孙靖立，王成刚. 画法几何及土木工程制图［M］. 2版. 武汉：武汉理工大学出版社，2009.